识得春风非等闲

审美价值眼光论集

杨扬 著

国家图书馆出版社

图书在版编目（CIP）数据

识得春风非等闲／杨扬著. —北京：国家图书馆出版社，2009.12

ISBN 978－7－5013－4207－5

Ⅰ. 识…　Ⅱ. 杨…　Ⅲ. 审美评价－文集　Ⅳ. B83－53

中国版本图书馆 CIP 数据核字（2009）第 200706 号

书名　识得春风非等闲——审美价值眼光论集

著者　杨　扬

出版　国家图书馆出版社（100034　北京市西城区文津街 7 号）
（原北京图书馆出版社）

发行　010-66139745　66175620　66126153
66174391（传真），66126156（门市部）

E-mail　btsfxb@ nlc. gov. cn（邮购）

Website　www. nlcpress. com → 投稿中心

经销　新华书店

印刷　北京华正印刷有限公司

开本　889 × 1194（毫米）　1/32

印张　15. 75

版次　2009 年 12 月第 1 版第 1 次印刷

印数　1—2000 册

书号　ISBN 978－7－5013－4207－5

定价　43.00 元

作者简介

杨　扬　字稷扬。山西闻喜人，1933 年 10 月出生。中共党员。毕业于北京大学中文系新闻专业。编审。任职于中国国家图书馆。中华美学学会会员，中国俗文学学会顾问，中华炎黄文化研究会理事。1947 年在太岳区参加文艺宣传工作。1958 年大学毕业后长期作报刊工作，20 世纪 60 年代曾任《人民日报》特派常驻越南记者。1981 年起作文史图书编辑工作。20 世纪五六十年代参加美学大讨论并撰写论文《美是形象的肯定价值》，此文被选入《美学问题讨论集》第五集。1962 年以《长命草》获《羊城晚报》全国征文杂文奖。

改革开放以来，出版、发表多种学术专著、论文和辑校评解的文史书籍，主要有如下几种：

《石评梅作品集》三卷及相关论文，1983—1985 年出版。

《美学文献》第一辑，主持编辑并提供重要论文，1984 年出版。

《三百年来诗坛人物评点小传汇录》，1986 年出版，该书获 1987 年全国古籍整理优秀图书三等奖。

《半农诗歌集评》，与赵景深先生合作，1984 年出版。

刘光第《诗拟议（改补本）》辑校，《文献》杂志 1986 年第 3、4 期。

《美的发现——旅游美学书简》，专著，1988 年出版，大陆与香港多家媒体予以赞誉。

《金瓶梅之谜》，与刘辉同主编，1989 年出版。其中特撰专论对《金瓶梅》与中国古代小说美学关系作了阐述。

《给人取名的学问——中国姓名文化略说》，1993 年出版。

《中国俗文学审美理论批评史略》，为《中国俗文学概论》一书特撰专章，1997 年出版。

《百战奇略》新印本，作评解校补，1996 年出版。

《中国历代美学文库》，10 卷 19 册，与叶朗等共同主编，2004 年 1 月出版。

《汉语人名文化放谈》，2004 年 4 月出版。

关于美学、俗文学、文学、编辑学与传播学以及文化比较等方面多篇论文散见于报刊。

近年论著有：《〈西游记〉美学问议录》等。

获得政府授予有突出贡献专家的特殊津贴证书。

此信为钱钟书先生 1984 年 5 月 14 日致本书作者手迹。

楊揚同志著席：奉函并惠賜劉
半農詩影刻，謝謝。戊戌六君子中詩才
推譚復生，而詩功則劉裴村較深。今
承不吝采刊詩撰遺稿，果微至用心
之編纂，讀書不校過也。足下闡釋
六經周至。然新意似嫌注至引證來
歷，即可不必中說楚讖論或作讖
美讚。因甲申裴村所云，未敢來言，文
或前人已道者，既作讚論則不可不亦
作詩讀，庶免於傷古之誚。此第十一頁
以論有狐之閑情賦，擬不於倫，莫將讀
亦微示至不安而為之彌縫，然含糊厥詞。

裴村

足下標點、分辨校勘，與織錦上添花。鄙名請校勘而實由標點校勘(?)，并請評定。

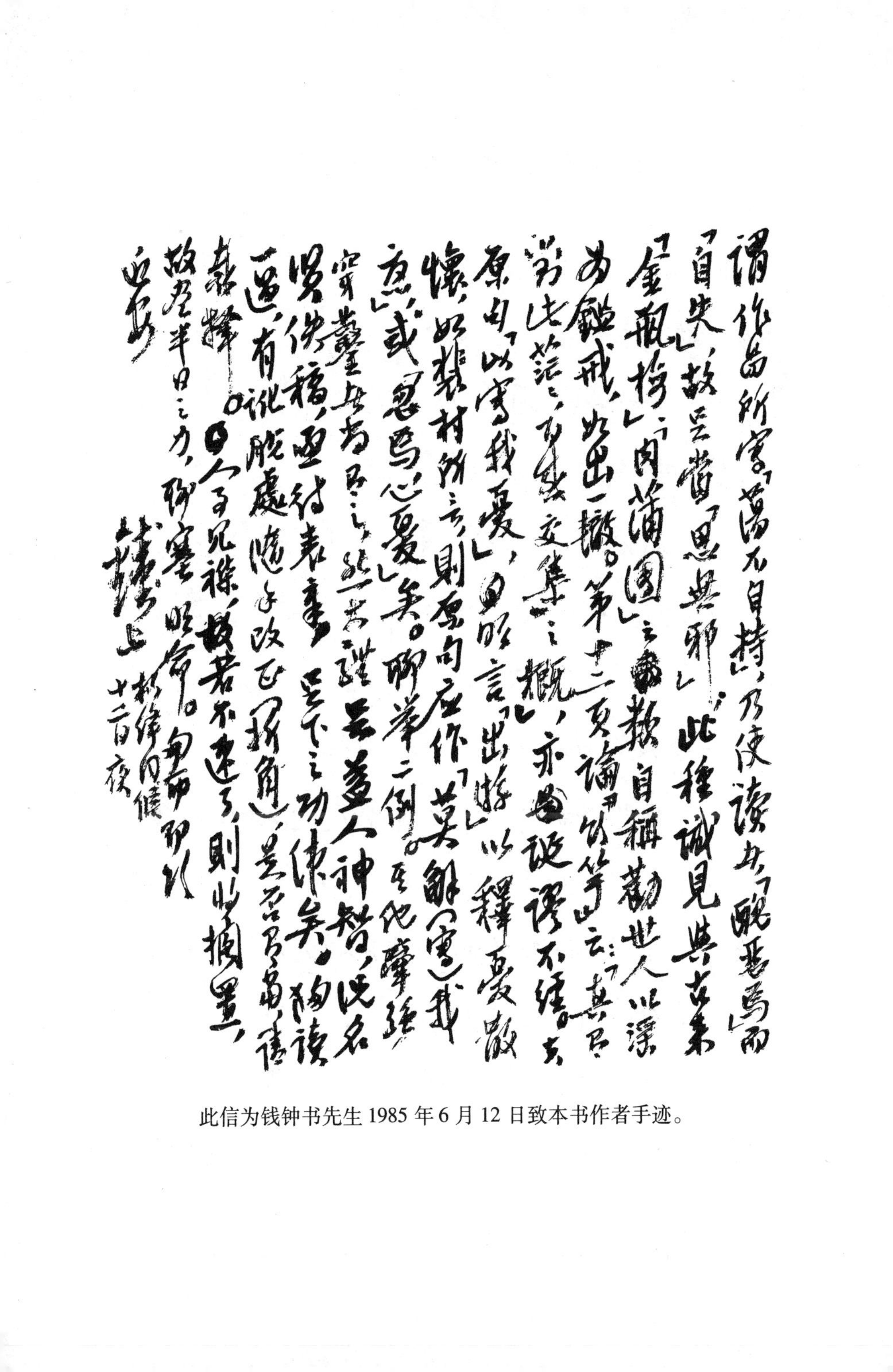

此信为钱钟书先生 1985 年 6 月 12 日致本书作者手迹。

100802，北京市西城区文津街7号

本市 书目文献出版社

杨 扬同志：

收到《编辑学刊》1991年1期，读了大作《论编辑审美创造需要形象思维》。

我没有做过编辑工作，所以读您的文章不容易。我只想：一项工作如有审美创造，那当然有形象思想，乃至社会思维。而编辑工作有没有审美创造？这才是要害所在。

我想编辑工作是有审美创造的：1）审文如行文；2）编排如绘画；3）成书成刊如构筑；……。在编排方面，《文艺研究》（文化艺术出版社）就富有审美创造。

以上当否？请教。 此致

敬礼！

钱学森

1991.5.24

此信为钱学森同志1991年5月24日致本书作者手迹。

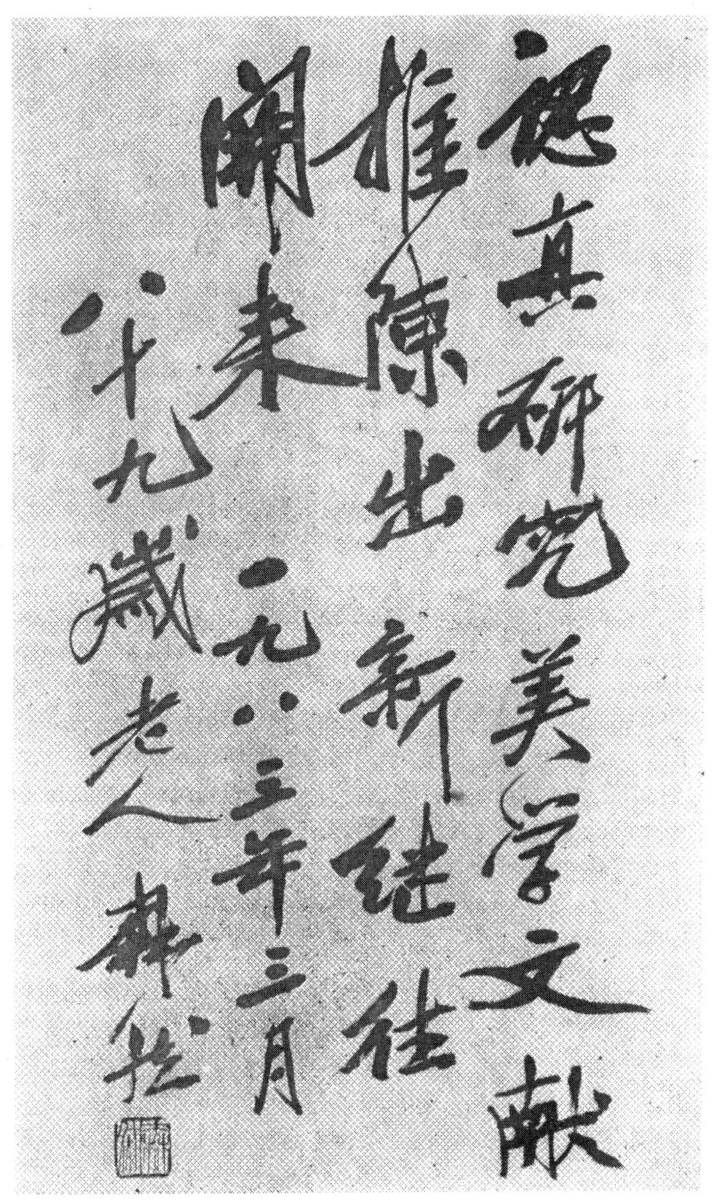

此手迹为王森然先生 1983 年 3 月为筹办中的《美学文献》丛刊题词。该丛刊 1984 年出版第 1 辑，此题词刊于卷首。

引　词

只有当物按人的方式同人发生关系时，我才能在实践上按人的方式同物发生关系。

只是由于人的本质的客观地展开的丰富性，主体的、人的感性的丰富性，如有音乐感的耳朵、能感受形式美的眼睛，总之，那些能成为人的享受的感觉，即确证自己是人的本质力量的感觉，才一部分发展起来，一部分产生出来。

马克思《1844 年经济学哲学手稿》

圣人立象以尽意，设卦以尽情伪。

象其物宜。

《周易·系辞》

美不自美，因人而彰。

柳宗元《邕州柳中丞作马退山茅亭记》

可以议披沙之所托，明拣金之所裁。

良工何远，善价爰来。

柳宗元《披沙拣金赋》

欧阳文忠公言，文章如精金美玉，市有定价，非人所能以口舌定贵贱也。

苏轼《答谢民师推官书》

不是人为美而存在，乃是美为人而存在的。

鲁迅《蒲列汉诺夫“艺术论”序言》

不过在戏台上罢了，悲剧将人生的有价值的东西毁灭给人看，喜剧将那无价值的撕破给人看。讥讽又不过是喜剧的变简的一支流。

鲁迅《再论雷峰塔的倒掉》

书题说明

本书采用集子中一篇评论的题目兼做全编的正题，也就是“识得春风非等闲”。

这是四十多年前就两位老作家兼画家所写短篇小说读后而写随记的文题。文中写的是一些关于形象蕴含的深度与审美价值眼光酌量关系的体会。

“识得春风非等闲”，正表明审美价值感悟获得的非等闲。

援此为题，也许能够为本书文字与读者交流起一点思路交底的作用。

——著者

我的美学著述旨趣

（代自序）

《书城杂志》要美学方面著述的作者谈谈心得与旨趣，我很赞成。至于让我来写这样的文章，开始颇费斟酌：我虽断断续续从事美学著述数十年，并不敢自诩为这方面的多产作者；又一想，在美学建设大题目上曾与许多同道相呼相应，就美学具体著述旨趣而言，自问历来并不甘于和时贤雷同。将自己某些特点写出来参加交流，也许不无益处。

关于审美价值论

我的美学著述，从参加20世纪五六十年代美学大讨论开始。当时，我用杨犁夫为笔名发表的第一篇美学论文，题为《美是形象的肯定价值》。此文写成于1957年春天，改定于1959年。观题知论，我的旨趣就是决心起而倡说审美价值论。从当时几家主要论者观点的比较中，我认为应该提出加强审美价值论研讨的课题，以促使美学讨论中一些重要问题在新的思路上予以解决。我认为马克思在《资本论》、《1844年经济学哲学手稿》等著作中的美学思想，鲁迅在为普列汉诺夫《艺术论》译本所写序言及《再论雷峰塔的倒掉》等文中所明确揭示的审美以人生价值为本质的思想，毛泽东的一些论述，都足以作为提出这一课题的依据。但在那时，这种汲取讨论诸家合理成分，又不局限于某家界说的旨趣，并没有为更多时贤所注意；苏、美、欧、日等也还没有出现能称为当代形态的持审美价值论的重要美学著述，更没有明确显示与唯物史观、辩证法及系统论等新兴科学方法相联系的审美价值论著述。国内也有别的研究者如继先也曾主张从审美价值方面研究美学，但他的论点与我的旨趣又显然有差异，此后又再未见到他申述其说的嗣响。谢谢《新建设》编辑部，蒙他们不弃，把我探索审美价值论的第一篇论文推荐收入《美学问题讨论集》第五集，于1962年出版。这就在客观上使此文成为我国当代早期倡说审美价值论的实证之一。

众所周知，我国美学研讨在“十年动乱”之后才重新勃兴。美国桑塔耶那在许多年前所著那本以唯心的客观化快感论解说审美价值的著作译本出版，1972年后苏联相继出现的斯托洛维奇、卡冈等人对审美价值论做不同解说的著作译本也在中国出版，人们由这些译本惊奇地注意到审美价值论这一具有启迪力量的新思路。价值论在相关的社会科学、人文科学几个学科里都成为热门，价值观成为与新的生活和文化现象相关的必谈话题。由此可以反思的是，应运而生的与科学发展脚步相关的新发现、新课题、新论断，不管在何时何地萌发，只要有合理性，或迟或早总要以适当的形态闯入人们的眼界。美学界一位友人在评论中称审美价值论为“一个有生命力的学说”。我深知，现在和今后的责任是把这种探索继续推向前进。①

① 朱光潜先生是中国当代著名美学家。他晚年在加强马克思主义原著研究的基础上，改变自己早年一些提法，转向对马克思主义原著中关于主体性和审美价值关系的阐释和解说，值得人们注意。《美学拾穗集》收有《对〈关于费尔巴哈的提纲〉译文的商榷》。其中建议提纲第一条批评旧唯物主义原文被通行本译为“不是把它们当作人的感性活动，当作实践去理解，不是从主观方面去理解”，应当改为“不是把对象作为人的具体的活动或实践去理解，即不是从主体方面去理解。”与此相应，同书所收《美学》这篇概括表达晚年美学见解的短文中更明白地表达了对主体性与审美价值的关系的观点。他说：“理由之一是，人这个主体须根据客观具体事物来做为创作和欣赏的对象，而这种对象也须体现人的本质和修养，主客两方缺一不可。理由之二是，美和真与善一样，都是一种价值。而无论是使用价值还是交换价值，都离不开特定社会中的一定的人。”不管对其具体论点是否完全认同，其对审美价值论的支持，则是显然的。

在应用美学领域里

在多年的报刊编辑生涯中，我只能在业余时间陆续为论述审美价值论做点事情。如50年代末为戏剧电影吸引观众的审美价值体现机制写了《谈“拿住人”》；60年代初，为王朝闻同志《一以当十》那篇论文作响应者，写了《十以当一》，意在说明两者是在审美价值创造中相辅相成的两个侧面；80年代初，为介绍元曲《李逵负荆》，着重分析其中写水泊梁山好汉李逵眼中山寨风光美的价值特征。近些年在出版社编辑工作中，我深感发展美学学科的一个重要关键，是基本理论研究与应用分支学科研究应当互相促进。因为通过在应用学科领域的开拓，可以更好地体现美学与美育、美学理论与审美文化多种层次和多种角度的联系。基于这种旨趣，为适应改革开放中我国群众中出现的“美学热”、“旅游热”这样的双重需求，我于1985至1986年间写出了《美的发现——旅游美学书简》这一专著。此书经历了学术书出版比较困难的曲折，于1988年春天问世，得到美学界一些人士的肯定。

这本书我是把它作为对审美价值论在理论上的继续探索和应用学科上的开拓相互结合来做的。近些年来，我先后为老学者的园林美学著作写评介，为文学雅与俗的比较和转化写论文，为编辑美学的创设和相关形象思维研究写了一些连续的论文，为《金瓶梅》和中国小说美学发展关系在所主编的书里写专论等，都是为了体现这一旨趣的。

我曾经看到这样的论断，大意是说什么中国美学史上的论述，都是把美看做价值问题，因而不值得重视。这种说法，首先不符合史实。尽管审美文化无不是对特定审美价值的感受与领悟的成果，却并不是所有论及审美者都能够或愿意从审美价值论的思路来论列的。历史上种种学说之间复杂交错的情形，岂可简单看待？其二，古代中国和外国都陆续有审美价值思想的萌发，当代国内外关心人生价值问题和审美价值问题又已经是明显的趋势，审美价值论的有关遗产为什么不值得重视?

与之相反，我认为，不论从历史文献看，还是从我国现代化进程看，都应当加强价值论包括审美价值论的研究。并且应当在理论研讨与应用科学开拓相结合中使有关人生、伦理、经济、法律、文学、艺术、科技与工艺等的审美价值问题都能从深度和广度上日益加强开拓。这才能见出审美价值论作为应运而兴的学说的生命力。所谓不值得重视之说本身倒真是不值得重视的浅见了。

美学文献整理与研究

美学科学的发展离不开实事求是，离不开调查与研究的并进，美学文献的整理和研究也应当做协同的努力。

基于这种认识，80 年代初，在朱光潜、宗白华、蔡仪、王朝闻等先生支持下，我与叶朗等办起了《美学文献》丛刊。虽然由于出版方面的原因，只出了第一辑，但它在美学界不少人士中仍然留下了较深的印象。近几年，为了弘扬中国优秀的传统文化，推动对中国美学遗产作更为系统、全面的研究，以利于建设有中国特色的现代美学学科，叶朗与我又和一些友人正在主持编注一部巨型的《中国历代美学文库》。这一艰苦的搜罗、编注的过程，也就是对中国美学文献进行调查研究的过程。当接受委托为这一文库集纳各方面材料与执笔撰写选目稿的时候，我一次次地为中国美学遗产丰富多彩、精品迭现而兴奋不已，也一次次地为审美价值论在其中不断发展，由萌生到形成古代、近代都有这方面理论表现的名作而衷心喜悦。把中国美学这些宝贵的遗产加以整理，并与外国美学文献相比较，我们有理由为中华民族审美文化创造力而自豪，我们更应该有信心在今后建设有中国特色的新的美学学科。

这种对美学文献整理与研究互相推动的努力，也使我对经常关注的一些问题的旨趣更加清晰起来。比如，其一，对中国美学和外国美学的关系，要立足于对中国美学深厚传统的调查研究，善于在和外国美学交流中取长补短、扬长避短，在建设新美学中使中国美学对人类文化做较大贡献。其二，对中国美学遗产的优长或要略，也要全面、恰当地总结。只看到儒道互补是很不够的。比如以先秦来说，墨家以严密逻辑学的角度推进对美学理论与其他理论的分辨，管子、名家、惠施等对审美视野的开拓，都不可忽略。后来佛教、伊斯兰教及天主教等都为中国美学带来了一些新鲜成分。还是从百家互相争鸣又有不同的联系来总结，更合实际一些。其三，按照马克思美学思想，审美价值不但和使用价值相关，也和商品价值相通；人不但按照美的规律来欣赏，而且“按照美的规律来建造”。因而应当把欣赏与创造都和作为主体的人的实践联系起来加以研究。其四，改变美学只讲原理，美育只讲艺术欣赏和局部知识的片面性。要发挥审美价值论正在贯通邻近学科及百业审美问题的新兴趋势，把美学基础理论与各个应用分支学科、美育实施等有机地统一起来。并且要把审美文化中雅俗比较与转化等来自生活实际的课题，当做美学责无旁贷的内容去回答。这些年，在有关问题上，我先后写了若干论著，希望有更多人士共同注意研讨，才会更有成效。

放眼新的美学浪花

我在《美的发现》一书中，曾就毛泽东赠柳亚子诗中那个“风物长宜放眼量”的名句的美学意义作过阐发。我认为，其中除了写胸怀要远大的一层诗意外，就放眼衡量风物这个意思来看，其实也就是饱含审美价值论意味的美学命题，还是人生价值观的命题。我认为如何在改革开放大潮中观察、理解和对待“风物”，这一命题的美学意义更值得人们深思。

中国人民正在从事振兴中华民族的大业。建设有中国特色的社会主义，改革开放，实现现代化与建立社会主义市场经济，以及贯穿这些过程中的物质文明和精神文明建设，都向美学研究和美育实施提出了一个个新的课题。我们应当力求领悟和回答时代的需求。1984 年我写了《美育和时代》，1989 年我发表了《美育和现代化》，前不久应《人民日报》海外版之约，以“改革大潮中的美学浪花”为题，对近几年有关的国内美学论著作了选摘，构成“美学文萃”专版。

但这仅仅是开始。我坚信放眼衡量风物那个名句的生命力，坚信那个“放眼量”所包含的审美价值论意味的生命力。我的旨趣是希望有更多同道共同来做，可以使改革大潮中的美学浪花激荡得更欢畅，更具异彩。

（原载《书城杂志》1993 年第 3 期）

目　录

总　论　篇

美是形象的肯定价值

美是什么？几年来的美学问题讨论中，有各式各样的回答。有人说美是什么样的“形象”，有人说是什么样的“属性”，又有人说是什么样的“引起赞赏情绪的力量”等等。其实，不管什么事物的美丑，我们总是以评价的方式认知和感受着。在评价对象那里的，并不是笼统的“形象”、一般的“属性”，也不是什么含混的“引起赞赏情绪的力量”，它只是一种价值。

价值，总是因人类社会的产生而产生，是人类社会生活所附生的。世界上的一切事物，只有对人类讲来，才有这样那样的价值，比如：美、丑、善、恶、好、坏等等。事物在复杂的联系中存在着，发展着。一个事物与其他一切事物处在千丝万缕的牵联中，只有当它放在人类客观发展的生活的磅秤上时，才显出它的分量。人类生活，是一个客观发展的过程，在生活中，人与物构成客观的关系。物因人揭示着自身的丰富性，人因物也展开着自身的丰富性。在人类生活的客观需求与人的能动的实践中，社会本身的那种事物，具有社会性，而自然性质的事物，只要是人类社会生活所涉及的都成为人类的物。物由于与人的关系而被人化，人由生活实践而人化物。人类在生活中与物关联着，由于实践发现事物与人类的联系而使之具有生活内容。人把握着事物的本性，物在生活面前展现出对人的对象性，物具有价值。这是人类生活实践必然形成的人与物的关系。正如马克思曾说过的，

“如果事物人类地对待人类，那末，我实践地只能人类地对待事物。”① 正是这样，价值饱含着生活内容，意味着事物固有的品质与人类生活联系而展示的属性。可以说，自然发展着，产生出人类的生活；人类生活着，人化了发展着的自然。事物的价值是事物的自在性与为人性的辩证的统一。也可以说，人类生活实践，使事物潜在的本性，实现为为人的属性，成为被人类把握的效用等，就像是太阳照出万物的颜色，人类生活的需求与实践揭示着事物的价值。

价值是一个极其丰富的概念。美、丑、好、坏等等都是价值的一种。这些都是人类在生活实践中从认识事物的本性、了解事物与人的关系而逐步形成的。人类认识到事物在发展、联系中的本性，也认识到这种本性是怎样处在生活的网络上。人与物的广泛关系在复杂的联结点上所实现的生活内容，就包含在价值中。狄德罗曾经天才地把美、丑认作“一切在我们心中唤醒关系观念的东西”②。在我们看来这种关系是最丰富的人与物的关系，物与物的关系，物自身发展诸阶段的关系，而且重要的是唤醒人们从生活的网络去把握事物的关系，这在事物那里，就正是价值。价值总是以人类生活为出发、为归宿的。人类生活实践产生了价值，价值也就应该从现实生活去看待。从这个意义上说，车尔尼雪夫斯基曾经给美下的解说，对于了解价值有很大意义。他说：“美是生活；任何事物，凡是我们在那里面看得见依照我们的理解应当如此的生活的，那就是美的；任何东西，凡是显示生活或使我们想起生活的，那就是美的。”③ 这里，从与生活的联系去认识的事物，应该说不仅仅是美，而是通向我们所理解的价值。

① 此处马克思原注译文采用《经济学哲学手稿》人民出版社 1956 年版第 88 页何思敬译、宗白华校的文字。

② 《文艺理论译丛》1958 年第 1 期，第 19 页。

③ 《车尔尼雪夫斯基选集》，生活·读书·新知三联书店 1959 年版上卷第 6 页、第 25 页。

事物的美、丑、好、坏、善、恶，这些都是一种价值，本来是无疑义的。可是有些人的美学理论却宁肯说一大串什么样什么样的“形象”等等，而避开“价值”不谈。据说，把美看做一种价值，就是看成一种评价，就是唯心主义。这种看法有两条错误。第一，以为把美看作价值，就是把美当成主观的。其实，把美看成价值，正是肯定了美是客观的关系。一切价值都是客观的，美也不例外。第二，把价值与评价混在一起都当成主观的东西。其实，价值是客观的，评价是人的主观的东西，把对象与意识活动混为一谈，是不正确的。有人把评价与价值混成一事，这实在是不应该有的误会。美、丑、好、坏这些价值的客观性，就恰恰在于它不以任何一个人的主观评价为转移。任何事物的美、丑、好、坏，都是在主体所处历史条件中客观地存在着。

价值，是客观地存在着。那为什么不统一于一类价值，而有不同的价值形式呢？这个情形应该从人类生活实践不同方式而涉及的事物不同方面去探究。人与外在世界的关系是以物质统一性为前提。人这个有意识的物质体当反映外物的时候，有客观的物质性为基础的能动性与局限性。相应的反应条件，才能对相应的对象起反映。在人的认识活动中，以两种信号系统为基础，分做概念思维与形象思维两种认识方法。这就在认识事物价值时，也可把握事物价值不同方面，也就是把握不同类型的价值。比如，由概念判断，人们认识着事物的好、坏价值（或者说广义的善恶价值，狭义的善恶是专指人们在社会关系中所作所为的价值而言）；由形象感受，人们把握着事物的美、丑价值。在概念判断的认识里，事物的好、坏、善、恶，才被人作为好、坏、善、恶来把握；当这种价值本身是形象地为人们把握的时候，也就是生动的形象的价值的时候，它们才是美、丑。只有在生动的形象的感受里，人们把握着美、丑，当美、丑的事物只被概念判断式认识着的时候，只被一般的把握着功利性的时候，实在说，那只是脱离形象性的好、坏与善、恶。因此，美、丑是生动地形象地实现，美、丑与好、坏、善、恶就不能不在尺度上有某种区别，这里的复杂性，就与现象与本质、形式与内容间的复杂性联系着。正如抽象的一般的功利价值与形象的具体的价值是有联系有区别的一样，人们对价值的抽象的一般的认识与形象的具体的认识也是有联系有区别的。由上，我们说，美、丑就是关于事物的形象的价值的概念。但是，必需说明的是，价值总是有个对立面，美、丑也是一对对立的概念。好、坏、善、恶，也都是对立的概念。它们总是“相比较而存在，相斗争而发展的”①。因而，价值实际上总包含着肯定方面的价值与否定方面的价值。仔细说，好与善就是事物的肯定价值，坏与恶就是事物的否定价值，美就是事物的形象的肯定价值，丑就是事物的形象的否定价值。

美是形象的肯定价值。任何事物的美都是具体的形象的美，无论以自然性质为重的事物或是以社会性质为重的事物都是这样。就比如，一条新韧的钢丝，驾于琴，击之铿锵悦耳，日久天长，钢丝朽坏，击之音蠢声滞。在人们听来，前者的声音美，后者不美。这正反映出钢丝质的变化而产生了对于用作琴弦的客观需求上的价值变化。在这里，起初的新弦对作琴弦有极大的潜能，在向人介绍这条新弦“这是好钢丝”，这只是好。等到发而为声，在人们耳中感受到那种形象的价值，那就是美。以后，钢丝变坏，潜能衰退，发声适得其反，成为形象的否定价值，听起来，就是丑。再比如，在鉴定上介绍一个战士勇敢是用概念判断叙述的，我们知道这是个好战士。可是在朝鲜战场上，我们看到这个战士扑进烈火中救出了朝鲜小姑娘，看到他冲上高山打倒一群美国侵略者的具体行动等等，这就使我们具体形象地看到这个战士身上的杀敌勇猛而又热爱和平的美。概念的判断的内容在这里实现为可感的形象，这里的形象的价值就是美。关于美必然与形象联系着，这在过去的美学学说中也有许多人看到这一点。荀子曾写道：“珠玉不睹乎外，则王公不以为宝。”② 这就是说

① 《毛泽东论文学和艺术》，人民文学出版社1964年出版第100页。

② 《二十二子·荀子》，上海古籍出版社1985年影印本第328页。

“睹乎外”，才能使人形象地看到珠玉的价值，而方以为宝。孟子也在“充实而有光辉之谓大”① 这句话中，暗示了内在的好品质光辉外现方为美的思想。黑格尔也指出美一定是形象的。

因而，被感受的美的形象，不是笼统的“形象”，而是对象的肯定价值的形象；美也就不是一般的“属性”，而是对象的形象的肯定价值。拉梅特里在《人是机器》中曾写道：“伏尔泰对他的美洛普不能不流泪；这是因为他感受到作品的价值和女演员的价值。”他说的被形象地感受到的价值应该说就是美。特别值得注意的是鲁迅先生的看法。在他为普列汉诺夫《艺术论》中译本所写的序言中，似乎是转述普列汉诺夫的观点，实在也可说是他的意思。他写道：“在一切人类所以为美的东西，就是于他有用——于为了生存而和自然以及别的社会人生的斗争上有着意义的东西。功用由理性而被认识，但美则凭直感底能力而被认识。享乐着美的时候，虽然几乎并不想到功用，但可由科学底分析而被发见。所以美底享乐的特殊性，即在那直接性，然而美底愉乐的根柢里，倘不伏着功用，那事物也就不见得美了。并非人为美而存在，乃是美为人而存在的。”② 在《再论雷峰塔的倒掉》中又说：“悲剧将人生的有价值的东西毁灭给人看，喜剧将那无价值的撕破给人看。讥讽又不过是喜剧的变简的一支流。”③他在这里精辟地说明了美、丑的本质。前文里说的根柢里伏着功用的可以使人愉乐的东西的意义，正是对象的价值，而那直接性，又不正是形象的么？至于后文说的使人看到形象的有价值的东西的毁灭，也就是美的东西的毁灭；那使人看到的形象的无价值的东西的撕破，也就正是丑的东西的撕破。鲁迅先生专门论述美的文字并不多，但是看得是这样深刻，他的美学观点是值得我们认真研究与继承的。

---

① 《孟子·尽心》下，《四书集注》，岳麓书社 1987 年出版第 530 页。

② 《艺术论》，人民文学出版社 1959 年出版序言第 11 页。

③ 《鲁迅选集》，开明书店 1952 年出版 356 页。

“美为人而存在”，是通过人类社会实践所形成的，就不是天然的物理性质的东西。人类生活实践从根本上讲是美的成因，也是它的标准。列宁曾写道：“必须把人的全部实践——作为真理的标准，构成事物的如作为事物和人所需要的那一点的联系的实际决定者——包括到事物的完满的‘定义’中去。”① 美学评价是事物和人类生活需要的东西之间联系的一种形式。真理和美的共同的评价基础与标准也就是实践。由此看来，我们在文章开篇所说的一般意思，在这里是可以再作进一步的阐述了。

美是在人类生活发展中通过生产活动、社会生活的实践具体地历史地形成的。因而，人的审美力和对象的美，两者都应当看作历史的产物。在实践中人们认识着事物的规律性及其与生活的关联而形成了对价值的感受能力和关于价值的观念。美、丑、善、恶作为概念是实际生活中产生体认价值的客观关系之后才产生的。起初这些概念还常混用，只是在以后才逐渐伴随着实践的发展，认识的界限也才更精确起来。在人认识着对象的美的同时，美的对象在反复的实践中也培育着人的审美力。有审美力的人在认识对象、改造对象、主观与客观统一过程中又产生着新的美的对象。在这相互作用的过程中，艺术的发展无疑地曾起了相当大的作用。历史地形成的人的审美力与对象的美正是这样相互渗透、相互起作用的对立的统一体，这二者的基础则在于生活实践。

既然，美必须从生活实践去寻求本质，也就不难理解劳动在审美的形成与发展上的重要性。恩格斯曾经写道：“只有人才能在自然界上面打下自己的印记，因为他们不但变更了动植物的位置，而且也改变了它们居住地方的面貌和气候，他们甚至还如此的改变了动植物本身，以致人的活动的结果，只能和地球底普遍死亡一起消灭。而人之所以做到这点，首先和主要地是靠着手。……可是同手的发展一起，人的头脑也一步一步地发展起来，这

① 《列宁选集》，人民出版社 1972 年出版第 453 页。

样就产生了意识——最初是对个别实际有用效果的诸条件的意识，而后来在处境较好的民族中间，由此就产生了对自然规律的理解，而自然规律是制约着这些有用的结果的。随着对自然规律的知识之迅速增加，人对自然界的反作用之手段也增加了。”①这正如他在另一地方写的，人在劳动中“使自然界为自己的目的服务，来支配自然界。”② 在劳动中对实际有用效果的意识，可以说是价值在同时被意识，从实际有用效果的意识可以深化到对规律的认识，而这又会进一步推动实践，反作用之手段也增加了。这又使人更进一步地意识着实际有用的效果。劳动使人们开始从改造对象的过程中产生对对象的评价，开始以创造者的眼光去看事物；对对象本性及其合理与否的外观的评判在人们意识中开始发展起来，丰富起来。劳动教会人们从事物与生活的联系去看出这对象是如何被引向生活和可能如何引向生活而与人类的实践所提出的需要一致起来。创造的技巧也就从这里开始。任何劳动创造都要由这里出发，即循着对象自身的本性去进行从主观转化为客观的东西的过程。关于这一点，马克思曾写过一段意味深长的话。他说：“动物只是按照它所属的物种的尺度和需要来造成东西，可是人善于依照任何物种的尺度来生产，并且到处善于对对象使用适当的尺度；因此，人也是按照美的规律来造成东西的。”③ 这里人能“依照任何物种的尺度”并“到处善于对对象使用适当的尺度”，就在于人的生产是能认识任何物的本性并将其引向人的实践需要的有目的的生产，实践需要与物的本性的统一使人的创造范围可以无比广阔的展开来。人能用“适当的尺度”对任何“对象”去加工创造，这也就是“按照美的规律”来创造。只有人才能这样去创造，而在所创造的东西上所达到的价值是实践的成果，是人的本质力量的实现。这成果与实践需要

① 《自然辩证法》，人民出版社1959年出版第15、16页。

② 《马克思恩格斯选集》第3卷，人民出版社1972年出版第517页。

③ 《马克思恩格斯论艺术》第1卷，人民出版社1960年出版第226页。

联系着，它满足着人的需要，又会引起人的激动、喜悦与欣赏，促使人进一步去实践去创造。高尔基曾经以热情的笔触写道："我们所说的美，是综合了各种物质……如像声音、颜色、语言等等，它给与人，这世界底主人所做的一切以一种形式，并作用于感情与理性，有如一种力量，激起人民对于他们自己底创造能力的惊奇、骄傲和快乐。"① 又说："应该对诚实的、有思想的人们说：为自由和正义底胜利而战斗吧；在那胜利中存在着美。"②他认定人们通过劳动及斗争的实践去改造世界，就可以创造所理想的美好的现实。

谈到实践与对象的价值实现的关系，就必然又引导到另一问题，即阶级社会里美、丑阶级性的问题。我们看事物形象的价值是从历史发展的具体形态来看待它怎样存在着。美、丑的阶级性也是历史发展的必然产物。这个问题虽然需要进一步讨论，才能得出更完备的结论，但可以肯定的是：阶级社会中的阶级就社会关系而言的美、丑也大体上与其所具有的阶级性联系着。刘少奇在《人的阶级性》中说："在阶级社会中，人的阶级性，就是人的本性、本质。""在阶级社会中人们的一切思想、言论、行动，一切社会制度，一切学说都贯串着阶级性。"在人类社会实践中历史地形成的阶级的特性是怎样的，那么，在价值方面其所表现的肯定方面与否定方面也便是怎样的。处于特定历史条件下呈现作为剥削阶级的丑，作为劳动阶级的美，都正是阶级性作为形象价值的实现。但阶级性不是抽象的符号，在生活中它正是表现在这一阶级的人的具体思想、行为上，而只要哪儿有出自阶级内容的东西，哪儿便打上了阶级的烙印，哪儿的价值关系也便带有阶级性。我们说阶级社会里的文艺是有阶级性的，正是如此。因为，作者不可避免地是阶级的人，他的审美观也就不能不带有阶级性，他的思想、感情、愿望就会表现出他的阶级性。

① 契图诺娃：《高尔基与社会主义美学》，新文艺出版社1956年出版第28页。
② 同上书，第7页。

这样，能不能说“在阶级社会里一切的美都是有阶级性”的呢？看来，不必急于这么武断地说。有些东西也是社会现象，就不一定具有阶级性。人们已知道全民语言是没有阶级性的。那么，一种语言音韵构成上的美就不一定有阶级性；虽然某一阶级的人使用这种语言时所表达的思想意识有阶级性。一些自然科学技术范畴的东西的美，也是可以从这里去反问与考虑的。

前面说过，美、丑是对立的东西。因而，不论是什么事物在什么社会总是又对立又统一地发展着变化着。在历史的长流中，人类生活实践不断发展变化，事物在不断发展变化，价值也在不断发展变化。美、丑二者之间的相对性、统一性在于“相比较而存在”，二者之间的绝对性、斗争性在于“相斗争而发展”。因而，二者是相对立的，又是可以转化的。原来是美的东西，在发展中因为违逆历史前进的要求，可能走向丑的方面；原来是丑的东西，在历史的行进中可能“应运而兴”，由本身引起变革而转化为美的东西。暂时看来美的事物，可能含有丑的因素；暂时丑的事物，也可能含有美的因素。这就是说，这二者不是永恒的、凝固的东西，它们因历史条件而存在，又可以因条件的变化而转化。价值的形成是源于实践，价值的转化也必然要通过实践。比如，“一穷二白”与人民的理想比较起来看这是一种丑的面貌，但如果人民奋起进行改变这种面貌的实践，经过这样“变则通”的过程，原来的面貌就可变为富强文明的美的面貌。这样说，并不是不要关于美、丑的客观标准，而正是在活的历史发展过程中去树立客观标准。这个标准归根到底是以在实践中去检验对象的价值与历史前进的方向是否一致，与历史的决定性的力量人民群众的利益是否一致作为其本质内容的。

从实践与矛盾两方面看来，美、丑都是作为与主体相应的对象的一种价值。它与商品中的商品价值、使用价值同是社会的产物，它们之间有区别但又是相通的，都是在对象那里的客观的存在。也许，有人为“价值”这个生硬的字眼而疑惑：人们平常所感受到的那么生动、多样的美，难道是这个字眼所能表达的吗？这里要说明，人们感受美从来是形象的具体的，但要科学地揭示出本质，却必须通过抽象与分析的功夫来把握。前面引的鲁迅说的“享乐着美的时候，虽然几乎并不想到功用，但可由科学底分析而被发见”，其实，也就是这个意思。如果，它的本质是价值，那就并不因这个字眼的似乎“生硬”而败坏美感，因为，把握住本质的理解，是会使人更深刻地感受它的。

我们把美看作形象的肯定价值，也就认为凡是有这种价值的地方，那也就有美。从艺术创作上来说，现实生活中的美和艺术美“二者都是美”，而决不像有人说的美仅仅是艺术的属性。我们在生活中评价着感受着事物的美，伟大建设的美，千万英雄人物的美；有人却说这些都不是美，这些都只是美的材料，只有在经过艺术加工的艺术里才有美。我认为，这是错误的观点。在文艺创作上，这是一种引向脱离生活的理论。美，形象的价值，在艺术中、生活中都存在着。艺术美是经过人的艺术创造，集中化典型化了的美。生活中的美却是无可比拟的生动与丰富。对艺术美说来，人民的斗争生活是艺术美的源泉，是艺术美的取之不尽的矿藏。毛泽东同志就曾经指出，人类社会生活和文学艺术两者都是美，艺术的美是由现实生活汲取出来的。所以他号召“中国的革命的文学家艺术家，有出息的文学家艺术家，必须到群众中去，必须长期地无条件地全心全意地到工农兵群众中去，到火热的斗争中去，到唯一的最广大最丰富的源泉中去，观察、体验、研究、分析一切人，一切阶级，一切群众，一切生动的生活形式和斗争形式，一切文学和艺术的原始材料，然后才有可能进入创作过程”①。深入生活，重视生活，不是不要艺术美，轻视艺术美，而恰恰是要达到更高的艺术美。只有更深地从生活汲取养料，经过辛勤的艺术实践，才能创作出“比普通的实际生活更高，更强烈，更有集中性，更典型，更理想，因此就更带普遍性”的艺术品，以真正动人的美的艺术来反映生活，推进生活。

① 《毛泽东论文学和艺术》，人民文学出版社 1964 年出版第 65 页。

生活的美，是土壤，艺术美是在土壤上生起的花木，这两者都是形象的价值。艺术美是被产生的，是经人的艺术实践而结成的新果实。这里是经过主客观统一过程，凝结着人的艺术创造的劳动的新的价值。艺术美并不简单地只是生活美的反映，而且在于为了反映生活还经过艺术创造所达到的形象的真理性的高度，也就是艺术的创造达到应有的形象的价值。艺术创作是一个生动的认识与创造的过程，是由对现实的价值认识到再现现实从而在创作中逐步确定艺术品自身新价值的生动过程。因此，艺术中形象的价值就需要区别两个方面，一方面是艺术所反映的生活内容即对象的价值，另一方面是艺术对对象的客观价值如何反映的价值。作为前者，艺术应该反映整个人类生活，它绝不仅仅反映美，有时它还把反映丑、揭露丑、批判丑作为主要内容。但作为后者，作为艺术创作，它应该是美的。它应该在认识生活、评价生活、推进生活上达到高度的形象的价值。反艺术的艺术，就是丑的艺术，它违背了艺术的本质，就只能具有否定的价值。艺术家评价生活中事物的价值。艺术的观众，评价艺术家的艺术品，并通过这个评价去认识与评价生活。美的艺术使人感动，丑的艺术使人厌弃。美的艺术刻画的丑，使人快意，因为人们看到美的胜利，美裁判着丑。美的艺术刻画的美，更使人激奋，它使人们看到宝贵的东西。丑的艺术使人反感，拙劣的制作，歪曲的描绘等使其只会有否定的价值，而这招来的是人们的摒弃。艺术家创造艺术的价值，艺术作品引起艺术观众的感情，在人身上激起一种力量，促使他塑造着或加强着自身的新的品质。就实质上讲，这是艺术在促成人的新价值。主体的改变，发挥主观能动性，“感奋起来”，从而改变现实，也就是使现实事物的价值在改变着。从对现实的认识到艺术的创造，从艺术的感染到观众的人的改变，从人的改变，又推动对现实的改造；而新的现实的改变，又将反映于艺术的创造，再影响人对现实的改造。这是一个循环往复，不断变化，不断发展着的复杂过程。我们可以看到这里包含着客观与主观、客体与主体相互联系、相互影响的辩证关系。

这里，我们叙述了形象的价值在现实中和在艺术中怎样存在及二者之间的关系。也正是从这里我们可以更清楚地看到价值的客观性。在生活中，事物的形象的价值是客观的。在艺术里，那主观与客观统一的结果，那凝结着认识、创作活动全部因素的新的形象的价值对欣赏者说来也是客观的。价值产生了，它就是生活实践的确定物，它在社会历史的联结中存在着。只有生活实践的作用，只有历史的联系的变动，才可以使它改变。人的主观认识着客观的价值，揭示着客观的价值，但人的评价与感受，只能是对客观价值的或深、或浅、或正、或误的把握，而不能以感受去任意改变客观的价值。不论是生活中的事物，还是艺术中的事物，当主观感受其价值的时候，对象的客观价值决定人的感受。但价值是否被正确的感受，决定于主观符合客观的程度。当然，主观不仅仅是受动的。主体具有历史发展形成的参与物质和精神等变化的能动性，这种能动性推动人们的实践，可以形成社会实践的物质力量。这才是真正参加美的变革的东西。我们知道人的认识的能动性，还不等于改造世界的实践的能动性，我们必须看到主观与客观、主体与客体的交互作用，却决不应该混淆认识与实践。检验价值的标准与实际地促进事物价值的变化的都是实践。感受中的美，应该在社会实践中去检验。感受总不能直接改变对象的价值，感受只能间接地影响对象。当意识推动人们实践形成物质力量，依照“美的规律”改造对象的时候，意识才间接起作用于物。受检验的感受与评价转化为新的实践，这实践如果符合事物的价值创造规律，它就可以影响事物价值的改变。这样，改变事物的价值，才不是主观空想，而是活生生的客观实践过程。世界上，多少壮丽的建筑，多少优美的艺术品，各地人民力求改变的生活面貌，以至现在社会主义国家人民史无前例的伟大建设，都正是说明只有生活实践才可以使对象价值改变的真理。

人们通过实践去改变事物的价值，也就是向着理想的美的追求。因此，一个时代的美也总与那时代美学理想联系着。我们的时代经历过无产阶级革命的时代，从远景说，是追求共产主义实现，从中国面对世界而处的社会主义初级阶段说，是为振兴中华民族，实现四个现代化而进行建设。人民群众越来越多的觉醒起来，团结起来，进行斗争，改造世界。为了理想的美好社会的实现要经历长期的探索和创造。高尔基曾经说过："我们生活在这样的一个时代：旧的生活方式在迅速地改变着，人对于自己价值的认识在觉醒着，而他逐渐地知道了他自己是一个能够真正改造世界的力量。"我们时代的美，对于人民，对于创造世界的劳动者来说，不是空幻的东西，而首先是改造世界和劳动创造的光辉。在革命的火花中，在劳动的汗水中产生着美。在人民创造的成果里，在新水库的碧波里，在大桥的雄姿里，在新建的城市和工厂里，在人民建设新农村的土地上……在这些"最新最美的图画"中充满着人民伟大创造的形象的价值——美。人民的生活是沸腾的创造的海洋，这里有滋生的美，发展的美，变化的美，创造的美，前进的美。这里是艺术的最深厚的取之不尽，用之不竭的源泉。亿万人民正在为中华民族的伟大复兴和新中国的建设，也是为社会主义事业，为着理想而斗志昂扬、意气风发地前进。正如马克思所预言的那样，改造世界的伟大变革正在进行。我们的事业发展着，人民的生活前进着，新的美在不断产生和成长看。在我们的民歌中，把人民改造社会改造自然的伟大实践，比作在大地上"绣花"。这真是比得好！让人民创造的花开遍大地，愈开愈盛吧！

1957 年 2 月于燕园一稿，
1959 年 10 月二稿，
1961 年 9 月改。

（原载《美学问题讨论集》第五集，作家出版社 1962 年出版，原署名杨犁夫。此次对个别文字做了订正）

关于中国传统美学处理矛盾观念的对话

[提要]

一、中国传统美学起初的综合形态是在《周易》中出现的。其中阴阳、八卦、六十四卦等构成的立象形态与体系，为中国传统美学提供了从矛盾把握万象以致中和的观念。

二、老子、孔子、墨子等把《周易》立象和设卦观象的矛盾观念朝不同的学术方向做了延伸。孔子后学及后代写作的《易传》吸收各家之长，使《周易》关于立象的矛盾观念即对立统一观念达到了成熟的学说层次，成为中国传统美学富于民族特色的精髓。

三、《周易·系辞》阐明“立象以尽意”和“观物取象”的基础是矛盾的对立统一。所说的天道、地道、人道都以矛盾的“两之”的形态参与立象，体现为“六位时成”。其中提出“立人”要善于在处理矛盾中立象尽意。阴与阳、刚与柔、仁与义在立象中都要“象其物宜”以体现道。并且认为依此而行的人，才能达到“美在其中，而畅于四支（肢），发于事业，美之至也。”

四、“象其物宜”是《周易》立象中处理矛盾观念的中心。形象，因物而生；物宜，就是价值取向。处理形象呈现与价值认定的矛盾是《周易》为美学这门科学揭示的根本矛盾和学术依据。

五、“象其物宜”，在美学课题上有普遍性。在审美感悟和审美创造的任何阶段，只要立象、观象，就要有“象其物宜”

的酌量。

六、历代形成的意象说及其演进形态的意境说，或叫境界说，等等，都是“象其物宜”观念的发挥。了悟此点方能懂得中国传统美学的要领。

七、中西美学交流，要研讨“象其物宜”。

八、解决新世纪和未来美学课题，也要研讨“象其物宜”。

（一）题目的说明

这篇论文题目为什么称作“关于中国传统美学处理矛盾观念的对话”呢？

庄子曾经用寓言故事讲述老子和孔子的许多次对话，对人们了解他们两位哲学、美学见解很有帮助。现在要让人们对中国传统美学关于矛盾观念即对立统一观念和处理矛盾观念的特色了解的更明白、更生动一点，可以不可以采用庄子讲寓言故事的方法呢？我看可以试一试。本文先讲由先秦、中古、近代三个时代中国美学代表人物和同一时期欧洲美学代表人物三次学术对话，按照寓言故事的惯例，在末尾处加上必要的点题、解说文字。希望能引起您的兴趣。

（二）老子、孔子和赫拉克利特的对话

老子骑着青牛出了函谷关朝西域走了好远的路，在一个旅店里遇见了希腊王室出身的学者赫拉克利特。这两个人，一个是把王位让给弟弟，而热心与人讨论学问和游览风光的贵族子弟，他这次从希腊游到了埃及，游到波斯，又游到这里；一个是辞了中国周王室图书馆馆长职位，想游览天下以验证大道，也到了这里。二人相遇非常高兴，加上当地译官的帮助，在旅店里交谈审美学问心得。正说得起劲，店主人报进来说，有个叫孔子的学者，带个叫子路的学生从山东赶着马车过来，指名拜访老子。老子听了连忙迎接，并且为赫拉克利特和孔子相互做了介绍，说是正好一起谈谈审美学问。子路自去料理马匹入厩、食宿手续的

事，不必多说。老子、孔子和赫拉克利特三个人坐下就谈审美。

赫拉克利特年轻几岁，快人快语，就问："听说中国讲音乐、讲文学等等，也讲究和谐。是不是也像我国毕达哥拉斯那样把美一味地说成和谐呢？我认为，要看到事物有对立面，经过内部对立面斗争才有和谐。"

老子笑了笑说："我和孔子都是讲和谐的，不过，重点不一样。他爱讲仁义、中道，又爱讲强哉矫什么的。我爱讲向水学习。斗争，得看使用什么样方法斗争，用刚，用柔？我觉得柔弱胜刚强，人老了牙会掉，但舌头还管用！孔子，你说呢？"

孔子出言稳当。他说："中国古人看和谐内外和背后都有阴阳、刚柔、动静两个对立面，审美活动必有两端，对立面关系变化就像《周易》里显示的，'一阴一阳之谓道'。道与器、形与象、天与人都是对立面。说到人的审美还可分天文、人文，人文里头还有象与意、文与质、礼与乐等等。形象，就是文。要讲文，里头对立面还很多。"

赫拉克利特说："我赞成说对立面。可你们说的怎么有那么多概念？"

老子说："希腊人，这些得给你说明白。从《周易》那些由阴阳、八卦及六十四卦演变到无穷的卦，也都是形象可能提供的众多审美形态，不过是说极万物之变以体现道罢了。噫，你说对立面可以成和谐，那最深处是什么？"

赫拉克利特说："事物的美按等级说不一样，最美的猴子也比不上人美。要问最深处、最后的？那是神。神最公正，也最美。"

孔子说："这和我们说的对立面不一样。我们说的阴阳就是从太极代表的气来的，阴阳二气推衍有道，推衍的形象特性有刚柔。天地人都如此。它们后面就是阴阳气化和共同体现的道，没有别的东西。"

老子插话说："希腊同行，别见怪。这位孔子只认天道、阴阳和人世间推衍出来的形象适宜不适宜，好不好，善不善，美不美，文不文等等，不认怪力乱神。”

赫拉克利特说：“那么，神话呢？你们不信？”

老子说：“神话多有意思，不能不要。不过那都是古人历年来摸索道产生的种种设想的痕迹，其实，道还要效法自然哩！”

赫拉克利特笑了：“我有点明白了。你们两位都讲和谐，讲对立面，不过和我说的不一样，你们自己也不那么一样。你是自然派，他是社会派，或者叫立人派。”

老子、孔子都笑了。老子说：“其实我们说的阴阳、刚柔、道器等等对立面矛盾的内容与形式及其变化的看法，都是从《周易》来的。《周易》原来叫《易》，以前就有过《连山》、《归藏》，本来都是总结占卜、预测经验的书，由我朝周文王整理改造之后，变成哲理味十足的书，也是讲审美学问的依据。这位孔子讲课，有许多门，以这《周易》课程为首。还编了讲义叫《易传》又叫《十翼》什么的。”

孔子连忙摆手：“那还是我不很满意的讲义。其中有我讲的，子游、子夏他们用的功夫可不少。对审美学问来说，讲人们掌握阴阳变化以促进‘立象尽意’达到‘象其物宜’效果的体现，还算说得清楚。”

老子说：“孔子爱谦虚。其实，我说的‘万物负阴而抱阳’、‘道者，万物之奥’，倒还不如他在那里说的天、地、人三才以‘两之’的形态参与形象变化要好捉摸。孔子说的人知道了动静微小之处，善于把握‘几’，就有希望达到审美神妙之境，更可以鼓舞人心。”

孔子又示意谦虚。赫拉克利特说：“你们能在一王为尊，也信天帝的情况下，只认道，我赞赏这种学术勇气。”

老子说：“不！这倒主要不由个人勇气决定，更主要的是靠民族心思积累的路子。要不然，敢说吗？”

赫拉克利特说：“在这里，我感到东方学术特有的气息。”

正说着，店主人来通报准备好了饭菜。老子说：“这店家会做周王城的中国饭菜，请希腊客人品尝。中国审美学问里讲究品味，与饮食经验提炼大有关系。”孔子补充说：“中国有关审美的字的构造都表明与人的感受相关。‘味’字从‘口’说明由口品尝滋味如何，‘相’字以‘木’旁有立‘目’，说明由视觉辨别功效。可见‘象’与‘宜’都从人的需求演化而来。再说，调味适宜叫‘和’，礼乐高的效用叫‘和’，就像韶乐尽善尽美，叫人听了好长时间忘掉肉味，那叫高级的和乐，也都是这种演化的成果。”

赫拉克利特侧着头听着笑了：“有意思，有意思！”

（三）刘勰和《阿烈奥帕吉特文集》编订者的对话

《文心雕龙》作者刘勰当过南朝梁的东宫通事舍人，发现仕途险恶，晚年辞官入了佛门，取法号慧地。他先住钟山定林寺，后来返回山东莒县原籍，在浮来山创建寺庙，也取名定林寺。他在那里校订佛经，也谈论佛、道、儒三家及其他审美学问的短长。有一天，在校经的间歇，他到前院那株由先秦传下来的一千多年的大银杏树下散步，忽然看见钟山定林寺里那位当年曾送他返回原籍的师弟跨进寺门，还带来一位深目高鼻的人物来。师弟递过一本书说：“此书是欧洲西国信奉上帝的教门传诵的《阿烈奥帕吉特文集》，这是天竺人用梵语翻译的本子。这位说他是文集主持编订人还是什么的，特来拜访，以便交流审美学问。”刘勰听了高兴，连忙让到校经楼下层会客厅叙谈。

刘勰校经熟悉梵文，翻翻那本书，便问来人：“请问，书上署的是贵客名字？”

那人不好意思地说：“在中国地面，说给慧地大师也不妨。这文集称作雅典第一任主教狄奥尼西·阿烈奥帕吉特的著作。532 年君士坦丁堡宗教会议上通过了这个名称。其实，是我这个编订主持人编写的，好在和他传下的话也有点联系。”

刘勰有点警觉地说：“你是说这是伪托的书？”

那人说：“说难听点是伪书，说好听点是托名助教的书。”

刘勰说：“你的真名可以见告吗？”

那人说："既然托名助教，说真名也没有意思。对人说就是编订主持人小阿烈奥帕吉特吧。这不会妨碍交流吧？"

刘勰说："伪书，中国也有。托名，总有原因。就学术交流说，重要的在于论点本身有道理，就对人有启发。"说着，翻着书中一些段落，那人还指点上面的话提出问题来。

那人问："你那部《文心雕龙》说的'文心'只指人的审美的心，和神性有没有关联？我们这书里说人世美是相对的，神的美才是绝对的，神是一切美的源泉。你说呢？"

刘勰说："你我都是信奉一种宗教的人，但我不把宗教当成论说文心，或者说审美问题的死框框。相反，我以为《周易》所说的天、地、人都归于阴阳二气运化之道是对的。天之文、人之文，都体现阴阳二气的变化。《文心雕龙》从《原道》写起，从二仪也就是阴阳变化的形象讲文心的通变，就是这个道理。"

那人问："你在书里不是也说过'神与物游'吗？"

刘勰笑了笑："那是给你翻译介绍的人没跟你解释清楚。'神与物游'的神，不是你想的神灵的神，也还不是天地变化奥妙的神，而是指相对于人的形体而说的精神，或者说神思的神。正因为'神与物游'才有我说的意象，才有后面说的'窥意象而运斤'的功夫的必要性与可能性。你这本文集里说一切可感知的美都是从神性美那里流出来的，神的美是绝对的。我说的是天文、人文的美都是从阴阳二仪之道那里变化出来的。这就是差别。"

那人又问："你不是信佛吗？佛教现在不也讲有神，有佛祖、天王吗？那里不也流美吗？"

刘勰笑了："佛这个词的本义只是觉悟者。觉悟当然包含体悟审美的意义。有些后学离开觉悟去发挥演绎神性的宗教，那不能作为我探求文心道理的依据。我的书里讲的成文之体的六义（那就是情深、风清、事信、义直、体约、文丽），观察为文成就层次的六观（那就是观位体、观置辞、观通变、观奇止、观事变、观宫商），还有因为'才有庸俊，气有刚柔，学有浅深，习有雅郑’而形成典雅、远奥、精约、显附、繁缛、壮丽、新奇、轻靡八种风格的对立统一，那里面体现的都是人的意象所系的阴阳刚柔之道。‘心术既形，英华乃赡’。汉魏人说过‘书为心画’，又说‘流美者人也’，都和我说的用心术体现道以成文是一个意思。恐怕和你这本文集里说的神是绝对美，由神性流出世上一切美的说法是合不拢的。”

那人说：“是这样。说实在的，我们那里暗地里也有反对文集说法的。如果你们的书翻译过去，他们可会更有借口了。”

刘勰说：“看来短期不会。象你这样的学者，对‘神与物游’还有误解，别的教会人士不一定会有兴趣翻译。”

那人说：“就怕别的人感兴趣，别的时候有新出的人物会感兴趣。”

刘勰说：“那就只好到什么时候说什么话了。好比我这寺里前院老银杏树，它不知道听到过多少种不同主张的争论了。你说它会害怕有一天人们对该感兴趣的事感兴趣的情形吗?”

那人默然好久，没有回答上来。

（四）刘熙载与两位德国人的梦中对话

晚清刘熙载，字伯简，号融斋，后来又号寤崖子。他除了著有《艺概》、《游艺约言》外，有部寓言体著作就叫《寤崖子》。“寤崖”，就是觉悟到事物的边际，“寤”，还指睡梦中醒来。他有一段时间常到道光皇帝宫内行走，和皇宫把门官文秀庵成了知心朋友。有一天，两人交谈。文秀庵很赞扬刘熙载谈审美的著作，尤其赞扬《寤崖子》这本书，说是很得《周易》之理。刘熙载谦虚一番，却说起西方欧洲各国把审美学问取名美学，大有兴隆之势的事来。听说德国这方面人才尤其令人注目，只是不知道他们了解不了解中国的审美学问？德国驻中国使臣里可有这样的人物？文秀庵表示：可以打听，又说，外国使臣进宫常先联系，也常拿着翻成汉文的书报相赠。可以让他们找点看看。要是使臣里有这种懂行的人作介绍，那就更好了。过了两天，文秀庵果然从德国使臣那里找到这方面的书刊，还找了个通德文的汉人译官来详说了一番。什么鲍姆嘉通、康德、黑格尔等说了不少。说起当前这方面的人物，和刘熙载年纪相近的竟有两个人名近似的，都是讲审美学问的教授，一个叫弗里德里希·费希尔，一个叫古斯塔夫·费希纳。前一个是黑格尔后学，近来注重从情感象征看待美；后一个是兼着心理学教授，说过去从形而上学说的多的“自上而下”的美学不好，应该提倡从人的心理实验出发的“自下而上”的美学。刘熙载听过介绍，自己又看看那些书刊，想一想，觉得到底国家不同，人们想的也不尽相同。看来，我这“寤崖”的“崖”所说的边界竟然是活动的了。庄子说过“知无涯”。要能和这样的德国人交谈就好了。想着，感到看书刊困乏，倒在床上和衣睡下。正睡着，却见文秀庵和那个汉人译员带了两个外国人进来，连忙迎接。译员一介绍，原来正是那两个人名近似的德国人，都是西装革履，深目高鼻，不过一个颇像书刊上黑格尔像那样瞪目直视，另一个却带着察言观色的机警，后者正是那位兼教心理学的教授。

几个人坐下，费希尔先提了个问题：“《艺概》里几次引了《国语》的话，说‘物一无文’，这是说审美要看到矛盾，但怎么又说‘物无一则无文’呢？”

刘熙载说：“先生不愧是黑格尔的后学，这问题提得好。我们中国自打《周易》以来就从阴阳刚柔之道看待审美，承认‘文之为物，必有对也’，就像王夫之说的：‘阴阳各成其象，则相为对。’又因为气本一元，生生不息，每对之中，必有‘主是对者’。所以成文必像个‘生物’，得有‘一’以构成立象的整体。”

费希纳接过来说：“说得有东方文化的特点。应该从人的心理感受接触文艺作品，像谈生物特点那样去谈美学。这么说，中国现在也兴起‘从下而上’的美学？”

刘熙载说：“你说的改变西方过去一些学者单从形而上学讲，去用‘从上到下’办法讲美学的偏颇是有道理的。不过，从中国看，在古人那里，就一直把形而上称为‘道’、形而下称为‘器’的。在审美学问来说，是不能脱离的两个方面。我说的文艺作品要像‘生物’，那可是既讲‘道’也讲‘器’的。你讲从心理看审美分了十几条，讲细一些，倒是应该的。只是中国过去讲究‘文心’、‘意象’体现的细，和你说的路数不一样。”

费希纳说：“你能稍许说细点吗？”

刘熙载说：“《周易》说的‘立象以尽意’和‘象其物宜’，都是说审美中观察形象、改造形象的心物关系的。后人说的心学、心画，写字里‘流美者人也’，都是说的人的心理对形象体现于文艺作品的主导作用。至于审美心理在形成意象情况下如何‘象其物宜’的原则，汉朝人总结前人经验提出赋、比、兴三种方法，可以说把心物关系处理的立象思路大致说明白了。我在《文概》、《诗概》和《经义概》里都说了这方面的道理。古人说，‘比显兴微’，又说‘取象曰比’，‘取义曰兴’。其实，赋里有比、兴，比、兴里也有赋。你们叫多样统一、象征、联想。照我看，用赋的方法集纳多种形象于一种新的形象里，就是多样统一。要比、要兴，当然要有象征作用，再作延伸，就是寓言用的象征了。用小比大、用近比远，不就包含省力原则和加强原则？阴阳刚柔变化只要体现于具体形象，体道和成器应该统一。按说不必让‘从上而下’和‘从下而上’在学问路子上大翻个儿。越来越精细合理倒是应该的。”

费希尔说：“看来你说的赋、比、兴也要有象征方法，和我说的审美的象征作用有各自思路的系统性。你说的‘立象以尽意’和‘象其物宜’扣的是很紧的。”

刘熙载点头说：“对，你明白这个，就会对我写的书里解说中国审美传统学说里那些成对成对矛盾对立范畴的必要性更容易明白了。我说过，《大戴礼记》说的‘通道必简’有道理。汉代蔡文姬回忆其父蔡邕认为，书法中‘阴阳既生，形气立矣’。我也说过：‘书要兼备阴阳二气’。可见，抓住阴阳刚柔之道，明白了由此而展示的审美中处理矛盾对立面关系的观念，就掌握了中国有关艺术形象审美创造道理的大概。你听，由这种道理展示的审美范畴分门别类可以有数十对、上百对，以至更多，绝不止美、丑、优美、壮美、悲剧、喜剧、象征这么几个。这是以阴阳刚柔为审美理论基点的特色所在。你们听听，说到‘我’与‘物’的关系有物色与心志、情与景、有我与无我、似与异、奇与稳等等；说到立象成果的评价有美与丑、真与诞、刚与柔、文与质、信与谬、悲与喜、愤与谐、雅与俗、奇异与平易、华与朴、虚与实、妙与拙、雄与隽、疏与密、硬直与柔婉等等；说到审美准备、创作过程与方法有先天与后天、才与学、识与虑、炼神炼气与炼字炼句、求旷与求奥、直与曲、断与续、开与阖、含与露、透与皱、求风与求骨、求理与求趣等。说到风格品类的体现，更有多样。刘勰说过八种，司空图说过二十四种，以后有关中国诗、文、词、曲、书、画等品类著作整理得更多。但这些说回来也就是阴阳刚柔的变化。这些变化有个关键就是《周易》说的‘六位时成’。审美意象要‘象其物宜’的细微处就要看因时间变化带动空间及各种条件的变化，形象的‘宜’也就会在所呈现的特色上发生着变化。所以我多次说‘时’在审美创造上的意义很重要，值得深入体味。”

正说到这里，两位德国人还要问什么，只听得文秀庵在外面敲门说：“刘兄，有要紧事。快开门!”

刘熙载睁眼一看，对话的几个人没有了影儿，原来是一场梦中对话。家人开了门，文秀庵急步走来，并且朝刚出屋门的刘熙载说：“新传来消息，要放几个人到外地当督学去。其中有你，说是到广东。”刘熙载连忙谢过文秀庵通报的好意，心里想：再找北京这样能有和外国人通通学术情况机会的地方怕是难了。不过，广东与海外通话也还方便，另有收获，也未可知。于是打点行装，准备旨意下来就上广东去。

（五）从三次对话中可以得到什么启发?

从三次寓言故事对话中，是不是可以使您对中国传统美学中贯穿着处理矛盾观念，或者说把握对立面辩证关系的观念，有个大致的了解呢？如果再具体点分说，可以有以下几项启发：

一、中国传统美学从其发展趋势来说，是一直注重形象中处理矛盾、对立面及其变化研究的。在《周易》的经文中已经形成了观察形象、建造形象的综合形态学说的基础。阴阳、八卦、六十四卦及每卦六爻变化的形象系列，实际上为传统美学提供了从处理矛盾即对立统一把握万象变化以致中和的思路。

二、老子、孔子、墨子等把《周易》经文中设卦观象和立象观变的对立统一观念朝不同的学术方向作了延伸。孔子讲授《周易》，大大超越了占卜书的局限性，注重哲理和审美道理的阐发，由其后学写定的《周易·易传》也叫《十翼》，吸收各家对《周易》解说之长，从天人统一意义上表达了领悟万物变化的哲理。其中关于审美立象学说处理矛盾观念达到了成熟的理论层次，成为中国传统美学富于民族特色的精髓，值得吸取和发展。

三、经过《易传》从哲理和审美学理上的阐释，使《周易》的“观物取象”和“立象以尽意”的根源，即阴阳矛盾对立变化之道更为明白。所说的天道、地道、人道，都以“两之”的形态决定和参与观象和立象，也就是《说卦传》说的：“分阴分阳，迭用柔刚，故易六位而成章。”“章”，就是构成一个有系统性的形象。《乾卦·彖辞》强调了“六位时成”，《系辞·下传》又强调“六爻相杂，唯其时物也”。“物相杂，故曰文；文不当，故吉凶生焉”。《系辞》中还多次提示观象、立象要“象其物宜”。这就把立象中由时间空间构成又以时间带动空间变化产生形象特质变化这个关键点明了，也为后来的意象说到意境说提供了从时空对立统一关系了解审美矛盾观念的理论基础。“位”是与时间相关的形象空间的“位”，随着时间推移带动“位”的形象特质的变化，这就叫“时成”。“象其物宜”要注重“时成”。在这里体现出阴阳刚柔变化由时间变化起牵动作用的必然现象。《周易》对人的自我审美要有内外统一并且适应群体、民众需求的立象，也有论述。《坤卦·文言》说：“君子黄中通理，正位居体，美在其中，而畅于四支，发于事业，美之至也。”《系辞》说：“君子知微知彰，知柔知刚，万夫之望。”其中都包含处理审美中矛盾对立面关系的思想。

四、上述三次对话，说明中国传统美学矛盾观念得到世代相传的继承与发展。人们认同《周易》所说的“立象以尽意”是立象学说的现实基础，而要处理好物象与人意的关系，就要“象其物宜”，在这上面产生了美丑、好坏、善恶、真伪、巧拙、文质、高低以及吉凶等等酌量。可以说，“象其物宜”是《周易》关于立象、观象中处理矛盾对立面关系的中心议题。形象，因物作用于人而生发；物宜，就是人的生命与生活趋向需要相对应的适当的形象，就是人的价值取向。形象因物而呈现的可能性与人的价值认定的矛盾，是《周易》为美学这门科学揭示的观象、立象过程中的根本矛盾和学术依据。

五、美学发展的具体课题有时代性，但在都得面对“象其物宜”这个根本问题上有普遍性。不论对自然美、社会美、艺术美，包括介于实用科技与人文艺术之间的工艺美等，也不论属于审美感悟和审美创造的哪一阶段，或者分为由上而下、由下而上、由外到内、由内到外的审美课题，都要处理和研究这种根本矛盾涉及的课题。只要观象、立象，就要面对“象其物宜”这个问题上的酌量。因为物象不会自动地尽如人意，就需要“立象以尽意”。“物宜”由形象呈现，但是“物宜”的形象不只是由物本身去酌量。“宜”的成象要循物之理，这通向体现万物变化的奥秘，“宜”的价值酌量却重在宜人。要体现主体价值需求的丰富多样。人在“象其物宜”的反复进行中也包括对自身的改变。人们常把美的为人性和新异的特征联系在一起，因为“象其物宜”是流动的变化的。晋代郭璞说：“物不自异，待我而后异。”唐代柳宗元对此作了发挥，提出：“美不自美，因人而彰。”这些正是对“立象以尽意”又要“象其物宜”两个相关命题中蕴涵的内在矛盾对立关系所做的精辟论断和发挥。

六、历代形成的意象说，及进一步从立象成果意义上形成的境界说，其根本问题正是在于“象其物宜”。比如，对于境界，人们常说是情理交融或情景交融，这自然也是阴阳对立关系的体现。但是进一步考察，情理交融、情景交融呈现为形象特征的具体性，还要决定于“六位时成”在“象其物宜”上的体现，即动人的境界必然是“位”与“时”，即“空间”与“时间”在“宜”人的意义上融合的形象。没有生动的和相应的深广程度的空间形象特征，不成为感人的境界；没有具体的因时而成的形象，意境也缺乏可信性。汉语成语有“恰逢其时”、“渐入佳境”、“良辰美景”和“风云际会”等，但也有“事过境迁”等。这些都说明由老子、孔子，到刘勰，到司空图，到王夫之，又到晚清刘熙载等人，他们都注意到《周易》说的“象其物宜”要求关注“六位时成”对意境或境界体现的重要性。从画论说的赏鉴山色境界看，四时不同、晨夕不同，风雨阴晴等也不同；从诗词提炼景物与人的心情关系看，也是随时间变化而异：“红杏枝头春意闹”是一种境界，“乱红飞过秋千去”又是一种境界；“山重水复疑无路，柳暗花明又一村”，显示人行走的时间变化牵动了空间景色的变化。上面三次对话中说的形象的大小刚柔，味的浓淡调谐，“神与物游”的应答深浅，唐人司空图说的“思与境偕”的象内象外，王夫之说的以“内极才情，外周物理”达到形象的“现量”，都有关体悟“六位时成”的重要性。刘熙载在《艺概·书概》里，从中国书法讲究阴阳刚柔相推相融的变化之道引申出一个论断：“观物以类情，观我以通德。如是则书之前后左右莫非书也，而书之时可知矣。”这说明，要“象其物宜”就要以掌握“时成”作为艺术立象的火候。

还可以举两个现代人讲的有味道的话为例证。京剧艺术家梅兰芳把戏曲改革中艺术创新带来的变化叫做“移步换形”。其中所寓的道理实质上是从适时的艺术改革行动牵动形象特质变化的思路。毛泽东在诗中写的“风物长宜放眼量”，不但告诉人们应该有空间上放宽眼界看风物的必要性的感悟，“长宜”二字恰恰点破了时间牵动空间景物形象特质变化，要求人们应该有相应的时间眼界变化的感悟。现在人们常说的“与时俱进”，正是与此相通的。新世纪审美创造应当更自觉地体现与时俱进的创新精神。

由此可以说，三次对话带给人们的主要一点启示，就是了解中国传统美学处理矛盾观念的基本内容，要把了悟“象其物宜”当做着力点。了悟这一点，才能领悟中国传统美学的要领。

七、中西美学交流，中国和其他国家美学交流，要研讨“象其物宜”和中国传统美学处理矛盾观念的关系。

八、解决新世纪和未来美学发展的课题，也要研讨这个“象其物宜”和中国传统美学处理矛盾观念的关系。

（此文曾在2002年“美学与文化：东方与西方”——北京国际学术研讨会上宣讲。“论纲”即提要刊载于会议手册）

分　论　篇

识得春风非等闲

——读《小交通员》、《路遇》随记

在生活中对人和事物的了解总很少是一眼看去就什么都透彻了的。人是各式各样的，在具体的人身上，外在与内在、外表与内心、次要的与主要的东西等的结合也会是多样的，因而，认识人不能简单化。艺术作品在刻画形象、在引导读者了解生活中审美价值呈现上也不能简单化。新近读了两个短篇小说，一篇是马识途的《小交通员》（《人民文学》八月号），一篇是雷萌的《路遇》（《人民文学》一月号）；这两篇作品在这方面都有值得称许的地方。

《小交通员》写作地下工作的党员老冯和新找来的小交通员小丁（丁宗平）从初相识、不了解到了解的故事。小丁刚出现时，他给老冯的印象是个调皮、满不在乎甚至有点流气的靠顶壮丁混饭吃的小家伙。瞧他的样子：眼睛透着机谋，是“会说话的眼睛”；嘴角翘着，还不时地鄙夷地抿抿嘴；特别刺眼的是嘴皮上还玩弄着纸烟。在未介绍来之前，老冯和他在客栈里半夜不期而遇，他躲避抓逃跑壮丁的人跳窗而进，已有一个不好的印象。老冯心想怎能让这样的人作交通员呢？介绍人的交底，说明了小丁是烈士子弟，政治上可靠，人又聪明，至于顶壮丁是替穷兄弟解危扶困等，这才打消了一些误解。但是紧接着又发现他听交代工作“满不在乎”，看来是工作不当心的人，还发现他爱压马路、逛茶馆。但有一件紧急事又只好交他去办：送信给一个可能被叛徒出卖的同志。急人的是交代时他似乎不着急，更急人的是两天没回来。老冯进城去看被盯了梢，小丁倒安逸地过来打招呼，这不益发使人生气么？其实，在小丁设法使二人摆脱盯梢以后说清了情况，才知道他那些似乎叫人急的地方正联系着他的可贵之处。似乎是调皮，实在是机智；似乎是乱逛，其实是为了熟悉人和熟悉环境，像他对茶馆的熟悉在摆脱盯梢时就见了分晓；似乎是漫不经心，其实是胸有成竹；似乎只是不好的玩烟的习惯也包含着他少年的顽皮。在认真、负责、机智、勇敢的实际行动中，小丁的可亲可爱感动得老冯直说“好同志，好兄弟!”同刚在老冯面前出现的样子相比，小丁的形象逐步展开来并深化了，原来被不招人喜欢的外表所掩盖着的光彩终于显露出来了。作品临结尾时，交通站被包围了，小丁舍身打先冲出去，又机智地带着同志们脱了险，这又为已显露的光彩添了浓重的一笔。

《路遇》所写的和上篇有类似之处。不过这里是解放区的一个老农民对“我”——过路的八路军干部的误会，因而“我”也对老农民先没有好感，后来才了解到老人的误会出自对革命的关切。这里写的是战争年代常有的事，行军转移和同志们走散了，这个干部就顺河走着去找自己的队伍。由于砂子一次次捣乱，“我”发火了，就脱下鞋在地上狠拍，不料却被当作坏人使暗号。旁边庄稼地里跳出来个老农民对这过路陌生人加以严厉的盘问，老人是自觉地尽保卫解放区的责任。一个问得严厉而毫不放松，一个要保密，不免支支吾吾，似乎有点辩解不清。只是在“我”确乎流露出那种“坚决的革命意志”后，老农民才把“我”当作自家人。这时分，共同的革命感情使两个人霎时亲近起来，严厉的老人突然变得温厚、慈祥，要被误解的“我”快把鞋穿上。这里老人的可敬可亲也渐渐展开来。接下去，老人问“我”年纪，问毛主席身体如何，直到知道了毛主席身体是壮实的，才更进一步揭示了老人内心丰富、深厚的美好感情。“这就好啦，这就好啦！……”老人说着这句话，“两眼眯成一条缝，脸上露出开朗的笑容，这笑容盖过了他外形的丑陋，我觉得他很美很美”。他要捎信给在我们部队的小子，要他好好干，也劝“我”好好干，还嘱托要像锄草务尽一样除尽反动派。到这时，老人对“我”不是引起反感的外形丑陋而又严厉得怕人的老头，确实是好得感人肺腑的与革命声息相通的老人。

说起来，这写法有点像所谓艺术手段上的欲擒故纵、欲扬先抑了。但这两篇作品确也能从解开一些问号和结子里，逐步打破了原来不怎么可亲可爱的印象，凸现出两个使人越来越觉得可亲可爱的形象。这里人物形象的展开是由相反的方面向要赞扬的方面的推移，是从表面上的丑陋、态度不可亲、一些次要缺点等向人物更本质的东西，人物的美好价值的基本品质的推移。这两个人物的刻画不能说是十分丰满的，但的确可以看出写得不是简单化的，是写得真实可信的。就具体作品所反映的生活内容来看，作者在描绘人物上是单纯、自然的，而对人物从外在到内在、从外貌到内心的刻画上给人的感受是比较丰富的。作者不仅写出了人物在做什么事，而且力求写出做这些事和人物的心理和性格的联系，可以叫人感觉到人物活生生的气息。

从展开人物讲，长篇小说和短篇小说可以而且应当有不同的要求。这两篇小说在刻画与描写人物上也是从短篇小说的容量、选材等特殊性作了考虑，所以写人物比较集中，笔墨还算经济。《路遇》选材和提炼都下了工夫，很有简练、明晰的好处。一场路遇，自然写来，颇有趣味。在烘托气氛、点染人物上简洁有力，夹便交代“我”的情形，也应孔下楔，错落有致。全篇结构得体，文势流畅；写老人从庄稼地跳出始，又从走进庄稼地收了一笔，不仅前后呼应，而且末尾老人在包谷林里还喊了一声，人去声在，富有余味。在短短六千字上下的篇幅里，借解放区路上一件平常事，能写出人物面貌，又处处觉得与当时局势联系很紧，虽是小篇幅，读来却有大气势。《小交通员》篇幅比《路遇》长一倍，但就谋篇、剪裁讲也是颇费心思的。看得出，作者对小丁这样的人物有更多的了解，但在作品里只着重写了两件事，一件是客栈里夜遇，一件是交代送信任务直到共同脱险。开篇从小丁被介绍来写起，夹着回叙客栈那一段，引起了读者对老冯反感的小丁究竟是什么样的人的兴趣；接下去，解决了些疑惑，新问题又出来，一波未平，一波又起，引人读到底。特别在后一件事上，作者对小丁的认真、负责、机智、勇敢等将要展示的品格总是欲露先隐，引人寻求答案。这个人物虽然内心世界写得还不够细，但他以自己的行动的说服力，说服了老冯，也说服了读者。《小交通员》能在现在这样篇幅里从曲折、生动的生活故事里写出这个人物，应该说是不容易的。

如果说到这两篇有类似处，那么也都各有特色。比较起来，《小交通员》的作者更善于讲故事，情节的连接，扣子的运用，都使人觉得作者吸收了传统的说部作品的长处，写人物的行动很有吸引力。《路遇》里却是更多一些优美的散文那种抒情气息。这篇作品给人突出的感觉是色彩明净、自然，仿佛在讲述中也含着诗情画意。通过作品里“我”的讲述，不但有那种热情洋溢的调子，和回忆趣事那种喜悦与幽默，而且写“我”与老人的感情交流也是自然而感人的。当读到老人向“我”坦述心志，倾吐对毛主席的热爱、对胜利的信心，直到喊着打反动派要“不、打、完、不止”的时候，我们不禁要随着讲述人一起满身流热，感情激荡。作品前面写的黄糊糊平静的河和惹起事故的砂子，在后来却又被拿来引发出一段感人的抒情描写。老人最后的话振奋着“我”，于是景物的画面在眼前也出现了新的意境：那河“它不仅在动，而且动得很快。现在我才晓得，是河总得流啊，世界上没有不流的河啊!”这里写了老人形象的感人，写了讲述人的内心世界，不也写了这个老人身上所体现的群众对革命的感情，使人更增强了胜利的信念，更加感到了人民那深厚的永不停息地前进的力量吗?就在结尾，奋力步行的讲述人又紧呼应着前边交代道：鞋里的砂子不会没有，可是，心里的砂子已经没有了，没有了。由于这里的抒情，那像写意画一样简练、苍劲的老人形象就显得更加余韵悠然。

另外，也可以看到这两篇作品在刻划人物上还有个共同的现象，都是在人物间存在有这样那样的误会或误解，而后来人物真实的好品质打消了另一方的误会或误解。记得曾有人因为那种简单化的作品中也有一类是常套用误会的，因而认为似乎写到误会、误解就会联系着简单化。其实，写误会、误解并不一定就是简单化。但是任何艺术手法如果违背生活真实去任意套用，那才是简单化的病根。在生活中，人物会产生误会、误解，在艺术中也就可以写，问题是要写得自然，要符合所反映的生活内容和人物本身的性格。如果说，艺术中那种运用得好的巧合是能从整个艺术形象的必然出发，以偶然的形式来表现人物在新的际遇中的思想、言语、行动，从而有助于揭示人物的性格或性格的新的方面；那么误会、误解也常常与巧合的际遇联系着，在这时人物由种种原因而产生认识上的误差、错觉，并且引起或加强了一些暂时的矛盾。这里也可以是揭示形象、刻画性格、描写人物的天地。既然艺术形象的展开所运用的手法有无生命力在于它是否植根于生活真实，是否是从艺术形象本身所生发的需要，因而，巧合与误会在艺术中的成败，也就在于是否运用适当，是否真实可信；滥用或硬套巧合和误会所造成的艺术上的失败，咎责不在艺术手法本身。这里两篇小说也许在运用上不是无瑕可指的，但的确并没有因为写了误会、误解而使人物减色。这里不是生硬的套用，而是人物形象的展开所自然需要的形式，在这具体的情形下是突出了人物，突出了主题思想。看来这里也说明了艺术形象的刻划，可以有多样的手法，但这些手法总应该是与对生活中审美价值呈现的认识、选材和提炼，与人物的形成交织一起而自然生发出来的，它不是勉强外加上的，而是适合于具体作品的具体的艺术表现途径。

这两篇作品也许并不是近来短篇中最出色的，但至少在写革命历史题材的短篇小说中，算得上是有特色和引人注意的好作品。从其具体内容看，作者能引导读者逐步深入人物，透过一些障碍而看到人物的美好品质，这样去把人物写得有厚度而不简单化的努力，是可贵的。这形象展开的不简单化的过程使人更加深了对人物的喜爱。就说《路遇》里的老农民，在对“我”一番严厉得怕人的盘问之后，又那样纯朴地流露了对革命的感情、对胜利的信念，他的可敬可爱也更是活生生的了。这时老人的满脸春风，是从那颗支持革命的心的深处发出来的，这使老人在讲述者眼里不复是严厉得怕人，也不复是丑陋，而觉得他很美，很美。由暂时矛盾的解决，他们有了更深刻的了解，才产生了新的感情。这是讲述者识得了老人那可贵的春风，而这过程的真实可信不也是作者善于使读者识得这种可贵的春风吗？识得春风非等闲，我想，这样的作品从思想内容和艺术感染力来说，都确实是值得一读的。

（原载《人民日报》1962年9月30日第5版。原署名：杨坚夫）

谈“拿住人”

看了好戏、好电影，常听得人赞不绝口地说“真能拿住人”！

“拿住人”，就是艺术吸引和感染了观众，就是使观众情不自禁地跟着艺术走。多少人为李慧娘的遭遇悲愤，多少人为喜儿的命运流泪。舞台上和银幕上是演员在活动，可是好的作品能使人为角色欢笑、悲伤，忧其所忧，哀其所哀，乐其所乐，“为古人担忧”，“替别人感慨”，这就叫“拿住人”。艺术“拿住人”，才能发挥出潜移默化的力量，起教育影响人的作用。过去有的老艺人曾达到要叫台下哭，就千人落泪，要叫台下笑，就全场开颜，这就是艺术上“拿住人”的高手。

艺术能不能“拿住人”，艺术的力量大小，自然是以作品的思想性、艺术性的全部因素所达到的程度而决定的。但就艺术创作过程讲，却必须自觉的施展“拿人”的手段。怎么去“拿住人”，必须在形象发展过程去找办法，怎么找，群众在说好戏“拿住人”时，还有一句常说的赞语，那就是“合情合理”。“拿住人”的根本方法，就在这四个字上。什么是“理”，“理”就是事物发展联系的规律性，“合理”就是要把事物表现得使人看来惊叹而心服，认为果然如此。什么是“情”，“情”在我们看来就是人民大众所喜所憎的对人物确当的态度。“合情”就是照人民大众的感情、愿望去揭示事物的关系，去描写人物。只有又“合理”，又“合情”的形象，只有艺术上真实可信，思想感情鲜明的艺术形象，才能真正感染观众。

“合情合理”听起来是最普通不过的几个字，但是，最朴素的，也就常常是最根本的。无数中外古今的艺术杰作，无数名家表演经验，都证明了“拿住人”并没有奇方妙药，问题就看艺术创作是否达到了艺术上的“合情合理”。艺术是反映生活评判生活的一种形式，当你在向人们展示所认识了并在用生活本身的模样而近似地再现着的事物的时候，这里最重要的不是别的，就是艺术真实性，就是“合理”。人们不要求艺术就是真的事实，但必须要求艺术的真实，也就是逼真。生活中的可能性，在艺术中成了明朗的联系。艺术把生活中的事物发展逻辑，提高加工为艺术中事物发展的逻辑。这种逼真，叫人信虚为实，信拟作真，信影为本，觉得这是不得不然，非如此不可的东西。

那么，要求“合情合理”反映必然性，是不是就会千篇一律呢？不，不会。而且，我们说的“合理”就是照事物的联系去发展形象，艺术要具体地象形地反映现实，那么，“理”就只能是具体的联系。试想，在具体联系中描写刻画着人物，这就是在总的联系中找具体，从一般中找特殊，而写出这个形象带有共性却又是自己独一不二的必经之路，这才是我们所说的真正的“合理”。因为，生活中事物存在的形式本来就是这样，艺术只不过提高的来表现而已。这样，大中求小，根上求芽，“大合理”上求“小合理”，不是别的，就正是艺术形象生命的秘密。《红楼梦》在这方面对人物性格和人物关系上的表现而展开的“拿住人”的手段，可谓高超的很。封建社会的爱情悲剧不知有多少件，文艺作品中不知描绘过多少遍，可是在曹雪芹笔下的贾宝玉与林黛玉的爱情悲剧，却以那样的异彩吸引着人。妙处就是在那样广阔的必然性中作者又抓住了那么细致入微的人物关系与事件联系，在特有的联系中展开了形象特有的道路。在贾家的大门第内，宝玉是娇生的宠儿，在他面前摆着的是他最瞧不起的做官吃禄的庸俗之途，他厌弃这些。在纷扰的人群中，他喜爱的是寄居他家的林黛玉。二人有共同的思想感情，又常在一起，于是这两个可以称为封建官僚家庭的叛逆者之间发生了深沉的爱情。然而，这特定的人物在那特定的封建重压下是注定了要产生悲剧的。强大然而实已腐朽的封建势力冷酷地扼杀了他们的幸福，这二人在不可胜利的抗争中毁灭了。这个深刻动人的故事是必然的表现着，而且重要的是特殊的具体的表现着这种必然性。具体的联系的“合理”正生动的表现着更大的“合理”，而更大的“合理”正借具体联系的“合理”而引人地展示形象。这种大中求小，具体联系的描写越深刻，也就越是生动的“合理”，也才能“拿住人”。

“合情合理”是具体的展示着，因而艺术的“拿住人”就妙在常常是行在必然之中，现在意料之外。艺术形象在发展中，从一步步的新的具体联系，使观众见所未见，感所未感。这种具体的“合情合理”，以其特殊性，唤起人们的新奇、关切、注意，这就是“拿住人”的妙用。苏联电影《烽火的里程》，一开始表现了阴险的敌人别克列密舍夫设法往城内带暴动的信号，一方面表现契卡工作人员札甫拉金从临死的政委那里得知有人送信号，决心拼死也要在路上捕住这个敌人，他带着两辆有机枪的马车赶进城去，同车有医生、护士卡嘉，还有悲剧演员奥尔林斯基，然而更绝的是一个掌机枪的正是别克列密舍夫，于是，在这“烽火的里程”中，观众的心紧随着这两辆马车前进，一个个关节扣住人们的心。马车要进险恶的密林了，会生变故吗？但紧张之后竟安然而过。要过桥了，会生变故吗？但又在紧张中安然冲过。他们在富农家休息下来，安静吗？月光下札甫拉金与卡嘉真挚地谈着爱慕的话。可是在大家睡着时，别克列密舍夫刺死别的马，驾上一辆马车逃跑了，等札甫拉金等找来马急忙去赶时已经追不上了。以后的路上，在敌人的火力网中又展开了人物的新面貌，悲剧演员也在勇敢战斗中牺牲，医生也负了伤，直到最后，敌人暴乱的阴谋粉碎了，多次盘查，多次追捕未查出来的别克列密舍夫终于死在札甫拉金的枪下。“寿命真长”的札甫拉金与卡嘉又会见了，他们又在马车上沿着望不尽的长路飞驰。这个作品不过一条长路，两辆马车，不多的人物，也不多的情节，却以那样可信而又出人意料的场景，紧紧牵着人们的心与之一齐走完这“烽火的里程”。妙处就在于这里面步步都有新鲜的“合理”，节节都是“合理”的新鲜。

艺术是引导人们认识生活的，如何当引路人，这就要有本事。要能引得妙，拿得住，叫人步步跟上直到高潮，这就要艺术能扯开万条线，千张网，线线归大纲，步步向高潮，每一步的具体描写，都服务于整个事件的发展逻辑。没有前边水势的准备，不会激起浪花；没有点燃火药，起火不会冲上天去；没有多方面艺术线索的充分准备，高潮也就不会壮观。莎士比亚是掀波起潮的能手，他写的“奥赛罗”中奥赛罗和苔丝德蒙娜爱得那么深，可是奥赛罗的英勇、自尊、正直、易于偏听而愤怒、嫉妒和苔丝德蒙娜的痴情无备，早就伏下了被奸诈的埃古利用的危机，继之爱情与不信任在奥赛罗的心里交战。最后当他在愤怒中怨杀了苔丝德蒙娜的时候，才知道作了可悲的蠢事，于是，以前准备的一切因素，在这里爆发出愤怒、追悔、正直的悲痛的火花，人们一直关切的惨事终于发生了，这一对深爱着的人在特定的矛盾冲突发展到了高潮时毁灭了。全剧中强大的悲剧力量在“合情合理”地表现着。

从冲突、矛盾中发展形象，有一个重要的东西，那就是要“合情”地态度鲜明地表现人物及他们之间的关系。作品中人物要使人爱所爱、憎所憎，以“合情”的光，照亮人物的本质，才能使人物不是冷漠的“戏中人”，而是观众感情的寄托对象，观众才能为人物的命运挂心，关切这个人物在将要发生的事件里，将要怎样行动，会遭遇到些什么。喜儿曾使人们为其受苦而流着含愤的泪，也曾使人们为其解放而带着含泪的笑，就是因为人物写得鲜明。要使人物明朗地出现在人们面前，使人们为他喜爱的剧中人遇难而焦急，为可憎的剧中人得势而愤怒，能激起这种感情，引起全心的贯注，这就要“合情”地深入人物，“合理”地表现人物。

我们说，艺术要“合情合理”，是要把人物在复杂具体的矛盾与联系中“合理”地存在着，而不是少枝没叶的木头，要使人物“合情”地现出本质，而不是面目不清或错误的表现。从小到大，大中求小，从具体描写中看必然，从合理中出新鲜。太一般则平淡，太特殊则零散，要使整个作品联系得当，人物鲜明，步步设阶，推向前去，这就是“合情合理”。理有绪，情有致，理细情明，理新情烈，始能引人，使人不得不随艺术而喜、怒、哀、乐，感奋于内，这就叫人深领了艺术，这也就叫艺术“真能拿住人”！

（原载《山西文化》1959 年第 3 期）

十以当一

人们常把成功的艺术形象叫做“一以当十”，说明艺术的欣赏者从艺术形象的“一”感受到许多东西。

但是，这“一以当十”却正是从“十以当一”中来的。

“一”所以能当“十”，因为它是从生活中吸取许多养料经过艺术劳动的提炼、加工而成的结晶。这个“一”不是凭空产生的。要想“一以当十”，就要下苦功去熟悉生活中的含“一”的“十”，就要用大量的劳动去锻炼那能以“一”传“十”的艺术能力，就要有“十以当一”的干劲。巴乌斯托夫斯基在《金蔷薇》中曾叙述了一个引人兴趣的故事。一个老清洁工特别注意保存从首饰作坊打扫出来的灰尘，经过细心筛簸把其中的金粉末清理出来，日积月累，终于攒得足够铸成小金锭。他把第一个小金锭打成了一朵祝人幸福的金蔷薇花。这个由多少日月、多少次清理才得到金花的事，作者把它和艺术创作的劳动相比，看来这是很有道理的。同一作家在《散文的诗意》一文中就叙述过同样的思想，他说：“作家所知道的应当比他所写的（尤其是关于人）以及他所说的，多得多。”又说：“要知道得详尽，才能写得简练。”这就是说，只有劳动得更多，知道得更多，才能获得艺术上取胜的少，才能从许多中提炼出那使人感受、联想到许多的“一”。

“一以当十”是艺术典型化的特征，是艺术的妙用。“十以当一”却是为了达到“一以当十”的必然过程与条件。在艺术效果上要有取胜的少，在艺术劳动中却必须有制胜的多。为了画好山峦，石涛在《画语录》中主张“搜尽奇峰打草稿”。为了写作得好，鲁迅在《答北斗杂志社问》中告诉我们要“留心各样的事情，多看看，不看到一点就写”。阿·托尔斯泰也曾说，只有辛勤劳动，才能找到“金刚石般的语言”，写出优秀的作品，为此，要“怎么下功夫呢？观察周围的生活，同人们来往，思索，阅读和认识。本身带着最大限度的紧张去参加生活的建设”（见《致青年作家》一文）。

每一种劳动技能都需要从苦练中去提高，艺术创造上使人看来运用自如的轻易，也必须从苦练中得来。艺术上的高度造诣使你在欣赏时看来它的表现是那样的单纯和简练，但这却必须在艺术锻炼上经过不畏困难、不怕失败、反复探索的许多苦工而取得。我国戏曲名演员盖叫天的令人叫绝的演技是不分寒伏苦练出来的。对他艺术上的巧有人比作一颗晶莹明珠，但要晓得，这明珠却正是用无数汗珠培育出来的。如果有人只望着别人的成就，自己想不花气力一蹴而就，那种想法是不切实际的，也是不可能实现的。只想要高摩流云的金光闪闪的塔顶，却不愿意作塔座、塔身那一块一块砖石的砌垒工作，那塔顶也便是空的。关于这一点，齐白石老人在诗中曾写道：“采花蜂苦蜜方甜”、“成如容易却艰辛”。蜜蜂辛勤地采百花酿甜蜜，这是艺术家“十以当一”劳动精神的写照。有这样的多劳，才得到那精巧；有这样的“艰辛”，才得到那“成如容易”。多少艺术家的巧手名作都是这样来的。艺术上使千人万人喜闻乐见的形象的魅力，都是苦干的果实；只有用了“十以当一”的苦功，才有可能创造出如毛主席所说的“比普通的实际生活更高，更强烈，更有集中性，更典型，更理想，因此就更带普遍性”的好作品。

有人曾说：“用十分功，得一分巧。”这话有道理。就艺术劳动达到审美价值的成果讲，应该是“一以当十”，就艺术劳动凝结于审美价值功效而需的实践讲，却正是必须“十以当一”。艺术上的巧是从“一以当十”中见出来，却要从“十以当一”中长出来。

（原载《人民日报》1961 年 8 月 18 日第 8 版）

心潮逐浪蛟龙起

——重读李大钊烈士的《艰难的国运与雄健的国民》一文

春风浩荡，杨柳依依，农村已传来春耕与播种的讯息，又已到难忘的4月。案头放着李大钊同志的诗文选集，《艰难的国运与雄健的国民》这篇短文已读过几遍，但是，在大钊烈士就义35周年的时候来读，不禁心潮倍增起伏。

35年前的4月6日，李大钊同志在北京被捕。不久，在南方蒋介石叛变革命发动了血腥的“四一二”政变，对共产党人进行大逮捕大屠杀。接着，北方的军阀政府以卑污的手段偷偷地宣判了李大钊同志及同案十九位革命战士以死刑。在绞刑架上，李大钊同志英勇牺牲了。白色恐怖把中国革命推上了极其艰难的境地。然而，事情的发展决不像反动派希望的那样使革命被完全扼杀，而是如毛泽东同志写的那样，共产党人揩干了身上的血迹，掩埋好同伴的尸首，革命队伍继续战斗成长。结果是：二十二年，“换了人间”。

中国国运曾是重重艰难，然而人间又毕竟不得不换。李大钊同志的这篇短文，正是对这问题作了绝好的回答。“历史的道路，不全是坦平的，有时走到艰难险阻的境界。这全是靠雄健的精神才能冲过去的”。他以这警赅而发人奋起的语言，指明了一个要用奋起斗争变革艰难的国运的真理。革命从来就是要战胜敌人，要破除面前的艰难。只要有雄健的“国民”，有踏实而勇敢的革命人民群众，有他们的奋发的意志与坚毅的实践，那么，正如他写的："目前的艰难境界，那能阻抑我们民族生命的前进"！

经过切实的斗争实践，艰险可以变为平夷，困难可以转化为顺利，从艰难中可以冲过去达到胜利。"风物长宜放眼量"，正是要做深广的审美价值酌量。知道了艰难的实际情况、规律和转化的必然趋势，不是就会刮目以看下回分解吗？深知未来在握的"国民"，才会有真正的雄健，也便会在艰险中"感得一种壮美的趣味"。没有过不去的山，山路艰险，难在其中，乐也在其中。《易经》上说："天行健，君子以自强不息。"这也说的是相近的意思。

李大钊同志的一生是为中国人民解放奋斗的。他生前的这篇短文，是激励当时革命战士的号角，几十年来又为革命发展的事实所证实。人间已换，要继续向前发展，这却仍然是我们的精神武器。几十年前的播种已结出今天的果实，今天的播种也绝不是不需要征服新的艰难的。但也正如过去的艰难被征服一样，今日我们的脚步正继续从新的障碍上越过去。

大江愈向前奔流，江水便会愈加壮阔。比起当年，如今建设社会主义祖国的事业该是怎样的面貌空前雄伟！他的话却仍然激励着我们。就如他早年为自己已牺牲的朋友题像诗写的："斯人气尚雄，江流自千古。……夜夜空江头，似有蛟龙起"；在我们社会主义建设的浪潮中，在我们广大人民群众的心潮里，李大钊烈士的精神，他的希望，他的鼓舞，像蛟龙在腾起，在飞舞！

（原载《人民日报》1962年4月28日第8版。此处有个别增改）

看西藏农奴怎样站起来

——谈青年作者刘克的短篇小说集《央金》

西藏人民摆脱封建农奴制，建设着社会主义的新生活，这是一个翻天覆地的社会巨变。百万西藏农奴怎样在党的政策光辉照耀下，进行翻身解放斗争，是我们广大读者渴望从文艺作品中得到进一步具体形象的了解的。部队青年作者刘克的短篇小说集《央金》，可以说是反映这种斗争生活的引人注意的一束作品。在这里，我们看到西藏农奴过去在奴役和压迫下的反抗，看到他们对翻身的热望以及同人民解放军的深情厚谊，看到他们在斗争中动人的形象。

这些作品大多是写农奴斗争的短篇故事，却比较生动地反映了从西藏和平解放直到平息西藏上层反动集团叛乱和进行民主改革中不同时期复杂激烈的阶级斗争的一些重要特征。处于封建农奴制桎梏下的西藏人民，长期遭受着残酷的奴役与剥削。近百多年来帝国主义对西藏的侵略，加深了西藏人民的苦难。西藏的和平解放才使西藏农奴面前出现了进一步摆脱农奴制的前景。党的坚决变封建农奴制度的西藏为人民民主的和社会主义的新西藏的方针是符合西藏广大劳动人民根本利益与迫切愿望的。在这些短篇小说里，我们看到革命的思想是怎样影响与唤起广大农奴进行翻身解放的斗争。可贵的是，作品没有把这种斗争写得过于轻易或简单化，而是较扎实地从一些小侧面展开了在西藏进行的交织着种种矛盾因素的阶级斗争的图卷。这些短篇小说集中地描写了农奴中不同人物怎样觉醒起来，也描写了反动农奴主为了维持罪恶的旧制度，怎样加紧对农奴的欺骗与威压。以此为中心，作品中对那些由历史、地理、宗教等原因而造成斗争发展上的一些特殊性，也作了适当的反映。短篇小说只能是从某个侧面、某个断面去反映这种斗争，然而作者以成束的短篇小说写了这场阶级斗争不同时期有一定代表意义的情景，也还可以帮助我们具体地但又是荦荦大端地了解当时西藏阶级斗争的基本面貌。

灾难深重的西藏农奴受着野蛮、残暴的农奴主的压迫与剥削，在作者笔下那些男女农奴都有着苦水流成河的过去。然而，作者不止是写农奴的痛苦，而是写农奴们怎样发扬过去反抗压迫的传统，在革命思想的启发、影响下为翻身解放而斗争。《央金》这篇是作者较早的作品，在艺术上显得还不很熟练，但央金姑娘悲苦的命运和她敢于用鞭子回击农奴主的反抗形象却是颇有感染力的。如果说，央金还只是西藏将近和平解放那个时期，农奴妇女中那种不甘忍受压迫，但还没有更明白的道路的形象，那么《古茜和德茜》却写出了革命军队、干部入藏后，革命思想哪怕是在偏僻的庄园的女农奴中也有着那么深的激荡力量。这两姐妹是农奴女儿，受到农奴主抢夺的命运也就降临在她们头上。作者通过姐妹二人对待压迫的不同态度，写出了反抗、斗争的可贵。姐姐德茜害怕“至今还是有权有势的老爷”而不敢逃出去找解放军。结果她落在农奴主手里，受尽了折磨。妹妹古茜却是另一种性格，她决不到扎西贡老爷家去，而坚决逃走了。她经历了艰险，但终于找到解放军，参加了农场，踏上了新的生活道路。后来当了土匪的扎西贡绑劫了古茜，姐妹相见时，德茜已被折磨得不成样子。她后悔当时未逃走，但古茜又劝她逃走时，她又幻想扎西贡会有情义。她放走了妹妹，自己却遭了扎西贡的毒手。这篇小说里不同性格的姐妹在斗争中的不同命运，很鲜明地写出了农奴的觉醒是免不了从自己的教训中吸取力量的。这篇小说虽有个别地方在巧合上运用得不完全自然，但写得精干而寓意丰富，是很给人启发的。

由于西藏的特殊情况，藏族农奴在斗争中要接受革命思想，就首先有一个认清谁是翻身的依靠，谁是敌人的问题。入藏的革命部队和干部，以关心农奴疾苦，真心为农奴办事的行动，获得了农奴们的爱戴和信任。农奴主曾经千方百计用诱迫、挑拨来破坏部队、干部和西藏劳苦人民的关系。但阳光总是阳光，黑手是遮不住的。这里的一些小说中生动地写了农奴们怎样认清了阶级亲人和敌人，他们把解放军的战士叫做“打开锁链的兵”，把入藏军队、干部叫做党和毛主席派来的“新汉人”。一旦认识清楚了，革命军队、干部和藏民之间就建立起血肉相连的深厚情谊，农奴们就依靠这种军民团结的力量勇敢地向农奴主斗争。就如《巴莎》里的巴莎，她是被迫害的奴隶，但她和乡亲们受了农奴主的骗，起初也不敢信任解放军的医疗队。但医疗队真正为藏民服务的热诚和治好病人的事实，打破了那种说医疗队是散恶鬼的人的谎言。巴莎这个倔强的女奴认清了事情的真相，过去的反抗变成了更强烈的斗争要求。她不怕农奴主罗布仁青的鞭打，依然向乡亲们说明医疗队怎样救她，“三年来她并没有化成一滩黄水，而罗布仁青却把她快打成一滩血水了”。她告诉人们说医疗队是毛主席派来的好人。巴莎的故事使我们看见农奴们怎样击破谎言不顾威胁，走上争取翻身的道路。

许多作品都写出了军民之间革命阶级情谊是多么大的力量。这方面写得最动人的要数《丫丫》。在这篇作品里，作者写出了一个叫丫丫的勇敢、热情、泼辣的藏族姑娘的鲜明形象。她的命运同许多女农奴一样曾充满了血泪。她母亲被当喇嘛的贵族阿旺顿珠糟踏而怀了孕，在野羊群里生下了女孩，连名字也没有按惯例找喇嘛去起，就叫个丫丫。在苦难的流浪生活中，丫丫长大了，也养成了大胆、倔强的性格。小说中她出现在荡平叛乱过程中。她不管农奴主管家的阻拦，自动积极支援前线。特别动人的是，她自己要求办起个“丫丫兵站”来。她拿出羊皮牌子，叫解放军同志写上字，还嫌不够大不够粗，又用黑羊毛缘着笔画缝上去，叫这四字突出。这里，她那热心肠的形象是已跃然纸上了。她支援解放军的赤心是很突出的，不怕暗藏叛匪的威胁、鞭打和破坏，而坚持自己的工作。她那快人快语，爽利的谈吐，很能显出她的刚强。在叛匪头子阿旺顿珠面前，她充满了胜利信心和阶级的骨气。这叫人感到，只要奴隶认清了道路，即使是一个年少的姑娘，也是有不可摧折的精神力量的。丫丫让自己和革命和解放军联在一起，在平叛中走在前列，在民主改革和建设新生活中也自然是走在前列的，作品最后写她作了农协会主任。丫丫可以说是一个代表了多少个为翻身解放而斗争的勇敢的女农奴的形象。

对于农奴们怎样认清自己苦难的由来，怎样摆脱压迫争取新的幸福生活，作者描写的艺术眼光也是逐步加深的。从《古堡上的烽烟》和《看门人》，显然看出作者在反映生活的深度和广度上的进展。《古堡上的烽烟》篇幅较长，通过女奴隶苍姆决逃离主人贡觉色色的古堡寻找幸福生活的故事，展开了比较广阔的农奴解放斗争的生活画面。这个女农奴的形象比起别的篇来要更为丰富，她的性格在经过生活中多变的磨炼与教育，有了新的发展。起初，她是逃离古堡到“圣地”拉萨求幸福，但拉萨给她的是和原来想法完全不同的经历。在这里她看见了有和古堡一样的封建势力：那些替老爷求幸福的女人的话使她愕然，藏兵的欺侮也使她对“圣地”的幻想破灭了。然而，这时拉萨毕竟是有了革命军队、干部的拉萨，这里有革命势力和反动势力犬牙交错的斗争。她在解放军的帮助下开始了农场工人的新生活。小说里写这个淳厚的妇女此后的成长很细致而有说服力。初到农场，农奴主贡觉色色来找，曾使她害怕，但在集体支持下她挺起腰杆来。后来，贡觉色色等一群叛匪绑劫了她，逼她说出所要的情况，她在鞭打下挺立不屈。最后，这个过去温顺的女奴隶，高喊着让解放军同志“别管我，开枪吧”，她又烧着了古堡，帮助解放军消灭了这股叛匪。在胜利的欢乐里，她抱着自己小女儿说找到了真正的幸福。这篇小说写出了奴隶的解放斗争，对贡觉色色这类农奴主丑恶面目的刻画，对西藏反动势力的阴谋叛乱的背景的描写，都很有特色。

作者也还抓住了农奴翻身解放斗争中一个重要的题材，那就是必须要打破农奴制所给予农奴们的那种沉重的积久的思想束缚。在民主改革打碎农奴制时要这样做，在建设新生活时也要这样做。作者在好几篇里都接触到这个问题。《曲嘎波人》里丹增的爷爷和《铁匠和他的女儿》里齐美姑娘的父亲索朗，都为自己是“最下贱”的铁匠而痛苦。丹增的爷爷不让丹增见解放军，索朗也愁女儿找不上女婿。作品的结局都是以新生活的变化打破旧习惯旧思想而告终，但可惜都写得浅尝即止，形象的刻画和思想的挖掘都没有更深入地展开来。

这方面，《看门人》大大跨进了一步。虽然篇幅并不长，但就写人物和思想深度看，都是一篇比较结实的作品。看门人加羊这一人物活动的背景，是民主改革怒潮汹涌的时期。加羊的故事更集中地运用了横断面的写法，没有更复杂的较长时期的事件的叙述。但在短篇里，对他身上所受的沉重的阶级压迫的摧残，长期苦难影响下的性格和摆脱思想束缚的变化，却是写得更深刻一些了。六十多岁的加羊是家奴，家奴比起普通奴隶受剥削更重，人身依附更厉害。主人叫他“格”加羊，意思是最卑贱最脏污的人。加羊在“格”字的重压下苦了一辈子，血汗连同他对生活的一些想望都被农奴主剥夺了。故事开始时，主人罗布次仁当了叛匪逃跑在外，这个庄园开始了民主改革，农奴们要向农奴主算账。受尽压迫的加羊，却还被农奴主所强加给他的那一套旧思想束缚着。别人建议他到主人楼上去住，他害怕地说那是“造孽”。农奴主的权威还没有从他心头上除掉。要知道，六十年，他没敢走上楼梯一步。民主改革浪潮激励着他，经过反复考虑，他才敢由干部带领着踏上楼去住。这是一个微小的而在他却不平常的开始。正当他开始决心斗争时，罗布次仁偷偷回来，又使他有点畏缩。由于干部和阶级弟兄的支持，他又认识到不能再退缩了。罗布次仁暗中打他一枪，更加激起了六十年来的仇恨。他在一个人对着罗布次仁时，平生第一次向农奴主高举着斧子怒吼起来：“你走，我把你的脑袋劈成两半！”带“格”字的加羊从精神上摆脱了束缚站起来了，他和阶级弟兄一起把农奴主打倒在脚下。加羊的形象很有力地显示了革命思想是一定会被劳动者掌握的。只要用革命思想摧毁旧思想的束缚，劳苦人民的革命要求是谁也不能阻拦的。

从这些作品的艺术感染里，我们为西藏人民的新生活而兴奋，作者在艺术上的逐步进展也使人欣喜。在上面谈到的作品里，我们可以突出的感到作者细致的观察力和较强的叙事才能。在反映西藏农奴斗争生活这新的文艺题材领域来说，作者的笔下是常常有新颖的描写的。可以看出作者对西藏这些年来阶级斗争生活有仔细的观察和较丰富的感受，因而他的故事大都还比较丰富多姿而有特色。作者在展开故事上注意人物行动性和生活画面描写的结合，像对苍姆决命运的变化和对当时拉萨反动落后势力形形色色表现的简洁描画，都结合得较紧。这些作品，在叙事上有波澜迭起的长处。

但叙事总是与对形象内容的深刻挖掘和精心处理相联系的。作者有些地方显露出青年作者常有的弱点，那就是底子毕竟还薄，因而在素材提炼上有时就还不够。这与经验不足相联系，某些地方也就影响了艺术的勾勒的准确性，使人觉得主题思想挖掘得尚不深，艺术力量也还有不足的感觉。《嘎拉渡口》写亚射的故事很有惊险特色，但从亚射与解放军与祖国的关系，在这形象上写出更感人更深的东西上，作者却没有再深入一步。《曲嘎波人》《铁匠和他的女儿》也都有叫人感到故事艺术脉络没有充分发挥作用，像汽灯的纱泡没有充分燃亮，思想的力量也就不够充分。有的作品某些地方叙事上的表面化或个别结尾上的仓促无力，其重要原因都与这有关系。

作者为我们写出了不少的农奴形象，有的是相当动人的。在这个集子里，突出的是写了一些各有性格特色的妇女形象。我们已经谈到的大胆、机智的古茜，勇敢、爽朗的丫丫，沉毅而热望解放的央金等，都使人喜爱。要从性格发展和写阶级斗争深度、丰富性上说，则女农奴写得较好的是苍姆决。在男农奴中写得较有深度的是加羊。作者是充满对藏族人民的热爱的，所以，在形象勾画中我们感受得到作者强烈的感情。作者在塑造人物上是越来越有笔力的，作者写的许多人物是清楚而有特征的，那些较好的更是写得音容笑貌生动引人。但也深深觉得作者深入人物性格内部的功夫还不够。一些人物行为还合情理，但性格内容还抓得不准，写得不透。就拿比较有特色的巴莎来看，也是对她的心思和性格的深处写得不够。另外，大约与在生活中观察的注意方面不同和题材处理等有关，小说中对解放军干部和战士大多写得不够丰满，比较单薄。

我们在读这些反映农奴斗争的作品中，还感到作者在语言运用上是注意求工的。作者笔下的语言流畅、清新，而且竭力做到形象、具体、富有情绪色彩。像对加羊生活的介绍，从堵老鼠洞是在他生活上的难忘的事，怎样成为他常用语，又写到他怎样在束缚和压迫下受苦，以至连他居住的小屋也像老鼠洞等，是使人印象很深的。他的描述语言一般说比较有表现力。在人物语言上，有些很有特色。如加羊试探上楼那“异常庄严”的话：“不，我不搬。我，我只想上去看看。……”这在写人物当时复杂心情是比较有力的。一般说，作者力求写出生活情景的具体性，因而西藏风习、景色，包括《古堡上的烽烟》里古堡的阴沉气氛，贡觉色色家那一套腐朽的家规，都表现了地方色彩。但也觉得语言及某些叙述方法上尚要注意更群众化、民族化些。现在的作品在某些地方，特别在人物对话中，特定的生活味还有点不够。写少数民族生活的作品在语言上如何能既不太生僻，但又能寻找适合内容的、新鲜而活泼的、富有民族色彩的语言去表现出来，当然不是很容易的。作者已经在某些地方做到了，进一步的要求，经过努力也是可以达到的。

作者写作时间已不算短。多年来，他认真积极地投入西藏人民各种斗争，写作也刻苦、严谨。从这个集子中也可以看出艺术质量大体上是稳步提高的。这里是从 1957 年到去年年底的作品，据说作者也还写了些别的作品如剧本等，我没有读过。只就这里的作品看来，总的应该说是反映西藏阶级斗争的较有分量的新收获。作者在艺术上有不断的进展，我们谈到的不足，是他也正在努力解决的问题。可以期望，作者只要不断深入生活，提高思想与艺术修养，他将会写出反映西藏人民生活、部队生活或其他方面更深刻更动人的作品来！

（原载《人民日报》1963 年 11 月 10 日第 5 版）

蔡邕、司空图与中国审美文化品类思想研究

一、以汉唐美学文献为例谈如何看待中国审美文化品类总体特征的问题

前几年，在一本杂志上读到过这样的文章，那是要做中西审美文化比较的。其中有个论断大意却是说：西方审美文化特征富于雄壮、崇高之类的美，其总体特征像太阳，中国审美文化特征富于柔弱、婉巧之类的美，总体特征只是像月亮。据说中西美学理论各自提倡的也就是如此不同。这种说法对于中国审美文化留存的品类多样、异彩纷呈的审美创造精品的总体特征说来，不那么符合实情，对中国美学有关审美文化品类思想发展的情况来说，也不那么符合实情。

我曾在《美的发现》一书中强调地论述过，关于审美文化品类思想有长足、细致而且全面的发展，这是中国古代美学的优长。不能以某一文体、某一时期曾经侧重地体现出柔美的趋向，就把整个中国审美文化品类的总体特征看成都是一味柔美的，都只是像月亮的光色。以我国古代审美文化得到昌盛发展的汉、唐两代美学文献来看，就可以说明这一问题。

人们通过历史文献各种遗存，包括文物考古的新成果，不断发展着对汉代审美文化那丰富多样又富于特色的审美文化品类总体特征的鉴赏与理解。那里不仅有《马踏飞燕》的凌空雄姿，还有霍去病墓前《马踏匈奴贵族》等雄浑而多样的石雕；不但有司马相如、张衡等人诗赋中多种风格的体现，还有司马迁涉及

那么多种生活场景的历史传记散文的多样的审美表现力，不但有马王堆出土的精细而瑰异的帛画，还有与建筑、墓葬、碑石一同留存的形象丰富多样的砖石雕刻。王延寿《鲁灵光殿赋》曾描写了汉代壁画的面貌。那些画师们面对自然，“图画天地，品类群生”，面对人世，“贤愚成败，靡不载叙”。他们要使“恶以诫世，善以示后”。那些作品反映的题材的多样性和创作意图的多样性，都使得汉代审美文化品类丰富多样。尤以汉初创建了秦亡之后稳定发展的强大封建国家，文化上的雄风也非常突出。汉代的书法艺术得到长足的发展，现存书法珍迹充分显示多样审美效果的追求，汉隶的雄健、浑朴显然还是书法艺术中突出的特色。

汉代的审美创造在当时美学的审美文化品类理论上也得到反映。刘安主持撰著的《淮南子》在《俶真训》中就指出“引楯万物，群美萌生”，在《精神训》中就指出“刚柔相成，万物乃形”。扬雄在《法言》中指出“诗人之赋丽以则”，在《太玄经》中指出“大文弥朴”。王充在《论衡》中指出“本性”、“物势”对于审美文化的重要性。他们适应汉代当时审美文化创造的状况，提倡的是审美文化品类的全面发展，或则说更看到“则”、“朴”、阳刚与阴柔相成的重要性，绝不是只提倡月亮光色那样的阴柔的。这在汉末的蔡邕更有代表性。

唐代是结束隋末纷乱而兴起的强大封建国家，经济、文化都有昌盛的发展。多样的开拓，多样的吸取，又加以多样的融合、改造，使唐代审美文化不论雅俗都别开了新生面。在审美品类总体特征上也是丰富多彩而又远超前代。正如汉代初兴一样，唐初的审美文化品类特征也是蔚为壮观的。那时既有《秦王破阵乐》这样雄壮、豪迈的乐舞，也有王勃等初唐四杰纵横言志抒怀的诗文；既有欧阳询、虞世南、柳公权、颜真卿等或健劲、或强项，或矫捷、或雄浑的书法，也有张旭、怀素那样狂放、俊逸的书法。继续而来的诗坛如万卉争放、万壑争流，既有杜甫的严谨、沉郁，又有李白的豪放、飘逸；既有韩愈的险奇，柳宗元的深沉，李贺的灵秀，李商隐的含蓄。到晚唐，司空图的深沉又淡远的诗风和罗隐的明快又谐俗的诗风等都足以使人大开审美品类的眼界。

唐代的审美文化品类创造在美学文献中得到更加充分的反映。不但从李世民起，一些名书法家对高度发展的书法艺术作了具体的书法审美品类的全面整理，而且提出了贯串整个审美文化品类追求的新的标尺，实际上是审美品类范畴的初步按类排列。如窦臮著窦蒙注的《述书赋语例字格》、颜真卿的《述张旭笔法十二意》等。这种对审美文化品类全面整理与论述的美学文献，在诗歌方面更是不断出现，形成了唐代美学文献中特具异彩的一个方面。历数起来，有李峤的《评诗格》、原题王昌龄的《诗格》、皎然的《诗式》、原署白居易的《文苑诗格》、《金针诗格》等。直到晚唐司空图写出《诗品二十四则》，标志着我国美学关于审美文化品类的学说达到成熟的成体系的阶段。以司空图为代表的唐代美学文献中的审美文化品类学说，也不是仅仅概括和提倡如月亮光色一类的审美文化品类的。

对汉唐审美文化创造成果的大致描述，又从汉末、唐末美学文献的作者中分别谈到了蔡邕和司空图，也许正好使我们便于举一反三地了解那个时代的审美文化品类的总体特征。人们知道，蔡邕在汉代并不是以排斥柔美、婉巧，强调书法只体现雄强要求的艺术家，而司空图在唐代末期所作淡远又深沉的诗作又被人常认为他的审美品类理论也趋向于提倡与自己诗风相一致的一类。其实，他们自身创作中的审美品类趋向是一回事，他们概括和阐述所熟悉的审美创造事实而出之于审美文化品类理论又是一回事。应当说，他们面对本朝整个朝代以及前代审美创造经验还有相关的理论著述，所作新的理论阐述并不偏于一隅，而是有可贵的全面性与深刻性。这篇短文当然不可能对他们的见解进行缕陈细述，仅仅举其突出的论点也就足以说明问题。

二、蔡邕论“纵横有可象”与审美文化品类的多样性

蔡邕生活于东汉时期，是蔡文姬的父亲，被人称为书、画、赞三绝，堪称艺术审美创造的能手。但是过去人们不曾认真研究他的审美文化品类理论见解，实际上，在这方面他为后人提供的遗产也是颇值得注意的。他的《独断》是典章制度记述的名作，关于帝谥的释解实际上是这方面审美品类考究的早期表现。他的《笔论》、《九势》这样的书法理论著作，则结合他自己丰富的艺术审美创造经验对书法所代表的审美文化品类的形成做了深刻的富有辩证思想的论述。

蔡邕在《笔论》中提出“欲书先散怀抱，任情恣性”，同时又提出“纵横有可象者，方得谓之书矣”。他把书法艺术家主体情性的发挥与在书写中对作为形象价值依存客体那里如何实现审美创造目标的追求，都贯通在“纵横”二字里。此二字联系着审美创造能力的发挥，也联系着审美文化品类的形成。其中丘壑，未易尽言。可以说，“纵横”所施不同，人的创造能力发挥与要体现的形象价值的趋向不同，带来审美成果品类上的特色也会不同。他曾说，“为书之体，须入其形”。这是达到“纵横有可象”的预想过程。能入为书之形，又能出之以适当的新形，才能有作为审美文化成果品类上特定的体现。他曾列举了为书之体可以入，也即可以出的种种与审美文化品类相关的形态。他历数的是：“若坐若行，若飞若动，若往若来，若卧若起，若愁若喜，若虫食木叶，若利剑长戈，若强弓硬矢，若水火，若日月”。不论就书法的笔画这方面的局部看，还是就书法的整体形象看，这里说的由“纵横”而致的书法作为审美文化形态所具的审美品类都应当有也可以有全面的功能。这里既包容雄壮与柔婉，也包容奔放与静逸，既包括人间的情态，也包括自然物与人工物近似的特性，以致可以体现情感的愁苦与喜悦等等。巧得很，蔡邕在这里的比喻，既有人与虫的动态，兵器的挥舞，水火

的动势，还有日和月的辉耀。何尝主张只像月亮的光色为宜呢？

蔡邕的论点说明“纵横有可象”与审美文化品类的多样性有密切的联系。他对这种关系的必然性在《九势》里有更进一步的说明。虽然学术界对《九势》是否确切不移地为蔡邕所作尚有不同意见，但就与“纵横有可象”的思想有内在的呼应来看，仍应视为可信。此书对“纵横”所出的形势如何而来，做了与《周易》所讲阴阳相互作用对于成象的道理相一致的发挥。他说：“夫书肇于自然，自然既立，阴阳生焉；阴阳既生，形势出矣。”又说，“故曰，势来不可止，势去不可遏，惟笔软则奇怪生焉”。“凡落笔结字，上皆覆下，下以承上，使其形势，递相映带，无使势背。”这里说的形势以阴阳相生而促成，笔软在人用，形势在人用中“纵横”而形象可以异彩纷呈。“纵横有可象”的命题在微观、宏观上对审美文化品类都有原则意义。蔡邕论及书法笔画的藏锋、藏头、护尾、疾势、掠笔、涩势、横竖，都在同一笔画中深寓阴阳与纵横相表里的艺理。在末尾特意指出，“横鳞，竖勒之规”。简单地说，竖画中要出现生动的横鳞，这与“涩势，在于紧驶战行之法”正相呼应。沈尹默先生疏解这二处时指出，横竖是字的结构中起着骨干作用的笔画，“鳞是具有依次相叠着而平生的形状。平而实际不平。勒的行动就像勒马缰绳那样是在不断地放的过程而时时加以收紧的作用。这两者都是应用相反相成的规律的，不平和平，放开和收紧，互相结合，才能完成横竖二画的笔势。我国古籍中，亦曾经有过‘无平不陂、无往不复’的说法，这本是一种辩证规律。书法艺术也必然具有同样的规律，不可能有例外。”又说，行笔不但有缓和疾，而且有涩和滑之分。“一味疾，一味涩，是不适当的，必须疾缓涩滑配合着使用才行。”① 把这种局部的讲究，放大到整体审美文化品类追求上，不可能“一味”，也不宜“一味”，也就比较明白了。

---

① 沈尹默《书法论丛》，上海教育出版社1978年出版。

值得深思的是，蔡邕所提出与“纵横有可象”有关的一些思想，在唐代书法理论家中得到了知音和进一步的阐述。以书风雄健、朴中寓力而又不时透出巧捷与灵秀著称的颜真卿，就领悟和阐述了蔡邕论点的真髓。颜真卿在《述张旭笔法十二意》中，在首条对应张旭关于书法要略的提问时，正是对蔡邕“纵横有可象”那一思想的领悟。试看问答过程：“长史乃曰：‘夫平为横，子知之乎?’仆思以对曰：‘尝闻长史令生每为一平画，皆须纵横有意，此岂非其谓乎?’长史乃笑曰‘然。’”颜真卿在这里的回答正确而深刻，获得张旭的含笑首肯。沈尹默先生在疏解这段文字时，特别引述蔡邕《九势》中所定“横鳞”之规，《笔阵图》中“如千里阵云”的比喻，又引述柳宗元《八法颂》中“勒常患平”和孙过庭所作“一画之间，变起伏于峰杪”的论断，来说明这一问题。他指出，“鱼鳞和阵云的形象，都是平而又不甚平的横列状态。这样正合横画的要求。”但他又分析其中横又必要有纵的意味融入其间，在一平画中表现“纵横有可象”的可能，从而带来审美品类变动的深层因素。他说：“笔锋在点画中行，必然有起有伏，起带有纵的倾向，伏则仍回到横的方面去，不断地、一纵一横地行使笔毫，形成横画，便有鱼鳞、阵云的活泼意趣，就达到了不平而平的要求。所以真卿举‘纵横有象’一语来回答求平的意图，而得到了长史的首肯。”①

进一步再看“纵横”出之于力，又体现于形势从而影响审美品类的变动。蔡邕说过：“藏头护尾，力在字中，下笔用力，肌肤之丽。”又说形势要“递相映带，无使势背”。在颜真卿回答张旭的问题时，对此意做了更进一步的阐明。此处说：“又曰：‘力谓骨体，子知之乎?’曰：‘岂不谓趣笔则点画皆有筋骨，字体自然雄媚之谓乎?’长史曰：然。”沈尹默先生对此段疏解着重八法努画在许多书法家那里都主张用趯笔的道理，即在于求得字中有力。他就此又说：“把人体的力通过笔毫注入字

① 沈尹默《书法论丛》，上海教育出版社1978年出版。

中，字自然会有骨干，不是软弱瘫痪，而能呈显雄杰气概。真卿在雄字下加一媚字，这便表明这力是活力而不是拙力。所以前人既称羲之字雄强，又说它姿媚，是有道理的。一般人说颜筋柳骨，这也反映出颜字是用意在于刚柔结合的筋力，这与他懂得用趣笔是有关系的。”① 这里可以看出颜真卿从自己的实际经验到提炼为书法审美品类理论的领悟，都把蔡邕的“纵横有可象”的论断深化了、扩展了。关于阴阳、刚柔与其在“纵横有可象”而体现的形势里如何体现不同审美文化品类的异彩，包括不同审美品类互相可以渗透兼融的情形，这里有可贵的辩证法的因素。正因如此，对中国审美文化品类的总体特征更应力求作辩证的、全面的观察，而不宜做偏于一隅的判断。

三、司空图论“皆能济胜”与审美文化品类因层次的不同而变化

谈到唐代美学文献中关于审美文化品类的学说，不能不以司空图论著作为压卷之作。司空图，字表圣，号耐辱居士。曾在僖宗时任礼部员外郎，后因世乱，弃官回山西虞乡家乡，隐居王官谷。昭宗朝，经屡征而不出，朱全忠代唐立朝，司空图在家乡绝食而卒。他的对诗文创作的深于琢磨和美学理论特别是对审美品类理论的精研都与他执着的追求有着内在的联系。当然他的时代、环境都促使他采取了隐居以深入地探索艺理的选择，他对唐王朝的覆亡所取的态度也有他的悲剧因素。但他的审美品类理论与人生境界追求联系之深，却应当引起人们深沉思考。曾经有不少人以为他自己的诗作多写静幽、淡远的境象，似乎雄健、骨力的品类与他不大挂得上钩。对他的名作《诗品二十四则》，也曾经被有的学者认为理论意义不大。这些从审美品类范畴之间关系复杂性和审美品类学说发展史来看都是趋于表面的看法，多少是

① 沈尹默《书法论丛》，上海教育出版社1978年出版。

由误解产生的。

现在看来，不但他的诗作与文章自有深沉与内寓雄健的一面，不然就不能显示他执着与倔强的对人生境界追求的态度。他的美学见解，特别是关于审美文化品类的思想，应当说在中国文学批评史和中国美学史上都起了巨大的不可代替的作用。对他的贡献，历代有识者还是有说得中肯者在的。郑鄤《题诗品》中转述了苏东坡赞赏司空图这方面见解的名言，即概述为“美常在咸酸之处”，又转述东坡说：“盖自引其诗之有得于文字之表者二十四韵，恨当时不识其妙。予三复其言而悲之。”接着，郑鄤自己引申说：“嗟乎！千百世上下，凡有得于诗文之中者，未有不悲之者也。”“此二十四韵，悠远深逸乃复独步，可以（谓）情生于文，可以想见其人。以《诗品》署题，亦犹之乐天之《赋赋》也。”① 这里说了司空图所概括“有得于诗文之中”那二十四审美品类的普遍性、深入性，显然还对他本身人生境界追求与形成审美品类学说的关系有所领悟。这是有道理的。近代为戊戌变法献身的“六君子”中有个杨深秀。他在《仿元遗山论诗绝句五十首（专论山右诗人）》中特为司空图写了一首，其中说：“坠笏朝堂伪失仪，吟成廿四品尤奇。王官谷里唐遗老，总结唐家一代诗”。② 这里也说司空图理论造诣与人品均奇，而且把其全面阐述各种审美文化品类的《诗品二十四则》称为“总结唐家一代诗”。这“总结”二字分量下得不轻。正说明司空图是唐代审美文化品类学说发展中的集大成者。司空图对审美品类作了较系统的范畴组合，又能以诗的语言作描述和议论，应该说在理论范畴的确定和表达方式上都有特殊的贡献。我曾经建议对司空图这部作品正确地当作审美文化品类思想史上里程碑式的作品来对待，现在更愿重申此见。

进一步的问题是，《诗品二十四则》和司空图有关的其他文

① 郑鄤《峚阳草堂文集》卷，观《诗品集解·附录》。

② 杨深秀：《雪虚声堂诗钞》。

章是不是提倡侧重表现柔婉或比喻为月亮光色一类的审美文化品类呢？并不是。司空图这部作品首列一品就是“雄浑”，依次而下有“冲淡”、“纤秾”、“沉著”、“高古”、“典雅”、“洗炼”、“劲健”、“绮丽”、“自然”、“含蓄”、“豪放”、“精神”、“缜密”、“疏野”、“清奇”、“委曲”、“实境”、“悲慨”、“形容”、“超诣”、“飘逸”、“旷达”、“流动”。

这里显示了侧重阳刚、阴柔或其某种特殊结合而呈现的各种审美文化品类的基本形态。当然后人对这些品类，也迭有补充和发挥，但是不宜只了解为倡导阴柔的学说。应当说，司空图此作的巨大理论影响还表现在以后接连出现了沿此体制而写的一系列有关诗、词、文、赋、曲、画、书等各方面审美文化品类的著作。而这些著作大致都是对审美文化品类做各方面的补充和发挥，并不是偏于一隅的。

承认了司空图在上述意义的贡献，并非尽其全部。他在审美文化品类思想方面的深刻性，不仅在于看到横比的品类，而且还看到了审美文化创造在纵深或曰层次上的变化也将带来审美品类的变化。本来他的《诗品二十四则》以“流动”为殿，已寓发展变化、不穷如流之意。他在《与李生论诗书》中强调“以全美为上”，要“知味外之旨”，要“不拘一概”，在《与王驾评诗书》中强调诗家所尚在于“思与境偕”，但要达到能的新境界并非易事，他称之为“且工之尤者，莫若工于文章”。在《与极浦谈诗书》中又指出：“象外之象，景外之景，岂容易可谈哉!”而这些地方论及的审美境界的攀登如何影响着审美品类的变化，在他的《题柳柳州集后序》中又作了深入的阐述，值得人们注意。

司空图在这篇文章一开始就从审美文化品类的辨识提出问题。他说：“金之精粗，考其声皆可辨也，岂清于磬而浑于钟哉？然则作者为文为诗，才格亦可见，岂当善于彼而不善于此耶？愚观文人之为诗，诗人之为文，始皆系其所尚，既专则搜研愈至，故能衔其功于不朽。亦犹力巨而斗者，所持之器各异，而皆能济胜以为勍敌也”。他举了杜甫、李白、韩愈、柳宗元等人的诗文成就为例，说明在不同审美创造中做新的“搜研”的努力之下，可以有审美文化品类体现上的变化。这也意味着不但能专工、也能在新的层次上有所全工，不但在始初系其所尚上有一种审美品类的光彩，而且在新的探求、新的层次上又会有另一种审美品类的异彩出现。他还说在大家巨匠手中这种变化是允许的，可喜的，“岂相伤哉！”这应当看做他对自己提出“象外之象”、“景外之景”、“味外之旨”那个重要审美命题在审美文化创造纵向层次上引起审美文化品类发展变化问题上的发挥。自然也可以说他对蔡邕所说“纵横有可象”与“阴阳既生，形势出焉”那番道理在审美创造纵向层次上引起审美品类变化问题上的应用。

由司空图这样横向、纵深两方面论述交互观察审美文化品类的呈现和变动，也可以更生动地了解审美文化总体的特征。即使有的审美创造者在这种审美形态的作品中趋向于侧重阴柔美的表现，在另一种新的文体、新的题材的作品中可能又增强了侧重阳刚美的表现。他还可能在新的层次上使阳刚与阴柔有新的结合形态。就一群审美创造者、一个时期的审美风尚可以有这样那样的侧重而言，也就会有这样那样审美品类上的转化。把丰富多样的中国审美文化品类总体特征作偏于一隅的了解，把中国美学对审美品类的学说作偏于一隅的理解，就司空图这里的论述而言就是不符合实际的。

清人许印芳对司空图的理论作阐释是热心的。他看到《题柳柳州集后序》中提出“皆能济胜”的命题在于论审美创造中专工与兼善的关系。他却拘泥地强调“古来诗文，专工者多，兼善者少”。看来，他还没有深入了解司空图所论的重要意旨在于指出从专工到兼善，或者说从此一专工到彼亦专工的变化可能因攀登层次的变化而带来审美品类的变化。而司空图见解的可贵之处，正在于此。应当注意琢磨司空图在文末所说的话：“庶俾后之诠评者，罔惑偏说，以盖其全工”。理解了司空图在这里的期望，也就可以了解对审美化文品类，不论是对横比、还是对纵深比，都应作动静结合起来的全面观察。对待中国审美文化总体的品类特征，更要这样做。应该尽量地不要囿于或惑于“偏说”，这该是更清楚些了。

余论：李大钊论中华民族往昔在审美文化品类上“不唯有美，抑且有高”

从汉唐美学文献中列举了蔡邕、司空图上述论点，已经可以为人们了解中国审美文化品类思想发展史提供一个端绪，同时即为观察中国审美文化在品类方面的总体特征提供一些有力的证据。我们当然不是说某一文体、某一艺术家以至某一时期没有侧重呈现并提倡过阴柔美或叫婉约美一类的现象，但是这不是涵盖审美文化总体的。以诗词而论，词作历来被认为多写绮思，也多婉约品类之作，但如果要与欧洲中近世纪诗作品种上做比较，怕要与十四行诗相比才有较多的可比性。这么比起来，不能说是彼如日光，此为月光。就中国词发展而言，在唐、五代早期词作已有较多豪放与较多婉约的不同韵味。到后来还有婉约词派和豪放词派等等分别，如果用偏于一隅的判断，也不能正确概括它们在审美文化品类上的呈现状况。

从中国美学理论提倡的角度来看，或从中华民族传统文化中审美文化品类的呈现来看，更不宜偏于一隅。从“周易”起，我国历代思想家、文学艺术批评家、美学家关于“诗言志”、“诗缘情”、“歌诗合为时而著”、“发愤之所作”，或竟称几部小说名作是“怒书”、“悟书”、“哀书”等，这些都关联着审美文化品类的多样性。即使所谓儒家诗教提倡过“怨而不怒”，但也同时提倡“直道”、“强哉矫”以显示言志的不可渝，更有诗歌的怨本身还有怨刺和讽喻的传统，因而也不能理解为只是阴柔的品类。何况，这种情况还只是就雅文学而言，如果到了俗文学以及民间文学里，那刚健清新以及多样审美品类的呈现，是更加放得开的情景。著名的《诗经》中就有《硕鼠》、《伐檀》、《黄鸟》等风格、品类表现阳刚、激愤之气的作品。这已是由俗文学被选来进入雅文学行列的诗篇，不断涌现的来自下层更少拘束的文学艺术作品，又有多少？其理论表现也就待人们加以搜寻整理研究。如果综合雅俗两大方面审美文化在品类理论上的表现，包括蔡邕、司空图以及后来的李贽等人，都强调发挥过阳刚、阴柔在审美品类创造上应当有多样表现的思想，而且认为这两大部类可以在更高层次上达“相济”、“兼备”的境界。或者说，在新的结合形态的意义上呈现为侧重某一方的新的审美品类，较之原来已经熟练的审美创造路数，新的路数也可征服人心，即如司空图所论的“皆能济胜”。这是一种发展的观点，也是全面的见解，值得我们总结。

正是由此，我们可以看见在汉、唐以及其他时代，条件有顺有逆，路程颇多曲折，我们中华民族却总是不断地发挥着自己的审美创造力，又不断地吸收和消化着外来审美文化的有用成分，一次次地开了中国审美文化品类的新生面。这里面，某一侧面的审美品类有变化、有消长，也就有丰富与发展，但从总体看，我国文化的奔腾不断、我国人民审美创造的多方面实践，都使得我国审美文化品类不曾偏于一隅。

这里想再次请人们注意读读李大钊在 1917 年发表的那篇《美与高》的重要文章。他在那里论述了美与高，也就是秀丽之美与壮伟之美是审美品类中有关美的两大品类。他认为，中华民族在过去历史上表现出“不唯有美，而且有高”。这个论断对了解中国审美文化在品类上总体特征有重要的意义。接着，他认为经过我们中国人改造社会、改造自然的努力，可以使中华民族进一步成为“美而高”的民族。他说：“此则今之教育家、文学家、美术家、思想家感化牖育之责，而个人之努力向上，益不容有所怠荒也矣”。这是他从历史文化的分析和对未来的展望相结合中得出的论断，也是他将审美品类学说应用于中华民族振兴使命上所做的重要论断。

李大钊在文章中谈到中国历史上审美文化传统时，提及南北风光的不同，也提及秦汉时期即奠定大观的万里长城。他在谈到以后适应民族需要的审美文化创造时，特别提到应当有唐代李白那样的“绝大眼光，绝大手笔”。从他的论点里，我们分明可以听到汉唐两代审美创造经验回响的声音，听到蔡邕、司空图上述论点的声音。当然，这些都经过李大钊用新的观点融化、改造而成为联系于新的时代需求的声音。从这个角度看，李大钊既是全面观察了解中国审美文化的总体特征，又能与中华民族振兴相联系。这是他在审美品类见解与生活联系上大大超过王国维，也超过蔡元培的地方。我们应当继承他的思路，并加以发展。

我们应当全面地仔细地研究我国审美文化品类上鉴赏与创造的经验以及审美文化品类思想发展史，同时也要全面地仔细地研究别国审美文化品类的情况，加以科学的、适当的比较。我们应当吸取别国的长处，但这种吸取不是妄自菲薄，更不是照搬和替代，当然也不是故步自封。这样就会更有利于建设有中国特色的社会主义，更有利于发展新型的审美文化。李大钊热烈希望的中华民族振兴的前景也就会在我们的奋斗中更加不可阻拦地出现。

（原载《历史文献研究》［北京新四辑］，燕山出版社 1993 年出版）

文学雅与俗的比较和转化

文学分为雅文学、俗文学是从文学所联系的一定人群的审美意识的差异而来。雅与俗的差异与人们所处的社会地位如阶级、等级、经济地位有关，也与所受的教育程度、文化素养等有关。这些因素在文学欣赏与创造中又是结合着已形成的审美观念的综合折射，并不一定是某一种因素对形成雅俗审美情趣的定向单独在起作用。历史地看，雅俗常常是分赏的，但也有交错。曾有过在此类问题上为雅的趋向，在另一类问题上为俗的趋向；或者此时侧重于雅的趋向，彼时又侧重于俗的趋向。文学史上俗文学与雅文学的关系也常常是分合错综，变化多端。这并不说明雅与俗在审美意识的分别上是偶然的、不重要的，而正说明审美意识的复杂性和流动性。

如果进一步观察，雅俗固然可以分赏，也可以在一定条件下共赏；雅俗固然可以相对立而显示其特性，也可以在一定条件下转化。具体考较起来，雅俗之间也不是绝缘的，俗文学中有借来雅文学的成分，雅文学中也有吸收俗文学的部分。雅俗可以互相渗透，其各自所有的每一层次也可以有细微的区别与联系，二者的转化或共赏也可以有不同的情形。刘半农 1918 年在《中国之下等小说》里说：“若就普通见解，以社会上所称为‘体面人’的为上等人，则我在上海时，曾看见马车里坐了个贵妇人，手中捧了本下等小说观看。这贵妇人与车夫，岂不是上等下等的阶级显然〔有别〕么，何以所看的小说相同呢？若进一步说，以知识之高下，辨别上等下等，则又当问一问，知识之高下，究竟以什么为标准？若遇了那非三代两汉之书不读的顽固党，那便连最高等的小说，也要一笔抹杀，何况下等？若遇了关心于人类进化社会心理的学者，连深山中蛮族的歌谣，荒岛中原人的言语，森林中猴类的啼叫，也多要研究研究，万无吐弃下等小说之理。”这里下等小说当属于我们说的俗文学。它能吸引贵妇人，也能吸引车夫，不能说没有雅俗共赏的因素。自然从他们具体喜好的角度与程度又会有着雅俗之分的细微之处。

由之可以就总体上看到，俗文学所以对所适应的审美意识的范围有大的吸引力，应当说主要在于它用具体形象手段反映与评价生活时与民众大致保持着相同或近似的审美眼界。它的审美传导效应正是在与民众联系的地方表现得更显著。俗文学描写宫廷或其他上层生活在细部往往不尽像，但以独特的生活眼界却也能得其要领。它的长处还在于对凡俗生活的描摹生动，言情叙事，痛快淋漓。它的凡俗的审美眼界，使它如雨后涨水，席卷有泥沙败叶固不可免，而其中来自民众生活的诗意与情趣却是旺盛的。由这样审美意识所据以形成的基地上才有《水浒传》等大批脍炙人口的作品的产生。而这里的来自凡俗生活的旺盛的审美发现，成了俗文学艺术上独到之笔。它往往在引起民众赞赏之后也引起接触了类似生活的文人、雅人的惊喜。生活由形象传导而呈现的说服力，成了雅俗共赏的一种实际的纽带。

还是刘半农在他那《中国之下等小说》一文里说得好，他认为下等小说中的出色作品能写活世俗人物，“你看跑堂的、街流子、买卖人、手艺人，人品多在中流以下，而且全用讥嘲口吻去描写。他能把各人的身份，一一写得适如其量，半点不乱，半点不相混杂，这不是文学上绝大的本领么？所以我要下一句断语，凡要研究中下等社会的实况的，不可不研究这第三类的下等小说。凡要制造平民派的新小说，打破绅士派的旧小说，使今后之文学与今后之世界趋于同一之轨道的，尤不可不研究这第三类的下等小说。”这里说明的道理不仅在于俗文学自有其艺术上高超的作品，自有艺术上的贡献，而且在于指出研究俗文学有利于发展“平民派的新小说”，打破“绅士派的旧小说”，使文学与以后世界上代表前进的文学趋于同一轨道。虽然他在表达对新文学的期望时还不甚明晰，但他认为研究俗文学对发展适合人民审美需求又符合社会发展新潮流的文学是有益的，这却是“五四”时期出现的可贵的论点。

由雅文学与俗文学、雅与俗的比较和转化的事实中，应当承认，对人民审美传统的研究可以从实用工艺、民间美术、民间音乐、民间风俗等多方面去进行，而占有重要地位的仍应首推俗行文学。这种研究要涉及广大的领域，包括历史上曾经处于俗行的和至今仍在俗行的多种多样的文学作品。诸如神话传说，民间故事，民歌小调的词文，各种说唱的本子，各类地方戏的本子等等。中国文学的许多体制，在其作为新文体出现时如郑振铎指出的是先从民间萌生的，而后被拨入正宗文学，在它转化的前期形态应属于俗文学。许多还是一直处于俗行状态的文学。还有由雅文学的某种成分被经过通俗化或改编的努力，又转化而产生了加入俗行行列的文学。这些情况固然说明变化的趋势，但一部文学史仍然显露着不同时代各自具有雅俗分赏以至隔阂的情况。即使有雅俗转化为共赏的情况，应当看到雅文学与俗文学的界限的划分仍然是显然的，比起西方各国来，这个问题的解决更显得困难。这与中国的历史条件有关。联系文学史的事实来看，至少要看到如下几方面的原因：

一、中国封建社会绵延得很长，儒家学说在文化传统中有深厚的影响。封建等级观念和儒家为主形成的尊崇礼教、“存天理，灭人欲”之类说教有不可忽视的影响。这些对文学中形成雅文学与俗文学也有不可轻视的作用。孔子和早期儒家曾热心整理俗文学。越到后期的儒学却越成了贬抑俗文学的学术力量。旧时代所谓雅常指儒雅，而所谓俗也就是用贬义所指的平民世俗生活。“引车卖浆者流”不仅是经济上物质生活上被压制的对象，也是文学上、精神生活上遭贬抑的对象。研究俗文学不能不注意这种积累深厚的历史影响。

二、中国文字繁难，文言与口语长期严重不协调，成为形成雅俗之分的重要条件。近古和近代俗文学越来越增强着对雅文学的冲击力，突出表现之一就是以口语白话创作作品反映生活。这促进了以口语为特征的文学发展起来。从《水浒传》到《红楼梦》，显示了这个趋向带来的深刻变化。白话文学的发展直到“五四”运动使提倡白话文学成为与科学、民主相联系的文学变革，俗文学一些学者为这艰难的改革之路是出了力的。

三、中国文献极为丰富，是中国历史文化的长处，但长期的封建制度下人民生活困苦、文化又低，广大民众处于与文献无缘或少缘的状况。过去人们常说雅人“知书达理”，平民俗人却是“无墨无文”或叫“不通翰墨”，指的就是这种情形。民众审美需求是不断提出的，而又与文献、书籍隔绝或极少研读，这就是长期存在的矛盾，俗文学特别是口头文学中常有对寄生的、横行的各类剥削者的讽刺，也常有对他们假斯文、伪风雅的揭露。应当说，这些都表现了被排斥于文献和书面文化研读机会之外那广大平民积久的愤慨和机智的反击，而俗文学中所描绘的由下层涌现出的富有智巧和勇敢的人物，又常常流露着平民渴望掌握更多书面文化的心声。仅以有关穷女婿用才华横溢的对联、诗句战胜富家女婿的故事而言，就有很多俗文学作品写到，这绝不是偶然的。

除此之外，还有别的因素，应该说这三项是在中国历史文化传统中使得雅俗文学对立显得更突出的重要因素。在这种情形下，人们处于社会关系不同联结的地位，获得审美意识培养条件有着显著的不平等，也就谈不上审美实践的同等的机会。由阶级、阶层、等级、教养等原因，必然地产生雅俗不同程度的异向与雅文学同俗文学的分别。这种条件造成了雅文学与俗文学的分化及对立更突出起来，也就使得中国俗文学在整个文学发展中的作用更突出了。在更突出更发展了的这种雅俗分赏及其转化的文学现象中更可以深入探讨社会审美意识如何在又分又合、又对立又联系又转化的关系中显示着的规律性。

以元曲为例，王国维《宋元戏曲考》等著作揭示了原被高人雅士鄙弃不道的元代杂剧，却有着真正的艺术价值。王国维在《宋元戏曲考》序言中说：“元人之曲，为时既近，托体稍卑，故两朝史志与《四库》集部，均不著于录；后世儒硕，皆鄙弃不复道。”请看，“托体稍卑”，不就是指俗文学的文体吗？而儒硕“皆鄙弃不复道”等语，不就是自命高雅的人们在排斥俗文学吗？其实，它的光彩是掩不住的。后来有越来越多的有识之士沿着王国维的路子肯定元曲，现在人们已经知道元曲及元人小令是中国文学史上放出空前异彩的文学现象。王国维说，元曲“能道人情，状物态，词采俊拔，而出乎自然，盖古所未有，而后人所不能仿佛”。这样文学的异彩所以出现，与那时的历史造成的条件有关。那时不但旧的儒家理学的思想淤积的局面受到了大的冲击，大量汉族文人被迫沦为下层人物，或者只能作医官书吏之类，而且民族的压迫、社会的动荡也促使着人们对历史进行回顾与思考。上述三条促使雅俗分化的重要因素，这时都部分地受到新的历史条件的牵扯而产生较大的孔隙。在这时，多写下情，多写世俗与历史故事，而且又在宋金以来俗曲基础上多用俗语的元曲这种新型文学萌生繁荣起来了。无疑，这是俗文学带动起来的，而且应当说前期和盛期的作品就是俗行文学。以后才渐向雅正的方向转化。这里俗文学在与雅文学如元人诗、赋、碑铭之类雅文学比较中所显示的特性与作用是很明显的。

王国维还认为文学敢于为写意境而用俗语，这是艺术应走的自然之路。他在《尔雅草木虫鱼鸟兽释例》中甚至认为：“雅俗古今之分，不过时代之差，其间固无界限也。”尽管人们对王国维思想中的矛盾有各种见解，这里说的有关雅俗要在时代变动中认识的论点，却应当说是很有深度的。这一下不但亮了俗的底，可以说也端了雅的底。原来文学上的雅俗，以表现意境为准，适合人们审美中领略意境，适合时代审美习尚，越生动越好。儒硕之士高称的《诗经·国风》中许多篇章不就是先秦时俗行过的民歌吗？后来之俗文学，也有可能被选拔，转化而成为雅文学呢！王国维是说中了文学中雅俗关系的一点奥秘的。

明代的冯梦龙不但是俗文学作品收集编订和改作的大家，也是俗文学理论的热心鼓吹者。他的功绩在于不但认为通俗的文学是俗文学的重要部分和联系民众的重要手段，而且认为民歌能写民众的真性情以“发名教之伪药”，这是近代个性受到重视的潮流在俗文学理论中的突出反映，有很重要的开拓意义。他把民众自己创作的口头歌谣曾在《诗经》中获得了“并称风雅”的地位，和现存的“田夫野竖矢口寄兴之所为，荐绅学士家不道”的山歌看做“里耳”自己的写真性情的文学。他也把“文心少而里耳多”作为小说要通俗这一特点的依据。虽然这二者都不能免除他仍有用当时道德教化以醒世、喻世、警世的一定局限性，但他着眼于民众的真性情在俗文学中的表现，又认为从“里耳多”着眼就应当通俗，这些都确实是为俗文学作了重要的理论建树。

雅文学与俗文学的比较和转化都有大量的历史事实可以说明。历史上有过雅文学圈子的作家不断向俗文学靠拢的事实，也有过俗文学被选择重视，但又被拉上雅文学旧轨道的事实。“五四”运动以后新文学的行列中越来越多的人迅速自觉地或逐步清醒地靠近民众。他们努力了解俗文学，以至创作新型的俗文学作品，特别是新型的通俗而又更加讲求艺术境界的文学作品。鲁迅曾经写过通俗诗歌，刘半农特地写了新型俗文学作品《瓦釜集》。他断定“有人能从茅塞粪土中，开发出更好的道路来”。新文学的道路上，后来果然出现了老舍、赵树理、李季等一代又一代的作家。他们力求使新文学继承与发扬中国俗文学的优良传统，以与新时代民众的审美要求更好地结合起来。他们的功绩是人们忘不了的。人民革命事业的脚步使苏区民歌、陕北民歌、山西民歌等陆续得到不同程度的发掘、整理，新作也继续涌现；韩起祥、高元钧、王少堂等来自民间的传播俗文学的能手，也先后为整理和革新俗文学做出了为广大群众所欢迎的贡献。今天研究从古代到现代这些雅俗的比较和转化，都将有助于对新的历史需要的回答。

（原载《俗文学论》1987年9月，黑龙江人民出版社出版）

刘半农和中国俗文学审美特征研究

刘半农在现代中国新文学的兴起和中国俗文学学科的发展上，都有特殊的贡献，起了开路“猛将”的作用。其特殊贡献的一个重要方面，就是他在“五四”前后，就非常重视中国俗文学审美特征的研究。这对于中国俗文学研究的逐步深入、新文学的创作与理论建设以及中国现代美学学科的发展，都有不可忽视的意义。

一、“不求工而自工，不求好而自好”

——刘半农论歌谣佳作在审美上的优势

刘半农在1927年写了篇《〈国外民歌译〉自序》。此文不但对“中国征集歌谣的事业”发起经过做了回顾，而且对歌谣佳作在审美特征上所具优势做了出色的论述。他指出，对歌谣的研究可以有“种种不同的趣旨”，比如文献情况的考订，声音韵律的探索，散语与韵语的比较，各地俗曲音调及色彩变递的研究等等，都可以选中来发挥自己的旨趣。但是他特地表明，自己的注意点“始终是偏重在文艺的欣赏方面的”。歌谣佳作审美特征所具的优势，正是他首先注意的课题。

在这篇文章中，刘半农认为，文艺“根本就不是理知的，是情感的”。由此，他认为文艺作品的“好”、“坏”、“美”、“丑”都要依据这个基本性质去评判。对歌谣与整个俗文学作品就审美特征而作“价值”评判，不言而喻，也应如此。因而他的论断是“只能看作品中的情感，与我自身的情感是互相吸引的或者是互相推拒的：是吸引的就叫作好，叫作美；是推拒的就叫作坏，叫作丑”。他甚至说“文艺的欣赏完全是主观的”，“不能有什么客观的标准”。他这些论述是对文艺欣赏中审美心理、审美感受到审美评判而言。他机智而敏锐地说出了文艺审美中由与情感联系而显示的特点。

当刘半农把审美评判的趋向与人的“气禀”、“性情”联系起来的时候，他是指明审美欣赏要以具体的人构成审美关系的具体性质为转移，并非人人可以一律套用。当他论述人们“爱赏歌谣”形成“极自然的趋向”的时候，他其实又是在揭示生活与文化的趋向是这样那样地决定着歌谣这类作品中体现的审美趋向。评判这样的审美趋向与“价值”，实际上也就有与生活和文化相关联的“客观的标准”。“五四”运动前夕，刘半农在《我之文学改良观》中曾说过：“夫文学为美术之一，固已为世界文人所公认。然欲判定一物之美丑，当求诸骨底，不当求诸皮相。”不言而喻，正是以客观审美性质的评判检核主观审美感受的性质。可见他在两篇文章中的美学见解是分别着重了一个侧面，而其论旨都是可以看出统一性的。

刘半农指出：歌谣佳作“能用最自然的言词，最自然的声调，把最自然的情感抒发出来”。发抒情感最自然地体现于作品，再加以众人流传中的润饰，经过主观（不止一个人的主观）与客观统一的复杂过程，在歌谣作品审美性质上获得了客观性。这就是刘半农揭示出来的事实。他把人的呼吸与唱歌的需求做比较，称“唱歌是维持心灵的生命的”，而“心灵的生命”和歌谣的生命都是来自人们生活实际的。这就说明他是把了解事物“骨底”、“真相”作为歌谣与其他俗文学审美特征的依据的。他赞扬歌谣佳作中的儿歌使人们看见儿童的“真相”，赞扬歌谣里有“最大的无畏精神”去写生活实相，都是指歌谣有自然地显露体现“真情”、“真相”的审美特征。

刘半农还指出，歌谣佳作是“不求工而自工，不求好而自好”，并且称这是“文学上最可贵，最不容易达到的境地”。他对歌谣在审美上的优长从多方面做了说明，诸如“歌谣之构成，是信口凑合的，不是精心结构的”，表现人事人情的“真切”、“奇妙的结构”、“朴茂的气息”以及“超脱的思想”等等。这也是既重视歌谣作者们主观条件，又重视他们所处的生活与文化的条件，实际上论述了歌谣审美特征形成的客观性质。他看到了“见解不同的人”与不同作品间不同审美关系的生活依据，实际上已经接触到文学雅俗之分是与人们生活条件、文化环境等相联系的审美文化需求的相应体现。这在当时是难能可贵的。他指出，有的歌谣佳作文字虽然并不见得“怎样的美”，却很好地表现了民众的情感、风神，是真正美的作品，是民众喜闻乐见的。

二、“通俗小说之积极教训与消极教训”

——刘半农论俗文学审美感染作用的不同趋向

刘半农肯定通俗有利于接近广大民众。他提倡重视俗文学中各种通俗形态的作品，但他并不认为通俗可以不讲审美趋向辨别的问题。他在1918年发表的论文《通俗小说之积极教训与消极教训》，就是专论这一问题的。

在此文中，刘半农指出：“题中‘教训’二字，是说此项小说出版后，对于世道人心的影响如何。所谓‘积极教训’，便是纪述善事，描摹善人，使世人生羡慕心，模仿心；‘消极教训’，便是纪述恶事，描摹恶人，使世人生痛恨心，革除心。”除这两种外，还可以“混善恶而一之，用诙谐之笔，以促阅者自己之辨别与觉悟”。显然，他对俗文学影响深广程度与这种影响所起审美感染作用的趋向如何是主张做统一考察的。

谈起通俗小说的称谓，刘半农认为它并不就是与文言小说相对而言的白话小说，其基本含义应该是指：“合乎普通人民的，容易理会的，为普通人民所喜悦所承受的”。他还进一步说明这种通俗小说可以成为“上中下三等社会共有的小说，并不是哲学家科学家交换思想意志的小说，更不是文人学士发牢骚卖本领的小说”。他肯定俗文学作为文艺审美形态在传播上的优长，同时又指出要使“积极教训”与“消极教训”的关系处理得当：“人类的神经，只能施以适当之刺激，不能施以过分之激刺”；“现形记”与“黑幕”小说描写不当，变成易于摹仿。如此种种，他认为都与写善、恶、美、丑如何适度有关。这就要求作者在体现于作品引导读者的审美趋向时，要有“责任”心。用他另一种说法就是“究竟要有一些斟酌”，这对于如何衡量俗文学作品和有关作者的品格，都是促人清醒的论点。

较之对于歌谣佳作的更多赞美，刘半农对通俗小说，或者如他在《中国的下等小说》一文中所说的下等小说，采取更细致地分析的态度。他提出要对“下等小说”加以“改良”，提倡“编辑优美的下等小说以适合于社会教育之所需要”。看来，他认为通俗小说作者和歌谣作者们多少有点不同，这些作者有点旧文化修养，又处于中下等社会，“写中下等社会的情况，虽能维妙维肖，字句中却全没有审美的功夫”，“描写中等以上社会，谬误极多”。与此相关，在思想内容上与积极东西存在的同时也常有不那么积极的或陈旧的东西。这些分析对于了解当时通俗小说审美特征中长处短处交织的情况，是富于启发性的。

但是，刘半农不仅看到现状，他的着眼点在于革新。他从中外通俗小说引导读者审美趋向的经验中归纳出一些处理“积极教训”与“消极教训”关系的方法。这些方法包括“化消极为积极”，“以积极衬托消极”，“以消极打消消极”，“以积极打消消极”，“消极积极循环打消”等办法。他还考虑到社会文化需要差异甚大与将来“人类的知识进步，人人可以看得陈义高尚的小说”种种情况。可见，他观察俗文学审美特征，不但着眼于人们生活处境、文化素养、欣赏习惯有诸多不同条件，还放在人类进步过程中来进行。这样，他就在现代俗文学学科发展之初，为推动俗文学审美特征研究，为俗文学与整个文学的变革，及其与现代美学学科的密切协同发展，打开了广阔的视野。这一点，无疑值得我们继承和发展。

三、表现“瓦釜的声音”，开发“更好的道路”

——刘半农论文艺审美创造要重视表现民众的声音

刘半农是对歌谣及整个俗文学作科学研究的提倡者。他的《〈扬鞭集〉自序》、《〈瓦釜集〉代自序》等文章里以激荡的豪情和敏锐的哲理为文艺审美创造要重视民众的声音做了论证和宣告。

刘半农在解说《瓦釜集》命名的来由时，勇敢地提出了一个震撼当时文坛的命题：“瓦釜的声音”在美学上非常重要，不能以为只有黄钟声音才美。历来文人雅士常说，黄钟代表美，瓦釜代表丑。刘半农却认为必须改变。他宣告要“把数千年来受尽侮辱与蔑视，打在地狱底里而没有呻吟的机会的瓦釜的声音，表现出一部分来”。他预料这种努力会招来“笑声、骂声、唾声的雨”，也无所畏惧。他希望有更多的人这样去走，并且“断定有人能从茅塞粪土中，开发出更好的道路来”。他说的“更好”，不是单指原有的歌谣与俗文学，而是指新歌谣、新诗、新的俗文学作品和整个新文学，以及各种新的文化创造。他从珍视“瓦釜的声音”说起，却没有抛弃黄钟之意，而是意味着要在新的条件下使瓦釜与黄钟交相呼应，体现为新的审美特征的“更好”的路。

试看刘半农自己的论述吧！他说“瓦釜的声音”里本来是有很美的东西的，单看一部《元曲选》，就可以与所谓黄钟的文艺形态比赛动人心弦的程度。在他为俗文学审美特征的优势做论辩的声音里，我们可以听出历史文化与生活变迁相联结的哲理。雅俗文化审美特征相互比较、推移而呈现的发展进程里，有丰富的事实可以证明这些哲理。先秦的钟鼎现在看来应属珍奇，其中凝结有古代上层文化的审美内容。远古、上古不同时期先民遗留的瓦釜之类黑陶、彩陶呢？它们的来历未必高贵，但是其朴茂而多样的造型、自然生动的纹饰，岂不也是显示出当时人民审美追求所赋予的具有丰厚的审美内容与形式的珍品吗？审美特征随着人们实践的进展而变化，雅俗比较的界限也在变化。在当代，当陶瓷作为精美的艺术品装点高级建筑，当新型陶瓷成为高级轴承或仪器的科技精品的关键部分的时候，还能说是不足挂齿的物件吗？当黄钟之类的金属制品也渐渐成为炊具、门吊、玩具的材料时，还能说它们注定只能是高居庙堂的东西吗？但是在交融、转化、变异的形态里，它们都可以有独特的审美特征。由此看来，刘半农在论拟作民歌时提出重视民众的审美需求，表现“瓦釜的声音”，开发“更好的道路”，实质上是呼唤新文学贴近歌谣、贴近民众、贴近生活的变革，从而促进雅俗文学在审美优长方面互相吸取，以带动整个文学和文化“更好”地前进。

刘半农在这方面的研究，不仅对歌谣研究和俗文学研究，而且对整个文学研究、新文学的发展和美学学科的发展都是发人深思的。

刘半农在当年对中国俗文学审美特征及相关问题的研究虽然是初始阶段的产物，有其待深入和完备之处，但开创之功会永惠后人。在中国人民为建设有中国特色的社会主义而奋进的新的历史条件下，我们应当把他开始的事业做得更好。

（原载《中国俗文学七十年——纪念北京大学〈歌谣〉周刊创刊七十周年暨俗文学学术研讨会文集》，北京大学出版社1994年出版）

从典故运用看黄海两岸俗文学的相互影响

处于黄海两岸的朝鲜半岛和中国内地的人民在文化上的频繁交往及相互影响，源远流长，俗文学方面的交流和相互影响也是如此。

我对朝鲜半岛俗文学及其与中国俗文学的关系有一些了解，但还没有条件做全面的比较。不过，从我一直关心的审美文化形态形成与发展特征研讨的思路来看，倒是有一个切入点应当引起人们注意的，那就是从典故运用方面加以比较以观察黄海两岸俗文学的相互影响。

典故，是对有长久历史影响的某些事物形象在语文传播中所留特定印迹的提炼，其中凝结着丰富而鲜明的民族文化和世界地域文化特征。典故作为引发历史印迹与当前事物联系的常用词语，可以细分为成语型、技艺型、纪念型等，但它们在俗文学作品，尤其是在经文人撰述、加工而成的叙事类俗文学作品中都可以成为形象的特定构件。借用当今技术条件下文化传播学的术语来比方，它是一种有历史文化蕴含的模块。它是现成的，多于文献有据的，又是可以激活的；它可以饱含审美情感寄托，又可以融进相关的理性思维成果；它具有可开发、借用的历史印迹的“陈”，又有在新的形象联系中产生新内涵的“新”。典故运用的关键在于适时、适需要而用，善于运用。正因为典故借取、运用上有深浅优劣之分，不同民族与文化，特别是俗文学之间相互影响的程度，常常在此方面可以观察得更细微和更真切一些。对中国和朝鲜半岛俗文学作品中典故运用加以比较，就可以发现黄海两岸东方古老民族间在这方面相互影响的情形，是一个广阔而丰富的研究天地。

“箕子东来”和“公无渡河”

——也算“入话”

中国古代话本有“入话”，我们这里谈黄海两岸俗文学典故运用情形也需要来段“入话”。从哪里入起？一是“箕子东来”，二是“公无渡河”。

“箕子东来”在朝鲜半岛俗文学作品中屡屡出现。它指的是殷商亡后箕子迁居于朝鲜半岛的传说。尽管两岸文献记载中对其是自行迁去还是周朝封赠而去，以及影响地域广度方面说法不一，但认为箕子带去黄河流域文化，包括属于当时俗文学的东西并在黄海彼岸产生影响，则是传说所颂扬的。据史料，箕子是能撰唱通俗歌词的。那首《麦秀之歌》或称《伤殷操》有箕子作或微子作的异说，可暂存而不论，那首《箕子操》或称《箕子吟》，在《史记》、《古今乐录》、《琴集》里都认定为箕子所作，也收入了《乐府诗集》。此作伴随“箕子东来”典故流传不绝，对黄海两岸俗文学发展和人们相关审美心态变化都给予了不绝的影响。

“公无渡河”，作为《箜篌引》这一乐府诗歌体裁的早期篇名，也成一种典故。近年来有的研究者著书只摘引《乐府诗集》题解所引崔豹《古今注》原来介绍此作文字第一句，却容易使人产生误解，仿佛这是朝鲜津卒霍里子高妻丽玉自述经历所作。其实，后文说得很清楚，此作原本是由“白首狂夫”之妻悲悼吟唱而成，丽玉的作用正好是作为俗文学艺术整理加工者的早期例证。今天看来，此作还可以有两点启发人们思考：

其一，人们历来只注意“公无渡河”是朝鲜传到中国的由妇女悲悼丈夫渡河而死形成的名篇和典故，其实还应考察那个渡河而死的“白首狂夫”形象的构成及其意义。对比一下，“白首狂夫”的形象和箕子曾“被发以佯狂”，并且在《箕子吟》中写下“欲负石自投河”、“奈社稷何”这样悲愤名句的心态，二者何其相似！联系“公无渡河”出现之前卫满王朝代替被称做箕氏王朝的历史背景，就值得思考：尽管“白首狂夫”的真实身份与姓名仍待考证，至少从文化影响上来看，“箕子东来”这一典故与“公无渡河”这一俗文学作品及典故出现之间的联系绝不能看做是偶然的。

其二，《乐府诗集》关于《箜篌引》题解称：“一曰《公无渡河》。”下引《古今注》说明朝鲜妇女作此篇的来历，又说“有《箜篌谣》，不详所起，大略言结交当有终始，与此异也”。其实，在先即有曹植所作也以《箜篌引》为题的歌辞，属于相和歌的瑟调歌辞，大旨讲知命之理。在“公无渡河”之后多篇《箜篌引》如梁人刘孝威，陈人张正见，唐人李贺、李白、王建、温庭筠、王叡等人就此而写出的拟作也都生发出不同的题意与韵味，但也不限于“结交当有终始”，而有的作品还是颇有关切民生世运的态度如何更有效的题意的。李贺所作就有“屈平沉湘不足慕，徐衍入海诚为愚”这样发人思考的诗句。这是不是对《箕子吟》及相关的“白首狂夫”的形象做了新的认识呢？从典故运用上看，岂不是说明了典外可生发新意味以至生出新典故的吗？

由此看来，从典故运用看黄海两岸俗文学相互影响的情形，应该从历史生活、文化习尚的变化和运用中的具体变化相结合加以考察。下边拟就叙事性俗文学作品中典故运用的几个主要类型举例比较，略加说明，算是此文“正话”。

一、“六月飞霜”与妇女节概——成语型典故的运用与变化

“六月飞霜”是中国的成语型典故，但在黄海两岸俗文学作品中都常见运用。

按照文献记载，这一典故来历有二：一是指东海孝妇被冤遭

斩使当地“三年不雨”；二是指邹衍遭诬陷下狱，他仰天哭诉，正夏五月（后称六月）为之降霜。这两个典故原来分指男女主人公，元代杂剧家关汉卿在《窦娥冤》里都加引用，又融合运用于窦娥形象的塑造，使之出了新生面。窦娥发誓愿使当地“雪飞六月”、“亢旱三年”。此后俗文学及俗语中常把窦娥故事改编作品称为“六月雪”，也常以“六月飞霜”代指妇女受冤屈而敢于抗争的那种形象。黄海两岸俗文学中对此运用又有各具的特点与变化。

《春香传》是从朝鲜半岛南部流行起来的古代俗文学作品，此作开始为口头传说，后来有了分别用汉文和朝鲜文整理而成的本子，还有用新小说文体改写本。其中全州土版本采用说唱夹说白的体式，融进了不少为黄海两岸人民都熟悉的中国典故。其下卷写春香作为艺妓之女敢于抗拒新任南原使道卞学道的逼婚而遭横蛮用刑。她却忍受毒打而誓死不屈，并凛然宣告：“女孩儿受冤，就能使六月飞霜”。这一典故用在此处，大有助于表现春香坚持对李公子忠贞的爱情而节概凛然的形象。在同一部分，配合这一典故的运用，还举了朝鲜壬辰卫国战争期间与倭将同归于尽的艺妓论介等忠烈人物作为春香心目中的典范。这就使“六月飞霜”典故运用有了新的内涵。

《玉楼梦》出现于朝鲜李朝肃宗时期，晚于中国的《红楼梦》。这是一部以娴熟的汉文笔墨和丰富的汉文化知识写的有关中国才子佳人的长篇章回小说。作者对其中重要的妇女形象碧城仙也从“一妇含冤，六月飞霜”典故运用做了多方面的烘托。碧城仙在家庭内和旅途中曾多次遭受诬陷和迫害，却能以柔克刚，战胜厄运。她既能以智慧谏说皇帝，或者在敌军到来时假扮太后为社稷出力，又能坚持清白的节操，雪洗冤屈，因而秦王花珍和皇帝一再用“六月飞霜”这一典故表彰她的精神。碧城仙的命名和苌弘化碧及东海孝妇周青的名字也使人容易产生联想。可以说此作对“六月飞霜”做了多方面的运用。

有个现象也值得注意，现代黄海两岸俗文学中写当时妇女遭冤屈时都越来越少用“六月飞霜”这一典故了。这与历史的变迁带来妇女为雪冤而抗争的心态发生变化有密切的关系。朝鲜现代作家洪明熙写的《林巨正》在写到邻人对两位母女遭受恶势力迫害的命运表示关切时用了这个典故，但那是写十六世纪农民起义的。在中国近代曾有写秋瑾遇难的小说和戏曲用“六月霜”做作品名称的。后出的就不再用了。有的评论者明白表示“六月霜”对主人公的心态和事迹已经不适合了。与此同时，另外一些典故则被赋予新意加以运用。比如《鉴湖女侠传奇》中就写有“渡东洋似荆轲入秦，返祖国似红玉从军”等，也出现了“睡狮吼”一类新典故的运用。清末出现的《英雄泪》这样的中国小说直接颂扬朝鲜半岛爱国志士安重根及妇女英雄，把典故运用上变化的趋势体现得更明白了。对此作后面将予详说。需要补说一句的是，对近现代黄海两岸俗文学反映社会状况与典故运用变化关系的材料，包括“六月飞霜”这类典故运用变化方面的材料，需要做更多的搜集与研讨。

二、“红浑脱”与人物风貌——技艺性典故的融会与改造

黄海两岸都有不少关于剑术、武术及相关杰出人物的传说，这方面的悠久传统及与此相关的技艺性典故也是俗文学相互影响的显著内容。

中国《吴越春秋》中就有袁公与越处女较量剑术的故事，后来以剑术和各种武术绝艺传授而形成的典故层出不穷。这种典故也是两岸俗文学相互吸取的。朝鲜半岛大城山地区长寿池传说中就有铁锤在池边访师习练剑术等，后来返里制服恶霸，解救所爱姑娘的故事。《壬辰录》中也有平壤名妓桂月香帮助所爱的抗倭战将金应瑞施展剑术刺杀倭军副将的故事。在朝鲜半岛古代小说中运用技艺性典故写有神妙剑艺妇女形象的，要数着《玉楼梦》写的红浑脱了。

红浑脱，即江南红，是《玉楼梦》着力写的人物，她是杭州名妓，因反抗苏州州官迫害，投水自尽，遇救之后流落海滨，到白云洞白云道士处为徒，历经数年，炼成文武全才，剑术尤为精妙。她出山之后和所爱的杨昌曲在一起屡建奇功，名震天下。“红浑脱”，是临下山时师傅为她取的由技艺性典故为内核构成的称呼。这一典故运用对塑造她的形象起着特殊作用。

“红浑脱”，意味着江南红练就了神妙的剑艺。“浑脱”与剑术、剑器相联系而成为“剑器浑脱”的典故见于杜甫《观公孙大娘弟子舞剑器行并序》，而“红”则与唐人传奇中红线这一女剑侠形象有关。杜甫诗序中说自己童稚时曾在郾城观看“公孙氏舞剑器浑脱”，称赞为“浏漓顿挫，独出冠时”，又说张旭曾因观看“公孙大娘舞西河剑器，自此草书长进，豪荡感激，即公孙可知矣！”所说“剑器浑脱”即是由剑术与舞蹈结合而成的持剑舞蹈，“西河剑器”同指此舞，“西河”是指此舞创始时流行的地区。有的学者认为“浑脱”是译音，指囊袋，但未提供原文出处，只说后来用作健舞曲名之一，又说武后末年有人把《剑器》舞和《浑脱》舞综合成一个新的舞蹈叫做《剑器浑脱》。此说提供了年代线索，但对“浑脱”典故由来说得仍不清楚。

其实，从“浑脱”这一词语和当时西北地区民众生活习俗联系起来考察，其义不难了解。浑脱，从古汉语字义来说，在此处是浑成及圆转流动的意思。它可以和囊袋之义部分地结合，但主要地是一种生产中发展而来的技艺性称谓。西北地区居民渡河多用完整而充气的羊皮或小牛皮为筏，因为是浑成形态所脱之皮，叫做“浑脱”。宋人苏辙《请户部复三司诸案劄子》中提到河北道也是“顷岁为羊浑脱，动以千计”，并说“浑脱之用，必军用乏木，过渡无船，然后须之”。《太白阴经》中讲渡水工具时提到“浮囊以浑脱羊皮，吹气令满，紧缚其空，缚于肋下，可以渡也”。这早已分明指出浮囊的“囊”与羊皮要用“浑脱”者二者有物类称谓与技艺称谓之别。再看明人叶子奇《草木子》

所说的牛浑脱。他说："北人杀小牛，自脊上开一孔，逐旋去内头骨肉，外皮皆完，揉软，用以盛乳酪酒湩，谓之浑脱。"可见数代西北人或北人都沿用了浑脱技艺。《太平广记》载，唐初长孙无忌喜戴一种蒙头遮面的帽子以御寒风，人称浑脱帽。此帽式至今北方农村在冬季仍有戴用者。由这些可见，"浑脱"并非限指囊袋，而是技艺称谓，转义可指动态，其义强调人为之象，依此可类推于帽，也可类推于舞态。以某种舞具形成浑然掩遮舞者身体的舞象，可称浑脱舞；以持剑器形成可遮舞者身体的舞象，称作剑器浑脱舞，也应是自然的。杜甫诗中对"剑器浑脱"呈现的剑光浑成而夭矫流动的舞象做了精彩的描绘。至于杜甫诗序说张旭由之得到草书用笔的启发，更可以看出相关技艺妙处相通的意味。

可喜的是，《玉楼梦》的作者作为朝鲜俗文学作家却体味到此一中国典故的神髓。他用"红浑脱"突出了江南红剑术的精妙。在描写红浑脱施展才艺时，又善于与此相吻合、相呼应。比如，写红浑脱在战场上使起双剑能使敌方耀目而难见其身，也能使剑锋如多束闪电在敌将前、后、左、右、上、下闪动，使其难以措手而失败。她还能使剑器对着大树环绕击刺，使片片树叶受创。这些都显示运用"剑器浑脱"这一典故带来的意境。那个"红"字在小说中也体现得颇有声色。比如，红浑脱能如红线那样夜入蛮王深洞取得其头饰，使其折服，也能如另一篇唐人传奇写的昆仑奴那样在敌方严密防御的内层洞门口除掉狮犬交配而成的猛兽。按照这一作品富于浪漫幻想的结构，"红"字还意味着她是红鸾星被谪降人间，因战功所封也是鸾城侯。这个"红"字与"浑脱"典故多重配合成为一种有新意的运用。

"红浑脱"，还有江南红善于女扮男装施展才干的含义。中国曾有《梁山伯与祝英台》中祝英台以女扮男装实现求学之志和巧妙表达情思的智慧，也有《再生缘》等作品中孟丽君等以女扮男装显示才华的情节。《玉楼梦》显然受有这类小说的影响，而善于用"红浑脱"这样富于文化意蕴的典故来烘托人物形象则是其特色与优长。尽管作者写红浑脱的立意还是限于在封建制度条件下允许妇女有多一点施展才能的天地这样的眼界里，就典故运用来说，作者能善于化用而有出新之处，也就是很难得的了。

三、“七结义”、“爱国会”和民众组织的“特色”——纪念性典故的仿效与演变

在黄海两岸俗文学交互影响的发展中有一个绵长的历史背景，那就是从16世纪以来两岸人民分别遭受过倭寇的袭扰和侵犯，后来则是日本帝国主义的吞并和侵略战争带来的灾难。中国人民抗日战争和第二次世界大战中各国反德、意、日力量的胜利，特别是中华人民共和国的建立，使这种情况发生了根本的变化。但是，历史经验是不能忘记的，俗文学中留下黄海两岸人民遭受苦难与奋起抗争的形象是弥足珍贵的。对于反侵略方面和在与之交织的反对封建势力方面的社会斗争，在两岸俗文学中都有程度不同的描绘。与之相联系，在运用典故，特别是纪念性典故方面的变化，也在两岸俗文学交往与相互影响中或隐或显地体现出来。

“桃园三结义”是《三国演义》开篇就写到的重要情节。这是从历史上刘备、关羽、张飞结义关系加以生发和重彩描绘的艺术形象，传述开来之后，对社会生活和俗文学写志同道合人物的结义关系上都发生了重要影响。它既成为一种人际关系处理的楷模，也成为一种纪念性的典故。《水浒》中起义的人物有了更大规模的结义，有了自成一体的组织，有了议事的聚义厅，其活动内容有对付宋王朝贪官恶霸的方面，也有后来参加抗击外敌或参加征讨别的起义者的方面，但“桃园三结义”的精神始终活跃于小说整个形象系列之中。继之出现的许多小说、戏曲都在类似的人物关系中不同程度地贯注着这种精神。这种情形在黄海两岸俗文学运用典故方面相互交流及相互影响上也自然地体现出来。

上面简略提及过朝鲜作家洪明熙写的长篇历史章回小说《林巨正》在运用“结义”典故方面是个突出的例证。这部小说以16世纪朝鲜半岛农民起义主要人物为根据写成，其题意、格局及结义方式和中国的《水浒》很相像。此书写起义的七个主要头领林巨正、李凤学、朴有福、裴石、黄天王童、郭五柱、吉莫奉在七将寺举行“七结义”。他们也建立有青石沟山寨，会议处所也叫聚义厅或叫聚会厅。“七结义”显然是“桃园三结义”和《水浒》人物结义精神的借取和发扬。他们的起义行动和小说情节演进带有民族和地域生活环境的特定色彩，但以典故为象征的结义精神却仍然显示出两岸人民文化上相通相亲的情形。林巨正等要把贱民们从不公平的世道中解脱出来，“结义”对他们来说是合理而必要的关系。正如“水浒”故事写李逵等人物容不得山寨之名蒙受污秽那样，《林巨正》中一些人物也关切结义纯正性质的维护。一些头领不仅对混进起义军而怀有异志的军师徐林存有戒心，对大队长林巨正因徐林暗地安排使其滞留京城的行为也焦急地设法纠正。这种继续“结义”精神的描绘，显示了纪念性典故在运用中的生命力。这部小说是未完之作。按照作者用林巨正师傅即七将寺高僧一首遗诗作伏线看，以后的篇章将要展现起义人物抗倭的新业绩。本来林巨正、李凤学都曾参加过前一段抗倭战争，他们在把起义与抗倭结合上定有新的作为。可惜小说未能写完，在报刊上未能继续刊载下去，即遭日本统治者查禁了。这也正说明，真正的“结义”与爱国的义举在反侵略事业当头的时期必然要走向结合的。

到了近代朝鲜半岛上的人民面临日本侵略者加紧实行吞并的计划时，中国人民也陷入半封建半殖民地的境遇，黄海两岸俗文学中各自发出了反抗侵略、救亡图存的声音。新的启蒙性质的文化因素在两岸的雅俗文学中都不断得到发展，俗文学中要求警世爱国，表彰反侵略、反封建英雄人物的声音尤其显得响亮。但是这方面的材料现在搜集和研讨都很不够，比如中国写秋瑾的俗文学作品等传入对岸情况如何，朝鲜半岛写安重根等志士的俗文学作品有多少，都待了解和研究。但有一点确定无疑，中国俗文学作家对当时朝鲜半岛事态的关切和反响很为强烈。据我见到的，中国当时很快就出版了一部以写安重根刺杀伊藤博文的壮烈事迹为主线的说唱体小说《英雄泪》。这是立意借重朝鲜爱国志士英雄行为和朝鲜亡国惨痛经历以警醒中国民众的作品。其笔触对朝鲜半岛民众充满同情，不妨说是借新事实为新典故，而对贯串“结义”的文化精神则作了新的拓展。

《英雄泪》人物初期活动也贯串着“结义”精神。此书的长处在于写出面临日本统治者步步加紧的侵略，爱国志士和普通的民众不得不打破往日个人间结义的范围，在明确的爱国目标下进一步组织起来，发展为现代爱国会社。安重根就是由原来同学、朋友间不同场合的“结义”发展到坚决参加严密的反日组织爱国会的。这就使原来用“结义”典故表示的精神境界上升到反帝爱国志士的精神境界了。随着这种变化，作者运用的另一些典故也有了新的变化。比如，第二十四回写到安重根按照爱国会组织的派遣将要登程奔赴中国东北去履行击毙伊藤博文的使命时，那番情景与《东周列国志》所写荆轲刺秦出发时送别场景的描写真有相互映照的意趣，但又有些变化：各位同志一起跪别，显出爱国行动的统一与严肃。当写到安重根在同志配合下击毙伊藤博文后不幸被捕时，作者写他为自己祖国大喊三声“万岁”，面对审判他的严正回答是：“替我国家报冤枉”，然后又写他“含笑就刑”，颇为动人。尽管写于清末的这部小说的作者尚未能完全摆脱忠君的框框，但他能从朝鲜半岛产生新典故依据的新事实把“结义”的老典故运用拓展到爱国的境界上，并且多次写到把国耻家仇结合一起，这是一种新的价值眼界。在对不同民族之间关系上，作品也流露了被侵略民族要同仇敌忾、互相声援、互相学习的思想。书中强调不但要看到朝鲜被日本吞并之惨，也要看到日本侵略者下一步要灭亡中国，还说日本统治者是“得陇望蜀”，朝鲜与中国的关系是“唇亡齿寒”。这实质上就是把“结义”的眼界在不同民族和国家的关系上也扩大了、升高了。

此书还有一些有意义的描写，比如写农村妇女周二娘看到男子组织反日会社，她也组织妇女参加复仇会，其集会地点是在箕子庙。这样写无异于把“箕子东来”那一典故所代表的历史文化含义作为反对日本侵略者的一种精神支柱了。书中还特地写道：“刘云浦农夫知道忠君义，会贤庄妇女也知爱国诚。这也算高丽国中一特色，看起来农夫妇女哪可轻?”又写道：“这都是侯弼（即安重根老师）报馆化的广，开报馆这个功效了不成。”清末俗文学作家能打开眼界看待黄海对岸人民由现实环境激发起来自我组织的程度，能惊喜地看待新文化传播对广义的“结义”的作用，这不能不说是典故运用和认识上变化的思想原因。

由上述可以发现，近现代反侵略、求独立和生存的历史需求和相关的人民审美价值意识的变化是如何影响着黄海两岸人民在俗文学典故运用上的变化的。这种历史轨迹应该很好地加以研讨和总结，因为这是不应该忘记的，对俗文学和整个文学发展来说是有益的。

（原载《文献》1998 年第 2 期）

美分高下　去浮存实

——谈洪仁玕《资政新篇》、《戒浮文巧言谕》中的美学思想

在鸦片战争后，中国逐步陷入半封建半殖民地境遇。太平天国是在新的历史条件下所爆发的一次壮烈的农民起义。它在许多方面显示出我国农民起义发展到一个高峰的一些特点，也显示出剧烈的社会变动使得奋起抗争的农民起义某些领袖人物身上也具有一定的新的思想特色。太平天国失败了，但它的起义军震撼了清朝封建统治。它的思想家在利用经过改造的宗教教义的掩护下提出了具有新因素的各项主张、见解，包括政治、经济、伦理、文化及美学方面的主张，都值得在过去研究的基础上作进一步的研究。

太平天国思想家在美学思想上也有可贵的贡献，这或许是有的人没有想到而为之惊奇的论题。但是，历史文献告诉人们，就以洪仁玕①来说，就显示了太平天国杰出思想家那种富于新的特色的美学思想。他的《资政新篇》（主要是“用人察失类”、“风风类”两部分）和由他主持并与蒙时雍、李春发联合草拟发布的《戒浮文巧言谕》，还有他写的一些诗文，都强调了美分高下、去浮存实而反对美艳、娇艳的论点。他的审美论点有着农民起义思想家那种勇敢地以冲破封建王朝禁锢为急务，改造世风为标的，而又充满着质诚求实精神的思想光彩。

可以毫不夸张地说，把美分高下、去浮存实，反对美艳和娇艳的要求作为农民起义建立的政权的施政原则之一而广为传布，

这还是一种创举。

可以令人深思的是，在鸦片战争后社会状况愈形败坏，文化风气也愈形败坏，曾经引起许多人的怀疑和不满。但是，当时能够如洪仁玕这样把文词陈套与封建礼制等联系一起，提出全面的猛烈抨击的却还极少。洪仁玕鲜明地提出“弃伪存真”、“去浮存实”、鼓励“美举”，却痛斥“美艳”、“浮文”和“巧言”，并当作反对“妖魔”，实行太平天国正道的大业，这在百年文学史上也是一种创举。

这种创举是他作为太平天国重要思想家站在历史前列发出的声音，也反映了农民起义可贵的民主要求。百年风云，世事递变，洪仁玕的思想、见解在近代美学领域里投射的一道强光却历久而弥新。

他的审美论点有着眼于农民起义实际利益的鲜明态度，又有着太平天国提出以天父意愿为依据建立所设想的平等世界的空想色彩。

他的美学思想从改造世风的需要出发，大声呼吁注重真理，要求朴实明晓的美，反对虚浮“巧言”和“美艳”、“娇艳”，因而有生气勃勃的力量。但他在对统治阶级掌握的文化典籍及通行的戏剧看出了其中的弊端的同时，还不善于识别和利用其中可以吸取和改造的东西，因而又有一些褊急的要求。如他把当时的戏剧看作概不可取，大约与他当时所见戏剧演出中尚缺少直接有利于农民起义的剧目有关。其实，戏剧潜移默化影响人心的力量岂可小看，只是他还没有来得及论到改革戏剧的问题，太平天国已经陷于失败的局面罢了。

他的美学论述是在太平天国胜利进军中写下的。太平天国没有能建立全国政权，建立于南京的政权也没有能维持多少时日。洪仁玕也就没有可能在稳定政权的情况下发挥他的美学思想。但他已经发出的终究是强光，他的论点的可贵在于他把世风之美、文风之美等等与太平天国的理想联系一起而使其论点具有勇进不懈的力量。即使在他的文字里常有太平天国所利用的那种宗教色彩的语言，也掩不住他那进步思想那动人的光耀。

就他留下来的文字中的有关部分来看，可以从几个方面发现他的美学思想的特点：

一、洪仁玕的美分高下的论点是为了论证太平天国起义目标是最美的、最高的。他认为最宝贵、最美的是“复见新天新地新世界”，一切应以此为依归。

在《资政新篇》中，他用很大力量论述了美分高下这一有强烈进步意义的观点。他说：“中地素以骄奢之习为宝，或诗画美艳，金玉精奇，非一无可取，第是宝之下者也。”这就是说，这些事物的这等美，“非一无可取”，但只可算作下等。他认为，“夫所谓上宝者，以天父上帝、天兄基督、圣神爷之风，三位一体为宝，一敬信间，声色不形，肃然有律，诚以此能格其邪心，宝其灵魂，化其愚蒙，宝其才能也。”他也认为：“中宝者，以有用之物为宝”，他举了火船、火车、钟镖（表）、电火表、寒暑表等等，认为这些“皆有探造化之巧，足以广闻见之精，此正正堂堂之技，非妇儿掩饰之文，永古可行者也。”由他这样分高、中、下，可以看出两个方面，其一、他用带着宗教色彩的语言，讲的却是把太平天国用以号召起义的教义和信念，以及对此最忠诚的人物由之陶冶出的才德是最美好、最可宝贵的；其二、他把代表当时科学技艺进步的事物作为“正正堂堂”的可以推广应用的东西，也是值得赞美宝贵的东西。这两点都显示了洪仁玕的思想高出于前此农民起义领袖人物的重要特点。

这个特点决定了他的美学思想既有强调和倡导美与善与真统一的一面，也有对美与善与真相区分上认识不足的一面。但是，应当说，这两面都正好说明他的审美论点确是一道强光，虽然还不能说是照亮更广阔、更细致的领域的巨光。

二、洪仁玕论美的具体出发点是“以风风之”，即与太平天国改革当时社会的主张密切结合，这是他的美学思想的一个重要特点。

洪仁玕所讲的“以风风之”，是把古代采民风、正风化的传统说法作了改造而赋予太平天国起义所需要的新的含义。他把这个问题提的更新更深入之处，是在于他把“以风风之”当作用太平天国的一系列主张和观点改变人心的事业。因而，他实际上把“风风”作为道德教育和美育的结合。在这个问题上，他深知改变被旧风旧俗所浸染的人心是不容易的。他颇有清醒的估计，但同时又表现出务必进行下去的坚决态度。在《资政新篇》中，他指出“甚矣习俗之迷人，贤者不免，况愚者乎”！他认为要改革丑风陋俗又非躁急所能奏效，并特别指出对民众中的旧俗浸染之弊，要兴美革丑，要有耐心的作法，多样的措置。他说：“夫所谓以风风之者：谓革之而民不愿，兴之而民不从，其事多属人心蒙昧、日俗所蔽，难以急移者，不得已以风风之，自上化之也。”接着他举了男子长指甲，女子喜缠脚，吉凶军宾，琐屑仪文，养鸟斗蟋，打鹌赛胜，金玉粉饰之类例子，指出这些旧风败俗“皆小人骄奢之习”、“禁之不成广大之体，民亦未必凛遵，不禁又为败风之渐”。显然，他认为要有多种措施的结合，特别注意“以风风之”。

在《资政新篇》的开篇总论之末，他曾“以风风之”、“以法法之”、“以刑刑之”三者的结合作为治世的要略，并提出“三者之外，又在奉行者亲身以倡之，真心以践之，则上风下草，上行下效矣。”他把推行新风的执政者的言行一致，亲身倡导，真心践履，以之影响民众当作上述三者结合得以实现的重要条件。这一看法不是很可给人以启发的吗？

他把“以风风之”实际上看作美育与道德教育的结合，因而他主张在上者对“可耻之行”态度要鲜明地“鄙之忽之”、“怒之挞之”，使得“民自厌而去之”，“是不刑而自化，不禁而自弭矣”。他的着眼点是通过“以风风之”引导人们向美、向善，因而他热烈地主张大力鼓励美好的东西。他说：“倘民有美举，如医院、礼拜堂、学馆、四民院、四疾院等，主则亲临以隆其事，以奖其成，若无此举，则诏谕宣行，是厚风俗之法也。”

此处的立论显然是着眼于美与善的统一，强调了判断事物是否与民众有利的实际功利观点。他也从此出发把“演戏斗剧”和“庵寺和尼”笼统地列入同等弊端中去。这显然有不周全的地方。但他所以这样看，正是由于这里联系着美分高下的观点。在他有可能看到戏剧的美如果能感动民众跟上太平天国的旗帜走，他必定会将戏剧美的地位也抬高起来的。按照他本身的道理，是会走向这一点的。值得注意的是，他时刻不忘他的论美是服务于推行正道，改变社会，风化人心的。所以，这里在“倡美举”的同时，即使在含有偏颇的论点中，他也说的是“务去其心之惑以拯其迷者也”。这也就是说，要解除人心的迷惑，引导人心到为最美最宝贵的改造前景上去，到利民的“美举”上去，到“有用之物”上去。

他的立论具有太平天国起义所赋予的勃勃生气，但也表现了深刻的弱点。他一方面喜爱科学技艺和新鲜的社会现象，一方面却企图用略加改变的西方的宗教教义去改造流行的旧俗。他贬斥了九流，贬斥释、聃为“诞妄之甚”，贬斥儒教为“罔知人力之难”，而把“福音真道”看作解决社会问题的思想武器。他说，“此理足以开人之蒙蔽以慰其心，又足以广人之智慧以善其行，人能深受其中之益，则理明欲去，而万事理矣，非基督之弟徒，天父之肖子乎！究亦非人力所能强，必得上帝圣神感化而然也。”他的“以风风之”主张的力量本来在于激发民众起来对他称为妖魔的封建王朝及丑风恶俗来一番坚决的变革，而结果却阐发为“非人力”决定，还要靠“上帝圣神感化而然”。他接受了西方资产阶级上升时期一些东西的影响，也暴露了没有更先进阶级的思想为指导的弱点。“倡美举”、“以风风之”所以不能彻底实行与太平天国许多宏正而有革新意义的主张不能真正实现，在这一点上是相通的。这里隐伏着太平天国失败的一个重要原因。

三、洪仁玕在大力主张“倡美举”中，突出地在文学上主张以“朴实明晓”为美，要求“弃伪从真，去浮存实”，反对浮文巧言，反对“美艳”、“娇艳”。这是他的审美论点应用于文学的一个重要标尺。他主持发布的《戒浮文巧言谕》，文字不长，却是近代史上具有首创性的一件事。他采用农民起义政权发布通告的形式，对封建社会里的文学颓风进行了鲜明的认真的而且有力的抨击。这件事的意义及其提出的美学论点在文学上的应用，值得予以认真的研究和充分的估价。

在《资政新篇》里，洪仁玕就把“去浮存实”，从言到行再到文字方面的“倡美举”，作为改变社会的重要方面。他充满义愤地指斥了社会上“不务实学，专事浮文”的种种可慨的现象：“文士之短简长篇，无非空言假话；下僚之禀帖面陈，俱是谗谄赞誉。商贾指东说西，皆为奸贪诡谲；农民勤俭诚朴，目为愚妇愚夫。诸如杂教九流，将无作有，凡属妖头鬼卒，喉舌模糊，到处尽成荆棘，无往不是陷坑。”他痛恨当时清王朝统治下世风、文风的颓败，他从“以风风之”中特意强调了变革浮文，反对虚伪巧言的重要性。可以看出，他正是要从太平天国变革的需要着眼，为美的、善的、真的东西求发展，为摒除丑的、恶的、伪的东西而呼唤人们加力去变革。在这个论点中，也显露出他依托和爱护的是勤俭诚朴的农民。对于把这样的农民视为愚妇愚夫的旧眼光，他表现出深深的愤慨。这正表现了他自然地带着农民起义思想家的倾向性。

结合太平天国队伍本身的问题，他在论述“去浮存实”的美学论点上，显示了勇敢的原则的态度。最明显的是两点，一是对上帝、天父不需要虚美；二是对太平天国的圣主天王也不需要虚美。在《资政新篇》里说：“上帝之名永不必讳，天父之名”也不必讳，“何碍一名字”，“若说正话，讲道理，虽千言万语，亦是赞美，但不得妄称及发誓亵渎而已”。在《戒浮文巧言谕》里说：现当开国之际，“一应奏章文谕，尤属政治所关，更当朴实明晓，不得稍有激刺、挑唆、反间，故令人惊奇危惧之笔。且具本章不得用龙德、龙颜及百灵、承运、社稷、宗庙等妖魔字样。至祝寿浮词，如鹤算、龟年、岳降、嵩生及三生有幸字样，尤属不伦，且涉妄诞。……倘或听之不聪，即将贻误非浅，可见用浮文者不惟无益于事，而且有害于事也。”

为了使新兴的为太平天国需要的文辞之美与封建统治下所长久习染的虚浮文辞的颓风来个鲜明的划分，他提出的这两点都是有不平凡的意义的。尽管他主张的东西中，在借用宗教为精神支柱和热烈的改革要求之间有着不可避免的矛盾。旧形式和农民起义的弱点都限制了他在此时农民起义土壤中生出的新美学思想萌芽的成长。但是他尖锐地提出的问题对封建旧礼俗、旧文风、旧眼光，都具有惊世骇俗的冲击力量。

如果说《资政新篇》里对倡“美举”、戒“浮文”是举了“以风风之”的大纲，那么《戒浮文巧言谕》和《英杰归真》就是进一步对文风作了具体明确的要求和为新思想、新美学论点作了热烈的鼓动。

《戒浮文巧言谕》是他作为军师按照太平天国天王“施行正道，存真去伪，一洗颓风”时要求而发布的通令。一开篇他就讲“文以纪实，浮文在所必删，言贵从心，巧言由来当禁”，这个命意就是痛快、明朗的宣言。他认为“不合天情者”，即不合太平天国革命利益者，要“删除”、“改正”，理由就是“恐其诱惑人心，紊乱真道”，“不得不亟于弃伪存真，去浮存实，使人人共知虚文之不足尚，而真理自在人心也”。堂堂正正宣告要改造旧文契书籍，这是洪秀全、洪仁玕共同主张的有气魄的文化措施，有其可贵的一面，当然他们也还没有来得及考虑对过去典籍要经过慎重而仔细辨别的问题，这是一种不足。而值得珍贵的是他在全篇贯串了去浮存实的思想，即认为文辞之美在于外可“纪实”，内可“从心”，要依照洪秀全的诏中要求的“实叙其事”“不得一词娇艳，毋庸半字虚浮”。洪仁玕接着要求文章“总须切实明透，使人一目了然”，他认为这样“才合天情，才符真道”。要“纪实”，要“切实”，要“朴实”，这才是他认为的真美。他讲的提倡“美举”，不要虚美，要从“真理”，不要虚浮，要明晓动人，不要美艳、娇艳，这些都应该联系起来看。

这样做了，我们就会看见，一个立足于变革社会，讲求与真、善相统一的真美的美学论点，确实由他在并非专门谈艺论学的政治文件中提出来了。这是具有异彩的观点。

《英杰归真》是洪仁玕假托回答一个自清廷投奔太平天国的降官的问答而写的一篇著作。其中阐发了太平天国一系列的主张，自然也对他的具有异彩的美学和道德论点作了热烈的阐发。他集中地反复地讲了美善与革新的必然联系，讲了以革新中出现的合乎“实”的新美才是真美的论点。比如，在谈到取士选拔人才时，他就讲“惟在革除凡例，俾人人共证天心，法至良意至美也。”讲到改革旧制时，他就讲“惟制度灿然一新，而名目仍然由旧，所当循名责实，顾名思义，扫除故迹而更张之，使万万年尽善尽美以永垂不朽也。”讲到发挥人才的作用时，他就讲“我天朝万万年作人之治，所由黼国黻家，天道无不彰之美；金声玉振，天理无不畅之机。”讲到旧历的禁忌等在太平天国历法中均应予以革除时，他就讲“我真圣主天王降凡作主，扫荡妖氛，凡一切制度考文无不革故鼎新，所有邪说异端自宜革除净尽，聿彰美备之休。”这一切非革新不可，这就是结论。按他的说法就是：倘我天朝之人“仍依妖之俗例”，“一切妖样而行，又何敢自称为新乎？夫云净而月明，春来而山丽，衣必洗而垢去，物必改而更新，理之自然者也。”从这个热烈的形象的比方说理中，他所引导出的是变革与所追求的善与美的境界，也即理想的“新天新地新人新世界”的必然联系。他说，“若人人能悔罪改过，弃恶归善，弃伪归真，力求自新，转以新民，改邪术而行真理，去偶像而拜上帝，拆妖庙而建礼拜堂，化愚顽而归良正，脱俗见而遵新化，视听言行既殊，而耳目手足斯新；万物情理既真，而天地世人即新。前日之人行鬼路，今日则脱鬼成人；前日之人面兽心，今日则洗心革面；前日之旧染污俗，今日则咸与为新；前入魔鬼之网罗，几几地狱，今登光明之善域，赫赫天堂。鱼跃鸢飞，无非妙道；风云变态，尽是神思。”

请看看这里的文字，不是把“以风风之”的情景，把文风与人的言行在革新的意义上的联系，讲得很动人的吗？他不仅讲了“归真”、“归善”，而且具体描述了“视听言行既殊，而耳目手足斯新；万物情理既真，而天地世人即新，”以这些与“春来而山丽”、“物必改而更新”相呼应，这也就是讲了“归美”。当然，他的不彻底性在于他讲的这种“归真”、“归善”、“归美”的保证在于“受天父上帝圣神感化”，“有此慧眼，始能认识新天新地新人新世界也”。但这种宗教的东西毕竟掩不了他的论点本质上的革新意义。他把不美的种种败风劣俗、浮文艳词同“妖魔”连在一起，而把真美，即朴实、切实、明晓的美同太平天国变革的目标连在一起，这使他的美学论点终究有动人的号召力量。试看他在《资政新篇》中针对“不务实学，专事浮文”等败风而充满信心地写下的话吧！“倘得真心实力，众志成城，何难亲见太平景象，而成为千古英雄，复见新天新地新世界也夫！”这就是他在鸦片战争后不久发生的太平天国起义中，即能提出具有新意的美学论点，并应用于文风问题的那些文字中最可宝贵的东西。

第四、洪仁玕不仅提出了值得注意的美学论点，而且以自己的诗文作了值得注意的艺术创作实践。这些诗文中显示的美，是值得联系他的美学论点去领略的。

1858 年，他在与洪秀全隔断多时后，又有机会奔赴洪秀全军营施展变革抱负时，兴奋地写下了《香港饯别》一诗。诗中写道：

枕边惊听雁南征，起视风帆两岸明。
未挈琵琶挥别调，聊将诗句壮行旌。
意深春草波生色，地隔关山雁有情。
把袖挥舟尔莫顾，英雄从此任纵横。

与他自己的主张相映照，诗里确实充满真情实感，颇令人可以领略到一种豪壮之气。写法上也是情景真切，显示出志士奔赴征程的特定意境的美。

他在1861年写的《金笔吟》（另本题为《题御赐金笔》）和同收于《军次实录》的另一首《斥花柳轻浮诗》，却无异于是从正反两面将他的美学论点又出之以哲理式的歌咏。只是这里更多地熔铸进他自己鲜明而又深沉的情感罢了。

《斥花柳轻浮诗》的写作，洪仁玕自己有个附记。他说："本军师于军次中案箧内，每见诗卷，多是吟花咏柳，偶披览之，即与怀肠相悖，乃急吟此以洗之。"他写此诗还是要"洗"颓风。他是这样写的：

诗家多大话，读者喜荒唐；花柳轻浮句，偏私浅嫩肠。董陶成僻行，习惯变庸常。学业精于择，勉哉性理章。

他诗里说的"择"，即应看作有择别的见识，要善于分辨美丑、善恶、真伪等等。他把大话、荒唐与花柳轻浮句这些文风之弊看作应摒弃和改造的旧风败俗的组成部分。他特意把"学业精于择"又着重提出来，应该说是把去浮存实、美分高下的论点从思想认识的角度又提到更进一层的道理上去了。

当洪秀全赐给金笔、龙袍、鞋帽时，洪仁玕面对金笔，深为洪秀全的信任和肩上的重担而倍增诗情。据文献记载，他认为"金笔寓有文武兼责之圣意，乃吟以志之"。他写下的两首诗实际上从正面满怀自豪地咏歌了掌握胜似干戈的文化武器对于太平天国军事武器所具有的相辅相成的重要意义。较之当时对于戏剧的看法，他对农民革命行列中具有文才之士已经掌握的写诗作文的本领，有更大的兴趣。他热烈地讴歌了为农民革命服务的诗文那种表达情理和"悉载情形"的功用，以及那种"挥洒从心"、"横扫千军"的巨大力量。这与他反对轻浮文字一对照，不正是一种肯定具有他理想的美质的那种诗文的诗体艺术论吗？那么，读读他的《金笔吟》二首，对他的美学论点中所贯串的正面要求的意义，可以作一个更生动的领略了。现在，不妨将这二首诗录之于下，以作本篇漫谈的结束。

金　笔　吟（二首）

其　一

一枝卓立似干戈，横扫千军阵若何？
鏖罢文场书露布，饱离墨海奏旋歌。
龙跳虎伏归毫底，鱼跃鸢飞入兴么。
幸我毕生随宝手，古今天地任搜罗。

其　二

笔尖犀利甚干戈，挥洒从心任欲何？
怒则生嫌悲则叹，乐时陶咏喜时歌。
可参造化宣精奥，悉载情形恰肖么。
任尔豪强穿铁砚，天公注定妄张罗。

1982年12月28日，北京，灯下。

注①洪仁玕是洪秀全的族弟，太平天国领袖人物之一和重要的思想家。曾与洪秀全一起创立拜上帝会。在洪秀全等举行金田起义时，洪仁玕因赴广西途中受阻，被迫折回，未及参加。以后曾在香港、上海等地居住，1858年由香港辗转奔赴天京（即今南京），洪秀全封他为干王，总理朝事。这时，太平天国已处于被外国侵略者与清政府勾结起来围攻的情势之下。洪仁玕受任于危难的时候，决心从政治、军事、文化等方面进行改革，努力实现太平天国农民起义的主张。他向洪秀全提供的《资政新篇》等系统的施政建议中，力图吸取西方各国先进的科学技术与优长，表达了对西方资产阶级上升时代留下的一些主张的赞同态度。他所力主的革新不仅表现在政治、经济方面，也表现在文化方面，其中包括从美学思想方面提出了一些可贵的见解。1864年，太平天国的天京陷落，洪仁玕尽力护卫幼天王奔波于南下途中，不幸被俘，同年11月在江西南昌就义。太平天国失败了，洪仁玕的革新主张也未能实现，他的著作诗文中有关美学思想的篇章却是很宝贵的美学文献。《资政新篇》、《戒浮文巧言谕》，分别写于1859年和1861年，后篇是与蒙时雍、李春发联名发出的。原文参见江苏扬州师范学院中文系编辑的《洪仁玕选集》。

（原载《美学文献》第1辑，书目文献出版社1984年出版）

不可忽略的现代文艺美学著作

——《文学新论》与王森然的美学思想

王森然先生是“五四”运动中涌现出来的先进知识分子之一。作为著名的教育家、思想家、史学家、文学家、艺术家，他对中国现代文化事业的贡献是多方面的。就中国现代美学，特别是现代文艺美学的发展来说，他也作出了不可磨灭的贡献。尽管他的有些关于文艺美学的著述和讲稿等已经散佚或尚待寻访，仅就1930年由上海光华书局出版的《文学新论》来说，已是他在这方面所作重要贡献的一个有力的证明。

《文学新论》的写作始于1927年，在蒋介石背叛第一次大革命，对中国共产党人和文化界著名进步人士进行“四一二”大屠杀之后，革命与进步力量处于危难之中。处于北洋军阀统治下的北京，也是黑云密集，但进步的文艺界人士仍然为发展新型的文学艺术与相关的理论建设做着艰苦的工作。王森然这时因从事进步编辑活动，被北洋军阀曹锟通缉而投奔北京，在北师大任教。他以微薄薪俸维持生计，但社会与文化界种种现象促使他思考文学教学与美育及文艺创作中涉及的美学问题。他当时即为改革语文教育编著了在我国处于首创地位的《中学国文教学概要》一书，交商务印书馆出版。此书着重选评了从鲁迅到石评梅等现代作家的新文学作品，贯穿了他所崇敬的蔡元培先生提倡的重视美育的原则，但不同的是，他是以新的文艺美学观点作为这种美育的依据的。此书可说是为《文学新论》的写作做了准备。

就在这段时间里，他听从蔡元培先生从南京写信的鼓励，潜心学术研究，被选拔为国立京师大学国文研究馆史学组的研究者。从事深入的历史研究，并没有使他忘记与新文学建设使命密切相关的文艺美学的研究，相反，广泛涉猎中外史料，又紧密结合社会现实进行的研究，使他在这方面形成了系统的具有创造精神的见解。其集中的表现就是在一组相关论文基础上构成上下两卷的这本专著:《文学新论》。

《文学新论》是出自当时作为青年学者王森然之手的有分量的论著。可惜由于各种原因，许多年来被人们忽略了，近些年出的几种《现代文学史》和探讨现代文艺理论与美学的书，几乎都未论及这本专著。然而，在文艺美学研讨上，它上继“五四”时期群议涌发中的积极成果，下接30年代一些文艺审美问题继续深入的探讨，应该说是处于这一过渡时期的重要学术成果之一。这本书的写作采用了将“文学通论”与“文学本论”相辅相成的写法。它不像一般文学概论那样局限于写作技巧与文学形制的缕述，而是善于吸取国内外重要美学论著的优长加以会通，颇有高屋建瓴、议论风发之势。将它称之为把文艺审美哲学和文学政论相结合的论著，是当之无愧的。这种写法也使它在文艺美学的学术论述上带来了些值得注意的特色。其要者，可以由以下几方面得以说明。

一、从内外相通、文情相应研究文艺美学所显示的系统观点

曾经有一种看法，即认为“五四”以后许多年内中国尚未出现比较像样的成系统的文艺美学沦著。对王森然此作加以认真的审视，就可以发现这种说法难以成立了。由“五四”前后以编译介绍国外文艺美学论著为主的现象，转到经过吸取、消化而形成有自己特色的论著，这本《文学新论》应该算是成绩较显著者。仅以既继承刘知几《史通》与章学诚《文史通义》格局，又吸取欧、美，特别是经过日本理论界转介的西方美学论著的优长而言，其特色就是显著的。试看其整体结构，上卷题为“文

学通论”，绪论讲当时文学面临改革的历史使命，接着依次讲文学与时代，文学与社会，文学与经济，中国文学与世界文学。这些章节讲的都是文学及艺术审美创造与外部现实世界的关系。下卷题为“文学本论”，先讲新型文学应具的爆发力、热力、独创力、魔力（今通称为魅力或吸引力）、传导力这样五种力，次讲中外名家对文学所下的各种定义与说法的短长，三讲建设新型文学和成功地进行文艺审美创造应具的几大要素，即感染与激发读者心灵的“情绪”，依据审美素养而产生的广博有力的“想象”，和人生真理密切结合的“思想”，正确而适当选择的生活“经验”及“形式”、“文体”等，四讲文学的起源及其途径，即艺术审美发生与实用关系的变化及新型文学艺术作者进行审美创造需要认明的途径。下卷这些章节讲的是文艺审美本身存在与发展中体现文、情如何相应的某些法则性的认识。把上卷着重讲内外相通，下卷着重讲文情相应，加之书中论述多作横向论列与纵的观察相结合的写法联系起来看，作者是有系统地了解文艺审美问题并做出相应答案的主旨的。尽管作者书中没有明确提出用系统观点观察与研究文艺审美问题，当时系统论作为科学也还没有成为显学和传入中国，但此书的构成和论述，的确体现了某种系统观。这一点对出现于本世纪前期的文艺美学论著来说，是非常可贵的一个优长。

我们试以文艺审美在社会生活中的地位来看本书的论述。书中以马克思关于经济基础与上层建筑关系的思想为依据，说明文学艺术在上层建筑中的地位及其最终要受经济影响与支配的道理，又分别就体现于文学与时代、文学与社会关系等说明此理。在醒目地标明“文学与经济”的专章中，作者从说明经济关系产生阶级关系讲到文学与何等阶级联系是不可回避的历史事实，进而讲到创建新型文学的使命。这是充满系统观点的逻辑力量的论述，又几乎是那个时代少有的以锐敏的理论勇气构成的文艺美学论题。其论述的引证丰富和有启发性，使这一论题足以醒人心目。就这一论述的深刻性讲，作者也是颇具匠心的。书中把文学、美术等都受经济影响与支配，作为文化与时代及社会关系中最中心的问题来加以论述。他借重日本学者藤森成吉等人的有关论述，从经济关系形成阶级关系及有关的阶级斗争史，又分析了同一时代、同一社会不同的阶级，和不同的社会与时代不同阶级对不同时代、社会内容的文艺审美创造，继之分析20世纪文学主潮，就使人对此豁然开朗。

再如，在分析各个时代不同的文学审美创造由其与民众关系的不同而有不同的趋向，进而分析“为民众”和“民众化”的关系及进一层的“艺术民众化”和“民众艺术化”主张的含义与实现的历史条件。在此章末尾还提出了“经济的文学的大旗”这一新颖还有待精确化的提法，实际上贯注了文艺美学观与以经济为基础的历史观相统一的意向。这是一种审美哲学表述意义上的新尝试。而在借重郑振铎《文学大纲》中关于现代世界文学发展主潮的介绍时，此书还将“五四”兴起的新文学受世界文学主潮影响的事实做了鲜明的概括。作者就此指出，中国文学者要一面“准备迎接世界的文学潮头”，一面要准备投身“世界的文学巨潮中”，使中国文学也能掀动“世界的文学的大海”。

显然，王森然这些论述较之书中引述的丹纳《艺术哲学》中关于人种（民族）、周围（环境）、时代三背景的理论要进了一大步。这里实际上体现了由马克思的思想所形成的对文艺美学问题的系统观点，是一种新的眼界、新的尝试。这当然应视为本世纪前期中国新的文艺美学理论建设中富有意义的成果。此书有关文艺创作研讨要以立足于经济关系为主线的论述对今天改革大潮中出现的文艺美学问题的研究也会有很大的启发。

二、突出论述文学艺术审美价值与社会价值关系的理论意义

《文学新论》具有文艺美学通论著作的性质，其重要表现

之一是突出地论述了文学艺术审美价值与社会价值关系这一现代美学建设中的重大课题。通过这一课题，此书把文艺审美创造中内外相通、文情相应所涉及的一系列问题作了富于特色的论述。

在下卷《文学的定义》一章里，作者对从古代希腊和中国周秦以来至现代文艺论者对文学的定义与说法作了评述。他认为其中不乏可取之处，但都是从形式着眼，或者如书中所说，“都是忘却了文学的内容”。尽管这里用“都是”的提法否定得过多一些，还缺少更详尽的分析。但察其本意，在于强调文学审美创造更重要的在于由特定的生活引发的审美感受、审美评价的内容，从而再影响生活的改变，这个论题的提出无疑是正确的。书中说：“文学最高尚的目的是创造新生活的美感和情绪，新生活的美感和情绪是产生于社会性质的美感和情绪里。”书中由此又论断“文学的真价值，绝不是奢华游戏的点缀品。所以社会组织的进步，文学连带的同情愈益密切，文学在社会性上就［可］提高创作家的人格，所以伟大的诗人的创作上无不包含着‘诚信之爱’以唤醒群众的努力。”由这种审美价值的观察，作者进而着重介绍了马克思主义者关于文学是一种意识形态的思想，指出“它是由现实社会发达出来，而带有一种现实社会的特征”，并由之引申出文艺的审美价值与社会价值应当统一的论点。在《文学与社会》一章中作者曾特地引述日本评论家林癸未夫关于艺术的文化价值可分为艺术价值与社会价值的一些见解。王森然赞同这种对文艺审美价值或曰艺术价值与社会价值关系的认识，并且加以发挥、完善，使之成为观察文艺内容与形式统一中各种问题应有答案的重要依据。由此他明确地提出，文艺审美创造要增进生活的价值，“美化人类”，新型文艺作品就要成为“改变社会的好工具”和“促进文化的发动机”。

正是由于对文艺审美价值与社会价值关系的正确把握，此书在进行内外相通、文情相应的各方面关系论述中显出主线明朗、此呼彼应的特色。比如，书中引述一些进步作家、诗人关于表现时代精神的论述，关于一些名作家积极表现织工、农夫及各种社会阶级斗争而成的具有高度价值名作的论述，都是对这一论题的展开。他提倡作家“跑到十字街头”去贴近生活、了解“实生活”的论点，由此也就更有说服力。书中说：“在那里，我们可以听见军阀老爷达官贵人的威喝声，执政者杀人的枪声，穷人们的呼饥号寒，以及乱党与暴徒们家族亲友的悲惨呼号声。在那里，还可以闻到刺鼻的官气与资本家的铜臭，更可以闻到血腥气与火药气。”当时为避迫害，书中对乱党与暴徒未加引号，其实所指非常清楚。这是针对那个时代的现实要求，提倡文艺审美创造体现爱憎分明的精神的呼唤，也是辩明艺术审美价值与社会价值关系结合得如何，来自对生活提炼得如何的道理。

值得注意的是，书中还进一步论述了由把握“实生活”才能通向对时代精神与时代思潮的集中体现。作者特别指出：“在考察那作家的［作为］艺术家的价值上，终是以接触时代思潮的多寡为一个最大的标准。”可见作者认为对文艺审美创造成效做评判，应当把艺术审美价值和社会价值的关系与特定的时代思潮有机地联系在一起，才能做出适当的、正确的评论。

对于具体作品构成中的文艺审美问题，王森然也是联系这个根本观点展开的。在论述新型文艺创作需要发扬五种力的时候，就是如此。他认为爆发力就是如鲁迅《摩罗诗力说》中所赞扬的勇于反抗和前进的撒旦精神。这种精神并不妨碍文学的根本要素发挥作用，相反，如同厨川白村说的那样，可以在影响人类文化生活上加以“最高位的”影响，文学作品因为这种力能在阶级社会里更好地体现“阶级意识与革命情绪，而增高其价值。”他认为发扬热力可以用“具象化的心象呼唤”去“造成理、趣、情、景兼备的一个新的完全的统一的小天地。”这种把中西文艺美学理论的精华融会贯通的论点，其结论也是立足于艺术价值与社会价值的统一的。他认为这种作品里的形象可以“像真的生命似的动人，”体现“万人应有的事业”所具有的“真价值”。他认为独创力发挥，“创作始得成功”，又认为魔力的发挥，在“新的宇宙和人生观”激励下得出创造的结晶，“文学的价值才得增高。”特别是在谈到发扬传导力时，他引述了美国美学家山泰耶奈（桑塔亚那）《美感》一书中关于快感被客观化才得成为美感的论点，并发挥了其中的积极因素。桑塔亚那主张的快感客观化就其美的审美价值说在体系上是唯心的，但强调客观化有其积极的因素。王森然正是由此说明艺术审美实现客观化才能适应文艺传播规律，才有利于传导力的发挥。这是使艺术价值与社会价值在唯物史观基地上得到新的统一，并在这一意义上改造、利用了桑塔亚那的学说。这对在我国提倡和发展以唯物辩证的审美价值观研究美学来说，无疑有不可忽视的积极作用。

至于对文学审美创造成果构成中一些要素的阐明，如对情绪、想象、思想、经验、形式、文件等作的具体论述，实际上也是就具体作品审美价值的成因进行分析与综合。如这一部分引述英国美学家波山奎（鲍山葵）、法国小说家佛罗贝尔（福楼拜）、俄国小说家托尔斯泰等人的见解，论述了生活经验要得到正确、适当的处理而且有动感的重要性。其结论是要达到“无论空间、时间，都能够动读者的情而生感，这样，经验便是文学，而文学遂有价值了”。对文体、形式的论述也是如此。可见，突出文艺审美价值与社会价值关系这个根本论题，确实是这本书的重要优点之一。

三、保持历史地观察文艺审美问题的态度

王森然将历史学家与文学家、艺术家兼具的长处也赋予了《文学新论》。此书尽管受当时历史条件的影响，个别说法有待更准确地予以表述，如前举那个称历史上一些名人关于文学的说法“都是”不重视审美内容的字句就是，但从总体上看，全书是努力保持清醒地、历史地观察审美问题的态度的。而且可以说，在这点上，它超出了当时许多有关文艺审美问题文章和著述的写法。

这一点在全书都有体现，最突出的应属下卷第四章关于文学

的起源及其途径的论述。这一部分所说文学起源，实际上是把文学与艺术各种形态都包括在内的。其论述的中心是讲审美发生与发展的历史进程，一直讲到新型文艺审美创造应当认清的途径。这一论述又与全书各章密切相关，文义相扣，互相呼应，因而更显出有根有据的说服力。

文艺审美发生与发展论题的关键，是说清楚实用价值与审美价值在发生与发展过程中如何相互联系又在变化着的关系。格罗舍（格罗塞）、蒲列汉诺夫等人关于原始艺术与文学发生、发展中体现着人们审美要求与观念的发展的贡献，在此书的论述中得到反映与肯定。王森然特别重视格罗塞《艺术的起源》一书中关于艺术发生之初“是从实际的非审美的目的而生的东西”，后来才有了审美发展的各种层次的论点。这也正是蒲列汉诺夫《艺术论》和鲁迅译介时所阐述的以唯物史观为灵魂的审美发生发展论的主要依据之一。

在以下的论述里，有关诗歌、舞蹈与绘画等都被看做历史形成的文艺形态。作者认为这种来自历史生活的文艺，其创造的功效从总体上说也就是如国外有的美学家说的那样，要使人们的“生活成为更有价值的东西。”这实际上是说明审美的发生与发展就是与其他价值相互比较、相互联系又相互转化的条件下形成的。对历史上审美发生与发展事实的分析所引导的自然是新型文学审美创造应该如何认清途径的课题。书中指明，作家写作品和做人是相统一的，书中所说“我们生活的行为对于文学的关系必定由我们选择那一条路径才能决定”，说的正是这番道理。

此书还论及文艺美学上一个很重要的问题，即雅俗关系问题。在这个问题上同样体现了作者历史地观察文艺审美问题的态度。对作为这个问题的中心问题，即作家文学中的雅的追求与俗文学中民间歌谣传说的关系问题的论述，更是如此。王森然对此未作专章集中论述，但他显然与在雅俗关系上各偏一隅的论者不同。他认为，就文艺审美创造特质来说，只能就艺术特质与社会关系反映的程度来判断。实际上社会历史生活中曾出现过贵族、士大夫欣赏的文学，资产阶级欣赏的文学等等，而当时新文艺争取的前途是形成“无产阶级的文学”、“劳动者的文学”或者叫“以下层社会的大多数人为出发点的文学。”但他也看到审美传导力的广泛体现，是要感染、改变更多的人，改造整个人类生活。因此，他认为就审美创造与欣赏的层次分别而言，与生活条件、文化修养、审美要求、加工程度等都有关系。他又就此指出，当时作家生活经验有欠缺，也有新文化的影响；有需要到群众中去了解“实生活”的一面，又有可以从群众中吸取民间文艺养料，并使其提高的一面。俗行的民间歌谣一类审美创造形态，既有出现佳作自起作用的一面，就许多作品来说，又有待加工为更高级东西的一面。因而他反对把艺术民众化与作家吸收人民创作养分进而更好地表现自己的个性与独创性二者分割开。他也不把民间文学看做不必提高的东西。他在论述对作家的要求时，指明“文学应该创造新的人生的典型，灌注新的人生的精神。”这不仅是切实的描写，而且要“如何地表现、指示、设计、改革”。因而，他认为“多多接近些社会思想和工农群众的生活”，正是要得出更高更有价值的审美创造成果。他列举了北京建筑工人和船上搬运工人用歌曲鼓舞精神、整齐动作的作用。他也认为“一个盲妇的乱弹，一个牧童的闲唱，虽然是无意识的动作，但是一种纯厚自然之美，却可以引起诗人的感情，而为不朽的诗歌。”这就是说，民众中有美好的文艺创造流露，作家应该再由之发挥、加工，使之更高更美。

王森然当时所论及的是雅俗文学关系问题，实质上也是普及与提高关系的问题。后来，毛泽东在延安文艺座谈会上的讲话中对普及与提高关系作了更精确的总结与阐述。但当时王森然所做的比较全面的论述，也就算是难能可贵的了。由这些可以看出，王森然先生历史地观察文艺审美问题的态度，是与尊重实际的态度内在地结合在一起的。这应当看做这本论著一个显著的特色。

与这个特色相关的是，王森然对有关美学的历史文献历来注重整理和研究。1917 年，他在定州接待蔡元培先生到那里讲演并作记录。蔡先生鼓励他注意美学、美育问题，也要注意研究民间文学，要重视包括美育在内各种文献。这几方面他都注意做了。他曾搜集河北民间歌谣，编成《民歌汇选》出版。他为搜集全国戏曲剧目费了数十年之功。他对中外许多美学论著多所研读，仅《文学新论》就评述甚多。他还曾为《山水论》、《山水诀》、《青在堂画学浅说》、《梦幻居画学简明》作详注今译，以惠学林。我在美学界一些友人支持下曾主持编刊《美学文献》，其第一辑行将问世之际，王森然教授于1983年3月欣然为这一丛刊题词，其文曰："认真研究美学文献，推陈出新，继往开来！"这是我们编辑者办刊宗旨，通过王森然老人的赞同和出之于书法真迹，也成了他对美学研究这方面事业的珍重嘱咐。这一声音，在我看来，也是他在《文学新论》中贯穿的历史地观察文艺美学问题那一声音的继续。

斯人已去，德音长存。我们应当认真研究王森然先生的美学思想和体味他为《美学文献》题词的期望，把发展和建设有中国特色的新美学的事情做得更好，使之在中华民族新的振兴中，在推动中国人民和世界各国人民文化交往的事业中，发挥更大的作用。

附：所据原书版本及收藏情况说明

王森然《文学新论》1930年4月印刷，5月发行，当时印2000册，现已少见。笔者所据为北京图书馆藏本。此书原为福建林成章藏书，林为安溪人，卒业于北大研究院文学系，曾任厦大高中部国文教员，1934年暑期回乡省亲时，据称"遭匪祸"而被害，详情待考。其遗作《诗重言状词之综合研究》由北大教授魏建功先生整理出版，其遗书由吴碧芳捐赠给国立北平图书馆，此册《文学新论》即为吴碧芳负责赠书之一。书中有原藏书人阅读研索笔迹，可以看作此书受当时青年喜爱的证明。

（原载《北京图书馆馆刊》1996年第4期）

刘半农谈摄影话美学

艺术摄影在我国出现不久，就有这方面的美学著作出现。刘半农先生写于 1927 年并随即出版的《半农谈影》，就应视为我国现代早期出现的这方面的专题美学文献。

《半农谈影》这本书不厚，写得却是谈笑风生，内容丰富。它在艺术摄影及其与别的艺术形态相通的许多审美问题上，都有助于人们打开思路，对现今的读者，也可有很多启发。

写真与写意

按照半农先生的说法，“写真”就是去复写，“写意”就是“要把作者的意境，借着照相表露出来”。意境，是中国传统艺术理论与美学的重要范畴。半农以之用于当时在中国新兴的艺术摄影创作之中，并提出在体现意境的努力中“找出一些‘美’来”的论点。这可称为中西审美文化交汇中，在摄影审美创造方面概括出来的新的美学见解。

摄影是伴随着近现代科学技术与工业生产的发展先在西方兴盛起来的，它由新奇的技艺变成与人们生活密切相关的东西。但从摄影技艺中可否形成新的艺术门类，并发展出相关的美学分支学科，人们的认识却并不容易一致。正如本文开头所述，直到现在并非所有的人都把艺术摄影当作重要艺术门类，并承认其中大有美学道理。其实，这本来应作肯定的回答。且不说艺术摄影在中外均有大量艺术名作出现，由之发展而来的作为综合艺术的电影、电视中的有关艺术品种，更以动态的画面为这点作了有力的证明。而刘半农先生几十年前就热烈而明确地认定应当发展

“美术照相”也即艺术摄影，并为之作美学道理的论说，实属难能可贵。

半农这本书对此所作的论述扣紧了复写与非复写关系这个要略，因而对“写真”与“写意”二者的区别与联系讲得明白易晓。他认为，“写真”需要复写，“复写的主要目的，在于清楚，在于能把实物的形态，的的切切地记载下来”。他肯定“写真照相有极大的用处”，但他着重论述了人们还有欣赏意境的需求，因而又要发展出“写意”的照相。他以北京正阳门为例说明，写意照相可以产生出“十人写而十人异”的艺术效果。这种效果当然有不同条件下纪实的成分，但就主体创造目标来说，可以有特定的感受、意趣和寄托在起作用。照他看来，摄影艺术创造者面对客体的审美对象，可以“把意境寄藉上去”，又形成作品里的“活”的形象。他认为这种艺术成果比单纯复写要有“意趣”，“不是一篇死账”。同时，他也认为这样以摄影物质条件寄寓意境而成的新形象，可以使人们在其中“去领略自己的意境”。他对艺术摄影中体现意境的重要性及意境被体现和被人们欣赏中再领略的过程作了比较全面的考察，论述得就颇有说服力。

如果说半农在此处论述尚有不足处，那就是后来的读者可能需要进一步了解的一层道理，即被照事物作为审美对象的特性如何开掘，又如何和人的内在需求及摄影技术条件相结合的道理，他尚未来得及做细致的论述。但那显然是时代条件所限。当时，马克思在《1844 年经济学哲学手稿》中关于物种尺度和人的内在尺度及按照美的规律来建造之间关系的思想尚未被译介到中国，在这方面，我们对半农未可苛求。可贵的是，他在艺术摄影这一新的领域中已经突出地论述了进行有关审美创造最应着力的是对意境的体现。这是融合中西文化优长而提出的新的美学见解。

清晰与模糊

对如何体现意境，半农先生在书中还论述了一些如何由之增强艺术摄影作品审美价值的“手腕”和“斟酌”的课题。清晰与模糊的关系，就是他在几十年前揭示出来的一个饶有趣味的美学课题。

首先，半农认为，创造好的艺术摄影作品，不但要有“术”(即驾驭摄影器材的技术)，“更须要有一个艺”。由于摄影是依赖光、形、色关系处理的，清晰与模糊关系的处理必定要摆在重要位置上。这方面关系处理得恰当与否，他认为要看“意境写得出写不出”，或者说体现得好不好。可见，他把意境体现作为贯串艺术技巧各方面要求的主旨，清晰与模糊关系处理的成功与否，也要放在这种主旨被体现的努力程度与艺术摄影作品审美价值高低的联系中来衡量。这就把清晰与模糊关系的处理提到为体现意境找美而做自觉追求的层次上来了。

其二，半农认为，清晰与模糊关系的处理，不仅与人的欣赏需要和创作目标有关，也与人的生理器官功能、心理机制及摄影器材等提供的多种斟酌的可能性有关。他对照相清晰与模糊关系处理可能牵涉到物理上和美术考究上的几种原因所做的分析，既有风趣，也切合人们的实际感受。比如，他说，人的眼睛有两只，而照相机的眼睛只有一只，单眼看东西，“边缘必定十分尖锐”，两眼同看，“就可以和混得多”。这就为艺术摄影中考究清晰与模糊关系的处理说明了一些科学的依据。至于他对判断线条“是否含有意味”和人们欣赏意趣的酌量的重要性所作论述，又使清晰与模糊关系处理实际上触及了审美心理问题。有些思想与当今人们所讲接受美学的见解有相通之处，半农的美学眼光如此敏锐，也值得人们赞叹。

其三，清晰与模糊关系处理可以影响意境体现的方向，半农也对此作了论述。他认为，为了体现某类意境（也包括风格、意趣等）可以在清晰与模糊关系处理上有所侧重："如果是灵秀的，苍老的，萧疏的，就应当偏于清一点；如果是朴茂的，浓重的，恐怖的，就应当偏于糊一点。"他还说明这里面可以分做无数的层次，问题在于作者要"善于斟酌"。

半农在这里所说的"善于斟酌"，就是要求善于从总体上把握艺术摄影作品审美价值成因所需的尺度。他着重说明，适合体现意境的模糊是需要的，但并非提倡一味地求糊，"糊只是造美的资料"，并不是"美的全体"。因而不管采用"透视糊"，还是"美术糊"，他主张都要力求"恰到好处"。这可以看作是对明人计成在《园冶》中所说，园林艺术创造要力求"得体"、"体宜"那一原则在艺术摄影创作中的运用。而半农从清晰与模糊关系处理中发挥出从"美的全体"着眼去考究某一具体的"造美"技巧的运用的思想，却是把计成之说更向前推进了。

事物的美与艺术的美

半农在阐述写意的要求时，着力论述了事物的美与影像呈现的艺术的美的区别。他认为，很美的美人可以照得"全无美处"，很好的景致也可以照得"乱七八糟，不成东西"。"由于眼中所看见的事物的美，与纸上所表现出来的影像的美，并不是一件事：换句话说，这两种美之成立，所根据的条件是完全不同的。"

半农这样的论断在中国现代美学发展上有重要的意义。他的论断既认定眼中所见事物的美和艺术体现出来的影像的美两种都是美，又有是否为艺术家依据体现意境要求再造而成的区别。这就为他倡言意境体现得如何决定着艺术摄影作品审美价值高低的道理，打下了坚实的基地。半农关于不宜死板地复写对象而忘记意境、忘记艺术美的创造的论点，是对的，也是精彩的。但他所说"我们的目的是要造美，不是要把已有的美复写出来"，却不完全确切。因为依他所论，写意可以在复写的基地上达到超越的艺术效果，却并不需要抛开或背离客体的审美价值。正如他举的把美人照得“全无美处”、把好景致照得“乱七八糟”的摄影作品，那是失败之作。这在艺术摄影创作上更显得重要。事物美与艺术美，既有区别，又有联系，在本质上，总体上说有统一性的一面。半农当时没有做到更确切地予以论述，不足为怪。他的宝贵贡献在于既有对两种都是美的论断，又为在艺术摄影中“造美”提供了饱含他自己艺术实践经验的一些美学见解。

半农给艺术摄影初学者在“造美”方面进行考究的一个具体赠言是“要把目中美即纸上美的见解打破”。他告诫说，要注意依“纸上美”（即成像后的形象美）所应有的条件，以判断毛玻璃（即当时摄影机取景器镜面）上的“影像美不美”。这是经验之谈，也有普遍意义。至于谈及“纸上美所应有的条件”，半农还从艺术摄影与绘画的比较中，讲了形、光、色的关系，点明了对艺术摄影尤其重要的命题：“形是画的骨子，光是画的命脉”。这里说的“画”，指艺术摄影与绘画共有的画面。由此出发，书中对绘画一些原理在艺术摄影中的运用作了许多发挥。在当时只有黑白摄影条件下，他对彩色在黑白影像中的转换问题等，都讲得合于实际而富于趣味。尽管现在彩色摄影的发展与那时的条件有很大的不同，但他对事物美与艺术美二者关系要认真考究的思想却仍然可以给人们许多启发。

气息相照与成为一局

半农是中国艺术摄影开路人之一，又是诗人、散文家、俗文学家与语言学家。他把诗文章法、民歌韵味、语言声调等学说也融进了艺术摄影美学道理之中。他认为，成功的艺术摄影作品，其“画中事物，彼此间都应气息相照，成为一‘局’。若然一幅中有两个局，我们把它切了开来，还仍旧可以各为一局，这就不能算得有章法”。这在艺术摄影来说也是有新意的美学见解。

可以看出，这个气息相照与成为一局的命题与他的体现意境要着眼于形成“活”的“美的全体”的思想是相为表里的。这可以使人想起晚清刘熙载在《艺概》中所讲诗、词、文、赋，曲，书法作品等“皆生物也”的论断。“生物”，就要“活”。半农正是把此理与艺术摄影的审美创造作了很好的结合。他吸取绘画理论到艺术摄影理论中来，但他指明，“画是画，照相是照相，虽然两者间有声息相通的地方，却各有各的特点，并不能彼此模仿。”因而他参照绘画理论及艺术摄影创作而讲的画面中画主与陪衬，点与线以及形、光、色各方面气息相照与成为一局的关系，都是在艺术摄影特性的基点上来谈的，因而别具新声。

半农所论的气息相照与成为一局，其灵魂仍然是为体现意境而造美。正如他在全书结论部分听说的“写意照相的总体，就完全寄附在作者的意境之内：必须先有了意境，然后才可以把方术、规矩拉过来，做个参考”。半农在这一专著中以意境这一中国美学和艺术理论的重要范畴贯串始终，不仅以之作为艺术摄影构思与斟酌的中心，而且以之作为气息相照、成为一局那样的“美的全体”构成的灵魂。这种具有鲜明而浓烈的中国气派的关于艺术摄影的美学论著，很值得我们观察中国现代美学史发展轨迹时予以认真的研究与继承。

造美与社会

半农在这部书中没有明白地提出造美与社会的关系这个论题，但他关于当时社会条件下体现意境的艺术摄影遇到的障碍却足以引人思索这个重要的问题。

比如，书的开头讲到照相馆门口陈列照片的缺少艺术照相的情况，又讲到照相者遇到无文的阔佬或守旧的老太太，面对这种人物庸俗陈旧的趣味或习尚，也不得不照着来。这就意味着社会某种旧的文化和不利于艺术发展的条件会给艺术摄影体现意境的追求以负面的制约。他说：“无如他们是营业的；既要营业，就不得不听社会的使唤。”他还比喻说，正如沈尹默这位书法家，自己尽可以不吃猪肉，“他若开了饭馆，忽然来了一客，叫‘伙计！来一个三斤重的肘子’他也不得不垂着双手说：‘是，红烧的吧？’”这假设的奇异对话，诙谐而幽默，叫人不禁发笑。但笑后的余思却会是深长的。

他还举了明代南京守备太监高隆要别人在所献名画的空白处添画所谓“三战吕布”，苏守要名画家沈周在画他的游春图上添上若干随从的例子。这与上述无文阔佬与守旧的老太太对照相的要求类似，都是缺少审美素养的人物对艺术创造任意驱使以至施加破坏性影响的社会现象。然而，这种类似现象在几十年后的条件下能说已经绝迹了吗？事实一再证明，社会不断发展的需求既会孕育着艺术审美创造的有利条件，也会有不利于艺术审美创造的东西存在，有待克服与改革。包括艺术摄影在内的审美文化形态的发展，既需要艺术家自身沿着正确的方向坚持探求，也需要社会各方面的力量运用综合的手段，对社会精神文明和物质文明的条件进行有效的改革。在新中国建立后，特别是改革开放这些年来，我国发生了巨大变化，各种艺术包括艺术摄影创造者所处社会条件大为改善，公众欣赏水平也在不断提高，但是半农所谈的道理和期望仍然足以引人思考。我们在发展有中国特色的中国美学学科和促进美育实施、艺术摄影审美创造发展的时候，多有人读读《半农谈影》将是有益的。

当年半农不仅为讲艺术摄影中的美学道理撰写了《半农谈影》，而且积极开展了有关的学术活动。他和郑颖孙、老焱若、周志辅等在北京组成了光社，并于1927年冬和1928年冬先后编刊了光社年鉴。在第二期光社年鉴里，他又发表了《没光棚的人像摄影（〈半农谈影〉之余）》，其中除介绍法国多思孟所著《艺术摄影的研究》的一些见解外，继续就人像艺术摄影展开《半农谈影》的论题，提倡发挥作者自身的审美创造力。在第二期年鉴序言中，他对此说得更为明白。他说，进行艺术摄影创作，“总不该忘记了一个我，更不该忘记了我们是中国人。”“必须能把我们自己的个性，能把我们中国人特有的情趣与韵调，借着镜箱充分的表现出来，使我们的作品，于世界别国人的作品之外另成一种气息。……诚然，这个目的并不是容易达到的；但若诚心做去，总有做得到的一天。”这是将中国人的艺术与世界各国的艺术加以比较的眼光，又是鼓励审美创造的具有民族自信心的眼光。此话在今天为振兴中华民族而奋进的人们读来，不是仍然颇为激动人心的吗？

1983 年写于北京，
1995 年 7 月改定。

附记：

半农先生 1934 年为进行学术活动深入晋绥察民间调查方言时，不幸染上疫病而早逝。1994 年是他逝世 60 周年，1995 年又是他在“五四”运动前加入《新青年》编辑和重要撰稿人行列的 80 周年，特改订此文以资纪念。

（原载《新文化史料》1996 年第 5 期）

“园”门导游简说

——《说园》插图本引言

读者朋友：

《说园》是讲园林艺术的，它本身又宛如一处引人入胜的园林。

将《说园》插图本介绍给读者，如同让读者赏识一处名园，相识固然不难，领略得深却未必容易，园里佳处确属不少，作好导游却又不很容易。在“园”门作个简略导游也许还可取，但愿有助于入“园”者而又不妨碍你自己的领略。

“园”门望“园”，它就会吸引人。五篇说园文章，就如五组景色，篇篇有新鲜处，篇篇又互相联接。清人邓传安是个颇为钟情于山水美景的人物，他在《蠡测汇钞》中记载过台湾彰化县界外狮头社地方由潭里突然涌出四座小山的自然奇观。他把这四座小山比作《尔雅》中曾解释过的“属者峄”，称它们“络绎相连”，“绉透瘦，大似壶中九华”，很可引人观赏。陈从周先生积多年研究园林之功，而出于自然的手笔，将五篇说园托出于一些园林谈艺文章之中，和那四座小山真还有点相似呢！

那么，这说园之“园”的特色该如何领略？作者用那亲切的文笔所写的明晰线索就提供了“园”中的路径。这些联接各篇的脉络倒是可以提请入“园”者注意的，这里略举几点：

一、作者说：“中国园林是由建筑、山水、花木等组合而成的一个综合艺术品，富有诗情画意。”《说园》中的文章对这种综合艺术品的构成与赏鉴作了深入浅出的探讨，而写法又生动自然。学术著作能依据所论对象的特点，写得如此生动、亲切，使人好读，这是《说园》又可自成一“园”的优长所在。试人“园”领略一番，从中便可以见到一些艺术的匠思，文学的韵味，美学的深度，哲学的辩证观点，还有心理学在鉴赏问题上的运用。文章写到曲径通幽处，使人游兴勃勃，写到联类无穷处，使人浮想联翩。你对作者的见解是否完全认同是另外一回事，而文章内涵的丰富与表达的有吸引力，却是令人喜悦的。“园”是让群众看和领略的，这是蕴含在许多生动文字后边的一条道理，了解园林这一综合艺术品的吸引力，不能离开这条道理。为文也是如此。

二、作者说，“能做到园有大小之分，有静观动观之别，有郊园市园之异等等，各臻其妙，方称‘得体’(体宜)。”在许多地方又从不同需要、不同角度讲到体例、尺度与得体的关系。如结构组合各有因借，“放大缩小各有范畴”。善立善借的，可以在一定天地中做到可称佳构的“一体”，即“做得十分‘得体’。”不善立不善借的，就会弄得“不伦不类，就是不‘得体’。”这贯串全书各篇的美学见解，颇可使人对审美中一些重要问题得到启发。我们可以看到，园林美在比较中区别而得，在因借中联系而立，妙在有综合、有意境的“得体”。把握了这中间的区别，又把握了这中间的联系，才懂得赏园，也才懂得造园。“得体”或叫“体宜”，是深刻的又是通俗的语言，其要旨在于从总体的生动联系中了解对象的审美价值。造园中与赏园中的静与动、露与藏、隐与显、隔与通、大与小、曲与直等等，以至改园、修园中种种关系的处理，都与此理有关。《说园》中引了《红楼梦》中“大观园试才题对额”一回中曹雪芹借贾宝玉之口评议稻香村建造中穿凿失真的毛病，认作“终非相宜”，从而抒发了“有自然之理，得自然之趣”的美学见解。陈从周先生以这一小说中的见解为教人求“真”，指出“借小说以说园，可抵一篇造园论也。”他所再三发挥的要“体宜”，要“得体”，就是把求真、求善、求美联系起来的必然要求。这是说园中一个重要的立论，值得注意领略。

三、作者又说，“游必有情，然后有兴，钟情山水，知己泉石，其审美与感受之深浅，实与文化修养有关。”又说，“造景自难，观景不易”。“不能品园，不能游园。不能游园，不能造园。”在作者看来，园林的欣赏和创造都与文化修养有关。在今天，也都与建设社会主义精神文明有关。从《说园》中所谈的有关园林艺术的道理，固然可以使人对游园，品园，以至造园，有更深更高一点的认识，对于促进有关文化修养的陶冶，连类而及其他的艺术门类、美学、心理学、哲学的学习，也会有益处。作者在第五篇中说，“造园综合性科学、艺术也，且包含哲理，观万变于其中。”可以说，造园之事虽仅社会现象一端，而恰恰因其有综合性艺术一面，又有综合性科学一面，而又牵涉到不断发展着的广大人民群众观赏的需要与文化建设的需要，所以其中大有学问可做。正因为这个，《说园》值得人们注意，也就可以明白了。

陈从周先生以老当益壮的精神写出《说园》，他自己并不以为完全满意，仍在思考补说，书末有言，“期有所得，当秉烛赓之。”我们赏着《说园》，也期待着它的新篇。

面前就是“说园”之“园”，请你赏览，看是如何？

1983 年 11 月 10 日。

（原载陈从周《说园》插图本书首，书目文献出版社 1984 年出版）

台湾山水美

——读清人邓传安《游水里社记》

美在审美过程中是被发现出来的。美在现实的联系中客观存在着。怎样发现美，并在何等角度、何等程度上被发现，却与审美者的美感能力、艺术修养及思想感情的种种因素密切联系着。对山水美的发现，也是如此。清人邓传安写过一篇《游水里社记》，具体讲了怎样发现祖国宝岛台湾日月潭地区山水美的经历，就是颇足给人启发的一例。

邓传安是清代嘉庆进士，曾在台湾为官近十年。他在所著《蠡测汇钞》一书的自序中，讲到自己是“效拙者之为政”，颇重实地考察，“延袤千里，皆览其山川形势，稽其民风土俗，间有所得，辄笔于书。”在他自许为“戴星于役”的考察行程中，也亲身感受到台湾山水的美，并将这种发现形诸文字，《游水里社记》就是其中的一篇。

这次考察游历的起因是为了弄清那个地方民族间民事纠纷。他认为“非亲往不能察实，况佳山水之得自传闻，何如目睹，岂惮险远而不行?”他一为办公事，二为寻访台湾美好山水，于是成行。这就是他在另一篇文章《水沙连纪程》里所讲与《游水里社记》所讲的同次出行的缘由。这是道光三年的事。在那里，他也记下了在考察行程中“望见日月潭中之珠仔山”，说“蓝鹿洲《东征集》所纪之水沙连即此。”在考察中弄明白了民事纠纷情形之后，又定了妥善处置的方法，“遂于明日回舆为水里社之游”。由之，开始了他多年向往的对美好山水的寻访。

《游水里社记》的本文是紧紧围绕着发现山水美的思想感情

经历来展开的。第一段，写他的审美想望，“叹羡澄潭邃谷之为胜景”是他久蓄的心意。第二段，写蓝鹿洲对水里社和日月潭的记述、赞美，使他“慕之十余年矣！”这两段文字似为迂缓，而实为烘云托月之笔。他又用“与兹山水有缘也”为小结以引出下文，使人看到热情去发现美的游历者是如何兴致勃勃地去了。

第三段，导入发现风景美的实题，作者借用乘的刳独木而成的小舟，进入了美的具体发现过程的描绘，也即是山水美的特色与发现者欣悦的感受相结合的描绘。当地山水美每一点特色被发现，在审美者是一种新鲜而动情的感受，是对山水美那种形象的价值的领会，当然也是对来自别人传述的鉴赏评判的一种验证。邓传安是有心人，他有自己的审美发现，也有对前人审美发现的认同别异之处。

他在水里，先发现着水的美。他乘独木小舟，“荡漾缓行。水分两色处，如有界限，清深见沙，游鳞往来倏忽。”这笔墨灵秀而简明地印证了“水分丹碧二色，故名日月潭”的山水美这一个方面的特征。但他发现的美还在于潭水清亮而游鱼轻捷的美。这里可以使人想起柳宗元那篇著名的散文《小石潭记》中写清潭游鱼的文字来。但柳宗元写的是“若空游”之鱼，或“影布石上，佁然不动”，或“俶尔远逝，往来翕忽，似与游者相乐。”邓传安却有自己发现的意境，他写的是水分两色，一舟荡去这种情景下的“游鳞往来倏忽”，可以想见是浪纹长披，灵鱼穿梭于其间，这又是可以令人想见自然造成的图案变化之美了。

邓传安在舟中对水的美有了发现，继之是对水与山相连的美、山景的美的发现。请设想，水里望山，时已冬令，而四山青葱如夏，水里望远，满目菱芡白莲。登岸赏去，色彩缤纷，红黄相映，木果天成，加之风轻云淡、鸟语花香，游者要“怡愕忘疲”了。请注意这“怡愕”二字，也就是又喜又惊，这是写出审美者对美的衷心欣赏情状的传神之笔。但他并未忘了一句

“惜荒芜中无处可列坐而休耳。”可见，疲劳还是有的，也说明了这是待进一步加工的自然美景。

值得一谈的是，邓传安对山水美的发现，也并未停止在即目所见的外观上，他在形象感受的内容中还包含印证着过去及本次考察中得知的当地社会历史知识，并就这些进行着思考。对蓝鹿洲在书中记过的“浮田”，他就自己所看到的情形，推敲其差异，提出了疑问。对傍屿之蘩悬挂的髑髅，他也就历史记载与传闻的不同说法提出了真相如何的疑问。疑问并不曾否定了他对这里山水美的发现的欣悦，而只是使这种欣悦增多了色彩。这使这种欣悦不只是单一的浮色，而是有历史厚度的有较丰富衬色的一种色调了。在这种疑问里渗透着对被害或被冤者的同情，这无疑是与爱山水美的感情有内在相通的内容的。这在当时的官吏身上是比较难得的。从他处理民事纠纷和这次考察出行的缘起看，他赞赏当地前任知县曾驱逐占埔里社土地的汉民，从考察中看，他听取各族各社人据实情的申述，并对这次越入当地的“熟番”，作了妥善安抚，“谕令具状，俟岁事既毕，各还本社”，“可以安番众而复上官，何多求焉。”从他热心发展书院看，他也是主张发展当地文化教育的。这些都说明，他是有志于使台湾成为中国的民众安堵、文化兴隆的一部分的。从这一点来看，他那一句“游者果无戒心，奚庸护卫之挟弓矢耶?”那就不是简单的形式问题了，而是希望使各族间以诚相待，在美好的山水间，有个和睦的社会环境。

游记的末段是邓传安对当地山水美发现经历的总观，也进一步表达了对与山水美相适应的社会环境的一种想望。他写道：“台湾乃海中一屿耳。屿之中有斯潭，潭之中又有斯屿，十里如画，四时皆春，置身其间，幻耶，真耶？仙耶，凡耶?”这是对所发现的台湾山水美的衷心赞叹。可以令人回味的是，他用历史的变化，说明距蓝鹿洲之游又过了百年，过去的“凭恃险阻，渐次划削消磨，俾游屐于于而来，欢欣眷恋而不能去”。这岂不是说，过去曾有的严重隔阂、对立消磨掉了，山水美才得展现于自己眼前吗？而他的设想是，这待加工的自然山水美景，经过因其优长、予以增益加工就会更美。“彼江左、浙西诸湖山能独擅其美耶?”这岂不是说，经过人们加工增益，这里的自然山水美景将会与祖国许多名山胜水并肩而立，争奇斗妍，以显露其更美的面貌吗？邓传安深情地写道：“山水有灵，必不终弃于界外。”这就是邓传安在清代写下的热爱台湾山水美的审美判断。他还写道，要以留下的文字，等待“后之游者”。后来的人们不应当深深体味他的话吗？

还可以谈一点邓传安文章以外的话。当代台湾散文作家中有个伍稼青也写过一篇谈及日月潭风光的散文。其中写道：“日月潭风光之胜，当以秋天为最。”为了寻求日月潭之美，他作“寻秋”之行，也把自己的文章题为《寻秋记》。“寻秋记”者，寻美记也。他也写了叫做蟒甲的独木刳成的船，也提到了“浮田”，还说到了冒雨寻秋和过去所见的日月潭不同（见《台湾散文选》人民文学出版社 1979 年版）。邓传安的文章是给人不少启发的。伍稼青的文题也是有味道的。美，的确是要人们去寻找去发现的。具体发现会每次有所不同，但台湾山水名胜中著名的日月潭确实是美的。要发现它的美，要使它更美。要寻求它的美，要相信它与祖国名山胜水并肩斗妍中会变得更美。台湾与祖国大陆统一，是历史的必然趋势。秋天有雨天，不也可以转化为晴秋吗？

台湾山水美，日月潭美。美不仅可以被发现，也可以在人们实践中得到发展。这二者是应该也可以做到结合的。邓传安说，等待“后之游者”。他是清代的人了，我们在懂得发现美与发展美的结合上，应该比他更多一些，在为这种结合做出的努力上不是也应该作得更好得多吗？

1983 年 1 月 15 日，北京。

（原载《美学文献》第 1 辑，书目文献出版社 2004 年出版）

美育和时代

——谈蔡元培几篇文章中的美育思想

蔡元培，一个在中国现代史上常为人提起的名字。他在1868年生于家乡绍兴，在1940年病逝于香港。他的一生和中国许多著名的政治事件、文化运动有着联系。他的教育主张，包括倡导美育的主张，又是使他闻名于世的重要方面。

近些年来，对他提倡美育的论说评介不多，但正是他，是本世纪上半叶，在中国热心提倡美育的教育家和学者中最早也最受当时学术界注意的一个。

他在本世纪初的1907年赴德国莱比锡大学留学，即以美学作为倾心研讨的科学课题之一。辛亥革命发生不久，他即回国。1912年1月，孙中山先生在做南京临时政府大总统时，任命蔡元培为教育总长。在袁世凯窃取大总统职位后，蔡元培因不满意于袁世凯的言行，就在北京与同盟会阁员一起辞职。然后，他又旅居德国。在袁世凯的皇帝梦破灭后，他于1916年回国，1917年出任北京大学校长。他以“思想自由，兼容并包”的著名准则办学，为提倡科学与民主创造条件，给进步思潮以发展的较大天地。从1921年做教育总长时，蔡元培即在论述改革教育的主张时热烈地提出要实行美育，在做北大校长时，更加热情地为此呼吁。即使在第一次国内革命战争失败后，他卷进了蒋介石等人所掀起的清党运动，并列身于蒋介石所组织的政府成员之中，但他在学术上仍然没有忘记改革教育，没有忘记提倡美育。直到他去世之前，仍然如此。

蔡元培所写的有关美学和美育的文章不少，比较集中地反映他关于美育的论点的有这样几篇：《美育》（1930年商务印书馆出版的《教育大辞书·上册》）、《对于教育方针之意见》（1912年4月，载于《东方杂志》第8卷第4号）、《美育实施的方法》（1922年6月载于《教育杂志》第14卷第6号）、《以美育代宗教说》（1917年8月载于《新青年》第3卷第6号）、《以美育代宗教》（1930年12月载于《现代学生》第1卷第3期）。

读读他这几篇文章，是很能从中得到些启发的。文章涉及美学和美育问题的许多方面，材料丰富，不少设想引人注意，文字也不枯燥，很可以使人为我国在本世纪初有这样一些文章而高兴。如果把他的美育主张和他所处的时代环境，及他在那个时代的风云变幻中的历程联系在一起来了解，就会看到他所提出的美学和美育主张的内容和影响的程度都和时代密切联系着。即使是他从西方美学和美育主张或从中国古代关于人的美好品德的养成以至大同理想等吸取的关于美的论点，都通过他所处的时代的环境折射于他的思想，形成了特定的结论。详细地、全面地研讨这个有意义的课题，不是本文能够做到的。这里，仅就他提出的美育论点中的几个值得注意的问题加以漫谈，也许可以供了解这几篇文献的参考。

一、美育的作用与地位

蔡元培在一系列文章中都着重阐明了美育的地位与在整个教育中的特殊作用。在他看来，美育是改革中国教育中必须强调的一个重要部分，这是培养德性，“陶养感情”的需要。

在辛亥革命的次年，蔡元培在《对于教育方针的意见》一文中就强调了美育的重要性。他把教育分为“隶属于政治者”和“超轶乎政治者”，而把“军国民主义”、“实利主义”、“德育主义”三者作为“隶属于政治的教育”，把“世界观”、“美育主义”二者作为“超轶政治之教育”。这种分法对教育所包括的几方面作用的概括未必是完全适当的，但他认为德育、智育、体育、美育及实用知识教育不可偏废，却是有一定道理的。他从中国古代教育、心理学、教育界所分德、智、体、美的关系论证美育在其中的地位，又从学校各具体科目之间互相的联系论证美育在其中应占的比重，都把美育的作用说的很引人注意。为此，他用人身来比喻美育的作用，是有助于人们鲜明生动地体味美育作用的。

他这样比喻说："譬之人身：军国民主义者，筋骨也，用以自卫；实利主义者，胃肠也，用以营养也；公民道德者，呼吸机循环机也，周贯全体；美育者，神经系也，所以传导；世界观者，心理作用也，附丽于神经系，而无迹象之可求。此即五者不可偏废之理也。"

他又把清朝时代教育所说的忠君，尊孔，尚公，尚武，尚实的内容加以改造，在同类科目中换上了适应新的思潮的内容。正是从这一着眼点出发，他又着重指出"惟世界观及美育，则为彼所不道，而鄙人尤所注重，故特疏通而证明之。"这就是说，他把文中曾论及的"由现象世界而引以到达于实体世界之观念，不可不用美感之教育"，提到认识现象之中的实体即本质的东西的需要。他把美育又称为"美感之教育"，把美感称作介乎现象世界与实体世界之间的津梁。他不讳言这一观点是来自康德，但就实际情形说，他还是依据自己的理解作了一些新发挥的。

到了1930年在为《教育大辞书》所写的《美育》一文中，他就对美育和美学的关系等方面作了更为简明和更进一步的论述。请读这样的一段文字：

> 美育者，应用美学之理论于教育，以陶养感情为目的者也。人生不外乎意志；人与人互相关系，莫大乎行为；故教育之目的，在使人人有适当之行为，即以德育为中心是也。顾与求行为之适当，必有两方面之准备：一方面，计较利害，考察因果，以冷静之头脑判定之；凡保身卫国之德，属于此类，赖智育之助者也。又一方面，不顾祸福，不计生死，以热烈之感情奔赴之；凡与人同乐，舍己为群之德，属

于此类，赖美育之助者也。所以美育者，与智育相辅而行，以图德育之完成者也。

第一句话，是明白地阐述美育是美学在教育领域的应用。这是简括地抓住了美育要领的论断。下面他把美育“与智育相辅而行”作为实施美育的必然途径，把“图德育之完成”作为美育的目的，又对“陶养感情”作了引申和补充。因为德和行不仅仅是感情的问题，虽然说感情的陶养应当是美育最具特征的内容。蔡元培所讲的行为，“以德育为中心”，那就是说他指的还是依照一定道德规范和认识去行，那就还不是要求依据于符合实际事物的行，还不是以社会实践作为最根本的衡量事物的标尺。他由此出发而讲的“陶养感情”的美育也就不是从社会实践中认识事物的美，不是从这种实践与认识反复过程中进行美育。应当说，他提出在改革教育中要重视美育的思想，自然是社会变革要求的一种反映，但他把美育的位置仍然是放在陶养感情与完成德育的联系上，而没有放在人与现实、主观世界与客观世界的关系上，他仍然没有超出资产阶级民主主义的眼界。

以《美育》的写作同他1912年初次提出重视美育时的论述来说，在历史的叙述与对美育所涉及的各方面的论述都更全面了。但同时也可以看出，他对于倡导美育和社会变革关系的论述中曾经洋溢着的那种热烈的进取精神却减弱了。连1919年做北大校长时赞助新思潮与守旧势力较量的气魄也减弱了。他在后期对当年在北大实行“思想自由，兼收并蓄”这样方针曾经作过踌躇满志的回顾，但经历了大革命失败之后，他显然不是新思潮的大胆支持者了。他曾在《对教育方针的意见》中把道德要旨解释为“自由、平等、博爱”那样热烈激昂的文字，也就不再见到了。他曾热烈地征引过“礼运之所谓大道为公”，并以之和“社会主义家所谓未来之黄金时代，人各尽所能，而各得其所需要”联系起来，当作追求人类现世幸福的合理例证来论述，这样类似的文字当然更看不见了。他甚至也不讲“欲由现象世界而引以到达于实体世界之观念，不可不用美感之教育了”。他和蒋介石建立的一套统治有所瓜葛，以至他的倡导美育学说中的朝气也不免消退了。

但他一直在倡导美育的学说毕竟还是有意义的。这在于他毕竟是珍视科学的。他的美育学说并没有被强拉去为蒋介石政府推销的一些谬论服务。他的美育的立论还是从中国古代与近世欧洲美学和美育文献中引申出他自己的一些论断，没有减弱美育学说的以历史审美事例为文献依据的说理力量。他阐述了中国古代教育中礼、乐、射、御、书、数六艺与美育的或直接、或间接、或多或少的关系。也阐述了其后汉魏文苑、晋之清谈、南北朝以后之书画雕刻、唐之诗、五代以后之词、元以后之小说与剧本以及历代著名之建筑与各种美术工艺品，“无不于非正式教育中行其美育之作用”，对于欧洲希腊雅典音乐与体操中“行其美育之作用”，罗马人的美育，中古时代、文艺复兴时代到18世纪出现包姆加敦与康德较系统的美学，及席勒详论美育的功绩，都作了概要的回顾。他从历史上美育发展的丰富事例及各种科目与美育的关系论述了美育的重要性，叙述了家庭、学校、社会各方面美育应当做到的要求，真可谓文不长而意长，颇有教育家苦口婆心的劝导的文情。这是他颇为可爱可敬的一面。

当然，在他的美育的倡导文章的另一面却也值得我们今天注意地想一想的。他在几十年间讲美育的作用与地位的文章到后来从思想上和一般民众的联系却愈形减少了。从前期看，他和新思潮的呼应较多，到后期则更多是从纯教育纯美感的角度来谈论美育了。同时，具体反映当时那时代的人间烟火气却减弱了，与中国民众所能实行这种美育到何种程度的现实联系也更见其薄弱了。辛亥革命后建立了中华民国，而常常使人感到实际并不是民国，鲁迅曾经深刻地指出过这一现象。蔡元培随着辛亥革命的发生而开始倡导美育的主张，在某种意义上也折射着辛亥革命的弱点。这种弱点在《美育》中伴随着他发挥讲纯教育、纯美育方面的优长而更显著地摆在人们面前了。

正如上述，《美育》一文讲美育的地位和作用，从历史发展上更明白了，讲现实的地位和作用，言之也还动人，可是也更显得架空了。有的设想显示了与劳动群众的隔膜，所讲的纯美感的要求，也就距离实际太远了。最明显的一处是这样讲的："载客运货之车，能全用机力，最善。必不得已而利用畜力，或人力，则牛马必用强壮者，装载之量与运行之时，必与其力相称。人力间用以运轻便之物，或负担，或曳车、推车。若为人舁桥挽车，惟对于病人或妇女，为徜徉游览之助者，或可许之。无论何人，对于老牛、羸马之竭力以曳重载，或人力车夫之袒背浴汗而疾奔，不能不起一种不快之感也。"他在这里讲的纯美感上不快之感的问题，是空讲美育要求所解决不了的社会问题。在当时为生计艰难而不得不出卖劳动力的劳动者旁边，讲这样的美育的要求，实在也就是不切实际的了。

蔡元培先生对美育的作用与地位及美育的内容，做了不少论述。他提出的问题本来反映了中国社会变革的需要，反映了改变人们之间的社会关系和人的品德及其环境的需要，他论述最弱的却正好是这方面的东西。这种现象是他作为旧民主主义者身上那种与劳动群众有着隔膜的局限性和软弱性的一种表现。

二、时代的要求和美育实施的方法

蔡元培在所写的有关美育的文章里，或多或少都谈及了美育实施的方法。其中专以此为题作了集中论述的是他于 1922 年应李石岑要求所写的《美育实施的方法》一文。

前面谈到，他在《对教育方针之意见》中，是把教育几个基本方面联系起来，以人身作比喻，讲了美育如神经系统那样的位置（这样比喻是否完全确当，尚可探讨）。他也讲了学校各科和美育在程度上大小不等的关系。这些大略可以看作横的论列。在《美育实施的方法》里虽也按人们受教育的范围讲了美育也将要分的家庭教育、学校教育、社会教育。但他这篇文章的主线是纵的论述，即从一个人出生以前受胎教，一直说到既死以后的葬地处理、骨灰处理等等。这可以说是自然地形成了一个论题：怎样把人的一生都放在美育之中。因而，他所讲的美育实施的方法，实际上是美化人生的要求，是把整个人生置于美育之中的实施方法。

马克思说，人是一切社会关系的总和。蔡元培讲的美育实施的方法从内容和范围都超过了前人，这是他有所发展之处。但他讲的人，和贯串于整个人生的美育实施的方法，所依据的立脚点却恰恰缺少对作为不同社会时代、不同社会关系总和的人作具体的论述。讲到本世纪上半叶的中国，既然讲到改革我国教育，要求美育实施，就应当讲到社会各阶级、阶层人们生活的具体特征，从而论及他们接受何等样的美育实施方法的可能性。这是依照马克思的论断应当顺理成章的事。蔡元培先生知道马克思和其他社会主义者的基本论点，在《对教育方针之意见》中就转述过，但他显然并不能上升到或者说也不愿上升到这一点。他讲的美育实施的方法实际上是他向往的资产阶级旧民主主义对于人生理想的一种美学表现，也是他想把所接受来的康德、席勒等人的美育观点应用于中国的一种纸上擘画罢了。

由于这个原因，我们读着这位教育家、美学家、美育热心倡导者的文章，真是如见其人，如闻其声，也看到他那许多热烈的关于美育措施的设想与当时社会现实特别是广大劳苦群众生活实际的距离。蔡元培先生是爱国者，他对美育实施的方法的热烈倡导，其意义在于他在真诚地描绘着人人受美育，人人一生的生活得以美化的图景。他的设想在一定意义上是曲折反映了希望中国面貌更快地进化，人们生活更美化的心情。但他设想的内容和社会实际的脱节，却显露出他有美好的幻想却缺乏扎实的基础。

读一读他在《美育实施的方法》里及有关文章里设想的美育实施要求，联系历史和实际想一想，就会看得更明白些。

他的许多设想受有前人不同程度提出过的改革社会种种方案的影响。但这些放在本世纪初年要改革中国人生活的美育实施方法上来讲，就有一个具体如何实现的实际问题。试看他的设想项目，有一些是封建地主或守旧文人不愿做的，有一些是贫苦的劳改者在当时以至很长年代里没有条件去作的。真正能按照他的设想去享用或愿意接受类似美育措施的，是一部分有富裕经济条件而又较开明的民族资产阶级人士，当然还有具备类似生活条件的文化较高的人。因而，他的美育实施方法，实际上还是局限于这样一些人们对改革的某种设想，是一部分人对西方资产阶级上升时期那种文化的向往，并想用来促进中国的变革的一种反映。而这种向往既不能从根本上触动封建教育中的美育传统，也不能抵御帝国主义的文化侵略，这已经是为历史所证明的了。从大的范围讲是如此，从美育这个角度讲，也是如此。

蔡元培先生的设想中有合理的、对后人长久有启发的因素，但也需要加以分析而吸取其有益的东西，对那些过时的不正确的东西应当予以扬弃。比如，他从人受美育的纵的论列中，设想了公立胎教院、公共育婴院或按照同类办法进行的家庭胎教、家庭育婴，又设想了三岁上幼稚园，满了六岁进小学校，此后十一、二年都是普通教育时代。他指出音乐，图画、运动，文学等都是专属美育的课程。到中学时代选取的文学、美术可以复杂一点。凡是学校的课程，都没有与美育无关的。讲到普通教育进到专门教育，他指出关于美育的学科，都成为“单纯的进行了”，但“每个学校的建筑式，陈列品，都要合乎美育的条件。可以时时进行辩论会、音乐会、成绩展览会、各种纪念会等，都可以利用他来进行普及的美育”。值得注意的是，他把辩论会、纪念会、展览会也作为美育的措施。学校之外，关于社会美育，他列举的专设机关有：美术馆，美术展览会、音乐会、剧院、影戏馆、历史博物馆、古物学陈列所、人类学博物馆、博物学陈列所与植物园动物园。他讲的普遍的设备“就是地方的美化”，包括道路、建筑的美化，公园的建设，名胜古迹的保存，公坟的设置和人死后尸体的火化。

这些从纵的与横的方面所谈的美育实施的设想，就某一种形式讲，是不同社会条件下个别的或小范围里也举办过的，随着社会的发展，它可能成为常见的普及的形式。在不同社会条件下兴办的这一设施所进行的美育的内容可以有本质的不同，或者可以有程度上的不同。蔡元培倡导的这些形式许多是可以借鉴的。但也要说明他所设想的每一形式的内容却与他的理想志趣联系着。比如关于胎教院与育婴院的建筑，他设想“建筑的形式要匀称，要玲珑，用本地旧派，略参希腊或文艺中兴时代的气味。凡埃及的高压式，峨特的偏激派，都要避去。”前面说的可理解为一般建筑美的要求，“本地旧派”可理解为民族形式和风土味。要求略参的希腊或文艺中兴时代（即文艺复兴时代）的气味，实为一回事，指的是西欧、中欧各国从中世纪过渡到资产阶级文化兴盛新时期那种蓬勃向上的文化的精神风貌。西欧、中欧资产阶级在其新兴的时期曾带领其他要求变革的阶级向封建主义及其代表的文化作过斗争，由之产生的文艺复兴在欧洲文化发展史上所提供的赫赫成绩历来为学术界注意和肯定。蔡元培这一美育上的观点，也是出于对文艺复兴及其尊崇和继承希腊艺术的赞同。这在教育方面特别是美育方面的意义就是对人的个性和才能全面发展的向往。从对抗封建教育来说，这无疑是有进步意义的。蔡元培要求避免采用埃及的高压式，峨特的偏激派，持论是否完全确当，有待详论，但其着眼点还是服从于前面讲的对文艺复兴精神的继承的。这可以说是透露了蔡元培美育思想本质特点的一些消息的。

蔡元培对美育实施方法如果就学校和公共设施一些具体要求尚可作一般教育学学理要求看待，那么，关于家庭美化的要求则比较突出地显示了他的论说与社会实际的距离。比如，关于公共胎教院、育婴院种种要求，包括有关上述建筑风格的要求等，他也说“在这些公立机关未成立以前，若能在家庭里面，按照上列的条件小心布置，也可承认为家庭美育”。他在《美育》一文中有对家庭美化要求的文字一段，不妨一读：“居室不求高大，以上有一二层楼，而下有地窟者为适宜。必不可少者，环室之园，一部分杂莳花木，而一部分可容小规模之运动，如秋千、网球之类。其他若卧室之床几、膳厅之桌椅与食具、工作室之书案与架柜、会客室之陈列品，不问华贵或质素，总须与建筑之流派及各物品之本式，相互关系上，无格格不相入之状。其最必要而为人人所能行者，清洁与整齐。”作为远景的一般设想，这是吸引人的。人人都要做到家庭清洁与整齐，这更是后人以至在今天理应努力做到的。但他设想的家庭建筑与设施的美化要求却不仅在当时难以实现，在过了数十年之后，不光是在中国及广大第三世界国家难以使大多数家庭做到，就是在美、欧、日本几个发达国家，能够实现这种家庭美化的也还是少数人。他设想的家庭美化是他在欧洲见闻的提炼和设计，但作为美育实施的方法、作为普遍要求提供于当时的中国，就缺少具体实现的步骤、条件的考虑，和在什么样时代和社会关系下实现到何等程度的论述。

蔡元培提出关于美育实施的方法，其意图是作为改革教育的一个方面，使得中国人的生活更美好些。这自然是良好的愿望。但生活的变革从来不是单靠想美化就美化了的。涉及到广大人群的从小到老生活的美育和使之美化，其根本的东西要靠改造社会，改造自然的实践。就一个国家面貌的改变来说，首先的问题是取得实施广泛美育的新条件。列宁在《论我国革命》中，批驳了苏汉诺夫只望着西欧资本主义和资产阶级民主发展的固定道路的那种论调，其中也指出了劳动者先取得发展新文化的前提即夺取政权的重要性。列宁说：“既然建设社会主义需要有一定的文化水平（虽然说不出这个一定的‘文化水平’究竟怎样，因为这在各个西欧国家都是不相同的），我们为什么不能首先用革命手段取得达到这个一定水平的前提，然后在工农政权和苏维埃制度的基础上追上别国的人民呢?”在中国，蔡元培所熟悉的李大钊、毛泽东等许多革命者就是努力去为此奋斗的。中国人民经过几十年的革命终于站立起来了，又经过几十年取得社会主义建设中的经验和教训。现在是努力在建设高度的社会主义物质文明的同时，努力建设高度的社会主义精神文明。蔡元培没有想到的真正的前提，我们的国家现在已经有了。现在回头来看蔡元培提出的美育实施的方法，我们应当欣喜。我们有了和那时根本不同的优越的社会条件，有了马列主义、毛泽东思想作指导美育实施的理论基础。在改革开放的条件下，建设社会主义祖国的伟大社会实践在前进，美育有理由受到重视，也可以得到更迅速、更健康的发展。在蔡元培那里曾是空泛的设想，经过我们的改造将在我们建设实践中依据不同情况逐步地在中国大地上予以实现。这也正是蔡元培未曾想到的事情。从纵的与横的来说，我们都将要在新的牢固基础上对美育实施的各方面进行深刻的变革。

三、美育代宗教说的意义及其局限性

蔡元培不仅因为热心提倡美育而著名，还因为主张以美育代宗教而著名。他的以美育代宗教说在当时引起了不小的反响，也带来了不少的疑义。在以后的长时间里，这种情形都或多或少地在学术界反映出来。许多人承认他的“思想自由，兼容并包”的主张是有利于“五四”时期新思潮的发展的，对他的美育代宗教说却抱着审慎的存疑态度。据《上海社会科学》上姚全兴同志文章介绍，甚至有的人把美育代宗教说，当作完全是唯心主义的东西，或者说成以哲学的神秘主义去代替宗教的神秘主义。据我看到的文字，有的对这一论说作了某些肯定，但仍估计不足。

看来，蔡元培的美育代宗教说如何估价成为一个值得探讨的问题。

其实，只要从蔡元培写的有关美学和美育问题全部文章总和中来看美育代宗教说论题的意义，这个问题是可以看得清楚的。应当说，这是蔡元培以科学与民主倡导者的态度研究美育而作出的可贵思想成果，是他的美学与美育思想中唯物主义因素表现得最为突出的一个论题。就其主导方面讲，这一论说作为“五四”前后出现的美学与美育的重要学术见解，是值得大力予以肯定的。虽然，与他整个思想中表现的旧民主主义的局限性与软弱性相连系，他的思想弱点也必然在这一重要见解中有所反映。但这一论说的出现，标志着本世纪初我国现代美学中美育学说与无神论的有机结合，这却是不可忽视的事。这一论说的提出，是从另一方面肯定了科学与民主对于中国人民前进的重要性。因之，我们对它应当加以认真的研究和予以批判地继承。

蔡元培开始谈及美育与宗教关系的意见，在《对于教育方针之意见》中即已有所评议了。他说，“教育家何以不结合于宗教，而必以现象世界之幸福为作用？曰，世固有厌世派之宗教若哲学，以提撕实体世界观念之故，而排斥现象世界。因以现象世界之文明为罪恶之源，而一切排斥之者，吾以为不然，现象实体，仅一世界之两方面，非截然为互相冲突之两世界。吾人之感觉，既托于现象世界，则所谓实体者，即在现象之中，而非必灭乙而后生甲。”这样的论断就是指出现象与本体（可理解为本质）的一致性，面对前面指出的“实体世界之为宗教，故以摆脱现世幸福为作用”那种作法作了否定。他实际上认定，既然引导人陷入有神论和求虚幻力量佑护或祈求非现实世界的幸福，是不符合世界存在的实际状况的，那它也就没有与科学争地位的合理基础。人类要通过美丽与尊严结合，从具体的感性上“与造物为友”，就是通过一种津梁由现象世界到达于实体世界之观念。这就使得教育家不能与宗教结合，而“不可不用美感之教育。”

1917 年 8 月他在《新青年》发表的《以美育代宗教说》，本来是在北京神州学会的演讲。这篇文章的出现使他的美育代宗教说有了集中全面的阐发，成为“五四”时期无神论与美学结缘的一个新表现，在近代中国历史上，帝国主义利用宗教外衣对中国侵略造成许多罪恶，传播了西方宗教的影响，也激起了有志改革的中国人思考问题。为何西方先生老要欺负中国人，西方宗教也老要愚弄中国人，这就是民众提出的问题。为了科学与民主被重视，当时探求变革中国道路的具有各种倾向的人物或学派，都曾多多少少为打破有神论造成的迷信，作过自己所理解的那种有用主张作呼吁。“五四”新思潮中涌现出的具有共产主义思想倾向的李大钊、毛泽东、周恩来等许多先进人物，都是严肃，坚定的无神论宣传者。鲁迅以他的艺术笔墨参加了这一思潮。从美育问题上最突出地提出这一命题的是蔡元培。直到1930年12月他在《现代学生》杂志上发表《以美育代宗教》，他仍然坚持这一论点。尽管他在社会斗争中的地位与作用几经变化，但在以美育代宗教这一学术见解上却愈来愈明晰而坚决。从这个意义上说，他是为美育与科学结缘而不同意与宗教结缘的，并且为此作了毕生热情倡导。这个例子在中国和在世界范围里都是有一定的代表意义的。这可以看作他的美育学说一个鲜明特征，无论赞成或反对他的美育学说都不能不注意到这一点。

那么，《以美育代宗教说》和《以美育代宗教》这样两篇题目只差一字的文章，它们的意义和局限性怎样反映于主要论点之中呢？

用蔡元培1930年发表的《以美育代宗教》一文的结论部分为线索可以较明白地说明这一点。在那里，他把美育和宗教作了三项比较，然后作了截然的论断，他说：

“一，美育是自由的，而宗教是强制的；

“二，美育是进步的，而宗教是保守的；

“三、美育是普及的，而宗教是有界的；

“因为宗教中美育的原素虽不朽，而既认为宗教的一部分，则往往引起审美者的联想，使彼受其智育德育诸部分的影响，而不能为纯粹的美感，故不能以宗教充美育，而止能以美育代宗教。”

这个比较和论断蕴含了他的美育代宗教的基本见解，包括了他可贵的学术探讨和思想弱点。

先看看他如何推重美育的合乎自由的要求，反对宗教的强制。这和他向往“自由、平等、博爱”的思想是一致的。在西方资产阶级上升时期曾起过唤起民众积极作用的口号，对蔡元培的深刻影响在各个方面都表现出来。他关于改革教育、倡导美育的意见中，把“自由”列为重要标的以和宗教的强制对抗，是很说明问题的。而他倡言的“自由”其实质是认定人的现世利益和个性的发展都是合理的，是宗教教义所不应限制的。这正是资产阶级上升时期反封建、抵制宗教迷信的积极思想成果之一。蔡元培认为“宗教家对于人群之规则，以为神之所定，可以永远不变。然希腊诡辩家，因巡游各地之故，知各民族之所谓道德，往往互相抵触，已怀疑于一成不变之原因。近世学者据生理学、心理学、社会学之公例，以应用于伦理，则知具体之道德不能不随时而变迁。而道德之原理则可由种种不同之具体者而归纳以得之。而宗教家之演绎法全不适用。此意志作用离宗教而独立之证也。”这就是说，宗教定的不变的规则，在种种具体的道德归纳面前失去其硬加以统一的合理性。这实质上就是向宗教迷信争得自由发展人的个性的权利。接着他概述了宗教长期利用美育来宣传迷信的事实，而认定美育“常受宗教之累，失其陶养之作用，而专以激刺感情”。为了把人从宗教限制中解脱出来，“而来尚陶养感情之术，则莫如舍宗教而以纯粹之美育”。他这个第一层问题的提出是摆脱宗教“限制”，达到的目标是进行纯粹美育。这个“纯粹美育”需要在下面剖明。

再看看他如何推重美育的合乎进步的要求，而反对宗教的保守。进步和保守主要标志是什么？蔡元培用来判别的标志就是是否有利于发展科学与民主。他在两篇谈以美育代宗教的文章中，都反复用历史的发展、科学的进步、社会的进化作为论述宗教被美育取代的必然性的依据：第一，他指出，宗教是人类文明开化尚处于低级阶段时的产物。“未开化人之美术，无一不与宗教相关联”，这话大致是对的，但说得过于绝对了。接着，他说，“迨后社会文化日渐进步，科学发达，学者遂举古人所谓不可思议者，皆一一解释之以科学。”这就是说，科学是可靠的，宗教靠不得了。第二，他指出既然宗教是愚昧时代的遗留物，它曾利用美育而出的产品可以注意，但不可继续提倡。第三，他举科学当时比中国发达的欧西各国为依据，指出“宗教之为物，在彼欧西各国已为过去的问题”。这是把解决有神论的问题估计得太轻易了。但他把欧西各国宗教只看作习惯，目的是证明宗教过时了。他以前清时代的袍褂作比方，认为到民国本不适用，但存积甚多，毁之可惜，“定为乙种礼服而沿用之，来尝不可”。当时有一些对抗科学与民主新思潮的人要搬来欧洲的基督教“劝导国人”，“一部分之沿习旧思想者，则承前说而稍变之，以孔子为我国之基督，遂欲组织孔教，奔走呼号，视为今日重要问题”。正是针对这种他不同意的保守思潮或改头换面捧出孔教的货色，他都予以摒弃。他在美育代宗教说上用了很大的力量。他断定，“从科学发达以后，不但自然历史，社会状况，都可用归纳法求出真相；就是潜识、幽灵一类，也要用科学的方法来研究他；而宗教上所有解说，在现代多不能成立，所以智育与宗教无关”。他的结论是，美育在宗教那里，在旧的陈腐的限制中，是无法陶养人的感情的。要发展纯粹的美感，就要有与进步、与科学相联系的美育。只有这样的美育才能代替宗教。这第二层问题的提出，他是从时代和科学的进步否定了宗教有神论的合理性，但他把标志归之于发展纯粹的美感，却仍然值得剖明。

还可以看看他如何推崇美育符合普及的要求，而反对宗教的有界。他所讲的美育的普及，依据的是康德关于“以美为普遍性，决无人我差别之见能参入其中”，“以美为普遍性之故，不复有人我之关系，遂以不能有利害之关系”这些观点。蔡元培由这里出发，作了自己的引申，他指斥了宗教排斥他教的弊病，认为“美育”附丽于宗教者，“常受宗教之累”，要纠正宗教这种弊病，就要用美育，用“纯粹之美育”培养“纯粹之美感”。从他举的中外历代艺术欣赏的例子看，他的意图在于说明由美的普遍性可以导致美感的普遍性，因而美育优于宗教的一个重要之点是有普遍性。

他关于这第三层问题的提出是从指出宗教的偏见开始的，而立论却依靠的是康德美是不借概念而普遍令人愉快的对象，不包含利害关系等观点。这就蕴含着内在的弱点。

这样几方面比较和论断，说明蔡元培从人的自由发展、社会的进步、美感的广泛互相交流可能性几方面都肯定了美育与科学发展相联系的必然性和一致性。这是显示其积极意义的方面。而他自己立论的所谓纯粹的美感、美育和美的无利害感却是袭用康德学说，而与他自己提出的某些实例也相矛盾了。朱光潜先生在《西方美学史》中指出，“康德是从社会的角度来看美感的普遍可传达性的。一个人的美感有无价值或有多大价值，就要看这种美感能否普遍传达给旁人，供旁人共享。应该说，这种思想是健康的、正确的，只是由于资产阶级社会文化日趋堕落，康德的美学思想中这一方面被抛弃掉了。”（《西方美学史》上卷 373 页）这是有道理的。蔡元培从提倡科学与民主着眼注意了康德美学思想的这一方面，是有积极意义的。但他更加着力的是去发挥无利害感一面，把美的普遍性、美感普遍性引申到想说明纯粹美感具有大得奇异的力量，却是脱离实际的。他在当时条件下，还没有前进到接受马克思主义关于美和美感，美的客体和审美主体，都是在社会实践中形成的观点。因而他的立论还是附架于康德的实质上是唯心论的那种理论楼阁上。离开社会实践和他所讲的现世的“幸福”、“激刺”等等实际的关系，他想把美感现象洗刷得再纯粹，也还是不能对审美事实作正确说明。比如他列举的《石头记》及续作《红楼后梦》等等就值得辩明，《红楼梦》一书中形象构成的美或不美或丑的刻画，对于作者、对于读者、对于当时不同地位的人物在创作和鉴赏中的感受是纯粹的无利害感吗？显然不是。作品中人物间看待人、事、物时或喜或恶是纯粹的无利害感吗？显然也不是。可见，还是狄德罗论美时说要从关系中去了解事物的美可能更多点合乎情理的东西。而蔡元培本身感到宗教的弊病对人们的害处、对社会的害处、对美育的“累”的害处，不是也在概括认为不美、不好的感情，从认识角度来说，从审美意义上来说不是也不能摆脱利害之感吗？还有一个很有意义的例子，蔡元培曾尖锐指出：“而学佛者苟有拘牵教义之成见，则崇拜舍利受持经忏之陋习，虽通人亦肯为之。甚至为护法起见，不惜于共和时代，附和帝制。宗教之为累，一至于此。

皆激刺感情之作为之也。”帝制与共和在这样人物的眼里美、丑颠倒了，这是美感不纯粹的原因吗？世界上只有具体的关系中的人的美感，美感的种种差异在处于社会关系中不同人作为主体方面原因和作为客体的审美对象方面原因的总和。美育重要性在于从审美方面培养人、教育人，使人们在改造客观世界的同时改造主观世界，这二者之间相互作用的关键是能动的社会实践。蔡元培在那时还不能有这样的认识，因而他想用劝告使人们在知道美，美感的普遍性后，美育就会自然地代替宗教。他说，“附丽于崇闳之悲剧，附丽于都丽之滑稽，皆足以破人我之见，去利害得失之计较，则其所以陶养性灵，使之日进于高尚者，固已足矣，又何取乎侈言阴骘、攻击异派之宗教，以激刺人心，而使之渐丧其纯粹之美感为耶？”这里显示了他的善良愿望，也显示了他的美育学说在实质上的不彻底性。在新的条件下，我们不但要善于执行新中国的宗教政策，把对宗教发展的科学认识和对宗教艺术中有利于美育的历史经验的总结结合起来，也要看到宗教提倡的道德与审美规范与建立社会主义新文化的要求有相通的地方，要使之适合我们所追求美育及新道德价值观的方向。

但是，蔡元培的以美育代宗教说在为无神论和美育的联系上所建立的学术功绩却是重要的，是有长远意义的，直到今天和以后，也值得我们认真地予以总结和批判地继承。

关于这一点，很应该重温一下列宁在 1922 年 3 月发表的《论战斗唯物主义的意义》一文中的重要论述。列宁在那里把“不倦地进行无神论的宣传和斗争”作为要成为战斗唯物主义机关刊物的“非常重要”的任务。列宁指出：“恩格斯早就嘱咐过现代无产阶级的领导者，要把 18 世纪末叶战斗的无神论的文献翻译出来，广泛地传播到人民中去。”在分析应当如何全面看待 18 世纪无神论的老文献中有不少不科学的和幼稚的地方之后，列宁强调要善于利用这些文献。他说：“18 世纪老无神论者所写的那些锋利的、生动的、有才华的政论，机智地公开地打击了当时盛行的僧侣主义。那些政论在唤醒人们的宗教迷梦方面，往往要比充斥在我们出版物中的常常歪曲（这是不容讳言的）马克思主义的文字更适合千百倍，因为这些文字写得枯燥无味，仅仅是转述马克思主义，几乎完全没有选择适当的事实来加以说明。”列宁希望的是，“应该把各种无神论的宣传材料供给他们，把各种实际生活中的事实告诉他们，用各种办法来影响他们，以引起他们的兴趣，打破他们的宗教迷信，用种种方法使他们从各方面振作起来。”（以上引文见《列宁论文学与艺术》卷二，第630、631页）

列宁关于重视运用18世纪无神论者留下的文献的意见，用在蔡元培的以美育代宗教这种实质上是把美育观点同无神论结合的文献上，是不是适用呢？看来是适用的。蔡元培的美育代宗教的论说是善于用事实讲话，也比较善于从历史的发展来说明问题，有些地方虽也讲得不够科学、确切，也有幼稚的地方，但他是为了解决中国的问题而写的，他响应了科学与民主之说在吸引人们前进而形成的新思潮。他为美育代宗教而呼喊的文字常常是“锋利的、生动的、有才华的”，有些地方是“机智的”，有美学、美育文章特有的说服力。无疑，这些是把无神论思想同美学结缘的出色文献。

我们知道鸦片战争后，中国人民及其中的知识分子都经受了帝国主义侵略引起的社会巨大动荡而带来的不同程度的苦难。中国社会沦为半封建半殖民地的境遇，使人们越来越痛苦。为了奋起改变这种状况，人们在探求道路。这些必然在思想领域里，包括美学领域里也表现出来。作为曾经震撼了清封建王朝统治的太平天国，其中就有洪仁玕这样的人物提出了美分高下，去浮存实，革新以求美的美学论点。这是农民起义领导人物在美学见解上前所未有的贡献。但是，刚刚在从西方冲破中国闭关状态而随之出现灾祸频仍的痛苦中寻求教训的农民起义思想家，还未能摆脱利用宗教外衣以用来组织发动农民起义的旧传统。由之就出现了把生气勃勃的农民民主要求与宗教愚昧的旧形态间加以结合而成的洪仁玕那样奇伟的美学论点所包含的两面性。蔡元培的经历和思想却使他的论点出现了另一种情形。他是从戊戌变法到辛亥革命再到“五四”时期，愈来愈倾心于主张社会变革，成为信奉资产阶级民主主义的知识分子。他与劳动农民联系不多，而接受的西方资产阶级上升时期的思想和学说则颇深。比起洪仁玕来，他是和上层联系更多的人物，他的思想来自比农民有更多知识与更多阅历的阶级。这个阶级文化上的优势和软弱性都对他的意识起了作用。蔡元培作为在教育和美育上这方面的思想代表，他那以美育代宗教上的呼吁不自觉的预示出一个更新的阶级性质的思想革命的来临。他的美育理论可以说代表了旧民主主义的在美学和思想界继续的一种声音，他没有更大的能力和更坚毅的勇气完全向新民主主义转化。这样的工作以后由逐渐具有共产主义思想的另一些知识分子去做了。而他在这个转变期中，在美育代宗教等这些方面的积极贡献是有意义的。他勇于以“代”字来论断美育和宗教的关系，即是说他在美学美育问题上始终站在赞成科学方面，站在赞成进步方面，站在赞成美感传达给更多人即他称之为普遍性的方面，这就是他在这方面长久值得人们纪念之处。后人在新的条件下应当而且可以把积极对无神论的宣传和执行宗教政策恰当地结合起来。

蔡元培去世四十多年了。他的一生经历了为振兴中国探求答案的曲折过程。可贵的是他的美学和美育论说总是贯串着珍视祖国命运，珍视科学，珍视培养人的美好道德与情感的精神。他的美学和美育论点无论是表现他的贡献或反映他的弱点的，只要善于总结加以去粗取精，都对我们有很多助益。把蔡元培作为本世纪之初中国美学和美育最有影响的开拓者之一来研究，是应该的，希望在这方面有更多的研究成果出现。

1983 年 1 月，于北京。

（原载《美学文献》第 1 辑，书目文献出版社 1984 年出版）

对中华民族振兴的热烈希望

——谈李大钊的《美与高》

李大钊同志是站在“五四”运动前列的具有共产主义思想的知识分子，后来成为中国共产党的创建人之一。他的一生是革命的一生，也是为中华民族的振兴而向腐朽势力作坚持不懈的斗争的一生。他在传播革命、进步的思想和文化中，建立了卓著的劳绩。他那些具有鲜明的革命内容和热烈的鼓动性的文章，不仅文体多样，有政论，有诗歌，有杂文等，从内容看，涉猎也很广，其中有一些也包含着珍贵的美学思想。他在一些着重论美的文章中，把关于美学问题的探讨与推进革命事业，振兴中华民族紧密联系起来，使他在本世纪我国新美学的发展中作了重要的有开拓意义的贡献。还在十月革命发生之前，李大钊就热情地注意从美学方面探究与革命进步思潮相适应的论题，发表了一些洋溢着革命与进步激情的文章。他于 1917 年 4 月 1 日在《言治》上发表的《美与高》，就是其中的一篇。

美与高，即一般美学书中常提到的美与崇高。对美学上这两个常谈及两个基本概念或范畴，历来美学家有各不相同的理解和阐述。对这样问题的论述，李大钊是从与当时中国社会的改造和中华民族振兴的联系这个问题上来谈的。这就使这篇文章具有强烈的撼动人心的力量，而不是那种与广大读者隔膜甚厚的“经院”面孔的文章。

这一文章是李大钊从蔡元培（孑民）返国任北京大学校长不久，在一次演说中谈及美与高一事，有感而发的。两个人同谈美与高，一先一后，谈法却颇不同，也就引人入胜了。

蔡元培和李大钊都是当时学术界、文化界有声望的人。蔡元培讲美与高，是把德法两国、两个民族特性放在美学角度来看。他介绍了德、法两国发展科学与美术（广义的，泛指艺术）的意义。他的意思在于说明欧洲民族之长可以吸取，这自然是有积极意义的。李大钊的发挥却在于说明要从看到中华民族的优良传统的基地上去借鉴外国的优长。他不但看到外国各具的长处，而且主张把不同长处加以结合，达到更高更好的境界。这是更积极地引向革命的结论，引向为振兴中华民族而努力的结论。

蔡元培在演说中认为，“所谓美者，即系美丽之谓；高者，即有非常之强力。”他在举了些例子后，又指出，“现今世界各国，如希腊民族，即近于美；日耳曼民族，多偏于高。”但他没有深入联系中华民族和中国现实作进一步的论述。

他没有做的，李大钊做了。他停止的地方，李大钊从这里继续挺进了。

李大钊接着蔡元培的话题，发出了一个深刻的问题：“顾一入吾人之耳，而反躬自问，吾之民族性，于美于高，今日果何有者?”他引导人们思索的是我们的中华民族的特性如何、今后该怎么办的问题。他对问题的回答也不是先从何谓美、何谓高的种种定义讲起，而是以当时的迫切感受，讲了民族性习惯形成的两大因素，即一在境遇，一在教育。他的立论是，“境遇属于自然，教育基于人为。纵有其境遇而无教育，焉以涵育感化之，使其民族发挥其天秉之灵能，则其特性必将湮没而不彰，久且沦丧以尽矣。”这里，李大钊实际上是把中华民族面临“沦丧”的危险和中华民族亟待解决的民族优良传统日趋“沦丧”的问题联系起来，郑重提出要努力唤起民众、教育民众，以改变中华民族的处境。从民族性所具有的美学意义上的特色来讲，优良的传统能否保持和发展，不能依靠境遇，而要靠民族的大多数觉醒起来，改造境遇。这也就是说民族面貌的振兴要有民族大多数成员，经教育之后再加上身体力行，才能实现。这似乎是只谈民族性美的特征的问题，实际上，也从美与高的关系方面讲了这两种基本范畴所指的美学特性在现实存在中并不是僵死不变的，它们的存在经人们的努力也可以发展变化的问题。

还值得我们体味的是，这篇不长的文章，结合例证所作的几层论述都很有味道，使人感到有波澜起伏，有反正推论，有感染力。

试看，第一层，他讲的是，历史表明，我们的中华民族不仅有美，而且有高；不仅有高山峻岭、长江大河和洞庭云梦、兰蕙芷茝这些境遇方面的美与高，而且有文学美术、名作辈出和作为建筑奇迹的长城连绵万里这样的人工方面的美与高。他自豪地写道：“以如此灵淑的山川，雄浑之气象，栖息其间之民族，当必受自然之影响，将含美与高而并有之，宜也。”这一层实际上提供了历史上曾有过把美与高结合起来的实在依据。

第二层，他提出中华民族为什么近世以来在美与高方面均显得消沉的问题。他感慨地写道，“回视古人，近观他族，稍有心性血气者，当无不愧恧无地焉！”当然，他这时的文章还没有达到像十月革命影响传到中国，他更多地掌握了马克思列宁的学说之后，那样从经济的发展、阶级的状况和帝国主义侵略等方面做更全面深入的分析。在这篇文章中，他还着重看到的是“殆教育感化之力有未及，非江山之负吾人，实吾人之负此江山耳。”从他指出中国人民应当从受欺侮、居于落后挨打的处境中急速觉醒起来，要有对得起祖国大好江山的雄心壮志这一意义来说，这仍然是很有激励人心力量的论点。

第三层，他用启发的方法设问，引起读者，首先是知识界的思考：自己应当为中华民族的振兴，为保持和发扬中华民族兼具美和高的特性方面应当做些什么？他说：“嗟呼，吾其为美之民族乎？高之民族乎？抑为美而高之民族乎？此则今之教育家、文学家、美术家、思想家感化牖育之责，而个人之努力向上，益不容有所怠荒也矣！”

文分三层，理实一贯，李大钊把美的类别的论述和对中华民族的振兴的希望联系在一起，得出了颇有发人深省力量的论断。

在这三层论述中，李大钊也提及了美的分类，他指出："美非一类，有秀丽之美，有壮伟之美，前者即所谓美，后者即所谓高也。"这里不去详论各派美学家对美与高的种种解说。值得我们注意的是，李大钊不仅指出美有常见的两大类，即秀丽之美和壮伟之美，而且认为二者既有不同，又是可以结合起来的。这也就是论证中华民族在发扬优良传统的基础上，可以而且应当把二者结合起来。中华民族在过去的历史上表现出"不惟有美，而且有高"，今后也可以做到成为"美而高的民族"。这是李大钊依据历史提出的热烈希望，也是对美学上这一对基本范畴之间的关系的一个重要见解。由此可以领会，在美的常见分类的基础上，可以而且应当力求使二者结合起来，即出现新的类。二者结合的程度不同，新类的表现也将不同，但结合得更好的是可以比常见的两类美更值得人们珍视与喜爱的。如果这个理解不错，那么可以说，提出这个思想，在我国现代美学史上是具有重要意义的。

我国古代美论中，关于美的类别早就有朴素的辩证观点。李大钊把这种朴素的辩证观点在新的条件下加以发挥了。《周易》和先秦诸子中有不少关于阳阴、刚柔等概括事物特性的说法。《周易》在这方面的说法是为了发挥唯心的观点，而其中包含着的辩证的因素却很丰富。这些对以后美的类型、文艺创作风格的区分都产生了不小的影响。中国古代思想家中许多人都在谈及美、善时，讲过阳与阴、刚与柔，也有的不同程度地谈及这些应当相互结合，或叫"兼备"、"相济"的道理。有的文章中还用形象比喻来说明这个问题。孔子曾提出过"文质彬彬，然后君子"，把兼文采之美与质实之美作为君子美德风范的一种具体标志。他也论及过尧之为君，认为他既是"巍巍为大"，又有"焕然文章"，是兼具美与大两类美的特征的。到了司空图《诗品》之后，一些诗论、画论中更多地出现了评议艺术的上品中阳刚与阴柔、豪放与俊逸的美的特色，也有人涉及有的作者有达到二者兼具的优长。

但是，以近世的美学科学的较明确的语言把美划分为两大类的，当推王国维最为有力。他在《红楼梦评论》中，明白地把美分为优美和壮美两类。王国维认为“与吾人无利害之关系”，静观而得之美，谓之优美，“对吾人大不利之事物”，大意指那种惊心骇目，使人深为震动的，谓之壮美。他把美术（泛指艺术）中与这二者相反的叫“眩惑”，相顺应而又能使二者结合的呢？他没有说。他在《人间词话》中又说：“无我之境，人惟于境中得之。有我之境，于由动之静时得之。故一优美，一宏壮也。”对王国维关于这两类美的成因的论点，学术界有不同的看法，自宜进一步讨论，此处暂不论及。这里可以先谈的是，王国维对这二者也没有着重论及应当和可以结合的问题。

李大钊不仅看到了美的两个常见类别的存在，而且从对历史的事实的把握和对未来的展望上认定二者也可以结合起来。李大钊所论述的不仅是个人道德修养的美，也不仅是某一门类艺术创作风格的美，他所见的要更深广。他是为了使得中华民族真正振兴起来，能够以美而且高的姿态站立于世界民族之林。这是他的美学见解，也是他的哲学见解和对社会改造的见解。在这一点上，也可以见出李大钊把革命家、思想家和美学家的品格融会贯通一起的特点。这一点是他的见解大大超出于王国维，也大大超出于蔡元培的地方。

我们把李大钊同志作为革命先驱者深深地怀念着，要继承和发扬他为中华民族的振兴而认真探索的猜神。他研究各类问题，包括美学上美与高这样的问题，都自然地与献身于中华民族的解放和振兴，献身于人民革命事业联系起来。这一点，对我们后来人是长远地有教益的。

1983 年 1 月，北京。

（原载《美学文献》第 1 辑，书目文献出版社 1984 年出版）

美育和现代化

把美育和现代化联系起来论述，并不是小题大做，也并不是故意把文化人士喜欢的事业推及到更广更大的范围去。现在人们在改革中遇到了许多问题，从产品的竞争力、“企业文化”到移风易俗、青少年成材，以及有关文化修养、人际关系体现的思想道德风貌和审美趣味等问题，都更加迫切地把加强美育的客观需求提到人们面前。对这个需求如何回答和对待，从一个重要方面显示了对现代化理解的深度和广度。

笔者曾经就此问题在北京和江南、苏北向一些文化教育工作者做些了解，发现许多地方是未把此事列入日程的。不少人也赞成美育，却理解为是一两门课如音乐、美术课的事，或者理解为在德育、智育、体育课程里要有点形象化说理的方法。虽说有胜于无，但这些毕竟没有把握住美育的基本要求。

其实，美育不但是发展社会主义文化、教育的题中应有之义，而且是整个社会主义精神文明和物质文明建设的题中应有之义。国家现代化需要人的现代化。没有美育的实施，人的现代化和与之相应的人们认识力、意志力、审美力等的充分发展，是不能做到的。几年前，在介绍蔡元培先生美育思想的文章中，我曾希望在现代化进程中要“对美育实施的各方面进行深刻的改革”。在《美的发现》一书里，我也曾从旅游事业勃兴与美育的关系谈了美育的重要性。然而，这些看法还需深入。杨振宁新近在日本作的一番谈话，很有助于我们思考美育和现代化的关系。

杨振宁谈到日本在现代化历程上提供的一个突出经验，就是他们的政府和国民普遍注意于使生产的产品更美。他以科学家的敏锐而又阔远的眼光，把美育和现代化发展的必然联系点醒。有趣的是，日本学者堺屋太一在《知识价值革命》一书中也以丰富的历史事实与对比材料为此提供了有力的证明。书里回顾了东方西方文明发展史，认为日本能成为工业社会即现代化社会发展中的“高材生”，正在于善于适应发展需要，有意识地培养人们具有新的“美学意识和伦理观念及其之和构成的社会价值观念。”他并且认为，“要把今日的‘高材生’变成未来的成功者”，就要发扬已有的优长，“吸收不同的美学意识和伦理观念，把它变成自己的东西。只有这样，才能使自己的思路广阔，创造出更多的带有自己特点的产品来。”这不是为美育的必要性做了很有特色的说明吗？他点出从日本走上“大发展道路”中培育人们追求更美更有吸引力的产品那种能力的诀窍，是很有见地的。

尽管杨振宁和堺屋太一都没有直接说出要加强美育的论断，他们点题的逻辑性却很好地显示了美育与现代化关系的道理。

他们的论述给人的启发起码可以在以下几方面有所深入：一、现代化的发展进程使人们的才能和审美价值评判能力，尤其是审美创造能力，要在竞赛、竞争中更充分地展现。美学和美育都不能停留于书斋和某门艺术的一隅，而应当和物质文明、精神文明发展各方面需求结合起来；要为多方面发展人的审美能力（包括审美创造能力）发挥更大作用。二、现代美育学应当以现代美学和马克思主义哲学里新近获得发展的审美价值学说和一般价值学说作为理论支柱，从而去更生动有效地解决现代化进程中向美育提出的问题。三、在现代化进程中一个国家、民族和其成员审美创造力发挥如何，很大程度上要看是否善于利用美育来加以培育和激发。

对这个道理的探究也不是今天才有。中国古代美育学说中关于美育和治国育人的论述很多，不必一一缕述。中国新兴美育思想在“五四”前后掀起的新文化思潮中也已经不断在涌发了。李大钊、鲁迅、蔡元培等在倡导科学、民主以改革中国社会的同时，先后大力提倡美育以作为改革中国社会的重要内容。后来因为反帝图存、政治解放的急务日益突出，美育的声音渐被冲淡，然而在当前现代化进程中它却应当也必须摆上重要位置。

鲁迅 1913 年在《拟播布美术意见书》中认为，“播布美术”（相当于今天所说的审美文化），“可以表见文化”，“可以辅翼道德”，还“可以救援经济”。这就是说，不仅文化的延续和发展，道德的完善与提高，需要美育，而且要使经济取胜，也要使人的审美鉴赏力和创造力赶上别人、胜于别人。“美术弘布，作品自胜”，才能使国货胜于人，国力胜于人，现代化程度才能赶上和胜过别的国家。美育和现代化关系岂可轻视！

（原载《瞭望》杂志 1989 年第 18 期）

关于完善教育基本内容提法的两点建议

一、教育基本内容应该更全面地予以表述

随着进入新的世纪，国家建设和民族振兴大业都要求教育有更长足的发展，教育基本内容的提法也应该更加全面地更加完善地予以表述。

除了历年来已经公认的德育、智育、体育提法以外，现在又加上了美育。这本来是可喜的进步，但是不少人对美育的理解仍然失之于狭窄，或者对其重点理解不清楚。比如，有的认为美育就是讲讲某一、二门艺术的欣赏知识，有的认为就是一般的美感教育。这些都不能说是准确和全面地理解和表述了美育的含义。我认为，对美育的理解应该吸取中外历史有关经验，将它合理地理解为审美立象观象教育，其中尤其应该以审美立象教育为重点。

我还认为，在教育基本内容中，德育无疑是最重要的，但还需要融入其他各项。在德育、智育、体育、美育之后，还应该加上四项，即技育、法育、军育、卫育，说其全称，也就是技术教育、法纪教育、军事教育、卫生教育。

这样，以德育、智育、体育、美育、技育、法育、军育、卫育八育为序列，可以对新世纪我国教育基本内容有个更为全面和适当的表述。

现将对美育的理解和后增四项内容所建议表述的理由简要地说明如下：

1. 美育应该是审美立象观象教育。依据《周易·系辞》阐明的中国古代美学精神，不但要善于“观象”而且重在“立象以尽意”，“象其物宜”。美育应该在新的基础上弘扬这一精神。再依据马克思在《关于费尔巴哈的提纲》、《1844 年经济学哲学手稿》、《资本论》等论著中先后提出的“问题在于改变世界”、“人也按照美的规律来建造”、建筑师一开始就比最灵巧的蜜蜂高明的地方，在于头脑中使劳动结果先经表象建成而观念地存在，从而能“在自然物中实现自己的目的”，这些为我们对中国古代美学审美立象学说做科学的理论改造提供了原则性的思路。我们现在要实施的美育更应该体现马克思论断的精神。

2. 技育。对技术教育的表述应该看做是在 21 世纪条件下结合面向世界、面向现代化、面向未来，科技是第一生产力的思想，和科教兴国的要求，对马克思有关提法的重新体认和阐释。马克思在《临时中央委员会就若干问题给代表的指示》和《哥达纲领批判》等论著中一再提到“技术教育”或“综合技术教育”的重要性。他指出，为了未来，“要使儿童和少年了解生产各个过程的基本原理，同时使他们获得运用各种生产的最简单的工具的技能。”他还指明，“生产劳动和教育的早期结合是改造现代社会的最强有力的手段之一”。无论从现代科技对生产、经济与社会发展的巨大推动作用和人才的培养必须与此更紧密地结合来看，还是从人才的理论知识与实践能力应当更紧密地结合来看，马克思的提法都是深刻的，而且在当今又焕发出新鲜的意义。我们的教育基本内容应当体现这一提法的要求。

3. 法育，即法纪教育。古代教育就有重视礼仪和法纪教育的传统，孔子所授六门必修课中就有“礼”。社会条件不同，礼仪与法纪的具体内涵不同，但是现代化进程和依法治国的要求把法纪教育的必要性更加突现出来了。我们要培养“四有”新人，“四有”之一就是有纪律。在教育各个阶段进行相应的法纪教育，是培养现代条件下懂法守法，依法行事，纪律性强的公民应有的一个基本内容。

4. 军育，即军事教育。中国古代有见识的教育家大多追求培养文武双全的人才，这是个优良的传统。中国人民近代现代反侵略、求解放和保卫祖国的实践经验，又不断地警示人们：绝不可忘记增强广大民众军事素质的重要性，绝不可忘记以武备保卫共和国和长治久安的重要性。因而，在教育改革中要把过去行之有效的军训等做法加以总结提高，使之成为有系统性、科学性、经常性的军事教育。

5. 卫育，即卫生教育。这一表述，似属新创，其实也是教育优良传统已有之义和现实教育需求相激发而产生的必然课题。孔子、墨子、颜元等古代教育家，《黄帝内经》等古代医学论著都倡导卫生教育，其中包括人的生理、心理卫生及环境卫生教育。现代社会发展日益明显地暴露出需要解决改善人的生存质量的种种问题，其中，卫生问题就受到公众的热切关注。教育基本内容中列入卫生教育，并且贯穿教育的全过程，已经是不可回避的课题。

二、教育基本内容重点的表述

以上所说教育基本内容八项之间和各项内部各成分之间是对立统一，相辅相成的。在不同的社会经济、文化条件下，有关教育基本内容重点的表述也会有所变化，但它们总有需要经常注意的立足点，即放在师生共同参与教育过程所追求的培养人才这一目标的意义上，与以人为本思想相应，要明确地强调育人为本的表述。

人们知道，《周易》有个重要思想，即与“天行健”相呼应，提出体现“立人之道”，发挥“自强不息”的精神。春秋时代有人把立人的要求表述为立德、立功、立言。现在，从师生参与教育过程的目标来说，育人为了立人，我们也可以把教育基本内容从立人的角度对其实施的重点予以表述，那就是：德育重在立德，智育重在立慧，体育重在立魄，美育重在立象，技育重在立能，法育重在立纪，军育重在立武，卫育重在立生。综合来说，就是要培养有道德，有理想，有文化，有纪律，也就是有知荣耻的觉悟，有智慧，有体魄，有多种劳动技能，有审美立象和创造素养，心理健康，可称为全面发展又具专长的人才。

不知道以上建议值不值得参考呢?

（原载《青年文化通讯》2000 年 2 月总 9 期，收入本书时有修订）

中国美学立象学说与东方人体文化研究

（论文纲要）

一、东方人体文化研究需要以中国美学立象学说作为重要的理论光源

汉高诱注《淮南子》时说："文者，象也。"此言有理。一切文化价值的积累和发展都离不开立象，没有立象形态的发展变化，就没有文化的发展变化。近些年文化社会学、文化地理学及人类体质学等学科研究者程度不同地提出了美学理论运用上的渴求，足以说明学术发展所具的规律性要求人们去顺应，也说明新兴的人体文化研究中注意从美学理论上去观察的合理性。

东方人体文化集中代表之一是中华人体文化。中国不但有源远流长的人体文化实践成果的丰富遗产，而且有独具特色的哲学与美学上的立象学说。史实表明，这种立象学说也确实融进了中华人体文化发展的各种形态之中。了解中华美学立象学说与文化的关系，才能深入了解中华人体文化与整体文化发展的脉络。要承受这方面遗产并加以推陈出新，有益于中华民族新文化的发展，就需要在认识和运用立象学说推进人体文化研究上作出新的努力。

二、从立象学说看中华人体文化的优良传统

在东方人体文化研究中，很有必要着重从中国美学立象学说

观察中华人体文化的优良传统，由此可以发现一些富有民族的、也是东方的文化特色的方面。现在择其要者略论如下：

其一、立象与尽意。提出“立象以尽意”作为《周易》精髓的是《易传》，而体现这种精髓的不但是《周易》的本文和《尚书》一些篇，而且《左传》、《国语》及其他许多史料记载的史实、言论和诸子论议中也反复出现了。以后各代雅俗不同文化包括人体文化中，屡有丰富和发展。这是中国美学的优势和特色主要所在。立象与尽意关系这一深刻命题，从“近取诸身，远取诸物”以及天象表明了立象的依据，从“元、亨、利、贞”表明人们由立象显示的价值追求，它指出尽意与智能、体能的运用在辩证的气化流行中如何获得和影响物象变化以求得统一。所谓天人合一、与天地参而化育万物等要在这个意义上去了解。它显示出中国美学理论的深刻性与人生追求价值的实践性如何紧密地结合起来。中华人体文化在这一命题出现以后，也才把前此的一些朦胧探求提升到新的层次。此后，中国人体文化自觉或不自觉地以《周易》为其立象、进艺的灵魂，决非偶然。汉代出现的气功名著《周易参同契》从命名到理论都足以为证。立象以尽意的命题在中华东方人体文化研究中具有根本性的意义。

其二，气、阴阳、刚柔与形神关系。中华美学以气化流行中的阴阳、刚柔作为立象的普遍范式，以“一阴一阳之谓道”及其呈现的刚柔形态作为立象的普遍品格，由此贯注内外而有的形神关系是显示于实际生活进程及人体文化具体实现中必有的形态。形神关系在武术或气功、技击功夫培育活动中也称作精、气、形、神，其意大同。从气到形神关系是各类文化形态着力调协的关键，人体文化在“身体力行”意义上更是如此。孔子所说的“文质彬彬”，孟子所说的“内充实而外有光辉”，都是从身心修养统一性上，包括礼仪、德行统一性上加以论述的。与此相关的，如方与圆、虚与实、隐与显等均需在此统一性的思路上去理解。如“行方智圆”，不但是为人的准则，也是人体文化的准则。各类文化及人体文化从太极所寓气行为圆的意味发挥出立象要圆全，赏象评象要圆赅，功夫要圆熟，连态势也要圆周不漏为尚。各种拳道、功夫以象示艺要圆，人品、武艺综合立象要功德圆满等，都是体现此意的。象圆有流动之象。钟繇说："笔迹者，界也；流美者，人也。"他又说："见万象皆类之。"他是从符号文化或叫非人体文化和人体文化相兼的中国汉字书法谈这一立象道理的。此理用于其他人体文化形态也是颇可助领悟"立象以尽意"的奥秘的。

其三，赋、比、兴也是人体文化立象的根本方法。非人体文化与人体文化在活动内容上有同也有异。它们既然都融注着立象以尽意的根本原则，在立象方法上也必有大同者。中国古代由立象学说对《诗经》艺术立象提炼的赋、比、兴三法，其实不仅是做诗赏诗的根本方法，也是形象思维的根本方法，在智能、体能结合以立象意义上，还是人体文化立象的根本方法。《周易》各卦是以散文立象为主的，也附有歌谣，恰恰也采用了赋、比、兴三法及与比相近的寓言象征手法。《孙子兵法》是谈武事的，涉及兵象真假，军事态势也有赋、比、兴三法在内。再试观书法、武术、舞蹈、戏曲表演以及服饰设计、园林建筑等，处处都有赋、比、兴及象征之意在跃动。说得浅白点，赋是象的铺陈展示，比是对比中喻示，兴与象征是点物联牵以引示。从思维到活动有贯通之法，三法与象征就是以此成为非语言或与语言相结合以立象的途径。

其四，情与谋关系为人体文化立象必需处理的课题。在人体文化中或以人体体能、智能相结合的较量中，情与谋关系被立象学说摆到更为重要的地位。《周易》在强调立象的同时，就强调"谋"的重要。《系辞上》说："天地设位，圣人成能，人谋鬼谋，百姓与能。"就人体文化说，人对体能、智能的结合发挥要尽人谋，还要预料一时难测的因素，那里称之为"鬼谋"。《孙子兵法》讲观察兵象以计谋作为开篇重题立论。孙子说："兵无常势，水无常形，能因敌变化而取胜者谓之神。"这都是讲的把立象中情志取向与切实的谋略要互相结合从而使得"立象以尽意”有深层的辩证法要求。这种理解可以使得人们常说的情与态、情与理、情与景等在人体文化中也具有新的特色，新的味道。

其五、艺与境。中国立象学说在人体文化艺与境结合上也讲究由智能与体能结合达到的立象价值的品级，但这种品级要讲究艺与境的结合，艺能与艺德的结合，即不忘不使人体文化脱离美德与正确价值标准的引导。《乐记·乐象》中强调要“奋至德之光，动四气之和，以著万物之理”。就是要求乐声与人体舞象所尽之意要与天地人间万物之理相应，使之昭著发明。艺者，立象之艺也；境者，立象之境也。注重从高度责任感和境界追求所立之象及象的各种作用，才是东方人体文化特别是中华人体文化优良传统异彩所在。

三、新世纪实现民族振兴中对国民素质提高与人体文化研究的重要课题

新世纪即将到来。中华民族的振兴和东方人体文化优良传统的继承和研究的衔接都迫切需要提高到一个新的层次。新近举行的中国共产党第十五次全国代表大会也指明，要把立足中国现实，继承历史文化优秀传统和吸取外国文化有益成果结合起来。从未来着眼，从中华民族在新世纪以何等形象出现于世界着眼，从促使人的全面发展着眼，东方人体文化特别是中华人体文化研究都需要加强。其中以中国美学立象学说贯通于人体文化研究，以有益于整体文化建设及各地审美教育和提高人们生活质量的实践的结合，是一个很有意义的课题。

就现代科技对人体机能、人的左右脑全面发展及人才智能和体能结合的研究来说，中华美学立象学说和中华人体文化及东方人体文化结合的研究是一个历史文化资源和人才潜能的开发。它必将在促使中国前景更加美好，世界人民生活更加美好方面起有益的作用。

（原载《东方人体文化研修大会国际学术研讨会论文集》，1997 年 10 月印行）

图文并茂　证论兼明

——由《中国舞蹈艺术史图鉴》想到的

由董锡玖、刘峻骧主编的《中国舞蹈艺术史图鉴》由湖南教育出版社印行了，这是一件令人兴奋的事。这不仅因为此书为中国舞蹈史的研究提供了史料丰富的成果，还在于编著者对古今舞蹈史的矿脉进行了辛勤开掘与多方提炼，从而揭示了华夏审美文化历史变迁的某些侧面。它是以图文并茂、证论兼明的显著特色给华夏审美文化研究走向深入以助力的好书。

读者从此书获得的第一个突出感受是编著者发挥“图鉴”的优势，力求在以图证史、以文论理相结合中揭示舞蹈艺术史体现的审美文化建设重在立象的道理。近些年来，谈论审美文化形态与整个文化及文明发展关系的人越来越多了，但是对中国美学中“立象以尽意”的学说还不够重视，因而在文艺理论及其他文化实践创造中的立象与尽意关系研究上也显得不够深入。此书编著者注重舞蹈运用人体动态立象的史迹与有关审美创造思想的梳理，大有益于促使人们在这个根本问题上加深对华夏审美文化精髓的探求。以舞蹈审美创造来看，立象总要尽意，而善于从审美创造上去尽意者，却正是要更好地立象。要使审美创造成果既尽人意、又启人心，就要有令人动情而难忘的形象。推而及于文明发展与立象的关系，我们更应该把立象与尽意的关系做辩证的了解。这本“图鉴”用一千多幅含多彩多姿舞蹈形象的图片和三十万字的简明论说相结合，显示了舞蹈艺术立象的历史经验，对帮助人们体味这方面道理是很有助益的。

此书给人的第二点启发，是编著者注意体现舞蹈艺术发展过程中必然具有的雅俗关系。对此，在全书六编中都作了体现。不但分古代、近现代、当代做纵向探求，还分按审美层次范围不同情形做横向探求，在特设的“戏曲舞蹈”，“民族民间舞蹈”及舞蹈与杂技、气功等其他人体文化关系等部分做了重要显示与评介。这是合理的，也是有眼光的。我曾多次谈过在美学和审美文化研究中应当把雅俗关系作为重要课题的意见，因为历史经验和现实需求都是这么摆着的。就美学文献来看，汉代傅毅在其著名的《舞赋》中就借宋玉之口阐明了舞蹈审美创造中“与志迁化，容不虚生”（即注者发挥为“容不虚生，必有所象”）的道理，而且又着重阐明了“小大殊用，郑雅异宜”的道理。所谓“雅”，与现在人所说的“雅”同义；所谓“郑”，就是孔子整理《诗经》时所说的“郑声”，借指当时的俗文学、俗歌舞的特征。“郑雅异宜”正好说的是各有适宜的范围。问题在于引导得法，也就是原文说的“弛张之度，圣哲所施。”就现在来看，文化、文明建设中多有需要加以引导的雅俗关系处理问题，民间舞蹈活动及舞蹈的专业表演与研究也是如此。这本“图鉴”在这方面开人心窍之处是不少的。

编著者在全书总体上所追求的：“既有通史贯通古今纵向的史学线索，又兼及各门类舞蹈和相关人体文化、横向民族文化背景的探求”，应看做此书第三个给人启发之处。书中从文化总体联系着眼梳理中华舞蹈和杂技、气功及其他人体文化形态的关系，实质上是在物质文明和精神文明、人脑智慧和体能实践的交汇点上观察舞蹈艺术发展的一种有新意的视角。与上述体认中国美学中立象学说的思路相关，“图鉴”以史迹表明，一定的文化形态的审美立象与相应的文化境界的出现是密切联系着的；那么，舞蹈立象追求的目标和整个文化、文明发展的前景之间的关系当然是不言而喻的。就这方面来看，这本“图鉴”对人们不也是很有助益的吗?

人们也会发现，在这本印装大致都好的书中，在图版编排和说明上也有个别不完善处。重要的是，这是一个令人喜悦的开端。相信此书以后会修订得更完善，而此类好书会继续出现。

（原载《人民政协报》1998年6月20日第7版）

伏羲始结网罟并作八卦的历史文化意义

——兼论中华审美雅俗文化哲学的共同源头

近些年来在研究中华上古文化的国内外学者中都有人提出对神话、传说与历史材料要做仔细清理的问题。这是有道理的。就伏羲文化与中华审美文化哲学发源或叫主流源头关系研究课题来说，更显得重要。因为伏羲文化显露的上古文化历史端绪，又有神话、传说伴生其间。至今也缺少伏羲有关创造的亲自叙述或当时原始文字的直接凭证。但是，历史文化是在联系中存在与发展的。伏羲始作网罟并作八卦这两方面的历史功绩，由神话、传说与历史记述及相关史迹参照中，包括近现代人考古发现与多方面辨析中，仍然会由历史联系中显示出可信性，并且使其二者之间关联的意义吸引人们的注意。将这种可信性与希腊、埃及、古印度等古代文明民族审美文化哲学观念萌生及发展相比较，又可以看出显著的特性。这里也就是研究民族文化特色发端的重要课题。

我们应当这样去探究，也能够在探究中取得进一步的认识。恩格斯在推荐马克思《政治经济学批判》一书时，对于历史地研究思想文化的方式做了具有原则意义的说明。他说，“历史从哪里开始，思想进程也应当从哪里开始，而思想进程的进一步发展不过是历史过程在抽象的、理论上前后一贯的形式上的反映”。这里我们要做的，不是要以《周易·系辞》对伏羲始结网罟并作八卦出于“离”卦推出伏羲上述创造，而是从上述两项创造中看出相互应有的历史联系，从而进一步认识中华审美文化哲学共同的主流的源头。好比考古要做试掘，本文试图就此作约略论述，以求引起更多的人的探究兴趣。

由网罟到八卦——文化思理的开拓

《周易·系辞下》明白记述包牺（伏羲）“仰则观象于天，俯则观法于地，观鸟兽之文，与地之宜，近取诸身，于是始作八卦，以通神明之德，以类万物之情”。接着说他“作结绳而为网罟，以佃以渔，盖取诸‘离’。”这里提出了伏羲从观察天地鸟兽的象、法、文、宜，兼及人身内外可取之象形成八卦之象，并以“宜”与“通”作为八卦立象要体现文化思理的着重点。至于以“类”涉及思维方法的意义，下题再谈。这里取诸“离”应当说是把创造八卦之后的应用与创始功用混同了，因而是颠倒了。这一点前人指出过。但是由这种颠倒显露八卦哲思萌发的可贵来源，人们却注意不够。其实，“离”卦的象征意义很多，最突出的是显示事物。《周易·说卦传》“离也者，明也，万物皆相见，南方之卦也。”可以说，指由离开不明而致鲜明。联系渔网出水凭借纲目而呈现收获鱼类的情形，“取诸离”，其实是由实际生活的经验提升而来的事物之理。依古文字通假关系来说，“离”不但通“丽”，也通“罹”，二者都有附着、牵连的含义，后者更是以网罟标识的偏旁带出了使目的物受牵制而落进施控者手中的含义。这里就显示了历史记述中伏羲创始网罟并在使用经验积累中进而升华为文化思理特别是八卦系列立象哲学的可能性。

对此，晋代葛洪在《抱朴子·对俗》中作了肯定的论断。他以伏羲为首列举了同类创造的传说。他认为“太昊（伏羲）师蜘蛛而结网，金天（少昊）据九鳸以正时，帝轩（黄帝）俟凤鸣以调律，唐尧观蓂荚以知月”，这些都是由实际生活创新中萌发、运用思理功夫获得的。现代人可以说其中有仿生学的萌芽，葛洪却还认为有广泛的哲理意义。他称之为“用思遐邈，自然玄畅。”这番论述既认定了伏羲师蜘蛛而结网有哲理萌发的“玄畅”，也就为继这种结网的思理而推演到作八卦提供了延伸的思路。

这里可以从几方面的历史印迹与自然条件来加以印证：其一：“师蜘蛛而结网”。多捕鱼是当时黄河上下水流充盈条件下的生活需求，而当时这些地域常见的圆网蛛成为可注意的生物。这种蜘蛛头胸部有附肢六对，第一对为螯肢；第二对为脚须；其余四对属于胸部的附肢为步足，共八只步足。腹部有三至四对纺锤突起，可以喷液成丝。其网大致圆形，有奇妙的捕飞虫为食的功能。民间谜语中称之为“摆下八卦阵，但等飞来将。”当然“八卦阵”是后人延续八卦系列立象文化观念的产物，但是以今人常情反观上古人对蜘蛛功能的注意研究与仿生式的创新并萌发八卦哲理的功绩，却不能不起敬佩的感叹。其二，伏羲结绳以作网罟并作八卦与当时正处于萌发阶段的古文字有互相促进的作用。关于古文字与八卦系列体现思理方法的关系下面再说，古文字构成里体现结绳以作网罟和作八卦可能提供“用思”升华的因素却是显然的，不可忽视。以《说文解字》、《六书通》收录的“网”字古体来看，多与现今简化字略同，有的与繁体有关的是以加上绞丝与“亡”表示织网材质与读音，但都以交叉笔画表示网眼，以外围线条表示纲维。值得注意的是，重叠或并列的交叉笔画可以与“爻”字相通，连同纲线、维线可以形成八卦含义。这种古文字留下的印迹绝非偶然。其三，近现代考古中发现属于伏羲文化时代及其历史传述曾生活过地区一些文物古迹提供了物证。比如，仰韶文化也称彩陶文化，为我国新石器时代文化遗存，已经反映了渔猎时代渐向农业为主转移，也有母系氏族社会向父系氏族社会转移的痕迹。彩陶图案纹饰不但有众多的鱼鸟诸兽，也有突出的日月、绳索、渔网与波浪形象，不少与阴阳八卦、四象早期形制相符合。庙底沟类型钵上既有圆形网，也有沿钵口平行排列的方形边网罟。半山类型壶身和壶颈都有网形图案。特别值得注意的是陕西宝鸡北首岭出土的6000多年前的船形彩陶壶，其上有方形网罟图案。有趣的是两边各有一道纲，而纲上各有六幅可以供手牵拉的三角形的厚带状物。这是不是可以为六六重复的卦爻互卦模式得到一种生活实际的印证呢？当然方圆形制不同的网罟在彩陶图案上的反映，可以说明结绳为网罟在适应不同需要上的变化，而变化的共同点是阴阳观念得到了反映。大河村出土的钵上有双鱼对动的图案，半坡出土的钵上也有双鱼对动的图案。半坡出土的人面鱼纹彩陶盆，既有鱼图腾的意味，也是网罟出现带来渔猎丰收的反映。双人面纹不但以鱼辅人形，而且额冠即寓明暗阴阳的对立统一，双人面纹在盆内位置相对应，又以双鱼相连接，分明体现两仪向四象延展的观念。参以与这些相应的越来越多见的八卦系列在石雕玉雕器件上的出现，可以认为由“师蜘蛛而结网”与作八卦的确有思理上不可忽略的联系。

古文字的立象为主携手八卦的立象尽意
——两种思维方法的培育

唐兰先生在《古文字学导论》中据史料论断中国古文字的萌发距今约有万年的历史。苏秉琦依据考古发现论断中华上古文明始盛期距今约有万年。其中离不开古文字已在形成的条件。对于结绳，过去多从结绳记事的功能解说，对于八卦符号是否全属古文字见解也不一致。如果对《周易·系辞下》说伏羲“作结绳而为网罟”放在文明始盛期多种因素相互促进意义上去理解，以立象为主的古文字始初形态和八卦起始形态都以立象尽意构成符号系列，也就可以理解为携手共进。即文字符号和八卦符号都以立象为主，以尽意为目标，以象其物宜为准则。网罟发明与推广积累的纲目纽结环环相扣以取得渔猎期望的收获的丰富经验，正如《抱朴子》所说是“用思”、“玄畅”过程。《易传》告诉人们，这种“用思”不仅仅局限于生产生活需求就近获利目标，而且伸向天、地、人各种领域，“以类万物之情”、“以通神明之德”（后者其实就是指事物发展变化的奥妙），从而形成以八卦系列体现用象、数把握世界、改造世界、应对世界的两种思维方法。这应当说是《易传》阐发伏羲始作网罟并作八卦两大功绩中贯串着对道体认的两大思维方法的特殊贡献。

《易传》是从设卦立象展开关于观象的诸多探求的。所谓“八卦成列，象在其中”，“八卦以象告”，是八卦发挥立象学说来历、功用与哲学品格的如实说明。这些从其始发的网罟使用经验，古文字与八卦符号的相应都可得到印证。不能说八卦符号所象征的事物命名都与相关的古文字完全相同，但都以立象尽意为其共同特征。它们在不同排列条件下意义转化延伸也与相关文字有联系。最突出的是上文提到了离卦符号和坎卦符号的关系。离卦☲，象征火；坎卦☵，象征水。后者与古文字水字笔画完全一致。这二卦意义本来相反，但不同排列，不但产生新的立象，也显示新的含意，还可从中领悟与初始的创卦条件有关的道理来。比如坎下加坎上，水的重叠中间出现于坎之象，离下加离上，两火叠加反而出现水象，甚至用以形容眼泪。坎下加离上是未济卦，水前有火象，指尚待奋斗，方可登彼岸。离下加坎上是既济卦，已超过障碍。水的符号中有不断的直线，火的符号两边有不断的直线，联系提网时由纲维制约可以显示网的沉浮隐显与干湿及收获的丰歉。值得注意的是，“絓”字有个读法与“卦”字同音，义为牵住，挂住。《淮南子·兵略训》说：“飞鸟不动，不絓网罗”。正好可以反证“絓”与“卦”都是由网罗牵挂鱼鸟的功能而来，后来引申而成的絓法、絓祸等语词也是由此而来。可见，八卦称卦可以看做絓的牵挂住这一义项在卜卦意义上引出来的称谓。八卦符号本来就是由这些可以抓住特征的的生活经验提升出来的。这种提升很要紧。由“近取诸身，远取诸物”进而以符号系列类指天下万物，这就具有哲学的品格。伏羲始创网罟并作八卦在历史文化发展上具有特殊重要的意义正在于此。

《周易》古经自从经过《易传》的阐发，其哲学意义越来越彰明。虽然历代仍有借其卜卦原始面貌利用其消极方面，但其对民族文化的重要的积极的影响却在于以显著的东方辩证法特色培育了与数理相关的抽象思维方法和以立象尽意和象其物宜为重要原则的立象思维方法。二者都有重类比且重立象的特征，尤以立象思维方法处处与中国古文字构成的方法相表里，与近代所说形象思维的内容大致相近。但这一立象思维方法从起始就强调"立象尽意"要"象其物宜"，也就是审美立象与价值追求的必然联系。这就为历代中华审美理论重要命题提供了丰厚的哲学原发思理基地。此处不必详举，但就《易传》所说"以类万物之情"来说，在抽象思维方法方面影响所及，促进了《墨子·大取、小取》篇中"以类取，以类予"，并且认定辩说之辞"以故生，以理长，以类行"的抽象思维方法理论见解和《荀子》中相关思想的出现。有人做过对照，八卦系列六十四卦如果都以逻辑学直言判断例式来理解，可以与西方传统逻辑学相关六十四个例式相一致。当然除一部分为明显的正确判断外，还有一些要由八卦系列推论的灵活性作出别的解释。这说明重类比的推论有自己的特性。要注意的是，这种特性在八卦系列提供的立象思维方法中体现得更为鲜明。"类万物之情"与"象其物宜"的贯注使得立象时时处处充盈着生动的形象性，也充盈着审美、道德价值的酌量。元亨利贞。吉凶休咎，顺逆庆忧等等选择的价值取向以象而显其分量。这种方法作为审美哲学品位的意义已为历代文化流传的事实所证明了。

要进一步思考的是八卦系列发挥出来的重在立象的思维方法是怎样构成的呢？后来屡经阐发的《周易》古经前有连山、归藏的传承，后有《易传》的发挥，形成完备的自成系统的立象思维方法的学说。其要点是什么呢？和伏羲创始网罟并有作八卦的史迹的联系有没有线索可寻呢？这几点都是可以肯定的。

先说《庄子·大宗师》对历史上得天道的几位先辈杰出人物的论断。其中认为"伏戏（羲）得之以袭气母"。"袭气母"

指把握作为天道根本辩证关系的阴阳二气。又在《天道》篇中指明“《易》以道阴阳”，在《秋水》篇说“阴阳相照，相盖相治”。显然，这是把伏羲阴阳八卦创造作为立象以寻求真理的依据。而且他认为这种立象的方法是网状结构的。《庄子·天地》篇那个著名的审言就是表达这一意思的。如果用现代的话译其大意，那就是说：黄帝把玄珠（象征真知、真理、真价值）遗失在深水里，先后派了知（理智、推理）、离朱（色，象征识别表面的能力）、吃诟（象征论辩）去找，都没有找到。后来派象罔去，就找到了。这个象罔，过去有人理解作罔象。郭象注还说：“明得真者，非用心也。象，罔然，即真也。”这是把这一寓言人物代表的立象网状结构与庄子在别处提倡心斋的思想片面地扯在一起的误解。这原本是两类问题。心斋讲的是排除杂念。象罔在古文字里就是立象之网。这里的构词也只能如此，作“象没有”的构词是不合古代构词法的。与前引庄子崇尚伏羲阴阳八卦学说的思想相对照，还可以说明庄子所说寓言正是把伏羲始作网罟的历史功绩与八卦系列的网状结构融合一起了。由八卦系列提供的立象思维方法总体结构为网状，由纲维与网目可以构成立象思维的具体部分，也就是自然的事情。

这里探求立象思维方法具体部分的要略就在方法自身。立象的八卦网状结构的功能重在类比，由类比衍化的赋、比、兴和可以称为由比分化出的象征或叫代，就是网上的四维，其总纲应该是阴阳推演形态的刚柔。也许有人会说，赋、比、兴不是后人归纳《诗经》立象创造的方法吗？是的。被认为出现于战国时代的《周礼·春官·大师》已经提出：“教六诗，曰风，曰赋，曰比，曰兴，曰雅，曰颂。以六德为之本，以六律为之音。”唐代孔颖达明确地把六义分别称谓，以赋、比、兴为诗法，以风、雅、颂为诗体。这样一来，不但使人们便于领悟立象成果体式与方法的分别，也使人们领悟立象三种方法运用可能更早。高亨先生在《周易杂论》中指出，《周易》卦爻辞里面不但有比《诗经》早的采用赋、比、兴手法的短歌，还有以寓言象征手法写的故事，而且这种寓言手法的文字比《诗经》还多。由此可见，赋、比、兴三法加上强调新分的寓言象征性质四法的运用在之前上古文化遗存材料中还会有的。《尚书·虞夏书》记录舜说“予欲观古人之象”，过去只认为是指前代象服，即礼服，现在看来是太窄了。依下文说到五彩与服色，六律五声与八音，又说到出纳五言、款四邻等，应当理解为想了解前代帝王如何立象，其中包括教育、施政，也包括礼乐各个方面。这也可以说是把探讨指向伏羲文化时代。应当说，八卦符号本身就包孕了运用赋、比、兴与象征方法的元素。以被称为“易之门”的乾坤两个基本符号为例；前人以为只是男女性别特征的代表，显然太窄，不能解释组成三爻为单卦，六爻为复卦等立象的理由；近来有的青年学者以为乾卦符号与古文字“天”字近似，其实也牵强，二者并不像。从乾坤与阴阳内在联系来说，乾为阳，坤为阴，其立象根本意义是指日照向背的情形，引申而有多种指向的意义。如以直画象征阳光照射，连有三爻以至六爻，当然照明越来越强，过强也不好。背日为阴，为坤，躲过烈日为阴凉，要是对光照作折扣，过分了就成阴暗，也不好。试以纲目组成的网罟在水波或林地上的隐显或折光来体味此理，更为容易明白。如果再想开去，乾坤两卦本为可比对之象，本身可展示不同立象，又可与其他卦配合形成六十四卦，还可以颠倒反侧形成互卦，赋、比、兴及象征方法元素都可以蕴含其中。近人钱穆在《现代中国学业术论衡》中认为，伏羲始作八卦、结绳而为网罟被《周易·系辞》记载，“在论史学，而有甚深妙意，有待阐申。《易·系辞》言中国史始于包牺（伏羲）氏。而包牺氏之所得，即一套哲学，即今人所谓宇宙论，而极近于宗教，又兼包科学。”他认为这是中国哲学开发时获得的特点。放到我们此处谈的立象所依据的中华审美文化哲学中的方法构成来看，可以说大致是同义的。

如果从立象学说与西方学者所说的形象思维观点比较来说，二者也相通。宗白华先生在《美学散步》中将庄子那个象罔寻得玄珠的寓言和歌德关丁发挥想象功能可以获得真理的见解做了比较。歌德说："真理和神性一样，是永不肯让我们直接认知的。我们只能在反光、譬喻、象征里面观照它。"除了神性之说属于宗教观念另说之外，歌德说的几种方法和我们说的立象的基本方法赋、比、兴，或者加上寓言象征方法，是大体类似的。可以想见，这些方法的初步身影在八卦系列萌生和发展中是必然的成因，也为人类把握世界的哲学增加了反映出文化上的共同需求但又自具特色的成果。宗白华先生在比较之后曾经感慨地说："真理闪耀于艺术形相里，玄珠的皪于象罔里。"这是对庄子象罔寓言的深刻阐发，也是对伏羲师蜘蛛而结网并作八卦以形成网络式立象学说这一源流的深刻理解。在研究八卦系列对两种思维方法培育作用的时候，重温宗白华先生这番比较的文字，岂不使人可以加深对伏羲开创功业的认识吗？

雅俗文化的分流与转化——以体用关系为纽结的审美立象哲学的应用

谈到上古文明的始盛期，人们自然会想到当时的原始文化、文艺有没有雅、俗之分？依据现有材料来看，与原始祭祀及卜卦等结合的文化，特别是与实用的生活仪式等结合的含有立象活动成果的文艺大体是混融不分的。随着生产收获的增加，生活的变化，等级、阶层以至阶级等的出现，出现治理部族和国家的课题。治理的要求与目标在不同的地域、人群、阶层中并不能常常得到划一的实施。人群至个人所具条件的不同常常体现为文化需求的不同。上层治理者的文化目标与下层人群所能接受的东西并不能随时随地地适合，这就逐渐显观为雅与俗文化或其中文艺部分的分流现象。当然随着条件变化与时间变迁，二者可以产生转化甚至某种合流或新分流。对后来常出现的这些现象，有成千上万个例证。几位前辈在文学史、俗文学史以及风俗史、文学批评史中都涉及到了。我在论著中也曾说到过，此处不赘。先要说的是提倡文与雅以求影响俗文化的发展，而雅的在一定条件下又变为通俗的、俗行的东西。这在伏羲文化时代就有了。所谓风，观八方之风，就是了解民风影响民风的意思。

王充在《论衡·齐世篇》引述当时通行见解说："宓牺（伏羲）之前，人民至质朴，卧者居居，坐者于于，群居聚处，知其母不识其父。至宓牺时，人民颇文，知欲诈愚，勇欲恐怯，强欲凌弱，众欲暴寡，故宓牺作八卦以治之。"他想借此说明上世下世一样，不是"上世质朴，下世文薄"。但他不晓得母系社会向父系社会过渡期发生的需要治理人心的社会条件。而治理所需要的画八卦、化民风的哲理的纽结或中心环节，应当说就是体用关系的运用。据传孔子修订《周易》，现在人们认为孔子开其端，许多功夫是后人下的，但其中以"子曰"标明的卦爻体与其应用的关系表明的思想仍然应该认为是孔子的。比如，那里说易的变化没有固定之体，但是"明于天之道而察于民之故，是兴神物，以前民用"。又说，"利用出入，民咸用之，谓之神"。也许先秦的古人正是认为伏羲抓住了体用关系，注意以立象方法引导人心，是抓住了治理天下的基础，才有了他还以此意为乐曲命名的传说。贾公彦为《周礼·大司乐》作疏引用《孝经纬》就说："伏羲之乐曰《基础》"。此乐原貌如何，还有待考证。但在《荀子》那里已经把这种思想说得比较明白了。请看其中用当时俗文学文体写的《成相》，其中说了治理人心要打基础，要"布基"、"牧基"，认为"基必施"，否则就会出"基必输"的情况。其全篇讲了用易道引人心上正反两面的历史例证，并着重点出"文武之道同伏羲"，赞颂周文王、周武王引导人心的成功范例正是用了伏羲的办法。再看其中《乐论》专就音乐问题的议论。他说："先王恶其乱也，故制雅颂之声以道之，使其声足以乐而不流，使其文足以辩而不諰，使其曲直廉肉节奏足以感动人之善心，使夫邪污之气无由得接焉。是先王立乐之方也。"显然这里说的从体用关系观察由伏羲传下来的立象学说的见解，与前引王充《论衡》引述的正是相呼应的。当然，荀子所讲只重求雅的引导的必要，而没有论述雅俗之别只是审美在人群需求与趣味上的分野，二者互相对待，又互相影响，并在一定条件下转化。好在《荀子·富国篇》说："万物同宇而异体，无宜而有用。"注者认为无宜指无固定之宜。《成相》篇又指出"君教出，行有律"，使人们"各以所宜舍巧拙"。这就把《周易》所说的"象其物宜"的立象之道的应用与引导人心要以统一的价值取向为目标相结合的意思点出来了。

应当说立象学说在后世的民族风俗、制度、学术、各种文学艺术形态的变迁中有深刻而普遍的影响。雅俗文学互相影响以至转化的现象是人们共见共议的历史上的事实。认识它们演进的源流可以促进人们体认民族文化优良传统的自觉性。古代的人们屡屡从对立象学说的探源中获得开拓新理论、新艺术境界的勇气、智慧与力量。晋代诗人潘岳在《为贾谧作赠陆机诗》中发挥相互勉励以"发言为诗，俟望好音"，"立德之柄，莫大匪安恒"之情，并以之作为双重立象目标时，就以回溯伏羲的创造为取法的楷模与动力。他写道："粤有生民，伏羲始君。结绳阐化，八象成文"。至于雅俗文学和其他艺术门类中各种理论见解所反映此处所说"结绳阐化，八象成文"的遗绪和身影，数说不尽。比如，中华文化常以圆为尚，方圆结合，《文心雕龙》中总结了圆览、圆照等命题。民间俗语讲究办事圆成，戏曲表演讲究走圆场等，岂不是八卦圆阵的投影？中国美学立象学说讲究意境、情境、境界，其实与八卦网状构成立象结构有内在联系。"六位时成"，是时空联动的立体结构，恰如纲举目张的立体网络，网里构成境界，网外也构成境界。宗白华先生说中国人喜欢以内外通透的亭子为观景处，说中了其中妙处。所谓八角亭、八柱亭，正是八卦六位哲理和象内象外皆有境的哲理的体现。再如阴阳刚柔基本观念影响中华审美立象学说应用的事例更是无处不在。双双对对成为雅俗审美意识共有的追求。不但骈文格律诗由此而来，对联、快板也由此而来。成百上千的相对峙又相联系的文学艺术品类、风格、技巧的观念、范畴与命题都由此而来。以有名的清初俗文学家贾凫西提倡的作品语言"不妨雅兼村"，即雅俗共赏所的追求，也是由此而来。在后人的立象实践中展现出中华审美文化的鲜明民族特色，其源头正在伏羲文化。我们所以要由今溯古，正是为了从探源中更深地认识历史文化发展中有规律性的东西，以便更好地前进。

我们还可以再缩小范围回到伏羲出生地，即现在甘肃天水市秦安一带，就环境和考古发现做少许观察。那里有卦台山，也被称为画卦台，其周围原来水流充盈，证明伏羲创始网罟与所处环境有密切的关系。后来水流减少，农业又有发展。《世本·作篇》张澍粹集本中说伏羲曾造《驾辩》之曲，楚人因之作《劳商》之歌。这应当是对伏羲八卦以辩言服众的颂赞吧！又说伏羲有乐曲曰《扶来》，张澍注为“一作《扶犁》，亦作《凤来》。”其实，“凤来”为声音之转，“来”很可能是“耒”的误写，而耒与犁同为农具，早期耒犁在上古文化考古中已多次发现。当然，还有略异的记载。《路史·后记三》说神农“乃命邢天作《扶犁》之乐，制《丰年》之咏，以孝厘来，是曰下谋。”罗苹注说：“《扶犁》一作《扶来》，即伏羲之《凤来》，来、犁古音同尔。”不管称谓有何变化，都反映伏羲文化具有渔猎时代逐渐向农耕时代过渡的特征。更使人惊喜的是，秦安大地湾考古不仅发现有8000多年前的彩陶，这些陶器上有十几个彩绘的被认为疑似初期文字的符号，比半坡陶器同类符号早了一千多年。前边所说仰韶文化出土陶器上图案纹饰不但有植物、水陆动物，有的象征波纹、阳光、绳革、渔网等，在秦安出土文物中也有体现。这都说明伏羲文化时代的可信性。在这里还出现了中国最早的旱地农作物碳化黍的标本，发现了标号F901的中国最早的宫殿式建筑，其主室有料礓石和砂土石混凝而成的灰色很像现代水泥的地面。在编号为411房的地面上发现黑色颜料绘制的图画，其内容为狩猎。这应当是现在所知在中国最古的渔猎时代的绘画。这与伏羲文化所处时代也是相合的。大地湾出土的少女头形为器盖的陶瓶是极富特色的文物。不但面容清秀与器腹的丰盈结合得自然喜人，器身鱼鸟纹组成众多网目又正好构成网中人像。

这岂不是可以作为伏羲结绳为网罟的创造与八卦系列提供的立象网状结构哲学思理创造的结合托出一个生动的象征物品？从她，我们可以想得更多，也会收益更多。

* *

温故可以知新，这是出新得以实现的必要的前提。依据现在温故的程度，我们有了一些新的认识。加深对文献的清理，加强考古发掘和民俗材料的搜集研究，我们一定会对伏羲文化有更新、更深入、更全面的认识。文章开篇所引恩格斯那段话的下文还有必要在这里引下去，他说：思想进程对历史进程的“反映是经过修正的，然而是按照现实的历史过程本身的规律修正的，这时，每一个要素可以在它完全成熟而有典范形式的发展点上加以考察。”但愿我们更多地懂得使用和掌握这种方法，以期为伏羲文化研究，为俗文学、雅文学关系的研究，为中国审美哲学的研究作出更多有益的事。这也就是为建设社会主义文明和社会主义和谐社会，为中华民族的伟大复兴做一些应有的贡献。

我感觉，大地湾出现的少女头形盖的陶器人物在用那深邃的眼睛对我们发出期望之光。

（原载《伏羲文化研究》2007年第1期）

文学史审美问题专论篇

中国俗文学审美理论批评史略

中国俗文学是民族传统文化中审美文化的重要组成部分，这已经成为越来越多的人的共识。不论就文学范围而言，还是就更广的文艺审美形态而言，雅与俗的关系都是既相对立，又相统一的。它们相比较而存在，既相互较量，又相互渗透、相互借取，并在一定条件下相互转化。俗与雅二者的优长还可以在文学高手的努力下兼容一起，达到雅俗共赏。一部文学史表明，过去文学的发展，离不开俗文学，当代和今后文学的发展也是如此。这种论断不仅适用于说明俗文学作品不可忽视的作用，也适用于说明由俗文学现象必然引起的相关审美理论批评的不可忽视的作用。

当然，在历史上，由于俗文学不能登大雅之堂，封建文人对它多持轻视态度；由于历代俗文学创作者和接受者多为缺少优裕生活条件与更高文字素养的下层民众，因而有关俗文学审美理论批评的发展在古代中国更为艰难曲折。然而，值得庆幸的是，雅俗文学相互比较和渗透的情形，在古代审美理论批评著述中依然存在。一些比较重视甚至热爱俗文学的中上层文人，或者沦落下层而有一定文字修养的通俗文学作者和批评者、编辑者，都为后人留下了大量的有关俗文学审美理论批评的文字，也用不同方式记述了民间下层的俗文学创作者和鉴赏批评者的一些认识和言论。这些文字和记述成为中国俗文学审美理论批评存在和发展的证明。它们和雅文学的审美理论批评相互补充，共同体现着人们对文学审美创造中不同审美趋向的理性认识的成果。

历史事实证明，对文学现象的理性认识总要在有关文学现象有了较充分发展之后方有较明显的成果。对俗文学审美理论批评的认识成果当然也是如此。以近、现代而言，王国维的《宋元戏曲史》、鲁迅的《中国小说史略》和《中国小说的历史的变迁》、郑振铎的《中国俗文学史》，都是经历了近、现代文化思潮的变动和许多人在新观点下对俗文学的梳理，才涌现出来的。它们对中国俗文学学科具有奠基的意义。至于从审美文化来写的中国俗文学审美理论批评史的内容，在这些具有经典意义的著作中多有发人思考的点拨，但成为专题的史作还有待于后人的努力。我们的责任是研究历史和现实中有关俗文学审美理论批评发展的材料，从中理出带规律性的东西来，以期逐步作出较有说服力的理论概括，从而为中国俗文学学科的发展作出贡献。

对中国俗文学审美理论批评史的研讨，其内容有很大的综合性。它不着眼于某种文学体裁或个别技巧说明，而是着眼于考察文学史上雅俗不同审美趋向的关系，俗文学审美理论批评的历史发展。由于材料和人们关切程度的原因，本章内容将采取大体上远略近详的安排。

一、先秦：俗文学审美理论批评的萌芽

近数十年来，关于北京周口店文化、东北红山文化、山西丁村文化、浙江河姆渡文化、西南彝族十月太阳历及相关文化遗存等考古发现与研究表明，我国早期文艺审美习尚的形成有久远的历史。俗文学审美理论批评在先秦时代已有了萌芽和初步发展。作为我国古代第一部诗歌总集的《诗经》，不仅有“劳者歌其事，饥者歌其食”的情感与心愿的流露，而且也有对体现歌唱美的理性认识的因素。许多诗句实质上是对俗文学审美创造方法、原则的初步论述。如《魏风·园有桃》中的“心之忧矣，我歌且谣”，《魏风·葛屦》中的“维是褊心，是以为刺”，都是表明创作动机的。《小雅·正月》对语言在交往中表现的不同功用和如何组成有说服力的文学篇章的结构作了有理论意义的概括。诗中不但指明“好言自口，莠言自口”，还表明自己将义愤体现于诗篇是“维号斯言，有伦有脊”，可以把自己的遭遇和情

志表达得头头是道，生动感人。《大雅·板》中的“辞之辑矣，民之洽矣；辞之怿矣，民之莫矣”，显然带有俗文学审美理论批评雅化的初步体现的特征。

据学界认定，在周代前期所采集的诗歌数以千计，到孔子据以授课而编订时，选编了300多篇。周王朝和诸侯在多种场合要演唱这些诗篇，当时将诗乐合称，分为雅乐与俗乐，就其文词而言，也就是雅诗与俗诗。实质上，这也就是由审美趋向差异而区分的用雅文学与俗文学分别称谓的初次出现。

《尚书·舜典》中的“诗言志，歌永言，声依永，律和声，八音克谐，无相夺伦，神人以和”，既体现了雅俗乐歌演奏的总要求，也有对雅俗文学共有审美特性的认识。对伦、和、谐、序的审美追求在先秦典籍中多有体现。《诗经·小雅》提倡“出言有章”，《周易》提倡“言有序”。《周易》一书中吸收民间歌谣与吉凶谚语甚多。它的“立象以尽意”的表达方式与评断吉凶的文辞，对雅俗文学审美理论批评的形成和发展产生了不可估量的影响。《周礼》中不但记述有三《易》演变的过程，而且在《大师》一则中记述先秦如何“教六诗”，列举了风、赋、比、兴、雅、颂。后来孔颖达在为《诗大序》作疏时说：“赋、比、兴是诗之所用，风、雅、颂是诗之成形。是故同称为义，非别有篇卷也。”形与用相区别，又相联系，这就为了解《诗经》、《周易》、《周礼》所包含的雅俗文学审美属性的特殊性与共同性提供了一个门径。

《国语·郑语十六》说：“声一无听，物一无文。”这不只是指一部作品具体构成上不可单调，也是指选诗选乐的总体构成上要多样化，应当包容雅、俗不同审美趋向的作品，既能多样又能和谐。《论语·为政》记孔子言论：“《诗三百》，一言以蔽之，曰，思无邪。”其含义与《周礼》讲《诗》“以六德为本”的意思是相似的。这表明先秦哲人十分重视文学的教化作用，在文化审美导向上强调抑邪扶正的要求。从这点出发，他们相当重视属于俗文学的诗篇。《论语·八佾》记孔子赞扬《国风·周南·关雎》“乐而不淫，哀而不伤”，对“郑卫之音”虽有批评，却并不删除郑风、卫风之诗。他自卫返鲁从事于正乐，仍很重视歌乐中的风诗，只是要把俗文学、雅文学的文辞尽量都纳入抑邪扶正的路子上去。《礼记·经解》说：“温柔敦厚，诗教也。”这是孔子对诗歌作用提倡的一个侧面，并非他的全部主张。后来儒家人物对此加以片面夸大，并不符合真实情况。孔子主张“强哉矫”的精神，说过“不学‘诗’，无以言”（《论语·季氏》），“诗可以兴，可以观，可以群，可以怨，迩之事父，远之事君，多识于鸟兽草木之名”（《论语·阳货》），这些均是诗教，又正是“风”体与“小雅”体诗所最能体现的。

孟子与荀子等人在雅、俗文学关系上说得更为明白。《孟子·梁惠王》将乐分为“世俗之乐”与“先王之乐”。他主张“与民同乐”，把俗、雅文学艺术之别与王朝统绪是否得到继承联系起来。《荀子·乐论》中强调移风易俗要引导以礼乐，强调要使人多听雅颂之声而批评郑卫之音，申言讲求“立乐之术”。这显然体现了荀子注重用雅颂之声驭下民的态度。但他对赋体的初期形态的重视，《成相》篇中对民间演唱形式的运用，也是对俗文学的借取和提倡。

先秦其他思想家、文学家与乐歌鉴赏家尽管对雅俗分界与抑扬之见有异，但他们都尽量从俗文学中借取素材和吸取有用的表现方法，并提出有关俗文学审美理论批评的见解。《庄子·寓言》篇自称“寓言十九，重言十七，卮言日出，和以天倪”。庄子认为“诗以道志”，“可以言论者，物之粗也；可以意致者，物之精也”。这是论证通过通俗的寓言故事形象领悟道的必要性。《天地》篇中又说：“大声不入于里耳，《折杨》《皇荂》则嗑然而笑。是故高言不止于众人之心，至言不出，俗言胜也。”这是从道家观点对文学艺术分为雅俗所作的说明，大声与里耳、高言与俗言成为后世分指雅俗的标志。庄子对自己多用寓言之类写法的意图的说明，又成了俗文学存在必要性的论证。《天下》篇说：“以天下为沈浊，不可与庄语。以卮言为曼衍，以重言为真，以寓言为广，独与天地精神往来，而不傲倪于万物，不谴是非以与世俗处。其书虽瓌玮，而连犿无伤也，其辞虽参差而諔诡可观。”把这些话看做是替俗文学作的辩护，是很够格的。《墨子》、《管子》、《韩非子》等反对儒家过分倡言礼乐，其叙事说理多用俗文学素材。《韩非子·说难》说：“凡说之难，在知所说之心可以吾说当之。”这也可说是对俗文学感染效果与心理揣知关系作了出色的论断。

《左传·襄公二十九年》载，吴公子季札在鲁国对乐工演唱十五“国风”与“雅”、“颂”作品作了富于鉴赏力的批评。历来学者对他的评论只看做知乐之论，其实也是知雅、俗文学之别的言论。他对相关诗歌的思旨、品格和系于民风国运而显示的兴衰之兆，作了多方面、多层次的评论。其中对俗文学的审美理论批评作了富有综合色彩的贡献。屈原十分重视扎根于民间的文学艺术。他虽一再申明“不能委厥美以从俗”（《离骚》）、“变心而从俗”（《惜诵》），但这指的是不能与楚国朝臣中那些群小恶俗奸佞之徒同流合污；而对视为“旧乡”的俗文学神话传说、民间乐歌，他却一往情深。他的《九歌》、《天问》更是把俗文学艺术作品改造成伟词美文的传世名作。汉人王逸为《天问》作序说，屈原在流放中“见楚有先王之庙及公卿祠堂，图画天地山川神灵，琦玮谲诡，及古贤圣怪物行事，周流罢倦，休息其下，仰见图画，因书其壁，以渫愤懑，舒泻愁思”。可见，《天问》的素材来自俗文学神话传说，他的作品可激起的兴、观、群、怨的效果又使民间传说故事进入了更高的境界。《九歌》的情节来自民间神话与乐舞，《少司命》中所写神灵“顾怀”大地，见到“展诗兮会舞，应律兮合节”，正是对家乡俗文学艺术生机勃勃力量的礼赞。宋玉在《对楚王问》中以“阳春”“白雪”和“下里”“巴人”为文学艺术雅、俗之分作了生动的说明：“客有歌于郢中者，其始曰《下里》、《巴人》，国中属而和者数千人；其为《阳阿》、《薤露》，国中属而和者数百人；其为《阳春》、《白雪》，国中属而和者不过数十人；引商刻羽，杂以流徵，国中属而和者不过数人而已。是其曲弥高，其和弥寡。”其目的是说明“世俗之民，又安知臣之所为哉!”其论说的逻辑却为俗文学的艺术感染力和强大生命力作了出色的展示。

二、秦汉：俗文学理论的展开

秦、汉王朝大一统局面的形成，为文化的兴盛创造了条件。汉初经济的振兴，封建体制的发展，黄老与儒家思想在汉王朝上层人物中产生的交互影响，都使得雅、俗文学并驾齐驱的发展成为可能。秦始皇曾经焚书坑儒，但对农桑、工艺、卜筮及俗文学等类书籍却予以宽容。这在汉初的余响就是俗文学具有较大发展的声势。汉代整理前代典籍，将小说之类俗文学作品列为专类。《虞初志》、《神异经》、《汉武帝故事》等小说的出现也是显示当时俗文学兴盛的一种表征。

秦王朝时间短暂，与制礼作乐相关的采诗或称乐府制度虽已提上日程，却即告崩溃。汉代的乐府体制倒真是形成了。这对当时制礼作乐中采集俗文学艺术作品及后世搜集、选编民间通俗诗歌谣谚都有巨大而长远的影响。此后各代一再出现以乐府命名的诗集、词集、曲集。许多俗文学作家（包括著名的文人作家）常以乐府诗为题，提供审美创造的新成果。与之相关的俗文学理论也得到了发展。

据《汉书·礼乐志》载：“至武帝定郊祀之礼”，“乃立乐府，采诗夜诵，有赵、代、秦、楚之讴。”有人认为在汉武帝刘彻之前已建立乐府，只是至武帝时益备；有人则认为乐府具体建制中由太乐掌雅乐，而乐府掌俗乐，包括俗乐的文辞。可以达成共识的是，汉代确是建有乐府体制。乐府的职司是以俗文学艺术的采集、评选和加工为主项。这种体制的建立旨在显示升平之治，也有体现先秦流传下来的从采集歌乐中察民风、知得失以及移风易俗的设想。这种体制实际运作状况随着王朝治乱变迁而有不同，但作为体制造成的文化影响则不可轻视。

与乐府体制有关而能够集中体现汉代俗文学审美理论批评见解的文字，首先是一些解经的学者对《诗经》审美创造经验所作的注释与评说。汉代大兴对先秦文化典籍的编注、传授与研索之风。本来主体是“风”体与“小雅”体的《诗经》成为学士文人研修的重要课题。对《诗经》的讲授形成了鲁、齐、韩、毛四家。前三家所传之说已佚或不全，唯毛传《诗经》留下的解评文字较为完整。韩家解《诗》尚留《韩诗外传》。《毛诗》有对《诗经》各篇解评的大序、小序。小序解释“三百篇”题旨的文字多有牵强之处。大序概括出了古代诗歌创作的基本经验，很有深度。其中不仅对诗歌一般原理，如“在心为志，发言为诗”等对雅、俗文学均适用的道理作了论述，而且对“风”、“小雅”体诗歌即体现俗文学品格最明显的部分的艺术特征作了反复论述。认为“风”是“以一国之事，系一人之本”，“雅”是“言天下之事，形四方之风”。“风”的可贵就是“下以风刺上”，“雅”的必要就是“上以风化下”。大序中又说：“风，风也，教也；风以动之，教以化之”。采集变风变雅体诗也足以“吟咏情性，以讽其上，达于事变而怀其旧俗者也。故变风发乎情，止乎礼义”。后代有些学人把“发乎情，止乎礼义”当做只对雅文学适用的论题是不够确切的。放到汉代文化环境中，考查其本来面目，应该说，这是汉代学者以俗文学艺术经验为主而论述雅俗文学既相区别、又有联系、并能相互转化的有新意的论断。

汉代出现被称为稗官之笔的小说。《汉书·艺文志》特列小说15家，计1380篇，对由先秦杂述、传说演进而成的小说首次作了较有系统的论述：“小说家者流，盖出于稗官。街谈巷语，道听途说者之所造也。孔子曰：‘虽小道，必有可观者焉。致远恐泥，是以君子弗为也。’然亦弗灭也。”这里的“小说”尽管与今人所理解的小说内涵有所不同，但它指来自民间之“道听途说”，进而被“小说家”加工成为广泛流行的叙事作品，虽被文人学者视为“小道”，“然亦弗灭也”，正好说出了小说作为俗文学作品具有强大生命力的特征。

较之先秦，汉代的思想家、文学家论及雅、俗文学关系时，有了从审美趋向差异上进行分类和与历史上类似作品加以比较的意识，对其中表达作者情感、境遇与志向的特点也有了新的发现。王符《潜夫论·务本》说："诗赋者，所以颂善丑之德，泄哀乐之情也"，"今赋颂之徒苟为饶辨屈蹇之词，竞陈诬罔无然之事，以索见怪于世。"这实际上是以"风"体、"小雅"体为主的《诗经》和吸收楚歌长处而成的屈赋的艺术经验为依据，批评当时赋颂之徒华而不实文风的。与《毛诗序》及郑玄《诗谱序》中着意注说《诗经》艺术题旨相呼应，王逸在《楚辞章句》中又从屈原作品"依《诗》取兴"着眼，对其如何运用"风"体诗手法作了具体的分析，认为屈原作《九歌》是于放逐中"出见俗人祭祀之礼、歌舞之乐，其词鄙陋，因为《九歌》之曲，上陈事神之敬，下见己之冤结，托之以讽谏"；特意论述了屈原创作与俗人歌舞文辞之间存在吸取与提高的关系，为汉文学理论著作中之卓见。

王充在《论衡》中，对俗文学审美功效作了赞扬，对文章通俗的必要性作了出色的论证："文由语也"，"口论务解分可听，不务深迂而难睹。"他在《自纪篇》申明自己著书不求"纯美"，是对那种以"纯美"为由指责通俗文学论调的反驳。他还说："美色不同面，皆佳于目；悲音不同声，皆快于耳。"表现了争取雅俗文学在审美文化品位上的平等权的见解。

特别值得注意的是应劭的《风俗通义》。他在序文中指出"俗间行语，众所共传，积非习贯，莫能原察"，因而需要考较，以明真伪。他又从画鬼魅容易画犬马最难的俗语中引申说："今俗语虽云浮浅，然贤愚所共咨论，有似犬马，其为难矣。"在该书现存的几卷中或后人辑佚所保留的文字中，都有不少神话传说、趣闻轶事。

著名史学家司马迁在《史记》自序中把《诗经》诸诗作者与西伯、孔子、屈原、左丘明、孙膑、吕不韦，韩非相提并论，都作为“意有所郁结，不得通其道”因而发愤著书的例证。他不是不知道《诗经》中占大多数的是“国风”与“小雅”这类作品，但他认为这些审美创造的成果都是“发愤”、“欲遂其志之思”，认为俗文学中的精品和著名作家的著作是可以同臻文章高境的。当然这一论断也融入了他自己的遭遇和追求。在作为汉代文学代表的汉赋中，也有雅文学与俗文学相互比较和促进的理论见解。扬雄《法言·吾子》里说：“诗人之赋丽以则，辞人之赋丽以淫。”这意味着对《诗经》赋比兴的传统可以有不同方向的继承和发挥。据《西京杂记》载，司马相如认为“赋家之心，包括宇宙，总揽人物”，也是突出强调了《诗经》所开创的赋法。赋的方法源自“国风”与“小雅”为代表的民间歌谣的创作方法，也包括屈原吸取楚歌而形成色彩斑斓的骚赋的艺术经验。汉代展开的雅、俗文学关系的论说，对后来俗文学审美理论批评的深入发展具有很重要的意义。

三、魏晋南北朝：俗文学思想的多样化发展

魏晋南北朝上接东汉末年，下至隋代开国前夕，战争迭起，变乱纷纭，立国多迁。此时，汉代形成的大一统的意识被多元的争雄风气所代替。汉初形成的以儒家主张为依归的制礼作乐的体制，此时已难以延续其原有的运行方式。从另一个角度看，正由于大一统条件下儒家思想为主的体制被冲破，文化思想的多样化促使文学中雅、俗关系更为宽松，俗文学创作多样化与相关审美理论批评见解的多样化，成为这一时期文学现象的显著特点。

过去有人认为魏晋南北朝民歌就是指六朝民歌，其实并不确切，排除魏晋和北朝民歌是不妥当的。魏晋民歌、北朝民歌与南朝民歌的特色与艺术经验不同，在相关理论见解上有共同性，也有差异性。鲁迅在《魏晋风度及文章与药及酒的关系》中曾指出：“用近代的文学眼光看来，曹丕的一个时代可说是‘文学的自觉时代’。”从审美意识上看，这与当时纷乱世态中对个体命

运的关注及个性独立的追求的意识渐浓是分不开的。大约与曹丕同时的刘劭写出了我国第一部专论人物才性辨识的《人物志》。刘义庆组织撰著的《世说新语》写了不同人物的心性与趣味。其中所反映的追求个性的文化现象，固然与雅文学有联系，与南、北朝民歌和民间文学群落中显示的个体意识，以至民族、行业、职业意识也有联系。它们之间具有相互影响、相互促进的性质。乐府诗歌中所包含的民歌和拟民歌、俗乐歌与先秦的“风”体、“小雅”体诗歌相比，有对个性更多地注重和对自身命运与炽烈情感作更直率表达的声音。这时，还出现了以自豪、赞颂语调概括民歌特色的歌词，如两首《大子夜歌》即是：“歌谣数百种，《子夜》最可怜。慷慨吐清音，明转出天然。”“丝竹发歌响，假器扬清音。不知歌谣妙，声势出口心！”郑振铎在《中国俗文学史》中指出，这是《子夜》诸歌的总引子，而且是徒歌即清唱。歌词题目标的“大”字，还含有总赞之意。其理论意义也颇重要。“清音”、“天然”之说为民歌特征之极好概括，也成为盛唐李白等倡导“天然去雕饰”诗风的先导。“声势出口心”，点出歌谣之“妙”，“声势”之足以动人，就在于“口心”相应。这是很有深度的审美理论批评的见解。北方汉族与长于骑射的少数民族之间的交往使北朝民歌与其他俗文学多有刚健之声。如歌中有“我是虏家儿，不解汉儿歌”等。所写民族间文化交往的有趣情景，也表露了民歌抒情言志要多触及民众生活面的意识。

这一时期值得注意的是叙事诗歌的发展并形成对俗文学艺术感染力的集中概括。汉代乐府中的《陌上桑》是叙事诗。魏晋南北朝出现的《古诗为焦仲卿妻作》，篇幅更长，故事动人，描写也带有俗文学常有的夸张、强调的特色，结尾以连理枝、双飞鸟比喻男女主人公忠贞不渝的爱情，并引起“行人驻足听，寡妇起彷徨”，表明这一悲剧性故事感人之深。这种以真情实感撼动人心的俗文学作品对雅文学作者也有良好的影响。建安诗人曹植已明确提出文人重视俗文学的必要性，他说：“街谈巷说，必有可采，击辕之歌，有应风雅，匹夫之思，未易轻弃也。”他的好友邯郸淳曾听他说俳优小说数千言。而邯郸淳乃中国第一部笑话书《笑林》的编著者。

这一时期写人物轶事和神鬼志怪的笔记小说有了较大的发展，主要是对神话、传说与民间笑话之类材料的加工、改写或整理。一些热心于俗文学的文人以序跋或其他形式表达了不少有关审美理论批评方面的见解。葛洪依据一些“浅俗”传说整理成的《西京杂记》，鲁迅曾称赞其文字“秀异可观”。葛洪跋中，对如何编录俗文学作品，提出了“缔构”的命题，认为应有“前后之次”和“事类之辨”。这和《诗经》中所说“有伦有脊”的思想一脉相承。郭璞不但为收古代神活和地理记趣文字甚富的《山海经》作注释和图赞，还在序言中特地为神异类俗文学的浪漫、幻想特色作了论述。他认为，要了解“触象而构”的必要性，并指出应当“原化以极变，象物以应怪，鉴无滞赜，曲尽幽情”，还提出应以“至通”作为审美文化交流上达成知音的条件。干宝《搜神记序》、萧绮《拾遗记序》论述了搜集整理民间传说异闻成为小说的方法与功用。萧绮认为，撰写这种小说需要“删其繁紊，纪其实美”，并要“编言贯物，使宛然成章。数运则与世推移，风政则因时回改”。这些论述对小说撰写理论的建设及有关古代的编辑学、传播学、目录学的研究均有意义。

对俗文学及雅、俗文学关系在审美理论批评上作出的系统论述，主要还出自一些著名的文学批评家和鉴赏家之手。曹丕《典论·论文》、陆机《文赋》、挚虞《文章流别论》等，把追求文学自觉性等提升为理论见解。萧统在《文选》中表彰陶潜那种从精神上更靠近俗文学的品格。颜之推在《颜氏家训》中主张利用沈约所提“三易”（即文章要“易见事”、“易识字”、“易读诵”）之说，实际上对俗文学创作经验作了提炼，提出了当时可行的文字通俗的标准。

全面论述文学审美理论批评问题的巨著是刘勰的《文心雕龙》和钟嵘的《诗品》。虽然这两部书着重于谈雅文学的经验，但能从雅俗比较和变化中看待文学审美现象，使它们超出同时代的其他论著。《文心雕龙》在这个问题上的论点至少有如下几个方面：（1）《通变》中所讲的“斟酌乎质文之间，而隐括乎雅俗之际”，从总体上指明了质文、雅俗的关系。（2）具体论述一系列重要文学审美命题时，常常“振叶以寻根，观澜以索源”，把《诗经》中来自民间的文学作品的创作经验作为论述的基础。如《风骨》篇指出：“《诗》总六义，风冠其首。斯乃化感之本源，志气之符契。”（3）论述“质文代变”、“知多偏好”等，采用了雅俗比较及雅俗转化的事例，包括宋玉所说“阳春”“白雪”和者甚少的例证。（4）在文体辨别中，包括进了杂文、笑话、谜语之类被看做俗文学的体制。《文心雕龙》是“总括全体经史子集的一部通论”，也可以说是综观雅、俗比较与质、文代变的“通论”。

钟嵘的《诗品》将许多诗人依品第高下加以评议。他虽对“庸音杂体”有所不满，但他想加以引导的恰恰是《诗经》和屈原作品所代表的方向，即主张与俗文学精品所显示的艺术经验有更紧密的联系。他在《诗品序》中指出，四言体“取效风骚”，“每苦文繁而意少”；新兴的五言体，被看做有“滋味”，因而“会于流俗”。实际上说明由俗文学体制到雅文学体制是个演变过程。他特意指出，不管四言、五言，在创作上都要运用《诗经》的兴、比、赋三义：“宏斯三义，酌而用之，干之以风力，润之以丹彩，使使之者无极，闻之者动心，是诗之至也。”他从前人总结的《诗经》“六义”中着重提出“三义”，并与“滋味”之说结合起来，在审美理论上是一种进步。钟嵘在品评当时诗人作品得失时，又常以“风骚”或当时俗诗中的佳作作为范本进行对照。如他批评有的诗人有用典太多的弊病，就以不用典而清新动人的《清晨登陇首》的俗诗作为对照。他还把100多名诗人各自继承的诗歌文化传统，分别隶属于“国风”、“小雅”、“楚辞”几大源流。这实质上是把前代俗文学佳作和善于向俗文学吸取营养的屈、宋之作视为文学正宗了。对钟嵘《诗品》这方面的意义，历代几乎无人评议，而从雅、俗文学关系及俗文学审美理论批评发展来说，我们绝不可忽略钟嵘的贡献。

四、隋唐五代：俗文学思想向新领域的延伸

结束南北朝纷乱局面而形成统一王朝的隋代虽很短暂，但统一之始即着手为文化治理奠定基础。隋炀帝的乱政带来了隋王朝的迅速覆亡，随之而兴的唐王朝颇似汉代继秦那样，展开了文化治理的宏图。唐太宗李世民在文武兼擅上胜于汉高祖刘邦。盛唐时代又加强了与周边各国的贸易与文化往来，国力大振，商贸繁荣，文化昌盛。这样的局面为雅文学与俗文学并行发展提供了适宜的条件。以宗教对俗文学及雅文学的影响而言，就超过前几个朝代。由于皇家姓李而对道士尊奉的李老君特殊礼敬，使得道教获得了较为广泛的流传；由于几代皇帝、皇后与名僧的交谊及玄奘取经事迹的影响，佛教也得到长足的发展，并形成了中国化的佛教禅宗；儒家文化则以在文人士大夫中深厚的传统和开国君臣以礼乐治理国家的实绩而继续发挥其优势。儒、释、道影响互有消长，但在竞争中又有所融会，成为影响雅、俗文化形态推移变化的一个不可忽视的因素。有的外来宗教如景教、袄教在这时期也更多地为华土所知晓，并且成为俗谈行语的新成分。文化多种因素的激荡和生发，使得隋唐五代俗文学的创作与演出活动及相关的审美理论批评都程度不同地向新的领域延伸。

人们常以唐诗作为唐代文学成就的标志。从雅俗文学互相比较和影响来看，不但唐诗中有雅俗不同的趋向和各自的精品，传奇、变文和其他被鲁迅称为“俗文体”的新兴文学体裁中也有许多佳作。隋唐五代国运不乏变故，但俗文学趋盛之势与相关审美理论批评却大体继续下来，敦煌文化就足以说明这一点。

首先是文言传奇与民间文学中讲故事之类的“俗文体”联翩而起，带来了新的评判的需求和新的理论见解。鲁迅在《中国小说史略》中把唐人传奇与敦煌所见“唐末五代人钞”的

“俗文体之故事”分别加以论列。由以前的简略的志怪笔记小说发展为唐人传奇，在走向通俗的形态上更前进了一步。这种雅俗文学互相渗透的现象也反映为相应的审美观念的理性表现。鲁迅特意引述胡应麟在《笔丛》中所说“至唐人乃作意好奇，假小说以寄笔端”，指出“其云‘作意’，云‘幻设’者，则即意识之创造矣”。反观唐传奇作者，确有这方面见解的流露。如沈既济《任氏传》的评赞称：“异物之情也有人”，“惜郑生非精人，徒悦其色而不征其情性。向使渊识之士，必能揉变化之理，察神人之际，著文章之美，传要妙之情，不止于赏玩风态而已。”“揉变化之理，察神人之际，著文章之美，传要妙之情”，是对传奇佳作的美学规范的概括，对雅、俗文学均适用。陈鸿《长恨传》说：“希代之事，非遇出世之才润色之，则与时消灭，不闻于世”；李公佐《南柯太守传》说：“编录成传，以资好事”，“窃位著生，冀将为戒”等等，都表达了小说创作的自觉意识，虽片言只语，仍弥足珍贵。

敦煌所藏隋唐五代的佛教讲经文、变文及各种俗体小赋，使人们对中古俗文学的多样形态和雅、俗文学关系中审美意识交互影响的形态大开眼界。人们看到在不同层次的宗教宣讲文学与描绘世俗民风事象的各种俗文体作品中，也常常含有关于如何创作与演唱俗文学的理性见解。如《维摩诘经变文》所述宣扬佛法的人应具有“足词才，多智惠（慧）”，“靖（情）词辩海人难及，妙智如泉众共设”，“更莫分疏说理路，便须与去唱将来”的本领，而文殊因“艺解精”而不辱佛命。这种“艺解”的功夫实际上是对俗文学变文这类作品艺术经验的概括。值得注意的是，有的变文原抄写者还在卷末注明抄写时间，并说于州寺开讲，“极是温热”。此语当为双关，天气或为温热，还应指宣讲效果“极是温热”。由此可见俗文学与人民大众的血肉联系。

隋唐五代多样的民间歌谣创作及文人拟作歌谣的风气，进而发展为白居易、元稹倡导的新乐府运动。李白、柳宗元等著名诗人都有乐府体诗作传世。刘禹锡、罗隐、顾况、王梵志、寒山、杜荀鹤等人所写的通俗诗歌更是向俗文学靠拢的艺术实践。郑振铎在《中国俗文学史》中说，文人、名僧所写通俗诗歌中有一部分有消极的思想影响，但敦煌发现的俚曲小调歌词比起文人所作通俗诗歌来有更为明快、素朴的特点，像通俗长诗《季布骂阵》就“不失为杰作”。该文结尾充满自豪地说：“若论骂阵身登贵，万古千秋只一人；具说《汉书》修制了，莫道词人唱不嗔（真）。”可见已把俗文学作品看做可以与著名史书比美，壮哉斯言！

在文人拟作民歌和新乐府诗中，刘禹锡的《竹枝词》和白居易的《杨柳枝》最能得民歌之神髓。这与他们对民歌创作特色的深刻理解与喜爱分不开。顾况在其《竹枝》小序中转述刘禹锡的一段话：“竹枝，巴歈也。巴儿联歌，吹短笛、击鼓以赴节。歌者扬袂睢舞，其音协黄钟羽，末如吴声，含思宛转，有淇濮之艳焉。”此说对民歌演唱景况与审美特色均有生动的描述，而且以之与先秦传说的淇濮名歌相比较，喜爱之情，溢于言表。白居易在《杨柳枝二首》小序中也说明按古代民歌《折杨柳》改写为《杨柳枝》的意图，把学民歌而求通俗与他主张的“文章合为时而著，歌诗合为事而作”的追求结合起来。白居易赞美张籍所作古乐府体诗“风雅比兴外，未尝著空文”，也批评了一些文人未能将风、雅完全结合的弱点。他认为风、雅应该统一，表示雅、俗应该兼通，所谓“群分而气同，形异而情一”。他在《采诗官》中对长期以来诗歌中“兴谕规刺言”的衰微发出拨乱反正的呼唤，提倡继续采民间诗。在《策林·采诗以补察时政》中，他以《诗经》中的《蓼萧》、《硕鼠》、《北风》等诗及其他民歌诗句论证由俗诗了解国运兴衰、王政得失、人情哀乐的重要性。白居易与元稹的诗作得益于向俗文学吸收营养处甚多，他们在这方面的理论见解很值得注意。

至于唐代古文运动的主要人物，过去人们多注意其古文作品本身。其实古文运动提倡朴实有物，也与吸取前代俗文学散体作品的传统有关。柳宗元不仅赞许韩愈写的《毛颖传》，他自己写的《黔之驴》、《蝜蝂传》、《罴说》和《种树郭橐驼传》及《河间传》等就继承和发展了前代寓言文学的传统，实际上为唐传奇大张援军之旗。他为此所写的理论文字又为俗文学中的寓言体、谐谑体文学争一席地位。在《读韩愈所著〈毛颖传〉后题》中，他认为《诗经·淇奥》“善戏谑兮，不为虐兮”，又举出《史记·滑稽列传》以为佐证，从而指出这些“皆取乎有益于世者”。他并以太羹玄酒的至味可喜，也可以允许不同人喜好不同滋味为喻，认为“尽天下之味以足于口，独文异乎！”从而生动地论证了文学中雅俗不同审美爱好存在的合理性和必然性。他还为柳宗直所编撰的《西汉文类》作序，肯定其“黔黎之风美列焉”的优点。这是早期从审美价值角度看待文学作品编选尺度的可贵见解。

柳宗元的这些论点，也为当时兴起谐谑类俗文体作品提供了理论说明。像敦煌发现的《晏子赋》、《孔子项托相问书》、《燕子赋》、《茶酒论》、《齖魺新妇文》等都具有此种特色。与此相对应的是，作为特种谐谑形态的俗文学兼美学批评文章的杂纂体作品开始出现。《义山杂纂》中以“松下喝道”、“花下晒裈”之类使美丑处于显著矛盾的境地为话题，显示了醒人耳目的审美鉴赏与文学评议的情趣。鲁迅在《中国小说史略》中疑此义山未必即属李商隐（字义山），而是另一位号义山的人。不管作者为谁，鲁迅认为这本书“集俚俗常谈鄙事，以类相从，虽止于琐缀，而颇以穿世务之幽隐，盖不特聊资笑噱而已”。后来，宋代署名王君玉、苏东坡者，明代署名黄允交者均有续纂，影响不绝，显示了俗文学审美理论批评这一特种样式所具的生命力。

隋唐五代文学艺术审美理论批评在新的领域的延伸，还表现在增强了审美品类（包括风格、意境等）的品评的意识。作为对钟嵘《诗品》、谢赫《古画品录》的继续和发展，在唐代先后出现了李峤的《评诗格》、原署王昌龄的《诗格》、原署白居易的《金针诗格》、皎然的《诗式》、司空图的《诗品二十四则》、齐己的《风骚旨格》等一系列论著，大体都以风、雅关系为旨归，也就表现了雅俗关系的见解。张为《诗人主客图》以当时著名诗派带头人及其追随者为线索，把白居易为代表的以讽喻诗见长的作者，即新乐府运动有关人物列于首位，对新乐府运动及与之相关的俗文学传统的地位，作了崇高的估价。

晚唐诗人皮日休在《正乐府十篇》序言中说："乐府，盖古圣王采天下之诗，欲以知国之利病，民之休戚者也"，"今之所谓乐府者，唯以魏晋之侈丽，梁陈之浮艳，谓之乐府诗，真不然矣!"他要为真正体现乐府传统而正乐府。这比那种只追求形制上、语句上的通俗，而不得"风"体诗和乐府诗精神者的思路要深刻得多。他的乐府创作中表现的思想也比王梵志、张打油作品中的出世、闲适之类思想要积极得多。

近年发现，总结少数民族流行诗歌的艺术特点的重要理论著作在这个时代也出现了。如举奢哲撰的《彝族诗文论》、阿买妮（女）撰的《彝族诗律论》。这些富于民族特色的著作，为我国俗文学审美理论宝库增添了重要的内容。

五、宋辽金元：俗文学审美理论批评自成格局的趋势

宋、辽、金、元在中国历史上是一个类似于魏晋南北朝那样的时代。与魏晋时由三国鼎立而归于晋不同的是，宋、辽、金的鼎立及归于元是不同民族建立的政权。这些政权管辖地域屡屡变动，在经济、文化上也各自有其特定的优势。由此带来了审美文化向多样化发展的趋势，使俗文学也有了多样化演变的可能。尽管连绵的战争不免使中原地区原有图书典藏、文化设施遭到损害，但在另一种条件下又使转徙、流落异乡的人群寻求俗文学艺术以慰情思的心理增强了。辽、金、元政权所及地区汉族文士大批地沦落到平民地位，这使他们增加了接近和参与俗文学艺术活动的可能。南北方各自不同的经济发展和国内国际市场的形成，以及印刷术的发展，使得以市民的喜好为突出诱因的俗文学得以

勃兴。

以南宋的俗文学发展为例，南宋加强了对南方的开发，经济由偏安而形成的发展颇成气势，而恢复北半壁江山仍然是民心所向的热点。这些因素的综合作用促成了俗文学的兴盛。这一时期先后出现的对北宋都城汴梁怀恋的著作《东京梦华录》和记述临安文化盛况的《西湖老人繁胜录》、《都城纪胜》、《武林旧事》、《梦粱录》等，几乎都从历史变迁的视角着重记述了民俗与俗文学艺术的兴盛的情形。同时，当时已出现雕版印书业，甚至有了活字印书，刊印过不少种专书专论，如现存的《太平广记》、《乐府诗集》、《大唐三藏取经诗话》、《大唐秦王词话》、《中原音韵》、《录鬼簿》等。在话本小说、诸宫调、戏曲（包括北杂剧、南戏等）及散曲等联翩代兴，又在传播手段进步的条件下，俗文学审美理论批评出现了自成格局的趋势。

（一）关于俗文学小说

宋、辽、金、元时代俗文学发展的突出形态之一是为街市里巷人们熟悉并喜爱的话本小说，又叫说话体小说，也称说书或平话。李昉等奉宋太宗旨意编的《太平广记》是对自汉至宋所存野史笔记小说的汇编。李昉等在此书完成上表时，称“六籍既分，九流并起，皆得圣人之道，以尽万物之情，足以启迪聪明，鉴照今古”，还赞颂皇帝“博综群言，不遗众善”。他们称“六籍”、“九流”“皆得圣人之道”，实际上论证了雅、俗文学各有其用，并为小说等文体争取到王朝允行的合法地位。罗烨《醉翁谈录》说当时说话人是“幼习《太平广记》”的。事实上，话本与各种俗文学都有据《太平广记》加以敷衍或改造而成者，参照此例而另铸新篇者也层出不穷。

鲁迅在《中国小说史略》与《中国小说的历史的变迁》中对宋人传奇和“市井间则别有艺文兴起，以俚语著书，叙述故事，谓之‘平话’”的现象都予以注意，而对后者则尤其热情加以介绍。鲁迅称之为“俗体文”、“俗文”，正好是俗文学的含义。南宋吴自牧《梦粱录》和耐得翁《都城纪胜》记述当时说话家数时，特别介绍“讲史书”者能“讲得守真不俗，记闻渊博甚广耳，但最畏小说人。盖小说者，能讲一朝一代故事，顷刻间捏合”。这里说的小说人善于将轶事加以“捏合”，实际上把讲史小说中历史真实与艺术真实统一的命题提出来了。

罗烨的《醉翁谈录》最值得注意。它不但有详细的俗文学史料，更可贵的是有评赞式的对俗文学的审美理论批评见解。应当说此书在这方面的思想已具有较系统而自成一格的形态。《说开辟》一篇开头就说：“夫小说者，虽为末学，尤务多闻；非庸常浅识之流，有博览概通之理。幼习《太平广记》，长攻历代史书。烟粉传奇，素蕴胸次之间；风月须知，只在唇吻之上。《夷坚志》无有不览，《琇莹集》所载皆同。动哨、中哨，莫非东山《笑林》；引倬、底倬，须还《绿窗新话》。论才词，有欧、苏、黄、陈佳句；说古诗，是李、杜、韩、柳篇章。举断摸，按师表规模；靠敷衍，令看官清耳。只凭三寸舌，褒贬是非；略[illegible]余言，讲论古今。说收拾，寻常有百万套；谈话头，动辄是数千回。说重门不掩的相思，谈闺阁难藏的密恨；辨草木山川之物类，分州军县镇之程途；讲历代年载废兴，记岁月英雄文武。”这里所说的是小说与说书的特征，着重讲了话本的构成、说话人需要的修养与才能，还说明了如何适应听众需要使内容与形式结合的形态富于变化。在历数当时流行话本作品的门类与名目以后，又就作品题旨与演出效果的联系作了评赞：“说国贼怀奸从佞，遣愚夫等辈生嗔；说忠臣负屈含冤，铁心肠也须下泪。讲鬼怪，令羽士心寒胆战；论闺怨，遣佳人绿惨红愁。说人头厮挺，令羽士快心；言两阵对圆，使雄夫壮志。谈吕相青云得路，遣士人着意群书；演霜林白日升天，教隐士如何学道。噇发迹话，使寒门发愤；讲负心底，令奸汉包羞。讲论处，不僀（滞）搭，不絮烦；敷衍处，有规模，有收拾。冷淡处，提掇得有家数；热闹处，敷衍得越久长。曰得词，念得诗，说得话，使得砌。言无讹舛，遣高士善口赞扬；事有源流，使才人怡神嗟呀。诗曰：小说纷纷皆有之，须凭实学是根基。开天辟地通经史，博古明今历传奇。藏蕴满怀风与月，吐谈万卷曲和诗。辨论妖怪精灵话，分别神仙达士机。涉案枪刀并铁棒，闺情云雨共偷期。世间多少无穷事，历历从头说细微。”这里对话本与说话人的表演如何感动听众或看官，如何处理创作者与接受者的关系，都作了很好的概括。这是俗文学审美理论批评中一篇很有分量的文章。

该书在《小说引子》一篇里，对小说源流也有论述：“小说者流，出于机戒之官，遂分百官记录之司，由是有说者纵横四海，驰骋百家，以上古隐奥之文章，为今日分明之议论。”又说，说话人“言其上世之贤者可为师，排其近世之愚者，可为戒。言非无根，听之有益”。这是对《汉书·艺文志》关于小说源流见解的继承和发挥。其长处是对早期神怪、灵异小说多用古奥文言撰写，而宋代已由说话人用俗语演述故事的变化给予了肯定，又肯定了俗文学用细致、生动的故事讲述体现讲述者主观评价的社会功利要求。《醉翁谈录》是以类似赋体那种骈偶文的形式写作的。如果说，陆机的《文赋》曾在表达雅文学缘情达意要求上成为一时的名作，《醉翁谈录》的小说论则可看做俗文学的新体《文赋》。

这一时代出现的《宣和遗事》应视为早期讲说梁山泊故事的传抄本，后来的水浒戏曲与《水浒传》均以此为重要依据。明代胡应麟即称之为“胜国时闾阎俗说”，也即视为前代俗文学。宋元间周密《癸辛杂识续集》载龚圣与作宋江三十六人传赞并序也说是“街谈巷语”，又与史料对照，乃信其真。龚圣与作传赞以四言四句分赞一人，开了后代依《水浒》中人物评论其他人物的先河。华不注山人对龚作又加评语，与司马迁《史记》写陈胜、吴广、项籍及游侠相比较，提醒人们领悟其中深意。这样的评论将俗文学与史学名著相提并论，确实很有见地。

（二）关于说唱、戏曲文学

从诸宫调一类唱说兼具的俗调歌词文学到搬演故事的戏曲文

学的兴盛，是这一时代俗文化审美形态的又一突出变化。这种现象带来的审美理论批评上的进展，甚至比话本小说更为显著。这时不但有评议说唱文学、戏曲文学的序跋、笔记文字，而且有多种有关的专著出现。宋代洪迈《夷坚志》、苏轼《东坡志林》、罗烨《醉翁谈录》，金代燕南芝庵《唱论》，元代陶宗仪《辍耕录》、周德清《中原音韵》和顾瑛《制曲十六规》及专为著名戏曲作者与艺人作传记的《录鬼簿》等，都有关于百戏与戏曲类史料的记述，是戏曲与相关说唱文学活动兴盛的产物。陶宗仪《辍耕录》说："唐有传奇，宋有戏曲唱诨词说，金有院本、杂剧、诸宫调。院本、杂剧其实一也。国朝，院本、杂剧始厘而二之。"宋、金对峙时，南北均有相当发达的搬演故事的戏曲形态。南戏始于南宋，已为许多人所承认。而山西侯马金墓中砖雕戏剧人物之传神，应为金时戏曲充分发展的力证。晋南尚传留有形制朴拙的锣鼓杂戏，剧目有《关公斩蚩尤》之类，应属早期戏曲孑遗，如加以仔细搜集研究，对弄清戏曲文学在金代，甚至更早时期的发展脉络当有帮助。由这些材料来看，金代燕南芝庵所撰《唱论》，有其产生的文化背景绝非偶然。《唱论》不但把"歌曲"题目作了分类，而且对不同宫调适宜表现的风格与情致作了审美品类上的划分，如清新绵邈、感叹伤悲、条畅滉漾、健捷激袅、典雅沉重、陶写冷笑等。该作还专论了演唱与三教学说相关的审美趋向："三教所唱，各有所尚：道家唱情，僧家唱性，儒家唱理。"此说把俗文化与儒、释、道主流文化联系起来，值得重视。

元代戏曲与散曲的发展使"元曲"成为一代审美文化特征的代称，与此相关的审美理论批评论著也显示了独特的成绩。陶宗仪在《辍耕录·作今乐府法》中介绍元曲作家乔吉时提出"凤头、猪肚、豹尾"的命题，并解释说："大概起要美丽，中要浩荡，结要响亮，尤贵要首尾贯穿，意思清新，苟能若是，斯可以言乐府矣。"他所说的今乐府即与古乐府相对而言，指元代戏曲，也包括散曲；而所说的"意思清新"则是对古乐府曲中

《大子夜歌》关于“天然”、“清新”的美学命题在新条件下的运用。元人王伯成《天宝遗事诸宫调引》里则以自豪的语气表明了俗文学审美创造者追求的境界，其中说：“〔三煞〕好似火块般曲调新，锦片似关目强，如沙金璞玉逢良匠。愁临阻险频搔首，曲到关情也断肠。虽脂妆，不比送君南浦，待月西厢。”此处所说沙里淘金、璞里琢玉的艺术匠心，关情与锦片样关目及火热的曲调相结合的动人力量，都是与近现代文艺批评有关理论暗合的见解。南戏作家高明（则诚）在《琵琶记》第一出“副末开场〔水调歌头〕”上阕里，批评一些热衷写佳人才子、神仙幽怪的作品“琐碎不堪观”，认为：“不关风化体，纵好也枉然。”在下阕里又说：“论传奇，乐人易，动人难。知音君子，这般另作眼儿看。休论插科打诨，也不寻宫数调，只看子孝共妻贤。正是骅骝方独步，万马敢争先！”他要求传奇（指南戏）剧本要“关风化体”，主张俗中寓雅。

由于元代北杂剧在全国的流行，佳作名家迭出，有关戏曲的审美理论批评的专著也多是在以北杂剧的艺术经验为主的基础上形成的。周德清《中原音韵》一书就是依据北杂剧的用韵撰成的，其中对语言运用问题作了多方面的论述，在《作词十法》中分为可作、不可作两大部分。可作者，包括乐府语、经史语、天下通语，并解释说：“未造其语，先立其意；语、意俱高为上。短章辞欲简，意欲尽；长篇要腰腹饱满，首尾相救。造语必俊，用字必熟。太文则迂，不文则俗；文而不文，俗而不俗。要耸观，又耸听，格调高，音律好，衬字无，平仄稳。”不可作者，指俗语、蛮语、谑语、嗑语、市语、方语（各处乡谈也）、书生语（书之纸上，详解方晓，歌则莫知所云）、讥诮语（讽刺，古有之；不可直述，托一景、托一物可也）等。他解释说：“短章乐府，务头上不可多用全句，还是自立一家言语为上；全句语者，惟传奇中务头上用此法耳。”但讲到“拘肆语”，书中又说：“不必要上纸，但只要好听，俗语、谑语、市语皆可。”此处似与前说牴牾，细辨其主张“文而不文，俗而不俗”之意，即可知俗文学需要的文、俗统一，正与无选择地搜罗俗语不同，更与陷于庸俗趣味不同。书中还提出反对“语病”、“语涩”、“语粗”、“语嫩”和“张打油语”等，也是体现这一精神的。

元代顾瑛的《制曲十六规》提出“景中带情，而有骚雅”的观点，把前人关于风、雅应当统一的意见与戏曲体现情景交融的要求加以糅合，有促进雅、俗文学沟通和雅俗共赏的特殊意义。著名书画家赵孟頫（子昂）论曲则说：“盖以杂剧出于鸿儒硕士、骚人墨客所作，皆良家也，彼娼优岂能办此。”他的话说明了元代大批文人与杂剧创作演出活动结缘的情形；但他认为“良家子弟所扮谓之行家生活，娼优所扮，谓之戾家把戏”，却是违背事实的偏见。当时所谓“行家”是指对俗文学艺术熟悉的创作者和表演者，“戾家”是指不懂其中艺术诀窍的门外汉，绝非门第划分的概念。钟嗣成的《录鬼簿》则打破了门第、阶层之见，对著名的杂剧、散曲作家和著名艺人如珠帘秀等都加以记述，可视为以俗文学艺术家为主的史传著作。

（三）关于俗文学诗歌

宋、辽、金、元又是民间歌谣兴盛的时代。正如郑振铎所说，宋词来自民间，入文人之手，由精细而又渐趋僵化，或偏于辞藻，许多作品缺少鲜活气息。新兴的散曲在元代与戏曲同时大盛。后来虽然也大致走了词的老路，但散曲在元代确为生气勃勃的一种俗文学文体，当时和后来整理元散曲者也称之为乐府，因为散曲的确承袭了古乐府的传统。宋代郭茂倩编撰《乐府诗集》，对弘扬乐府传统起了重要作用。该书对古代通俗乐府曲词与后代文人拟作乐府诗均加收录，按类编排，并评述源流。《四库全书总目提要》称其题解“征引浩博，援据精审，宋以来考乐府者无能出其范围”。此书既出，乐府旌旗为之大张。元代以散曲汇编刊行者有一种名为《阳春白雪》，其他多以乐府名书，如《太平乐府》、《乐府新声》、《乐府群玉》、《乐府群珠》等均是。杨维桢在《周月湖今乐府序》中认为：“词曲本《诗》之流，既以乐府名编，则宜有风、雅余韵存焉。”他在《沈氏今乐府序》中又说，文人参与新乐府创作是有益的，创作中体现出“媟邪、豪俊、鄙野，则亦随其人品而得之”。强调了作者人品与作品的关系。吴复在《辑录杨维桢先生古乐府序》中，介绍杨维桢把自己的创作称为“乐府遗声”，认为“夫乐府出‘风’、‘雅’之变，而悯时病俗，陈善闭邪，将与‘风’、‘雅’并行而不悖，则先生诗旨也”。这就把杨维桢主张沿着《诗经》的传统，进行拟乐府创作的观点说得更为明白，显然比那种只从文体形制上看待问题的见解要深入得多。

辽代立朝时间不长，文化遗存散失严重。从歌谣来看，《全辽文》所收俗诗如《投坑妓诗》、《墨鸦》、《臻蓬蓬歌》、《寄夫》等就有契丹地方的特色。《墨鸦》是一首别具新声的俗文学作品：“要识涂鸦意，栖迟未得归。星稀月明夜，皆欲向南飞。”李调元在《全五代诗・十二》中就此诗在辽国流传情形加按语称：“原本只有下二句，上二句应是后人附会，姑并存以俟考。”原二句诗是借曹操“月明星稀，乌鹊南飞”之句加以改造，以释画形式表达怀念故国之意。附会后加的两句点明了诗旨。宋代词人姜夔以辽人萧总管自述的口气所写的《契丹风土歌》，有“大胡牵车小胡舞，弹胡琵琶调胡女”之句，是对契丹族牧民表演民俗歌舞景象的生动描述。

从宋至元，以雅文学为基础的审美理论批评有很大的发展。一是宋代诗文中加强了说理功能的探索，后来又有禅悟趋向的发展，词人中有主张婉约与豪放的差异。随着民族矛盾的加剧，雅文学的这一发展趋势与俗文学加强讲史、评说历史功过、演述英雄故事的趋势有所交织。事实上，说理趋向的增强，豪放派的立足，与俗文学中表现铁马金戈、英雄辈出的审美趋向是有所呼应的。苏轼比较关心俗文学的发展，他在《东坡志林》中特别记述涂巷小儿爱听说三国古话的情景。他评议说：“以是知君子小人之泽，百世不斩。”此话赞扬了说话对民众臧否历史人物的巨大影响。二是宋代的理学把儒学推进到一个新的阶段。就其对文学与义理的关系看，带来了片面地崇天理、抑人欲的弊病。宋的败亡，辽、金、元的代兴，使理学及其文学主张的弊端充分暴露，因而主张抗击外族入侵和务求改革弊政以图兴国的人士，大都与理学渐疏而与俗文学结下不解之缘，或者趋向于欣赏俗文学。由金入元，随着不少文人地位的下落，俗文学在文学领域的影响日渐增强。金代元好问在《新轩乐府引》中说："《诗三百》所载小夫贱妇幽忧无聊赖之语，时猝为外物感触，满心而发，肆口而成者耳！其初果欲被管弦，谐金石，经圣人手，以与六经并传乎？小夫贱妇且然，而谓东坡翰墨游戏，乃求与前人角胜负，误矣！"这种从生活感触出发看问题，以俗文学佳作为例证，比苏辙过分强调"外游"，元人郝经过分强调"内游"要合理得多。可见对雅俗文学关系的审美理论批评问题要有全面的认识，还必须对文学发展实际与民众多样需求有切实的了解。

宋代洪迈《夷坚志》还记述了一则洪惠英咏梅的故事，颇发人深思。该文说，洪迈为会稽令时，妓女洪惠英受恶少无赖困扰，求助于洪迈，当场以"述怀小曲"为题咏梅，洪听后很赞赏。惠英再拜说："梅者惠英自喻，非敢僭拟名花，姑以借意；雪者，指无赖恶少者。"身旁的官奴介绍洪惠英因感身世与困境而作此曲。洪迈为惠英解除难题，还特地注意身旁人所述情景，概括为"情见其词"。此例表明，不同阶层、地位的人对俗文学"缘事而发"、"情见其词"的特点达成了共识。

六、明代：俗文学审美理论批评论争及流派

明王朝建立以后，经济的恢复与发展较快，以市民为主要对象的俗文学也得以迅速发展。小说、戏曲与民歌都突破了朱明王朝初期的一些约束，形成了繁盛的景象。

（一）关于俗文学小说

明代小说的昌盛，是俗文学发展繁荣的显著标志，从而带动

了审美理论批评的活跃和不同流派的出现。四大奇书《三国演义》、《水浒传》、《西游记》、《金瓶梅》在明中叶已经出现。以白话为主的其他通俗小说，包括话本、拟话本以及以文言撰写的传奇和笔记体小说，在品种与数量上也都超过前代。整理编刊小说成为一种文化风气。小说集有《艳异编》、《万锦情林》、《虞初志》、《古今小说》、《警世通言》、《醒世恒言》、《拍案惊奇》初刻、二刻等等。随着小说的流传，相关的审美理论批评也十分活跃，对俗文学发展的一些重要问题议论迭起，时有论争，显示了勃勃生机。如《三国志通俗演义》，蒋大器以庸愚子署名为之作序，强调“史”与“文”的结合，认为“文不甚深，言不甚俗，事纪其实，亦庶几乎史”。又强调小说“欲观者有进益”，对“盛衰治乱，人物之臧否豁然于胸”，须从观者“易知”着眼，“若诗所谓里巷歌谣之义”。此序从历史题材小说的创作与接受两方面论述了俗文学的社会效果。张尚德以修髯子署名为《三国志通俗演义》所撰引言，则强调“羽翼信史”与“裨益风教兼具”，主张把史书通俗化。他从通俗功用讲到“稗官小说”并非“不足为世道重轻”。这种观点十分重视小说的认识社会、改造社会的功能，但过分强调“羽翼信史”，引起另一些论者的反对。甄伟、熊大木等人主张依据通俗的需求而演义，只要符合情理，可以不避虚设。甄伟在《西汉通俗演义》中说：“言虽俗而不失其正，义虽浅而不乖于理”，“若谓字字句句与史尽合，则此书又不必作矣。”他还把“稗官小说”与“通俗演义”小说加以区别，表现了重视艺术真实的倾向。余象斗等人则与张尚德持近似的见解。这实际上是对历史真实与艺术真实、历史题材小说与接受者审美需求如何结合的争论。

明代世情小说的兴起，是俗文学小说由古代英雄故事、神灵志怪转向市民与其他平民熟悉的题材的大转折。《金瓶梅》借《水浒传》中西门庆与武植之妻潘金莲苟合的一段故事为由头，借题发挥，写明代运河码头上下的世情生活。此书以其深入细致地刻画社会众生相，及大胆而过分地写男女床笫之事，而引起社会各阶层人士注目，评议纷纭，誉毁并加。从现存万历间词话本看，早期即有欣欣子序，着重指出《金瓶梅》是“寄意于世俗”，作者“罄平日所蕴者”撰著而成。后来，又有弄珠客序、廿公跋，分别对此书加以肯定。袁宏道在与友人书札中称其为“云霞满纸，胜于枚生《七发》多矣”，在《觞政》中称此书可配《水浒》作为酒友所谈名作的“外典”。当然，除了一些人指责此作确有过分写床第之事方面的缺陷之外，俗文学批评者中也有从小说创作角度认为《金瓶梅》“可谓奇书，无当巨览”的。张誉（无咎）在为《北宋三遂平妖传》所撰序文中就持此见。他认为：“《玉娇梨》、《金瓶梅》，如慧婢作夫人，只会记日用账簿，全不曾学得处分家政，效《水浒》而穷者也。”又说：《金瓶梅》“另辟幽蹊，曲终奏雅，然一方之言，一家之政，可谓奇书，无当巨览，其《水浒》之亚乎！”而在当时，谢肇淛为自藏《金瓶梅》抄本作跋，似已回答了与张誉类似的看法，认为《金瓶梅》之作“穷尽境象，骇意快心，譬之范工抟泥，妍媸老少，人鬼万殊，不徒肖其貌，且并其神传之。信稗官之上乘，炉锤之妙手也”。又说：或以为“其不及《水浒传》者，以其猥琐淫媟，无关名理；而或以为过之者，彼犹机轴相仿，而此之面目各别，聚由自来，散由自去，读者意想不到，唯恐易尽。此当可与褒儒俗士见哉！”其观点强调了《金瓶梅》写世情境象所显露的审美创造上的新境界和对读者的吸引力。由此可见，对《金瓶梅》艺术成就的论争，促使中国小说审美理论批评也进入了一个新的层次。

明代小说审美理论批评发展进步的另一标志是有重要论著出现。卓越的思想家、文学家李贽在对宋明理学的突破中写了一系列文论性文章。他在《童心说》中，提倡以不被陈腐之说污秽的童心写真文，以达到“内含以章美，笃实生辉光”。在《忠义水浒传序》中，指出“《水浒传》者，发愤之所作也”。在《时文后序》中，认为“文章与时高下，高下者，权衡之谓也”。对古代儒家所说“圣之时者也”的论断，在雅、俗文学关系的意义上作了新解释。在《杂说》中，又就小说与戏曲的联系提出“化工”与“画工”之别。在《读律肤说》中，提出“性情自然”之说。在他看来，雅、俗文学均可有佳作，关键在于是否达到审美创造的“自然”，达到“化工”之境。李贽的小说、戏曲评点，形成了一种新的审美理论批评表达体式。后来叶昼慕其名，又托其名拟作了多种评点本，对《水浒传》等俗文学巨著的艺术特点作了细致、深入的阐发。如说《水浒传》写人物性格“传神”，“各有派头，各有光景，各有家数，各有身分，一毫不差，半些不混，读者自有分辨，不必见其姓名，一睹事实，就知某人某人也”。这种艺术评点不仅精细，而且有新意，把人物塑造提到了典型化的高度。应该说，这是对以《水浒传》为代表的俗文学创作的极高褒奖。从此，文学评点之风大振。李贽故去后，袁宏道在《东西汉通俗演义序》中，一面阐述“文不能通而俗可通”之理，一面慨叹“吾安得起龙湖老子（即李贽）于九原，借彼舌根，通人慧性；借彼手腕，开人心胸!”可见，李贽在俗文学审美理论批评方面影响的深远。

冯梦龙也是一位对俗文学创作和理论批评均有杰出贡献的历史人物。他在《古今小说序》中提出“天下之文心少而里耳多，则小说之资于选言者少而资于通俗者多”，认为人们习诵经论不如读通俗小说受影响“捷且深”；在《警世通言叙》中，指出俗文学作品如“村醪市脯，所济者众”；在《醒世恒言序》中，提出要“触里耳而振恒心”，又以“天不自醉人醉之，则天不自醒人醒之。以醒天之权与人，而以醒人之权与言。言恒则人恒，人恒而天亦得其恒”的道理论证“导愚适俗”的必要性。这些论点都触及俗文学的一个基本特点和优点——通俗性。正因为如此，俗文学才能对广大群众充分发挥教育作用。冯梦龙重视人民大众，因而也重视受到人民群众喜爱的俗文学。这正是他的理论观点最闪光、最宝贵之处。笑花主人在《今古奇观序》中也提出“天下之真奇未有不出于庸常者”，“动人以至奇者，乃训人以至常者”，为写世情的拟话本小说作了富于哲理性的肯定评价。其他如明末袁于令等关于《西游记》、《封神演义》等作品中“极幻”与“极真”关系的论述，磊道人关于小说中“理”与“趣”关系的论述，都有特色。

（二）关于戏曲文学

明代戏曲的发展促使戏曲评论上不同思想见解的论争，较之小说评论有更明显的体现，形成了流派之争。明初，开国皇帝朱元璋从驭国之术出发，一方面规定不许演帝王圣贤等人物，一方面对高则诚在《琵琶记》中贯注忠孝题旨予以表彰，曾要征其入朝。高未出而不久辞世，朱元璋仍提倡王族朝臣习读《琵琶记》，并说：四书五经家家皆有，《琵琶记》却是山珍海错一样的稀罕之物，富贵之家不可无。可见他对利用这种俗文学作品以施教化的重视。他的第十六子朱权还成了戏曲名家。朱权不但自己写戏曲本子，还撰有《太和正音谱》一书。其中是对古代《乐记》中关于“治世之音安以和”的论述加以发挥，主张明代戏曲也要走“显礼乐之和”、“致人心之和”的路。该书概括十五家乐府体式，对相关风格作了描述，较有意义。

明代戏曲受到王朝更多注意，戏曲演出比较盛行；但为适应王公贵族的旨意以及贯注程朱理学教条的要求，戏曲中粉饰太平或教化色彩很浓厚，有关这方面的理论主张也相应出现。如丘浚在《五伦全备记》的“副末开场”里就说：“若于伦理无关紧，纵是新奇不足传。”当然，另一方面，随着民间戏曲作品和一些敢写世情诸象的作家的新作不断出现，更全面地看待戏曲题材和审美作用的见解也不断受到人们的注意。李贽、李开先、汤显祖等人先后主张写“童心”、写“自然性情”、写“人间之情”，实际上是对那种用王朝框框束缚戏曲文学发展的一种突破。

从明中叶起，俗文学小说、戏曲批评中提倡写性情与世情的声音与雅文学创作中前、后七子提倡复古、拟古的声音形成鲜明的对照。李贽在《杂述》中认为戏曲可以起到《诗经》那样的兴、观、群、怨的作用；在评元曲《西厢》时，赞其为“千古传神文章”。李开先在《西野春游词序》中提出明代戏曲要像元曲那样贵在“本色”，“用本色者为词人之词，否则为文人词矣”，要达到“语俊意长，俗雅俱备”。但在戏曲剧目如何评价等问题上，学者们又展开了争论。如何良俊认为“《西厢》全带脂粉，《琵琶》专弄学问，其本色语少”，而施君美所撰《拜月亭》“才藻虽不及高，然终是当行”。王世贞《艺苑卮言》则认为《拜月亭》胜《琵琶》之说大谬，所据理由偏于从辞藻着眼。臧懋循对何、王二人均有批评，但仍侧重讲“本色”的重要性。当时，传奇剧本创作和演出已有过分雅化的趋势，就“本色”、“当行”展开争论无疑是有益的。关于著名戏剧家汤显祖的剧作文辞音韵构成与如何演出问题，也引发了一场临川派与吴江派之争。吴江人沈璟对戏曲音韵素有研究。他对汤显祖剧作音韵不协之处多所指评，并与吕天成、冯梦龙、臧懋循等先后对汤作《牡丹亭》等剧本加以修改后上演，并见诸刊本。汤显祖则认为戏曲文学以表达意趣为主。他在《见改窜〈牡丹亭〉词者，失笑》一诗中嘲讽道：“总饶割就时人景，却愧王维归雪图。”他引用前人观王维画冬景芭蕉以为不合时令，因而删蕉加梅，反而失去原作意趣的故事而发感慨。沈璟等被称为吴江派，汤显祖及其支持者被称为临川派。随着争论的不断深入，两派也渐有吸取对方论点之处。如沈璟后来也主张多用“本色”语。汤显祖也注意多与戏曲艺人交往，更注重从易于艺人演唱着想了。

徐渭《南词叙录》对南戏发展作了全面的记述，并在一些序跋评点文字中对俗文学有关问题作了出色的论列。他的论点促进了上述论争问题得到较全面、合理的认识。其一，他主张应有“本色”、“相色”之分。《西厢序》说：“本色犹言正身也，相色，替身也”，“余于此本中贱相色，贵本色。”《题〈昆仑奴〉杂剧后》说：“越俗越家常，越警醒。”又说：“点铁成金者，越俗越雅，越淡薄越滋味，越不扭捏动人越自动人。”这些论点揭示了“本色”的审美功效和俗与雅的辩证关系。其二，他认为处理通俗与文词的关系，应就表现人物需要和题旨而定。《南词叙录》说：“曲本取于感发人心，歌之使奴童妇女皆喻，乃为得体。经子之说，以之为诗且不可，况此等耶！”又说：“吾意，与其文而晦，曷若俗而鄙之易晓也！”在《西厢记评点》中，他说写红娘诸曲“大都掉弄文词，而文理虽不甚妥帖，正以模写婢子情态。用意如此，非妙手不能”。其三，他肯定俗文学兼有认识、教育和审美价值，他评《琵琶记》说：“诗可以兴，可以观，可以群，可以怨，《琵琶》有焉。”徐渭关于俗文学审美理论批评的见解，在明代文学史中占有重要地位。

还有一些人的著述为戏曲审美理论提供了有价值的思想。如张凤翼评《董西厢》和为《江东白苧》写小序，从“兴”着眼分析曲作写性情的道理。沈璟《南九宫十三调曲谱》、吕天成《曲律》对戏曲中文辞与音律关系作了深入的探讨。汤显祖在多种批评文字中提倡写“情”，并主张“以意趣、神色为主”，重视发挥戏曲揭示人物精神面貌的功能。沈际飞作为汤显祖主张的支持者，在对汤作评点中，对实与虚、浑成与变化、真境与梦境等关系均有论述。茅远士在批点《牡丹亭》的题记中认为“曲者志也”，“有志则有辞”；认为志、辞二者“合则并美，离则两伤”。臧懋循编订了《元曲选》，所写序文对元曲创作经验有所阐发。序一中指出：“大抵元曲妙在不工而工”；序二中指出：曲作要“雅俗兼收，串合无痕，乃悦人耳”。又说：“填词者必须人习其方言，事肖其本色，境无旁溢，语无外假。”冯梦龙、沈德符、凌濛初等也都有论述。冯梦龙曾撰《太霞新奏》，后来有人将其中论戏曲部分辑为《太霞曲语》。冯氏在强调“当行”、“本色”的同时还强调“真”，并用砚斋主人评议口气，说明“凡纪事之词，全要节次清楚，而过脉绝无痕迹”。至于吕天成《曲品》、祁彪佳《远山堂曲品》，则是依据戏曲风格的高低进行审美品类划分的。

（三）关于民歌、散曲

明代与民歌、散曲相关的论著也很有成就。散曲依然流行，但已多转入文人作者圈子当中，且多讲求辞藻，市民生活与乡土气息逐渐淡了。而民间歌谣的蓬勃发展，又引起一些有识之士的注意。从《雍熙乐府》等多种选本看，其中既有元明散曲、小令，也有新辑的民歌。冯梦龙编刊了吴语地区山歌小调《挂枝儿》、《山歌》。李开先则以北方民歌为主编了《市井艳词》。袁宏道在《叙小修诗》中认为民歌中有写出“真声”的佳品：“或万一传者，或今闾阎妇人孺子所唱〔擘破玉〕、〔打草竿〕之作，犹是无闻无识真人所作，故多真声。”据陈宏绪《寒夜录》记载，卓人月认为明民歌为一绝，可与唐诗、宋词、元曲“并美”。冯梦龙《序山歌》则论述了民歌地位变迁史：“书契以来，代有歌谣，太史所陈，并称风雅，尚矣!”后来雅文化发展，“争妍竞畅”，“而民间性情之响，遂不得列于诗坛，于是别之曰山歌，言田夫野竖知寄兴之所为，荐绅学士家不道也”；“歌之权愈轻，歌者之心亦愈浅。今所盛行者，皆私情谱耳!”他认为民歌尽管多唱私情，但抒发真性情仍是民歌的特质。他说：“但有假诗文，无假山歌，则以山歌不与诗文争名，故不屑假。”因而，他热情地肯定民歌、编刊民歌，认为这样可以“借以存真”，“借男女之真情，发名教之伪药”。

李开先是俗文学作家兼批评家。他编刊市井艳词并为之作序，认为“忧而词哀，乐而词亵，此古今同情也”，对歌谣中所谓艳亵之词，实即男女情爱之词，从人情角度作了解说，特别着眼于明代市井社会的发展，来说明此种歌谣的合理性。他与冯梦龙一样，肯定歌谣中可以见真情的特质：“语意则直出肺肝，不加雕刻，俱男女相与之情，虽君臣友朋亦多有托此者，以其犹此感人也。故风出谣口，真诗只在民间。”他在《词谑》中指出，从时调佳品中可以知“作词之法，诗文之妙”，认为俗文学的佳品与雅文学之间在审美创造上是相通的，前者的创作经验可为后者所借鉴。

我国许多少数民族能歌善舞。在明代，少数民族聚居地区的民歌已广为流行。如广西与西南诸省接壤地区就盛行刘三姐

（又称刘三妹）的传说。在清人屈大均的记述里，有人认为刘三姐为唐代人，也有人认为是明代人。近年有的学者考定刘三姐为明代人，无论如何，作为歌仙传说盛行于明代则是可信的。钟敬文称刘三姐为“歌圩风俗的女儿”。刘三姐对歌歌词中，有不少是对歌谣功能与创作特征的阐述。如与秀才对歌中说：“山歌本自心中出，哪有船装车载来。”这种论赞式的歌词可以和冯梦龙、李开先对民歌特质的论述相映生辉。万历间刊行利玛窦所撰《畸人十篇》，其中讲教义常理时援引伊索寓言以为比喻。天启间又出现了西方传教士金尼阁与中国文人张赓合作的《况义》，其正编主要内容为《伊索寓言》，成为俗文学的寓言专集，在中西文化交流特别是俗文学交流上有重要的意义。此书除伊索寓言外，续编中也选有中国名家寓言作品，如柳宗元的《罴说》和《蝜蝂传》。现存《况义》明抄本有鹫山谢懋明跋，对此书的旨趣作了介绍：“张先生悯世人之懵懵也，取西海金公口授之旨而讽切之，后直指其意义所在，多方开陈之，颜之曰：‘况义’。所称宽而密，罕譬而喻者则非耶？且夫，义者，宜也；义者，意也。师其意矣，复知其宜。虽偶比一事，触一物，皆可得悟，况于讽说之昭昭者乎？然则余之于先生，先生之于世人，其于所谓义一也。何必况义，何必不况义哉？读者取其意而悟之，其于先生立言之旨，思过半矣。”近来有人说近代出现的《意拾喻言》是伊索寓言的第一个中译本，显然是不知《况义》在明代已经存在而导致的失误。

明成祖时，贾仲名为元人钟嗣成的《录鬼簿》作了续编。他将赵文殷、张国宝（“宝”又作“宾”）、红字李二、李朗等著名民间演员与文人曲作家同列其中，并作了吊赞之词，对元末明初杂剧作家、演员加以评议，继续《录鬼簿》的事业，也为明代俗文学审美理论批评增添了新的成果。

七、清代（前、中期）：古代俗文学审美理论批评的总结形态

明遗民中相当多的有识之士对明亡显示的民族苦难与严酷教训，以及宋明理学大讲“崇天理、灭人欲”之类负面的影响在文化上的体现，有着刻骨铭心的体味与深入的思考。尽管入清之后，经济的复苏与康、雍、乾盛世的出现，使明清交替带来的阴影逐渐淡化，但随之加强的文字狱与民族压迫却使文化界人士不得不在为学上采取谨慎而曲折的态度与方式，学术考据之风愈来愈盛，前代俗文学的整理与评点也成为盛行的现象。考据之风带来的积极成果和整理编刊俗文学的风气相结合，促进了古代俗文学审美理论批评成果总结形态的论著渐多。当然，清代在新的历史条件下出现新的俗文学作品，又需要人们作新的探索。

（一）关于俗文学小说

清代小说审美理论批评随着小说作品兴盛而兴盛，主要标志有二：

第一，清代小说论著门类齐全。清代编刊前代和本朝小说层出不穷，不但序跋之类文字甚多，而且出现了多种评点本，评点这一审美理论批评的样式有了更大发展。金圣叹评点《水浒传》、毛宗岗评点《三国演义》、张竹坡评点《金瓶梅》和脂砚斋等人评点《红楼梦》等，各展文心，相互辉映，蔚为俗文学审美理论批评的壮观。

第二，对小说源流考证并进行综合论述的著作不断出现。如褚人获《坚瓠九集》、翟灏《通俗编》、梁绍壬《两般秋雨盦随笔》、王士祯《居易录》与《香祖笔记》、梁章钜《浪迹丛谈》、《归田琐记》、王应奎《柳南随笔》、陆次云《湖壖杂记》、袁枚《随园诗活》、周亮工《书影》、昭梿《啸亭续录》、章学诚《丙辰札记》、刘廷玑《在园杂志》等，都有丰富的小说史料，并有

不少值得注意的见解。

金圣叹是在清代小说、戏曲评点中首建伟业的人物。就小说而言，他为《第五才子书施耐庵水浒传》所撰序文、读法及其他评点文字，从宏观与微观的结合上表达其审美的见解，大处与小处互相呼应，形成了具有系统性的论著。他指出，《水浒传》之所以能成为佳品，在于作者“澄怀格物”，“十年格物而一朝物格”，如此才能“叙一百八人，人有其性情，人有其气质，人有其形状，人有其声口”，“一心所运，而一百八人各自入妙”。他把中国古代美学中所形成的“妙”的范畴作为小说审美创造的最高层次，这是很有理论见地的。对如何格物，他提出“以忠恕为门”。“忠恕，量万物之斗斛也；因缘生法，裁世界之刀尺也。”他把儒家的“忠恕”与佛教的“因缘生法”观念相结合，使之成为倾心体察形象产生的条件，进而从这种条件中生发出形象之“妙”来。由此可以看出其论点的深度。金圣叹还把小说创造要求美妙的趋向与小说人物言行是否可训加以区别，也是发前人所未发的见解。他以《论语》、《庄子》、《春秋》、《史记》为譬，指出这些著作也不回避写恶人，说明“不闻恶神奸而弃禹鼎，憎梼杌而诛倚相”的道理。从总体上说，金圣叹的小说理论着眼于中国古代美学中形神关系、情理关系与格物思想的融合，因而更富于中国美学的哲理特色。

毛宗岗父子继承和发展了明代庸愚子、修髯子等人对《三国演义》的见解，又参照金圣叹评点文字的格局，对《三国演义》作了新的评点，注意到人物性格的类型，对史实与小说虚构的关系也有所接触，但总的来看并没有超过金圣叹。比较起来，当时还较年轻的张竹坡为《第一奇书金瓶梅》所作的评点，却成为清代小说审美理论批评发展中具有更大推动力的重要论著。他依据的《金瓶梅》版本是经明末清初文人改定的说散本，即《新刻绣像批评金瓶梅》。他继承金圣叹评点的优点，包括宏观上的总论与微观上文句评点相结合的方法等，并利用了说散本原评的若干思路，吸取了明末清初一批文人的思想成果，更发挥了自己独特的领悟和才智。明末有部鉴赏名言的《剑扫》，清初有部专谈鉴赏的《幽梦影》（张潮著）。这两部书的一些重要思想都被张竹坡加以改造和发挥，而体现于对《金瓶梅》的评点之中。他在《读法》中提出阅读《金瓶梅》“必须列宝剑于右，或可划空泄愤”就是一例。张竹坡认为，要评点好《金瓶梅》，就要从其如何成为“至文”、“妙文”的特性去领悟“文心”，找出其“文字之美”之“法”；认为《金瓶梅》是“隐大段精彩于琐语之中”，就需要运用“大段结束精言”与“补入小批”相结合的方法进行评点；主张评点者自身要具有求真厌假的“童心”；认为《金瓶梅》是“市井的文字”，其“文字之美”在于“写尽宋末之弊”。张竹坡的评点使《金瓶梅》的长处为更多人所认识。后来，又有文龙的评点，部分地肯定并发挥了张竹坡评点的思想，也有所驳正。

清初期、中期先后出现了可与明代四大奇书相比美的《红楼梦》、《儒林外史》、《聊斋志异》、《虞初新志》。另有新编历史小说《说岳全传》等。《红楼梦》吸取《金瓶梅》之长而成为我国古典世情小说的高峰。《说岳全传》曲折地反映了处于异族统治下的汉族广大民众对抗金英雄的怀念。可喜的是，这些作品出现不久都有了相应的成系统的评点本或较深入的序跋文字。以对《红楼梦》的评点和其他评议文字为例，从早期抄本中出现脂砚斋、畸笏叟等署名的评语起，重要的版本都有评议文字，由此书产生的各种记述、诗词、评赞以及书信数以百计。雅俗共赏和雅俗共议的现象在《红楼梦》这样的作品出现后，真正成为中国审美文化史上的伟观。如同《红楼梦》的写法打破了过去一些小说的旧套一样，其相关的审美理论批评也是新见迭出，把俗文学审美理论批评推进到一个新的高度。曹雪芹用“假语村言”写出闺阁中可传的人物，就为文学的特性与功能作出有新意的解说。在《红楼梦》第1回里，对千人一面的小说旧套子的鄙弃，显示了作者审美创造志向的高远。而脂砚斋的评点又是深知作者用心的知音之言。如第1回眉批中说：“开卷一篇立意真打破历来小说窠臼，阅其笔则是《庄子》、《离骚》之亚。”卷一眉批说：“此等歌谣原不宜太雅，恐其不能通俗。故只此便妙极。其说得痛切处，又非一味俗语可到。”通俗而有深意，这是对俗文学语言的很高的要求。第 27 回眉批说：“开生面，立新场，是书多多矣！唯此回处〔所〕生更新。非颦儿断无是佳吟，非石兄断无是情聆。难为了作者了，故留数字以慰之。”可见脂砚斋评点如何与曹雪芹创作立意呼应。

后来出现的戚蓼生、梦觉主人、二知道人所写序文与评语，太平闲人所撰的《石头记读法》，明斋主人所撰《石头记总评》等，都从“写尽世态人情”、“雅俗共赏”等角度给《红楼梦》以高度评价。

清代丁耀亢关于《续金瓶梅》、董说关于《西游补》创作的说明，蔡元放为《东周列国志》所撰序文和读法，天空啸鹤为《豆棚闲活》所作评论，闲斋老人、惺园退士为《儒林外史》所作序文，冯远村等人为《聊斋志异》所作评点，纪晓岚及其弟子为《阅微草堂笔记》所作关于笔记小说特征的论述等，都有可取之处。如冯远村《读聊斋杂说》指出：“《聊斋》之妙，同于化工赋物，人各面目，每篇各具局面，排场不一，意境翻新，令读者每读一篇，另长一番精神”，“说鬼亦要有伦次，说狐亦要得性情。”这些见解颇得《聊斋》真谛。

（二）关于戏曲文学

清代是戏曲和戏曲审美理论批评大兴盛的时期，一个突出的现象是：原在明代盛行的戏曲品种，在受到文人雅士推重并参与推敲文辞、音韵之后，日益精致化，脱离了原有的通俗本色。昆曲就有这种趋势。代之而起的是在民间流行的新的地方戏的勃兴，在地方戏基础上形成的京剧也日益受到注意。所谓花部与昆曲优势之争，其实就是新兴的通俗戏曲与局限于少数人趣味的原有戏曲两种审美趋向之争。焦循《花部农谭》序言指出，当时昆曲文辞过雅太文，不易动俗，“听者使未睹本文，无不茫然不知所谓”，而“花部原本于元剧，其事多忠孝节义，足以动人；其词质直，虽妇孺亦能解；其音慷慨，血气为之放荡”。

清代戏曲审美理论批评的成就超过前代，还表现在剧目汇集、源流考订、创作理论等方面均有可称为总结性形态的论著出现。最有影响的论著为李渔《闲情偶寄·词曲部》（单行刊印称《李笠翁曲话》）。此书首重戏剧结构，以“如造物之赋形”、“工师之建宅”为喻，说明“袖手于前，始能疾书于后”，“出其锦心”，才能“扬为绣口”。他提出了立主脑、脱窠臼、密针线、减头绪、戒荒唐、审虚实、戒讽刺（指报私怨）诸条创作原则，对戏曲形象动态系统的各个侧面均有论述。至于文辞，他认为“戏文做与读书人与不读书人同看，又与不读书之妇人、小儿同看，故贵浅不贵深”。要像元曲那样“意深词浅，全无一毫书本气”。这就把前人常说的戏曲文辞贵本色语，从雅俗共赏的角度阐述得更清楚了。他还说：“话则本之街谈巷议，事则取其直说明言”，“能于浅处见才，方是文章高手。”他对重机趣、戒浮泛、忌填塞以及宾白、科诨等都有很中肯的论述，强调“雅俗同观、智愚共赏”，“妙在水到渠成，天机自露”。这些论点具有审美哲学意味，是对俗文学审美理论批评的重要贡献。

徐大椿《乐府传声》侧重论文辞与演唱的关系，黄图珌《看山阁集·闲笔》（“词曲”部分）着重阐发“贵乎口头言语”和“化俗为雅”的道理。李调元《雨村曲话》中既有大量戏曲史料的考订，也对元以来戏曲佳作的创作经验加以总结，指出戏曲创作“大略贵当行，不贵藻丽”，“作曲最忌出情理之外”。焦循除《花部农谭》外，还撰有《剧说》，对戏曲史料详加考订，引书达160多种。梁廷枏所撰《曲话》，也长于考订。他对金圣叹评曲中以文律曲之处多有纠正，对元曲中曲词、说白特色多有指明。清代戏曲专著中有部《梨园原》，原名《明心鉴》，据载作者为黄旛绰。五代后唐有名伶黄旛绰，与敬新磨齐名。此书作者是借用其名，还是托名以作，有待详考。从其论及戏曲发展程度看，作者非五代时人。其中提倡弄清字义和戏文典故，认为

“心中了了，则可传神”，把提高文学修养与表演功夫做统一了解，颇属难得。

清代戏曲理论批评还有一种特殊的方式，即借剧中人物之口来表达理论见解。如孔尚任《桃花扇》“投辕”一出，借柳敬亭劝左良玉停止向南京进兵的唱词表达作者的见解：“俺读些稗官词，寄牢骚，稗官词，寄牢骚。对江山吃一斗苦松醪。小鼓儿颤仗轻敲，寸板儿软手轻摇。一字字臣忠子孝，一声声龙吟虎啸。快舌尖钢刀出鞘，响喉咙轰雷烈炮。呀！似这般冷嘲热挑，用不着笔钞墨描。劝英豪，一盘错账速勾了。”在该剧“收煞”处又让柳敬亭唱了贾凫西所作的《哀江南》，让艺人与俗文学作家共发悲怆之声。

（三）关于说唱文学

清代前期、中期又是弹词、鼓词、子弟书及宝卷等类讲唱文学大发展的时期。与编刊这类作品的同时，也出现了有关的评议文字。像《再生缘》、《玉蜻蜓》、《珍珠塔》、《榴花梦》等长篇弹词的关键之处，作者都自述心情，表明创作追求，提供有关理论见解。如《绣香囊》说：“虽说是海市蜃楼悬空假设非实有，亦可以触目惊心善恶贤愚果报全。”吴毓昌《三笑新编》说：“翻旧谱，按新腔，权将嘻笑当文章。齐谐荒诞供喷饭，才拨冰弦哄一堂。”侯香叶《再生缘》序言中说：“诗以言情，史以记事。至野史弹词代前人补恨，或恐往事无传，虽里俗之微词，付枣梨而并寿。”

贾凫西（即贾应宠，字思退，一字晋蕃）的生平、创作与见解均富于特色。他于明亡时辞官家居务农，长期与农民及市井人物为伍，与其他遗民中有识见人物交游，“喜讲农家话，多栽杂树木”。他经常编演鼓词，用木简板、小鼓作演出工具，自号木皮散人。鼓词多以历史人物为题材，现存者有《历代史略鼓词》、《太史挚适齐全章》、《齐人有一妻一妾章》等，表现出犀利的历史眼光和富于哲理的警醒力，取得雅俗共赏的效果，也表达了关于俗文学审美理论批评的深刻见解。如他在《历代史略鼓词》正传“开篇”里说：“从古来三百二十八万载，几句街谈要讲上来。权当作蝇头细字批青史，撇过了之乎者也矣焉哉。”用风趣通俗的语言表述了历史的经验。在“尾声”里，他自豪地写道：“俺看那龙楼凤阁亦是茅庵草，谁知道乱水荒山也生秀气人！俺考古翻残千卷史，俺诌诗使碎五更心。说一回青春壮士长征马，说一回红粉佳人冷睡衾，说一回黄面禅僧山寺雪，说一回白头诗客帝京尘。篇篇《国策》仪、秦口，句句《离骚》屈、宋心。字眼不妨文带武，言谈偏要雅兼村。比不上瀛洲学士凌云赋，算得过蒙馆先生劝世文。”即使在假设回答听众对演唱《哀江南》曲的疑问时，他也说得很有理论见地：“大凡小说家开端的楔子，要说的松松洒洒，埋伏十面；中间的正文，要说的淋淋漓漓，尽情极致；煞局的尾声，要说得飘飘扬扬，有余不尽。”这些文字把俗文学作品叙事结构的艺术手段，特别是俗文学精品要达到雅俗共赏的审美追求，表达得非常明确。在《太史挚适齐全章》中，他写道：“莫道山高水远无知己，你看海角天涯都有俺旧弟兄。全要打破纸窗看世界，亏了那位神灵提俺出火坑？任世上沧海变桑田田变海，你看俺那老师傅只管矇瞪着两眼定六经。”结尾还发出“沧海波心好变龙”的呼唤。如此“打破纸窗看世界”，也打破对神灵依赖的俗文学创作意识，如此对孔子“老师傅”学说在历史变迁面前需加以重新认识的意识，确实不同凡响。

说到贾凫西鼓词中的见解，也应提到明代杨慎曾写过《二十一史弹词》，其中对历史事变的慨叹和总结可以说是贾凫西创作的一种先声。但明清之际的深刻变化又为贾凫西更为深刻地领悟与总结历史经验创造了条件。

（四）关于俗文学诗歌

明遗民中北方、南方各有一位著名的思想家，即山西的傅山（傅青主）和湖南的王夫之（王船山）。他们在多种论著中，也为俗文学审美理论批评提供了深刻而有新意的思想。傅山在《眉儿观风塞上来有诗》中，称赞其子傅眉在塞上采习民歌而作新诗道："朔气健游子，新诗动乃翁。悲歌犹赵燕，闻见不雕虫。潦海赍先志，神州痛此中。伤哉吾老矣，永矢作愚公。"把塞上民歌给儿子诗歌的影响和民族振兴的愿望联系在一起，并以愚公自许。他还为民间戏台撰写过不少对联，其中一副说："曲是曲也！曲尽人情，愈曲愈折；戏岂戏乎？戏推物理，越戏越真。"王船山对《诗经》所代表的古代诗歌的艺术经验作了系统的研讨，有《诗广传》和《诗绎》传世。后来《诗绎》与《夕堂永日绪论》合编成为《姜斋诗话》。他的诗论著作，以兴、观、群、怨论为主线，对古代诗歌作品的审美意义和艺术特征作了深刻的剖析。如《诗广传·卫风一》里说："'如金如锡'，刚柔际也。'如圭如璧'，方圆契也。明乎刚柔方圆之分合者，崇道而不倚于术者也。不知其分，恒用其半而不成，不知其合，两端分用而不相同。"把"风"体诗歌中对人物品德的咏赞提到审美与道德两者关系如何处理的高度进行分析。《诗绎一》里说："陶冶性情，别有风旨，不可以典册、简牍、训诂之学与焉也。"强调了对待文学作品必须从审美角度去把握，文学研究不可陷入学究式的烦琐考证中去。

清代民歌、小曲的选刊也呈盛况。《霓裳续谱》、《时尚南北雅调万花小曲》、《白雪遗音》、《马头调》等刊本不断出现，大都有相应的序跋与评议文字。袁枚《随园诗话》赞同宋人杨万里关于诗歌格律须依性情表现而定的见解："余深爱其言。须知有性情便有格律，格律不在性情外。《三百篇》半是劳人思妇率意言情之事，谁为之格，谁为之律？而今之谈格调者能出其范围否？况皋、禹之歌（指《尚书·益稷》所录之歌）不同乎《三百篇》，《国风》之歌不同乎《雅》、《颂》，格岂有一定哉！""诗境最宽。有学士大夫读破万卷，穷老尽气，而不能得其阃奥者。有妇人女子、村氓浅学，偶有一、二句，虽李、杜复生，必为低首者。此诗所以为大也。作诗者必知此二义，而后能求诗于书中，得诗于书外。”他把孔子论诗之说与陆游“工夫在诗外”之说融会于诗境宽广的论断中。这是他的性灵说与俗文学审美理论批评相通的重要体现。

清代还出现了《乾嘉诗坛点将录》这样特殊形态的诗人评点小传作品，用《水浒传》一百单八将的风格和品第比拟乾嘉诗坛的几百名诗人。作者舒位是喜爱俗文学的。他写有表现少数民族风俗的竹枝词，还有民歌味甚浓的《和尚太守谣》一类作品。《乾嘉诗坛点将录》是借用俗文学形象以描绘诗坛人物群像的一种创举。

八、近代（清后期、民国初年）：俗文学审美理论批评新建构的探索

从1840年鸦片战争起到1919年“五四”运动前夜，我国历史进入了近代时期。这是西方列强向中国进行侵略的时代，也是积弱与闭关的清王朝节节败退，将中国逐步拖入半殖民地半封建社会的时期。国难深重，激发了先进的中国人奋起寻求救国救民的道路。人们对包括俗文学在内的中国传统文化进行反思，外国文化也渐被介绍到中国，在中外文化比较中，中国文化人士对中国俗文学审美理论批评进行了新的审视与探讨。

（一）龚自珍、魏源等的理论

近代在思想领域首倡改革、开放风气者为龚自珍、魏源，在俗文学审美理论批评领域作出新探索者也当推他们二人。龚自珍《病梅馆记》抨击当时文化界普遍存在的病态的审美趣味，实际上是对损害自然美、片面追求所谓高雅的审美趣味的谴责。他的《书金伶》写一个戏曲艺人成长的过程，其中描述了不同审美趋向对艺人成长所起的不同作用，表明艺人的成长应适应通俗戏曲自身发展的规律。魏源在提倡研究中国政治革新之路的同时，对古代俗文学名作作了更多的细致研究。他继承王夫之的思路，写

了研究《诗经》的重要著作《诗古微》。《诗比兴笺序》说；“诵诗论世，知人阐幽，以意逆志，始知《三百篇》皆仁圣贤人发愤之所作焉，岂第藻绘虚车已哉!”在《默觚下·治篇五》中，他引用《诗经·陈风·衡门》的诗句“岂其食鱼，必河之鲂？岂其娶妻，心齐之姜?”说明“大有老物，人有老物，文有老物。柞薪之木，传其火而化其火；代嬗之孙，传其祖而化其祖”的规律，论证社会与文学都如“风”诗所说，变是必然的。他又引用《诗经·小雅·鱼丽》末章诗句“物其有矣，维其时矣!”说明“天下事，人情所不便者变可复，人情所群便者变则不可复”，论证社会与文学变化的基础在于人情的“便”，为中国面临的社会变革及俗文学适应“群便”的生命力提供理论依据。

由龚自珍、魏源开始，中国近代俗文学审美理论批评呈两种发展趋势：一种是侧重对中国古代俗文学审美理论批评按照传统的格局、建构，进行较系统的回顾与总结；另一种是接受外国的主要是西方文化的启发，吸取外国美学、文学特别是俗文学的理论与批评的成果，在中西文化比较中自觉不自觉地进行着中国俗文学审美理论批评新建构的探索。前者以刘熙载为代表；后者有太平天国的洪仁玕和与太平天国有关的王韬、维新派的梁启超，激进民主派的柳亚子等，以及“五四”新文学运动的先驱者。

刘熙载是近代重要的美学家和文艺理论家。他以经学深湛和精通音韵而闻名于时。他曾在宫廷做过侍读，经历过颠沛流离，后又长期授徒。他称自己“平昔言艺，好言其概”，因而他的《艺概》、《游艺约言》等著作都具有从审美理论批评的基本问题上加以论述的特点。尤其可贵者，他能将雅俗关系作为重要线索，谈论变迁，评议品类，辩证分析，持论公允。以《艺概》各篇而论，“文概”、“诗概”、“赋概”都包含雅、俗关系的内容；“经义概”多谈科举时文，也对各体文章结构有所阐发；“书概”所言，实与“文”、“诗”相通；“词曲概”则可称为论俗文学的专章，其中有不少精到的见解。如他认为“词导源于古诗，故亦兼具六义。六义之取，各有所当，不得以一时一境尽之”，把《诗经》传统的六义贯串到对词曲艺术特征的观察。在这一部分他既论及雅、郑关系也即雅、俗关系的问题，又论及至语与常语、本色与出色等前代俗文学评议中反复接触的基本问题。曲是明清以来俗文学中更切近、又更具特色的文体，刘熙载对曲作所论更有见地。他认为：“未有曲时，词即是曲；既有曲时，曲可悟词。”在曲作源流分析上，他指出：“南北成套之曲，远本古乐府，近本词之过变。”在论及曲词佳作的审美特征时特别强调：“其妙在借俗写雅，面子疑于放倒，骨子里弥复认真。”他对俗与雅不同的内容、表现方式、艺术品类分别作了论述，从而揭示了雅、俗可以有多种形态的渗透、融合和转化的情形。他认为，曲大抵即“曲折之言”，内容却也要提倡“正声”。他说：“可知歌无今古，皆取以正声感人。故曲之无益风化，无关劝诫者，君子不为也。”这是对前代曲作家和曲论家关于曲作有益风化主张的总结，明确说明雅文学、俗文学均可称为“正声”。

为中国俗文学审美理论批评探索带来这样那样新成分或新声音的人物，应当从太平天国讲起。洪仁玕在太平天国领袖人物中是文化素养较高、了解西方文化知识也较多的一位。他在《资政新篇》中提出了美分高下的论点，认为与清王朝骄奢之习相关的“诗画美艳、金玉精奇”只是下等美；而与近代科学技术相关的“有用之物”，如火船、火车、钟表之类，“皆有探造化之奇，足以广闻见之精神”，可称美好的“中宝”。他认为“至宝”即至美的东西，是太平天国起义的目标，是“复见新天新地新世界”。他主张一切文字作品，包括公文，当然更包括劝谕军民的通俗文学作品，都应当“去浮存实”，做到“朴实明晓”，力戒“美艳”、“娇艳”之弊。他与李春发合作的《戒浮文巧言谕》为此作了具体的论述，提出改变封建王朝桎梏下形成的虚滥文风，力求使“朴实明晓”的文风蔚成风气。他在《英杰归真》这一类似报告文学的作品中，还描述了自己说服一个前清王朝文官转到太平天国方面的经过：“前入魔鬼之网罗，几几地狱；今登光明之善域，赫赫天堂。鱼跃鸢飞，无非妙道；风云变态，尽是神思。”这是充满自豪感的农民革命宣言书，也是一篇“朴实明晓”的俗文学作品。

至于王韬，他本来是想为清王朝改善治术提建议的，但被清廷拒纳，又因与太平天国联系而被清廷通缉，反而把他逼上了流亡国外之路。后来他决心致力于文学变革事业，与俗文学的关系日深，提倡日多。他参照西方文学观念评价中国俗文学，他在《新说西游记图像序》中说：“俗语不实，流为丹青，至今脍炙人口，演说者又为之推波助澜，于是人人心中皆有孙悟空。”在《〈蘅花馆诗录〉自序》里，他称自己写作也是“自抒胸臆，不假修饰，不善作谦词，亦不喜为谀语”。这些都是对俗文学特点和优点的中肯评价。

（二）以梁启超为代表的理论

维新变法的代表人物梁启超提倡“诗界革命”，产生了很大影响。其重要内容就是诗歌应力求雅俗共赏，并适应表达新名词、新概念的需要加以变化。他在《饮冰室诗话》中说；“文太雅则不适，太俗则无味”，“斟酌两者之间，使合儿童讽诵的程度，而又不失祖国文学的精粹，真非易也。”他赞赏丘逢甲诗作“以民间流行最俗最不经之语入诗，而能温厚雅驯乃尔，得不谓诗界革命一巨子耶!”他主张改变当时“语言、文字分离”的状况，而提倡“俗语文学”，指出：“文学之进化有一大关键，即由古语之文学变为俗语之文学是也。”这一论点成为提倡白话文学之先声。在用俗语写诗和深入研究俗文学方面更有实绩的，应推黄遵宪。他不仅提倡“我手写我口”，而且对民歌作了深入研究。他在《人境庐诗草》中辑录了广东山歌的歌词 9 首。此前他曾辑录整理山歌 15 首，并曾与同道好友传阅。他在题记中说：“十五《国风》，妙绝古今，正以妇人女子矢口而成，使学士大夫操笔为之，反不能尔。以人籁易为天籁难学也。”《山歌》小序中又说：“土俗好为歌，男女赠答，颇有《子夜》、《读曲》遗意。”他记述自己曾与友人相约合作辑录整理山歌，认为这比一些文人拟作的俗语歌集《粤讴》会更好，更能显出民歌的真味，其效果“当远在《粤讴》上也”。这种重视山歌以及整个俗文学的意识，显然与他重视社会变革需求，又参酌国外文化经验有关。

值得注意的是，梁启超等提倡“诗界革命”、“文界革命”与采用新的传播工具是结合在一起的。梁启超积极从事报刊编辑，宣传维新思想与改良措施。他率先用朴实明快的文字写各体诗文，写作中又“笔锋常带感情”，影响所及，还形成新的报章文体。维新派和激进民主派代表人物对小说、戏曲更为重视。梁启超在自编刊物《新小说》创刊号上发表《小说与群治之关系》，提倡写“政治小说”，并鼓吹“小说界革命”。他认为小说能把人们“所怀抱之想象，所经历之境界”，经过“摹写其状”而“和盘托出”，其效果“感人之深，莫此为至”，“只要搔着痒处，便把微妙之门打开了。那种愉快，真是得未曾有，所以俗语叫做‘开心’”。他对小说的审美特征和社会功能作了很好的概括。他甚至认为“欲新一国之民，必先新一国之小说”，重视小说对改良社会的作用，但未免失之夸大。后来他编定《饮冰室诗话》讲及雅俗共赏的不易，就比较地符合实际了。

与“小说界革命”相应，也出现了一系列关于戏曲改良的论著。天僇生《论戏曲改良与群治之关系》，与梁启超《小说与群治之关系》相呼应。此文在谈戏曲作用时，也如梁谈小说那样，有估计过分之处，但他主张戏曲改良以适应社会变革，适应人群需要的声音，也是富有生气的。1904 年，出现了具有激进民主倾向的两篇关于戏曲的重要论文：一篇是《二十世纪大舞台》发表署名亚庐实为柳亚子所撰的发刊辞；一篇是安徽《俗话报》第 11 期发表的陈独秀以三爱为笔名所写的《论戏曲》。前篇声明为“民智大开”而推进戏曲改革的宗旨，称汪笑侬等改革戏曲的举动为“梨园革命军”，在俗文学艺术变革的问题上表明激进民主派的决心与勇气。后篇对戏曲作为俗话文学的审美特征与功效作了简明的概括，对戏曲改革的实施提出了具体的建议。文中认为：“戏曲者，实普天下之大学堂也；优伶者，实普天下之大教师也。”文中还对中外从事戏剧者的地位、遭遇进行比较，认定戏曲“关系一国之风俗教化”，不可轻视。作者又把戏曲“俚俗”的特点与时代要求联系起来，认为今人熟悉和乐看的戏曲“是今乐而非古乐”，只有通过改革，才能起更大的教化作用。所提改革措施，如多编演“有益风化”的剧目，注重表彰历史上的英雄人物，演出多采用西方舞台布置的科技方法，不可演神仙鬼怪之戏，不可演淫戏，要求去除旧剧目那种富贵功名之俗套，大都是与“有益风化”的要求密切联系的。

（三）以王国维为代表的理论

在小说、戏曲理论领域写出扛鼎力作的是王国维。他是近代吸收西方美学思想，用中西学说融会的眼光评论中国俗文学的一位杰出学者。他写了《红楼梦评论》，讲优美与壮美的区别，分析《红楼梦》写人生悲剧的美学价值，将小说名著《红楼梦》提到审美创造的高度而加以深入评论。他提倡古雅，但又以严肃的学术态度尊重俗文学的审美特长，清醒地认识到许多后来被看做古雅珍品的艺术是由俗变来的；雅俗有别，而俗中确有不可否认的珍宝。他的另一部代表性学术成果《宋元戏曲史》，是对中国戏曲进行全面考订、评议佳作的第一部史书。所论16章，计有：上古至五代之戏剧，宋之滑稽戏，宋之小说杂戏，宋之乐曲，宋官本杂剧段数，金院本名目，古剧之结构，元杂剧之渊源，元剧之时地，元剧之存亡，元剧之结构，元剧之文章，元院本，南戏之渊源及时代，元南戏之文章，余论。他在书中衷心赞誉元曲的审美特点，认为元曲的佳处在于“自然”，“古今之大文学，无不以自然胜，而莫著于元曲”。论元曲之妙时运用了著名的“意境”说：“曰，有意境而已矣。何以谓之有意境？曰，写情则沁人心脾，写景则在人耳目，述事则如其口出是也。”还说：“明以后思想结构尽有胜于前人者，唯意境则为元人所独擅。”他对元曲中有喜剧也有悲剧表示肯定，对敢于写悲剧的元曲大家予以赞扬。他为元曲审美特征所显示的“自然”、“有意境”所折服，无疑是对俗文学佳作审美吸引力的崇高评价。

在用传统方法进行小说研究的论著中，比较重要的成果是文龙在《第一奇书金瓶梅》中所作的评点。他对张竹坡评点本偏重于主观领悟的思路不以为然，在许多地方提出反驳。他认为，批书人应该“置身事外而设身局中，又当心入书中而神游象外。即评史亦有然者，推之听讼解纷、行兵治病亦何莫不然”。还认为，评书人应有全面修养，“才、学、识不可偏废”。他指出，《金瓶梅》的“好处”是“能于用情时写出无情来，并能于非理事写出有理来”，并进而从另一个角度发挥了中国小说写作中的典型化理论，如对西门庆形象的典型意义的揭示：“其为人不足道也，其事迹不足传也，而其名遂与日月同不朽。”

到了“五四”运动准备阶段，外来美学与中国俗文学审美理论批评传统的结合进入一个新的时期。走在这种探索前列的一些代表人物都在提倡新文学的过程中，不同程度地接触到用新眼光对待中国俗文学艺术的问题。1915 年蔡元培发表《红楼梦索隐》，认为小说中人物多隐射明遗民抗清之事，乃一反清之政治小说。1916 年又在通俗教育研究会讲小说、戏曲与民主革命之关系。1917 年李大钊所写的《美与高》，从蔡元培自国外归来所作演说中提倡在民气中培育美与高的问题说起。蔡演说中举例即有戏园作用如何达到真美的问题。李大钊借此畅论我国民族传统中不仅有美，抑且有高，展望今后民族文化的发展，呼唤各方面一齐努力，使中华民族进一步成为“美而高之民族”。胡适、陈独秀等提倡白话文学，并在中西文学比较中注重吸取外国俗文学佳作的优点。正是在新文化运动代表人物的倡导下，小说、戏曲和民歌才从被鄙视的地位提升为文学正宗的地位。

（四）以鲁迅为代表的理论

“五四”时期对俗文学审美理论批评进行新建构探索作出杰

出贡献的是鲁迅。他的《中国小说史略》可与王国维《宋元戏曲史》并称为具备新建构力作品格的论著。他在1908年所写的《破恶声论》中对中国古代神话与传说已有出色的论述："龙之为物本吾古民神思所创造，例以动物学，则既白其愚矣，而华土同人，贩此又何为者?"这是对有人贩卖外国的谬论而对中国神话传说中龙的形象妄加嘲弄的驳斥。文中又说明，提倡科学、民主不可忘却发扬民族自信心："神思美富，益可自扬"，"烛幽暗以天光，发国人之内曜，人各有己，不随风波，而中国亦以立。"1913年，鲁迅在当时教育部任职时又发表了《拟播布美术意见书》。文章分"何为美术"、"美术之类别"、"美术之目的及致用"、"播布美术之方"几部分，回答了文艺的功能、文艺与人民的关系等根本问题，认为美术可以"表见文化"，"辅翼道德"，还可以"救援经济"，播布美术就是要更好地与最广大民众相通："播布云者，谓不更幽秘，而传诸人间，使与国人耳目接，以发美术之真谛，起国人之美感，更以冀美术家之出世也。"显然，这里含有重视俗文学艺术的思想。为此在具体建议中，提出要建设面向民众的各种文化艺术设施如剧场等；在"研究事业"中特别指出"国民文术"的专项，"当立国民文术研究会，以理各地歌谣，俚谚，传说，童话等；详其意谊，辨其特性，又发挥而广大之，并以辅翼教育"。这是依据新的文化教育发展观而对俗文学进行系统整理研究的设想。

被鲁迅称为在"五四"时期"活泼、勇敢，很打了几次大仗"的刘半农，对俗文学审美理论批评也作出了突出的贡献：

第一，积极主张文学革新，其突出点是总结弘扬俗文学的经验。从1917年到1918年，他先后写了《我之文学改良观》、《诗与小说精神上之革新》、《通俗小说之积极教训与消极教训》、《中国之下等小说》等，认定小说"在文学上占至重要之位置"，对俗文学审美特征进行了深入的研究。

第二，提倡白话文学，从文学与时代关系的高度加以论证。他以元曲为例，说明"吾辈所填者为吾辈之曲，自宜取材于近，而不宜于远”。他在“五四”前夜所撰的《答王敬轩书》，成为替白话文学大张义旗的檄文。

第三，关于俗文学的本质，他参照西方有关的学说，从与民众的关系上加以说明，认为通俗小说就是“合乎普通人民的、普易理会的，为普通人民所喜悦、所承受的”小说。

第四，热爱民歌，亲自收集与拟作民歌。“五四”时期，在他的倡议与组织下，北京大学师生开展了收集民间歌谣的活动，并出版了《歌谣》周刊。后来，他在《〈国外民歌译〉自序》和《〈瓦釜集〉代自序》里，说明他自己研究歌谣的注意点“始终是偏重在文艺的欣赏方面的”，要“把数千年来受尽侮辱与蔑视，打在地狱底里而没有呻吟的机会的瓦釜的声音，表现出一部分来”。他认为文艺审美创造要重视表现民众的声音，因而对俗文学审美创造经验的总结与提高给予了极大的注意。他说瓦釜的声音可以与黄钟的声音相互呼应，并认为文艺创作在雅俗结合中可以走出“更好的道路来”。

“五四”前夜，中西俗文学交流在寓言领域也有表现。继前述明代出现以译介伊索寓言为主的《况义》之后，在近代，广学会也在1840年刊行了伊索寓言的新译本《意拾喻言》。1917年由沈德鸿（茅盾）编选的《中国寓言初编》也出版了。该书校订者孙毓修所写序言里说：“译学既兴，浅见者流惊伊索为独步，奉诘支为导师。贫子忘己之珠，东施效人之颦，亦文林之憾事，诚艺苑之阙典”，指出在学习外来文学的同时，不应忘记中国文学（包括寓言）的可贵传统。

“五四”运动兴起之后，中国文学（包括俗文学在内）面临着社会发展和民众需求变化的新课题，俗文学审美理论批评的发展也便开始了新的里程。

（原载《中国俗文学概论》，北京大学出版社1997年1月出版）

《李逵负荆》艺术特色赏析

元人杂剧中有一批写梁山泊故事及李逵形象的作品。其中，康进之所撰《李逵负荆》是值得率先赏读的精彩之作。

此剧情节并不复杂，主要写李逵假日下山，听王林哭诉，误认为宋江、鲁智深抢劫民女而怒闹聚义堂，后知错怪了结义兄弟，负荆认错，并与鲁智深一起下山擒获抢劫民女的贼人，维护了梁山泊起义者的声誉。就在如此简洁的情节演进中，剧本却散射着难得的艺术光彩，颇为引人地描绘了起义英雄李逵的形象。

在描绘李逵形象时，这部剧作第一个显著的艺术特色是善于把人物外在行动的描写与内在精神面貌的刻画紧密结合起来。这方面的特色使其与同类古代戏曲作品相较，有着明显的优长。

比如，写李逵带醉欣赏梁山泊山水美景的出场就很引人。这里，不仅显示了李逵对起义者据守的梁山泊地区青山绿水的审美感情，而且显示了与即将展开的故事情节密切相关的人物性格美。请看在描画梁山泊风光的唱词中间所插入的一句道白吧：“人道我梁山泊无有景致，俺打那厮的嘴！”这是动情的话，有性格的话，是李逵这个人物才说得出的话。这和那种由人物顺便唱唱沿途景色，而与人物、故事无甚紧密关联的描绘，在实质上是迥异的。这里的赞美，是起义者对自己的事业洋溢着自豪感的赞美。这里的笔墨，画出了李逵性格美的第一道闪光，也就点明了以后他不许伤害梁山泊声誉那一系列行动的性格依据。仅就古代戏曲作品写人物出场来讲，这里的描绘也是写得有特色、有诗意、有审美价值评判韵味的一个范例。

有了好的开端，剧作继之是顺理成章地描绘李逵对污损梁山泊声名的事，表现出那种不可容忍的义愤与激烈的争执。作者的笔墨从诗意的烘托转入了细腻而有奔涌力量的显露手法。在情节每一步演进中，力求体现写人物行动与写人物精神面貌的结合。请看，作品写李逵到酒店发现王林老人有心思，便一问再问，而每次的问法不同，得到回答后的反应不同，精神活动的内容也不同。这里所写的一次次不同，一层层递进，都曲折有致地使人看到人物外在、内在的变化，而每一变化又都是李逵这一特定人物的特定表现。

第一次，李逵问王林要酒，发现王林有心思，他不解，忙说付现金，还暗自好笑："他口里说不要，可揣在怀里"，说着拿酒便饮。这自然写的是人物的粗豪本色。

第二次，李逵发现王林哭，便问王林，王林不愿讲，他的反应是"喒两个每日尊前语话投，今日呵为甚将咱佯不偢"。等到听王林说是为嫁女的事情烦恼，他又简单地顺口解劝，说是"常言道女大不中留"。这里写了起义者与平民的友善关系，在李逵的关切方式中流露的也是粗豪本色。

第三次，李逵问王林女儿嫁甚么人，才得知是被抢。李逵的反应是：在梁山泊地面竟有这等事？准是胡说。他火性顿起，一定要王林说清楚。波澜乍起，势将激荡。这自然也是粗豪本色，而疾恶如仇，忠于起义事业的性格已露端倪。

第四次，他追问王林，知道老人的女儿确实被抢。而抢夺民女的人竟然一个名叫宋江，一个名叫鲁智深。原来，梁山泊地面不仅有他赞叹的美好风物，还有污秽！他的心里，深深热爱梁山泊的那种赤诚，现在触发而起，变成要为维护梁山泊声名而力争的怒火了。这一次又一次由各异的方式、由外与内结合的描绘，聚集成展开冲突的力量。这里所具体展示的还是他的粗豪本色。

自然，这时候李逵没有忘记几点：一，他问了被抢经过；二，他问了有什么见证；三，他表示要回山找宋江、鲁智深来对质，并答应三日后找回王林老人的女儿。当他拿着江湖武人常用的红绢褡膊作为见证物时，这个粗豪的好心直肠人，决心要回山大闹一场了。

作者在这里显示出的高明之处在于：是他能在细致的情节演进中，揭示李逵这个粗豪人物对事情有自己的探究过程和他内心做决断的特定状态。抢民女之事，李逵认为有姓、有名、有证物，决心查究，但含着对宋江的惋惜，唯恐此事是真；又怕宋江赖去真相。对王林，他既同情，又再三叮对，要他依实告状，不要到对质的时候变卦。这不正是显出了李逵作为起义者，他与起义的首领和与熟识的民众之间的特定关系，及其在此情景下的心理特点吗?

从整部剧作看来，正是由于写人物行动与人物内心有较好的结合，就鲜明地画出了李逵性本粗豪、雄强，又努力考究事物真相的可爱性格。他有公而忘私的正直，有得理不知细想的疏略，又有坦然认错的胸怀。他确有处事并不精细高明的缺欠，但终究掩不住他豪爽而又明朗的那种性格的光辉。

这部杂剧第二个显著的艺术特色，就是紧紧扣住了李逵为维护聚义精神而奋力争竞这一点来运笔赋彩。作者善于引导人们去透过人物的种种优长与缺欠去领略李逵精神面貌中这一最可贵的东西，使人不禁由衷地赞美剧中带着幽默意味所刻画的李逵的朴实性格美。

李逵的形象在这个容量不算大的杂剧形式里得到引人注意的描画，重要原因就在于通过导致负荆的特殊过程，很好地显示了他忠实于梁山泊聚义精神这个耀眼的特点。他误责宋江、鲁智深越是义正词严，在去对质路上越是风风火火地催逼，对王林父女越是急于解救，就越是显出他是真为聚义而行动的好汉，越是显出他的错作法、好心地。

李逵回山找宋江、鲁智深争议，大闹聚义堂，从性格的外在表现看是显其粗鲁；从思想的内在因素看是显示其正直。他对宋江埋怨、指责时，有一处转述了王林失掉女儿后的痛苦情形，那真是对宋江、对李逵自己、对读者都是动心的语言。他把王林老人的痛苦凝结为一句话：“他道俺梁山泊水不甜，人不义”。这像火烧般的语言，是缠绕他自己心头那种为聚义兄弟伤害民众而难过、苦恼之情的倾诉。他所崇信并实行的聚义，自然是当时农民起义者所能达到的有局限性的思想境界。但就李逵这个特定性格的起义者讲，他在为聚义而献身的品格上，却可以达到令人赞叹的高度。李逵奋力争执是为了保持梁山泊聚义的纯正无邪，而绝不容许形成“水不甜，人不义”的状况。为此，他是何等的倔强！他甘愿以头相赌，要宋江、鲁智深去质对，并把这叫做“强赌当，硬支持，要见个到底”。为了这个聚义的义，对八拜之交的宋江哥哥也决不客气。在他眼里，只有服从于聚义的友情才是可贵的。无论从他坚持梁山泊人要义的公情，或者从他反对“花木瓜儿外看好”的私交来看，李逵这一形象都具有丰富的正面美育的作用。

不仅李逵在为聚义而感慨、激奋、争议、行动，故事冲突的解决也引导读者看到宋江、李逵、鲁智深经过一番波折后，更加齐心协力地实行剧作开头就点出的杏黄旗上七个字：“替天行道救生民”。这七个字紧连一起，与李逵形象相映衬，对聚义的内容作了较好的规定。更重要的是，情节发展本身显示了李逵对支撑义旗的宋江哥哥增强了信任和敬重；王林老人增强了对梁山泊起义者的信任和爱戴。这就以人物形象具体地显示了聚义准则是重要的，但准则能否真正实现使之成为受到民众欢迎的东西，则要有言行一致的人。李逵的性格美和动人的力量，正在于他是起义者中这类英雄人物的出色代表之一。

值得一提的是，作者写李逵的性格，不只是仅就人物自身去写，也还写了起义者之间的相互影响，特别是起义头领和有谋略、有思想的人物对广大起义者的影响。比如，李逵刚出场，在赞美梁山泊景致的路上，看到黄莺将桃花瓣儿嗒落水中，他想到红花在碧波中荡漾，“是好看也”，但也想到吴学究（吴用）说过“轻薄桃花逐水流”。他懂得做人不能像随水漂流的落花那样的“轻薄”。这似闲非闲的一笔，映衬了吴用平日讲的那些生动的比喻，在使李逵信守聚义者的情操方面，产生着不容忽视的潜移默化的影响。同样，在说服鲁智深与李逵一起下山擒拿贼人时，吴用说的是：“你只看聚义两个字。不要因这小忿，坏了大体面。”试想，这“聚义”两个字，梁山泊的“大体面”。不就是李逵一生为之奋斗的东西吗？

这部剧作叫做《李逵负荆》，在构思上无疑受有廉颇负荆故事的启发。但这里的李逵负荆，有着从本身性格生发的不可代替的东西，确实是李逵式的负荆。这是这部杂剧第三个显著的艺术特色。

廉颇负荆是历史事实限定了的古代赵国文武大臣之间的故事。廉颇作为战功累累的老将，错误地压抑了虽无战功但自有所长、别有功勋的年轻同僚蔺相如。廉颇由此惭愧而负荆，是发自共同维护赵国朝政的愿望。杂剧中的李逵负荆，则是由贼人冒名引起起义者之间的纠葛得到解决之后而负荆的。李逵看到对质结果证明抢民女之事不是宋江、鲁智深干的。他为自己错怪宋江、鲁智深，并曾大叫梁山泊“有天无日”、要去砍杏黄旗的举动而后悔，也为证明了梁山泊聚义准则未受损伤而喜悦。他负荆回山寨去认错，是起义好汉的负荆。李逵的负荆，有激烈争竞后认错的坦诚，有对宋江给以宽容的信赖和希冀，有对自己处事不细的内疚，甚至还有多打几下顶替赌头的淳朴的幽默。表现出显得有点笨拙的那种农民式的狡黠来。这些都是从宋、元间农民起义生活土壤上萌发出来的特点，与古赵国廉颇负荆大不相同。

一位元代戏曲作家，写农民起义者李逵的性格美，能达到如此丰富而得体的程度，是难得的。这在古代文学史上，是不多见的。对作者的身世，文献记载不多。就剧作本身看，作者对李逵这一人物是深怀喜爱的。在对人物的描绘中，渗透着处于元代统治者重压下人民的愿望，自然也融合着作者对起义者的赞赏。元代不少戏曲作家被迫沦落下层，较为接触民众。看来，康进之也属于其中一位。他将历史材料、民间传说与自己接触民众的生活实感相熔铸，才得以生发出这部剧作中如此色彩鲜明而生气勃勃的笔墨。

就此剧的语言看，也很有特色。作者行文遣词力求表现出北方民众口语的特点。比如，写李逵在路上嘲笑跟着去对质的鲁智深走路“似窟里拔蛇”，又说宋江走路“似毯上拖毛”。这是何等生动、活泼的北方民众口语，也是有力地烘托当时李逵讲话心情的出色语言。剧中这类话语不少，也很突出。但接着下面却让李逵唱出“你可甚么王子乔，玉人在何处吹箫”这种带有生僻典故的词句。这就显然不是李逵这一特定人物的声口，而是作者作为当时文人某种旧有艺术趣味的流露。这些都是微疵，知之即可，不必苛责。

（原载《名作欣赏》1983 年第 2 期）

《况义》明抄本简说

《况义》是出现于明代天启年间的一部寓言集，由当时西方传教士金尼阁与中国文人张赓合作编述而成。就现在已知材料看，它是以译述伊索寓言为基本内容的，应属中西寓言文学交流的早期文献。有的材料提及它曾有当时在西安的刊本，但流传极少。它的明抄本有或为全文者，或仅有正编者，均存于巴黎法国国家图书馆。过去国内难得读到，有从巴黎拍回的缩微胶卷，也不是全本，因而有些介绍和著录也不完全准确。可喜的是，1983年罗大冈先生将访问法国时获得法国友人赠他的《况义》明抄本全文复制件又转赠北京图书馆。笔者受托作转交之事，故得以先睹此珍品。读后，深感它对研究文学史尤其中西文学交流史是很重要的材料。为了有助于学术界进行有关方面的研究，笔者除将《况义》明抄本全文整理标校发表（见《文献》季刊1985年第2辑）外，对这本寓言集的一些有关史料及在中西文学交流史上的地位也做了些探索，现就管见所及简说于下，以与学术界及对此有兴趣的朋友们研讨。

第一，《况义》是怎样一部书？

《况义》是一部寓言集，基本内容是介绍伊索寓言的，但是否完全是译自伊索寓言，或如有的工具书所说“即《伊索寓言》”呢？它的著述者情况如何，对书的编成各自起了什么作用呢？看到《况义》全文复制件，对这些问题可以有更明确的认识了。

过去有文章说《况义》收伊索寓言22篇，大约只看到了正编或其缩微制品。其实在巴黎法国国家图书馆藏的明抄本不仅有只录正编的本子，也有包含正编、补编及《跋〈况义〉后》一文的全文本（登记编号 9269）。罗大冈先生转赠给北京图书馆的正是后面这种本子的复制件。据近日戈宝权先生撰文谈及他不久前所得知的法国国家图书馆所藏几种本子的情况，也证实了 9269 号的本子是《况义》的全文本。

这个《况义》全文本是不厚的抄本，除封面、扉页外，共 18 个折页计 36 面，正编 16 面、每面竖 9 行，每行 24 字，补编 15 面，每面竖 8 行，每行 24 字。正编与补编抄写字迹不同，前者无断句，后者有断句；二者之间有《跋〈况义〉后》，署名谢懋明。

正编所录为 22 篇，绝大部分可从后来各种伊索寓言译本中检得，但篇末释义与后来译本转述者又大异其趣，而个别篇的出处仍待查考。补编中收寓言 16 篇，大部分也可以从伊索寓言的后来译本中检得。但列于补篇最前者却是中国唐代著名文学家柳宗元的两篇寓言，即《罴说》和《蝜蝂传》。还有的篇出处也待查考。

由上述这些情况，可以看出《况义》这部中西人士合作编的寓言集，其基本内容是译述伊索寓言的，全书总数不是收寓言 22 则，而是 38 则。也可推断，编述者开始是从中西文学交流兴趣着眼，着重介绍伊索寓言，后来也有围绕“况义”的目标加进中国寓言的尝试，只是没有继续做完此事罢了。

第二，《况义》的编述方式和两位合作者各自起了什么作用？

对这样一部中西人士合编而成的寓言集，过去介绍其编述方式和两位合作者起的作用也有不同的说法。有的文章介绍为“金尼阁口译、张赓记录”，有的词典和文章索性只写为金尼阁的著述，不提张赓。与《况义》全文复制件一对照，可知上述说法不尽确切。依原抄本所署，应是“西方金尼阁口授、南国张赓笔传”。

《况义》明抄本中附有鹫山谢懋明跋，对张赓在笔传中的作用和旨趣作了重要的介绍。此文开篇就说：“余既得读张先生《况义》矣，问先生曰：‘况之为况，何取?’先生曰：‘盖言比也。’余乃瘀然若失，知先生之善立言焉。”文中又说：“张先生悯世人之懵懵也，取西海金公口授之旨而讽切之，后直指其意义所在，多方开陈之，颜之曰，‘况义’。所称宽而密，罕譬而喻者则非耶?且夫义者，宜也；义者，意也。师其意矣，复知其宜。虽偶比一事，触一物，皆可得悟，况于讽说之昭昭者乎?然则余之与先生，先生之与世人，其于所谓义一也。何必况义，何必不况义哉?后有读者取其意而悟之，其于先生立言之旨，思过半矣。”

这些跋语表明谢懋明对张赓其人和笔传《况义》的旨趣均有颇深的了解。关于张赓身世详情仍有待查考，但跋文介绍的情况表明他是有自己作笔传的追求和见解的。文中说他取金尼阁“口授之旨而讽切之，后直指其意义所在，多方开陈之”，甚至称他“善立言焉”，而不认为他只是简单的记录者。作为直接接触著述者而写的这则跋语，应认为是具有说服力的材料。

至于原署即为“口授”的著述者之一金尼阁的材料，要多于张赓。这些材料的记述也有出入，但大致可使我们对之有基本的了解。（就笔者接触不少材料看，均记载金尼阁为法国人。《况义》抄本全文中提及金尼阁的有两处：一处是书前署名称为“西方金尼阁”，一处是跋文中称为“西海金公”，只说明是来自西方的传教士，并未表明国籍。有的文章过去称他为比利时人，不知何据。）现就有关了解《况义》作者的材料简说于下：

《宗教词典》（上海辞书出版社出版）在金尼阁条目中，称他原名NicolasTrigault、生于1577年，卒于1623年，号四表，法国杜埃人，是明末来中国的天主教传教士。关于他来中国的时间，此条记为1607年由里斯本到印度，万历三十八年（1610）秋抵达澳门，翌年春到南京。此条介绍中提及他在万历四十年奉会长龙华民之命赴罗马向教皇汇报过教务，万历四十八年与22

名耶稣会士携带教皇所赠书七千余部又至澳门。并称他曾在南京、韶州、开封、西安、杭州等地传教，还曾在绛州、西安、杭州等地印行中西书籍。关于他的著译，该条介绍说“有《西儒耳目资》、《况义》一卷（即《伊索寓言》）等。”此条对金尼阁身世、行止作了概要介绍，点明他卒于杭州，所举西安、绛州，都与他自己的著述有直接的关系。但其中只称《况义》为他的著译，并称“即《伊索寓言》”，这是不很确切的。对他来中国时间的记述与别处记载也有异。

《图书馆学季刊》第四卷第三、四期合刊（1930 年 12 月出版）有介绍明清来华西方传教士的专文，其中介绍金尼阁颇详。该文称他为法国人，其字为四表，其名又作尼谷尼谷。介绍生平事迹有与《宗教词典》金尼阁条不同之处，如关于金尼阁来华时间记为他于万历九年（1581）已来中国，而于万历三十八年传教到浙江。文中特加按语认为梁启超与日本学者稻叶君山所记金于万历三十八年来华的说法不确。理由是利玛窦死后，金氏持其稿或寄稿归国，认为他在万历三十八年不是初来，而是复来。这个史实需要另行考证，但这里又提出了金与利玛窦的关系，倒值得注意。因为利玛窦曾在著作中引用过伊索寓言。如果说金尼阁与利玛窦关系较多，而且曾保藏传递利氏文稿，那么，他编述《况义》寓言集，是受到利玛窦影响的，而他后来又将此事向前推进了一大步。

值得注意的还在于此文在介绍金的著述时提到金尼阁于天启初奉召至京师，“尝授王征外国文字语言，六年成《西儒耳目资》三卷，每卷一谱，以西洋之音通中国之音，此为最早之书”。并引梁启超所说，认为“其后方以智之新字母，参用金尼阁谱，即此书也”。王征与张赓同为与金尼阁交往颇多的人，可惜此文只介绍与王征关系，未提及张赓。此文接着提到他“又著有《况义》一卷，《推礼年赡礼法》一卷，及《意拾谕言》、《宗教祷文》等。”此处记《况义》也只认为是金一人的著述。对金的卒年记为崇祯二年（1629），“卒于杭州，葬城外方井南，”所记比《宗教词典》为详，但记卒年晚了一年。

金尼阁为其所著《西儒耳目资》写的自序，还有当时友人为其写的序记文字提供了更直接的佐证材利。《西儒耳目资》确是最早用西方音韵学方法识别汉字读音的一部工具书。北京图书馆不仅藏有明天启六年所刻分六册装的本子，也有1933年北京大学与北京图书馆联合影印的分装三册的本子。刘复在后者的跋语中说，用此书“求明季音读之正，较之求诸反切，明捷倍之。又编制精审，离内容而言方术，亦尚足资楷模，是其书固未可即废也。”就是这样一部书，既显示了在语言音韵学方面的意义，也显示了与《况义》有关的材料。主要有两方面：

一是此书可以说明金尼阁热心于中西文化的交流，《况义》之编述并非偶然。王征在序中说：“金四表先生乃天下极西国人，慕我明崇之文化，梯航九万里，作宾于王。”又说金曾经历多国，在中国勤于探究“圣贤典籍”，并为帮助别人克服文字障碍而编此书，这不仅是“西儒耳目资”，也可称为“万国耳目资”。韩云在序中说金尼阁是继续利玛窦努力从事中西文化交流的人，称他是“自淑淑人，一切学问无不欲人直穷原原本本，而又不骄不吝，不倦弗止。”韩云也记述了自己敦请金尼阁到山西交流学识及鼓励金写成此书的经过，他还表达了从这种交流中“会中西之同，抉天人之秘”的愿望。金的中国友人是如此说的，他们对利玛窦及金尼阁传教活动的另一面，未曾涉及，金尼阁的自序也是侧重在促进中西文化交流这方面谈的。他说自己“幸至中华，朝夕讲求，欲以言字通相同之理。但初闻新言，耳鼓则不聪，观新字，目镜则不明，恐不能触理动之内意；欲救聋瞽，舍此药法，其道无由，故表之曰耳目资。然亦述而不作。”他也讲到了韩景伯（即韩云）鼓励他把“述”变为“作”的经过。这里说的是为中西文化交流中解决语言文字障碍而做的努力。他认为这对于深入了解中国文化内容是很重要的，即使是通习汉文的“大方之家”也有了解的必要。他作了个譬喻说：“无疾者时蓄医书，恐亦未足为累也。”这也可算他自己创设的一则小的“况义”。

由这些材料可以看出如下几点：

1. 金尼阁在中国的身份是传教士，但热心于文化、文学交流。金的自序署明为“泰西耶稣会士金尼阁撰”。署名左方钤有二印，一为有“IHS”字样与十字架图形的印章，一为有篆文“金尼阁印”的印章。金所属的耶稣会本为欧洲16世纪出现的天主教修会之一，一般认为它是反对宗教改革的重要派别。这一教派曾经由罗马教皇保罗三世批准，成为颇有势力的保守教派，也受到进步的资产阶级思想家的抨击，后来又有被解散又恢复的复杂经历。明代后期正是该会向世界各地广泛活动的时期，先后多次派人东来传教，金尼阁便是其中之一。这里有个值得研究的现象：在欧洲资产阶级文化发展进程中的保守教派所派出的人员，却在新接触西方宗教的中国人士面前也带来了某些有用的欧洲文化，就这方面讲，也起了他们在欧洲宗教改革中不同的作用。是否可以认为，由于明代末期中国社会经济文化所受的封建羁绊比欧洲一些国家更厉害，那些西方文化中带有早期启蒙因素的东西也有激发中国人的作用呢？加上金尼阁对中西文化交流的热心探求，他的这方面活动实际上部分地突破了他作为耶稣会传教士那种保守教派观点的范围？这些有待于史学界作出更深入的论证。不过有一点是令人高兴的，即据现见的记述，尚未发现金尼阁在中国期间有像后来晚清时期某些外国传教士那样做什么伤害我国人民感情的事。他的主要著述，不论是《况义》的合作编写，或是《西儒耳目资》的独立撰写，都是有益于中西文化、文学交流的成果。

2. 金尼阁在从事著述上也有个发展过程，先是“述而不作”，后来在中国友人鼓励下才有致力于用汉文著述的成果。因之，他在合作而成的《况义》寓言集上署自己作“口授”，在《西儒耳目资》上才署自己作“撰”，是反映他著述发展实际的，决非任意为之。把《况义》和《西儒耳目资》同等地看作金尼阁一人著述是不适当的。

按照原来《况义》明抄本所署的金尼阁、张赓二人的合作编述方式及各自的作用，至此已经可以更进一步看清楚了。有趣的是后来林琴南译述《伊索寓言》时，所采取的与懂外文者合作的方式和张赓当年同金尼阁合作的方式很为相似。而从林的序言看，他自己却还不知道有《况义》此书。二者遭遇也有不同之处：金尼阁作为口授者，后人以著述归之，林琴南以笔传者为实，一般反以著述归之。当然这与林琴南在国内文学界的影响及其对口述材料加工甚大也有关系。按照《况义》的实际，还是应认为是金、张的合作编述，这也可以作为中西文学交流史上的一段佳话了。

第三，《畸人十篇》与《况义》的关系

过去有文章把《况义》作为最早介绍伊索寓言的译作，不久前，戈宝权先生撰文谈及应以利玛窦的《畸人十篇》为最早。这个问题引起了研究中西文学交流者的兴趣，也牵涉到对《况义》价值的认识，值得探讨。

就出现时间看，确实是《畸人十篇》早于《况义》。不过细察二书，二者同属介绍伊索寓言，但书的性质不同，在文学交流意义上所居的层次也就不同。前者属于传播教义的著作，行文中间引用了伊索寓言；后者属于专收寓言而以伊索寓言为基本内容的文学专集。这可以从二书比较中获得更具体的了解。

北京图书馆藏有《畸人十篇》明刻本，扉页题记标明为明万历间西洋利玛窦所撰，此书分上下二卷，收文十篇，后附西洋琴曲意译歌词八章。书中主要表述了利玛窦这位当时在华耶稣会士领袖人物的劝世意旨。利玛窦于万历十年（1582）被派来中国，万历二十九年到北京，向明皇进呈过自鸣钟等物。他在传教中与中国官吏、文人交往甚多。金尼阁等属其指导，也受其影响。利玛窦在中西文化交流方面也起了不少作用。他主张将中国传统的思想与所持天主教义相融合，这些在《畸人十篇》中也表露得很明显。他的著述甚多，有《关于耶稣会的进入中国》，也有介绍西方自然科学成就的《天学实义》、《几何原本》（与徐光启合译）等。《畸人十篇》是其著述中具有文学色彩的一部书。李之藻在序中称他的这部书是“与天主实义相辅行世者”，“其言关切人道，大约淡泊以明志，行法以俟命，谨言苦志以禔身，绝欲广受以通乎天。载虽强半圣贤所已言，而警譬博证，令人读之而迷者豁，贪者醒，傲者愧，妒者平，悍者涕，至于常念死候，引善防恶，以祈宥于帝天，一唱三叹，尤为砭世至论，何畸之与有?”这里就是说：人们认为他是“畸人”即怪异之人。其实他讲的是教义常理，而他讲教义常理又善于“警譬博证”，足以动人。伊索寓言在书中被引用，就是为此而服务的。这与《况义》的编述显然是不同的。略为展开比较一下，可分两方面：

1. 《况义》的编述专以寓言成集，《畸人十篇》只以寓言作为每篇行文举例，故事选择随着每篇题意而定。而且举例不尽为寓言，有的是别的历史故事，有的还是作者所交往的中国人经历的故事。如第五篇《君子希言而欲无言》中，在回答曹给谏所问“圣人皆希言而欲不言也，奚谓乎”的时候，作者讲了琐格刺得（即今译苏格拉底）教学生以默为宗的事，说他帷下弟子每七年不言则出，出其门者多知言之伟人也。又说：“是默也，养言之根矣。”又如第九篇《妄询未来自速身凶》中，以作者居南方时曾有郭某听信星卜之言的经历为例，当时郭年龄五十有五即认为死期将至而忧泣，经利玛窦劝导后解除忧思，“别后无恙，逾四年又得一子，归岁已八十，犹健饭不减昔日”。再如第七篇《自省自责无为为尤》中，写到人问“贵教坐功否”，他回答时，用澄清泉水作比喻，说是先除粗石，再除小石，次及土沙。这里连故事性也没有，而是直接以物理比喻修养的步骤了。

2. 《况义》所收伊索寓言有与《畸人十篇》故事中人物关系相近但情节不尽同者，如“一士交三友”故事，情节与释义就不尽相同。就总体看，二书故事几乎没有什么重复。《畸人十篇》中第五篇《君子希言而欲无言》中举了阨琐伯（即今译伊索）奉主人命准备舌头宴待客的故事，他说世界上最好的是舌头，最坏的也是舌头。这则与伊索本人有关的寓言故事，在西方流传很广，那个著名的话剧《伊索》也把它写进去了，但《况义》中并没有收此则。

由这种比较可以看出，《畸人十篇》还只是行文中举例使用了一些伊索寓言，而《况义》却是有目的地以编寓言集的方式着重介绍伊索寓言。就文学交流讲，《况义》显示了真正的文学集的性质。金尼阁和张赓所从事的编述是继续了利玛窦的初步介绍，而又比利玛窦的书进了一大步。金尼阁和张赓有可能从利玛窦的书受到启发，而他们的编述并没有简单的承袭，这就说明他们的劳作是很有意义的。仅就编成为集子而介绍伊索寓言讲，他们对中西文学和文化的交流仍然是具有开创性的贡献。

第四，《况义》明抄本对中西文学交流研究的意义

《况义》明抄木的全文复制件使更多人看到这一稀见的文学交流的史证，对人们研究中西文化、文学交流史有很大帮助。

1. 《况义》明抄本把人们关于中西文学交流的时间眼界和成果的质量眼界都扩展了。从时间眼界说，过去人们已经谈到元曲《赵氏孤儿》传入欧洲并引起法国著名作家伏尔泰等先后将此剧改写为新剧本的事，也谈过《好逑传》等中国小说传入欧洲及歌德等对之表示的兴趣。但那些是18、19世纪的事了。现在我们不仅可以找到16世纪末先后来中国的利玛窦、金尼阁向人们讲述伊索寓言和其他欧洲故事的文字记载，《畸人十篇》就是行文引述伊索寓言的早期文献，而且有17世纪前期即编述成集的寓言专集《况义》出现，还是中西人士合编而成的，这不是有趣而且重要的事实吗？

欧洲在古希腊文化中出现了伊索寓言。在中国，先秦诸子和古代史书中（如《春秋》《国语》《战国策》等）就有大量寓言作品。东方和西方各自有久远的寓言文学的传统。由于历史、地理、语言不同等原因，中间即或有个别引述寓言的可能（如汉

代班超、张骞和西域的交往，又如宋元间西方人员东来)，但至今尚缺少文字记载的发现。到了明代，这种表现为书刊上的文学交流得以实现。当东西两种寓言文学刚刚碰头的时候，人们对它们的叫法还不一致呢！但是社会事理的比方和文艺鉴赏的规律，在不同民族不同语言中也还有共同性。如金尼阁所说辨别不同语言可以通共同之理，金尼阁和张赓合编寓言集以“况义”为名，正是以“况”即比方作为寓言文学作品的突出特征。他们或者还有他们的友人又可以把柳宗元的作品和伊索的故事编入一类，说明他们在这种文体的认识上也有交流而达到近似的认识。

不过金、张二人当时还未想到用庄子说过的“寓言”二字替集子起名。到了清光绪年间，林琴南译述伊索故事，题书名为《伊索寓言》。1917 年沈德鸿辑成《中国寓言初编》，进一步肯定了“寓言”的称谓。校订者孙毓修在序言中主张在译介外国寓言的同时，要注意整理研究中国的寓言。他说：“译学既兴，浅见者流惊伊索为独步，奉诘支为导师。贫子忘己之珠，东施效人之矉，亦文林之憾事，诚艺苑之阙典。”这是有道理的，也是对沈德鸿（即茅盾）整理中国寓言劳绩的热烈赞许。到了本世纪 50 年代，周启明在《伊索寓言》译本附文中提及“寓言”这名称是好古的人从庄子书里引来的并不很好，但比过去教会所出《意拾蒙引》的“蒙引”二字要现成些。他倾向于用“譬喻”来称呼，但他没说到“况义”。金、张二人当年了解的“况”也即“比方”、“譬喻”的意思。不过多年来“寓言”的叫法已是约定俗成，大家习惯了。

就寓言文学特征来说，当时用“况义”反映东西方寓言作品的共性还都是适宜的，《况义》抓住这一点作中西寓言文学交流，其功不可磨灭。据介绍法国国家图书馆所藏《况义》抄本中的作品曾有法文译作，有一种本子似还单独以补编成册，因而把《罴说》作了这部分的题目。但柳宗元寓言在欧洲传播与被引用的情况尚待查考。与伊索寓言在中国继续传播而译本一再翻新的过程并行，欧洲知识界也不断在著述、报刊中引用中国寓言故事。据范存忠先生介绍，英国哥尔斯密在所写《中国人信札》(即《世界公民》) 中就有不少中国寓言故事，如《说苑》里老子以齿堕舌存说明柔弱胜刚强的故事，“螳螂捕蝉，黄雀在后”故事等。其他如1737年《工匠报》发表的用以攻击政敌的文章引用中国那篇讲社鼠的寓言，散文家政治家切斯特菲尔德为讽刺该国当时弊端也引用过《晏子春秋》和《新序》里的一些寓言。

比较起来，中国明代出现的《况义》寓言集在东西方文化交流中应当算是较早的专集性成果。欧洲人士对中国寓言的运用，也可说是《况义》在西方的身影。进一步研究《况义》对了解东西方文化特别是寓言文学交流是有意义的。

2. 《况义》的基本内容属于用文言译述欧非二洲土壤上生长的寓言故事。作这种新的笔传，需要在审美价值的形象呈现上有新的笔墨、新的意趣。这就有益于中国寓言故事及文言短篇小说在写作上发生新的变化。这也说明，中西寓言文学的交流会使各自以譬喻为主的寓言文学手段在互相吸取养料中都不同程度地增强和丰富起来。

金尼阁口授伊索寓言，在友人中找张赓作笔传，并非偶然。就《况义》文笔看，既有能传达外来寓言故事的新鲜之感，也有着眼于中国人理解感受而形成的特色。以南风和北风在空中争论和比赛那个寓言为例，在后来别的译本里是发生在太阳和北风之间的事，这里却用南北风关系来表现。那争辩的内容的表达也变成阴阳二气的本性那种为上，柔与刚何者为上的语言。这就带着中国哲学观念所熏染而成的特有的意味。至于用文言描述南北风的比赛经过，也精炼、生动，显出了新的笔墨。请读这样的描述：“北风发飚，气可动山，行人增凛，紧束衣裘，竟不能脱。”接下来写的是：“南风转和，温煦热蒸，道行者汗浃，争择荫而解衣矣。北风语塞，怅恚而去。”前者写出行者“紧束衣裘”之状，在表现欧洲风雪天的况味上不是也颇像吗？结尾的北风“怅恚而去”，却很有中国文言短篇故事特具的意味隽永的长处。其中写及风的争辩时，也用了“幸有行人，交吹其衣，不能脱者，当拜下风”的说法，在运用词语上化熟为巧，颇为有趣，也还可以使人领略到北风的某种性格特征。故事后面的释义说：“治人以刑，无如用德”。这也是颇像先秦诸子常有的那种警句式评议语言。另一个例子是写狐狸以奉承的办法骗取了树上乌鸦口中所衔肉块的故事。文后释义说：“人面谀己，必有己也。匪受其谀，实受其愚。”这和后来译本题为《大鸦和狐狸》那同一故事后面只说了一句“这故事适用于愚蠢的人”一比较，显然角度不同，而且《况义》编述者加的释义更具有中国格言的特色，更耐人寻味。

从总的看来，《况义》笔传的文字有不少地方是有声有色的，在某种意义上可以说为后来译述外国文学作品和为汉语文言故事小说的写作，都提供了一些有用的经验。当然，也应看到有些篇在叙述与释义中都渗透着编述者所受当时消极思想的影响。如对驴子两次驮盐和木棉过河都故意浸水而得不同结果的故事，后来有的本子的释义强调了讽喻不知情况变化，而《况义》此篇则释为：“主命所加于尔，尔安承之。尔必以诈脱，主还将尔诈绳尔。”这不是在宣扬“安承主命”的消极思想吗？不过，在另一种情形下，编述者也表示了对受害者的同情，如写病创者不要别人驱赶正在吮创口的苍蝇那则寓言之后，编述者在释义中就表达了与《苛政猛于虎》、《捕蛇者说》一类中国寓言作品中所含的类似的感情。释义说：“民疾剥肤久，挥害与轻由几食人者之属厌也。食而不厌，可若何？”这里同情民众疾苦之声，不也是很动人的吗？

3.《况义》明抄本的全文复制件给中西文学比较研究也提供了新的启发。

中西文学作品的交流是个过程，各类作品、各种交流方式在交流中也必有其或迟或早、或兴或衰的多样变化过程。作为寓言文学交流的早期成集这样的成果《况义》，它在交流过程中具有发展特定阶段的代表性，又有中西人士合作编述、评议方式的特色。它告诉人们不同文学产生自不同的土壤，对它们的比较很可以从反映生活的真实程度，蕴含道德情感的高下，及审美价值体现于文化传统的特征中得出许多收获来。而由于交流和互相影响，以至这种不同的译述和评议，也可使文学作品生发出新的特色和格局。可见不同民族的文学作品的区别和联系，在比较研究中是有许许多多学问可做的。作为寓言集的《况义》已经叫人为此打开思路，那些故事、情节、人物更复杂的小说、戏剧作品的交流及相互影响，岂非更加值得从多种角度去探究吗？

《况义》只是一个不大的集子，但它却可以引起对中西文化、文学交流特别是寓言文学交流的多方面研究。它出现时间早而且是幸存的珍品。它有属于最早或早期出现的中西文学交流的寓言集的身份，也有不及后来那些译本更合原本文意的短处；它有使原故事及释义带上中国特色的长处，也开拓了文言描述的功能，但也有或不能尽符原作文意的缺欠。重要的是，它是历史留下的有关中西文学及文化交流的一个证明。我们应当珍视这个证明，研索这个证明，以求吸取有利于今后文化交流发展的某种教益。

（原载《西北大学学报（哲学社会科学版）》1986 年第 3 期）

《金瓶梅》和中国小说美学发展关系之谜

一、《金瓶梅》是“可谓奇书，无当巨览”吗？

《金瓶梅》这部小说从问世之始，就引起了很大的震动。这是因为它别出心裁地集中展示了当时社会的荒唐景象，因而深深触动了时代的神经吗？这是因为它敢于如实地描绘生活中的诸色人等，以至在写“床笫之私”上也大大突破了原先文学写法的常规吗？

是这样，但也不完全是。

它在文学社会功用和艺术手法等方面的优长和缺欠都与它在审美方面引起的震动有关系。本书前面各部分对有关的谜已作了相应的初步解答。但是从审美文化发展角度来观察《金瓶梅》引起的震动和其绵延不绝的影响，却是绝不可忽略的。作为一部小说，它是审美文化的具体形态，它的作用和影响都要通过审美特色来实现。从小说发展史来看，对这部小说如何从总体上把握其审美特色，它和中国小说美学发展关系如何看待，都有许多引人兴味的谜。我们只就其中重要者梳理一下，就可以发现一连串待解的谜题，而首当其冲的就是对这部小说审美文化创造价值的总体估量：它是有丰富审美价值的巨著，还是“可谓奇书，无当巨览”呢？这就是个颇有意义的谜。

《金瓶梅》从早期抄本流传到现在已有三个半世纪还多了。它遭到的毁誉纷纭，难以尽述。大致说来，毁誉争执中有关它的“曲尽人间丑态”（廿公语）的文字可能产生的道德、风化影响上的得失谈得较为突出：有些维护旧道学的论者简单地骂之为“淫书”；有的则说它“为世戒，非为世劝”。前者那种简单地骂倒的论调本属妄说，已有许多有识者反复驳斥，前边也有专文讲到应如何全面分析，此处不赘。值得注意的倒是对它在审美文化特色上到底如何估量，即使在誉者中也并不那么一致。有些誉者能同意称它为“奇书”，却不认为它有高度的审美价值。“可谓奇书，无当巨览”的说法，就是明代一个赞成发展通俗小说的文人反复论列的。

此人是谁？就是为冯梦龙加工的《平妖传》连作两次序的张无咎。此说并不是简单地贬斥《金瓶梅》为“淫书”，而是从审美创造成就上予以贬低。此说有理吗？貌似有点理，实为无理。后来张竹坡在《第一奇书批评金瓶梅》评点文字里一再不指名批驳的就是张无咎的这种说法。

张竹坡在该书《读法》中说：“常见一人批《金瓶梅》曰：此西门之大帐簿。其两眼无珠，可发一笑。夫伊于甚年月日，见作者雇工于西门庆家写帐簿哉？”这当然是反讥，指的正是张无咎为《平妖传》所作二序中之一为论证《金瓶梅》“无当巨览”所说的话。张无咎原话是：“《玉娇丽》、《金瓶梅》，如慧婢作夫人，只会记日用帐簿，全不曾学得处分家政，效《水浒》而穷者也。”但张竹坡的反讥并不能从根本上驳倒张无咎所说《金瓶梅》“无当巨览”的全部论据。此后与张无咎所说类似的说法，仍时有出现。比如《小说枝谈》所引《缺名笔记》说：《金瓶梅》“是书名重已久，然实芜秽不足观”。到了近代有冥飞其人，他在《古今小说评林》中也说：“《金瓶梅》虽是白话体，但其中什九是明朝山东人俗话，其书之事实、文法以及布局，绝无可取。”后二人的论调岂不是和张无咎说的“无当巨览”的意思相类吗？只用“两眼无珠”反讥之，不能解开由他们的论调而纠缠更紧的谜结，这是显然的了。

那么如何观察张无咎这些人对《金瓶梅》的责难呢？他们所说的是对这部小说审美价值的总体估量，当然也就要从中国小说作为审美文化形态发展的历史联系中来做观察并给以回答。是否可当“巨览”、是否成为“足观”的审美对象，只能从审美文化形态的路子到《金瓶梅》呈现的变化所引起审美震动的程度来判断。如果只说因为所写对象是日用小事、不尽为大事而不成“巨览”，那正好离开了审美形象创造的具体性来谈小说，责难的思路一出行就走岔了。看来正要从这里分说。

张无咎二序所说的奇与幻、真与正两对审美范畴，本来都只能从审美形象创造具体性如何使二者能结合得好来论列的。按道理，这二者结合得好，越有新颖而深入的形象描绘，才越有看头。“巨览”的能否达到，只能从这里来。张无咎却把描写对象事件的大小和审美创造成功与否混淆了，也把效法前人长处和创新的重要性混淆了。可惜张竹坡对这两者都未强调地据以反驳。

看看张无咎这两篇序，其中强调了小说审美创造要解决真与正、奇与幻的统一这个难题。他认为，在这个难题解决中达到的成就要分出高下，既看能否兼得，又看题材难易，他又认为俗语常说的“画鬼易，画人难”。依此类推，越是人常见的，写起来也越难。这样说来，他本人的论点正埋下他判定《金瓶梅》“无当巨览”的说法被驳倒的危机。

试问，《金瓶梅》不正是在这两重意义上，都取前人之长，在难题上显出了高手，因而成就为新颖而引人的“妙文”吗?张无咎说：“《西游》幻极矣，所以不逮《水浒》者，人鬼之分也。鬼而不人，第可资齿牙，不可动肝肺。《三国志》（按：指“演义”）人矣，描写亦工，所不足者幻耳，然势不得幻，非才不能幻，其季孟之间乎?”他又把这些小说与一些传奇相比，认为《水浒》像《西厢》，《三国志》（演义）像《琵琶记》，《西游记》像《牡丹亭》之类。他比的结果却离开了自己提出的从两重意义考察的尺度，得出了贬抑《金瓶梅》审美价值的怪论。请看，两序中大同小异的两个断语：

其一，“他如《玉娇丽》、《金瓶梅》，另辟幽蹊，曲中奏雅，然一方之言，一家之政，可谓奇书，无当巨览，其

《水浒》之亚乎！”

其二，“他如《玉娇丽》、《金瓶梅》，如慧婢作夫人，只会记日用帐簿，全不曾学得处分家政，效《水浒》而穷者也。”

两序下文都有评其他小说效《三国志》、《西游》如何如何，置而不论。《玉娇丽》原书今已看不到，也置而不论。专就谈《金瓶梅》而言，这两段文字一对照，便可以看出他的论断难以自圆其说了。

张无咎既然认定《金瓶梅》和《水浒》一样选了写“人”的难题，而且是进而写了“日用”所关的常见的“人”，也就是说是作了难上加难的难题了。作的程度如何呢？他又认定《金瓶梅》是“另辟幽蹊，曲中奏雅”。那应该是颇当巨览，为什么又要说“无当巨览”呢？看来就是对于从“日用”写“人”的这个蹊径，他也仅仅当作蹊径，所以认为不过是“《水浒》之亚”，或者说是“效《水浒》而穷者也”。

问题就出在这“效《水浒》而穷”的理解上。

中国小说审美创造发展的历史告诉人们，《金瓶梅》是借了《水浒》中西门庆与潘金莲关系的故事为由头，生发了一大部写世情的洋洋洒洒、蔚为巨观的妙文，并不是简单地“效”。它不是“效”而“穷”，而是引而通，是另一番审美文化创造的奇丽景象。至于指责《金瓶梅》像记“日用帐簿”云云，他意在贬低，从开辟小说新局面看，他却正是摆出了《金瓶梅》的审美价值所具的新鲜特征。明代著名思想家李贽在论及审美创作中画工与化工关系时早就指出，《西厢记》等杰作可以“借夫妇离合以发其端”，“小中见大，大中见小，举一毛端建宝王刹，坐微尘里转大法轮”。李贽还在《答邓石阳书》里指出：“穿衣吃饭，即是人伦物理；除却穿衣吃饭，无伦物矣……若自生分别，则反不如百姓日用矣。”这个哲学和美学上的新思路在当时影响巨大。应当说《金瓶梅》的审美创造上的贡献，正是和这一新的思路相呼应的。正因为这部小说真正生动地写了“日用”与

“世情”，而且达到了前所未有的既成巨大系统又是奇、正、真、幻兼备的形象，才真正成了转向近现代意义上所称道的现实主义小说的第一部巨著。

要说“日用帐簿”的记录，应当分开原始的生活帐簿、历史意义的帐簿和人物形象活动史的帐簿。就后者而言，善于记世情百态、诸种人物而构成形象史的，才是真正善于在小说中“处分家政”，只不过这是由过去习惯的神魔、英雄传奇转到现实中活生生的形象的“家政”罢了。这才是历史呼唤来的新的写实的高级审美成果。这是新的“巨览”，而不是相反。巴尔扎克立志要为法国社会作书记员，他不正是用形象记述历史面貌，才写下那些巨著的吗？

进一步说，既然《金瓶梅》所开辟的是审美文化形态的新格局，奇与幻、真与正也就需要在适应新的审美创造的追求上实现具有新特点的结合。张无咎看到以前已有的一些通俗小说的写法，以其在上述两对范畴结合掌握上各有侧重和特点作了分类。他也为《平妖传》加工能使两对范畴有所结合而高兴，称之为“备人鬼之态，兼真幻之长”。以此类推，那就应当承认小说的审美创造在内容和形式上都有翻新的广阔天地。为什么与以前已见小说取材相类的翻新是可取的、可当巨览的，而打开描写日用生活、世情诸态广阔画图的《金瓶梅》反而是“无当巨览”的呢？曾经有人指出张无咎对奇与幻、真与正两对审美范畴关系理解过于绝对化，不如后来睡乡居士等更懂得两对对立范畴之间也互有渗透，比如幻中有真之类。放在对《金瓶梅》审美价值估量上说，更重要的还是他不愿意承认审美文化形态上这种崭新的现象。他虽然也赞成推动通俗小说的发展，但他身上陈旧的审美意识妨碍他正确认识新的审美创造的“巨览”。后人还要跟上他发出类似的论断，也就和审美文化发展的新要求更形扞格了。

当然，光指出张无咎此类说法经不起美学道理的推敲还是不够的。应当说，它更经不起几百年来许多有审美眼光的人对《金瓶梅》实际审美体会的验证。这方面的有识者是代不乏人，而且越来越众多的。早在《金瓶梅》早期抄本流传的时候，袁宏道就写下自己阅读这部小说的惊喜之情，说它“云霞满纸，胜于枚生《七发》多矣!”说“云霞满纸”，自然是成为巨览的美妙作品，而且说它对人可起的启发、警醒意义，也大大超过枚乘那著名的《七发》。这是袁宏道对《金瓶梅》审美价值的热情肯定。袁中道似乎还有点为这部小说遭受的严重指责而犹豫，但也并非苟同“决当焚之”的论调，而是认为“焚之亦自有存者，非人力所能消除”。这倒是对这部作品具有顽强生命力的预言。

后来，袁宏道的孙子袁照在清代曾借作传之机以封建观点为其祖父作回护，说后来传世的《金瓶梅》如何“鄙秽百端，不堪入目”，说那“非石公取作外典之书”。《新刻金瓶梅词话》本的一再发现却以实物证明了袁宏道的审美眼力：《金瓶梅》这部有缺点的非凡作品仍然是“云霞满纸”的非凡作品。

到了现代，鲁迅和郑振铎等更加以新的历史观和审美观继续和弘扬了袁宏道赞扬《金瓶梅》的眼力。鲁迅在《中国小说史略》中热烈肯定《金瓶梅》是明代出现的“最有名”的“世情书”，并指出此书作者善于“描摹世态，见其炎凉”，“凡所形容，或条畅，或曲折，或刻露而尽相，或幽伏而含讥，或一时并写两面，使之相形，变幻之情，随在显见，同时说部，无以上之”。这样的小说还“无当巨览”吗？郑振铎也认为《金瓶梅》是中国小说发展的“一个极峰”，要找“表现真实的中国社会的形形色色”的小说，“恐怕找不到更重要的一部小说”。尽管郑振铎的个别提法仍有可以斟酌之处，但他和鲁迅同样充分地估量了《金瓶梅》那非凡的、确当巨览的审美文化创造上的价值。

张无咎所说“可称奇书，无当巨览”之类的错误论断引起的混乱应该澄清。这方面的谜也该更清楚地揭晓了。

二、怎样了解《金瓶梅》的审美价值？怎样了解“化丑为美”？

这个问题是前一个问题在具体了解《金瓶梅》审美价值上

的延续。

在不少人说来，承认《金瓶梅》的奇容易，承认它的认识意义丰富也容易，承认它写得美就不那么容易。过去有的人指责它“芜秽”、“不堪入目”等等，除了指其中写床第之事过于直露的严重缺欠之外，从审美创造上说，也是认为它写“诸恶并作”，就不会美。也有评论者认为它着重写了奸贪淫邪诸色人等，但其文甚美。还有的评论者以辩护的心情强调它的美是“化丑为美”。到底应该怎样了解这部小说的审美价值呢？在承认它是可当“巨览”的前提下，能不能说它的具体形象写得美呢？这里的形象的审美价值能不能看作主要是因为作者善于“化丑为美”呢？

这个有趣也有深度的谜，要从小说审美价值中的肯定和否定因素如何构成辩证关系来了解。

《金瓶梅》作为小说，是审美文化在一定社会条件下涌现的成果，就具体产生说，又是作者（不论是群体的或个体的）在精神生产中进行审美追求的结晶。从审美价值论观点看来，审美是对事物所呈现的形象价值的感受、评判和创造。作为文艺创造中的审美主体，包括小说作者，都不可避免地以自己意识到的美及相关的正面审美价值品类作为审美追求的标准，而把自己意识到的丑及相关的反面或否定的审美价值作为厌弃、鄙视、谴责、鞭笞等的对象。从审美内容看，显然地审美并不只以美和其他的肯定价值形态为眼界。有时着重描写所肯定的事物，有时着重描写所否定的事物，有时杂糅融会，诸色灿然。从审美创造应该按照美的规律进行来看，审美形态应该有美的追求，当然要使不美的丑的向美转化。这中间应该包括“化丑为美”的含义。但是，应该说，越是善于描绘丰富多彩生活诸象的审美创造高手，他创造的艺术珍品的审美价值也就越和艺术的真实、道德影响的力量内在地统一起来，显出审美价值的多样统一，又鲜明，又丰富。像《金瓶梅》这样丰富又复杂的形象体系，当然不宜只从一种层次、角度或艺术方法来理解它的审美价值。

对《金瓶梅》审美价值的了解，起码要分清不同范围、不同层次、不同角度意义上所评判或感受的审美价值，起码要注意两种区别：作者对生活现象实态作选择、提炼而来的人物或环境的特性所具的美丑是一种意义上的区别，写诸色人等、诸种景物在作者审美创造成就上显示的美丑或工拙，又是一种意义上的区别。至于从章法、语言、风格、意境等看固然各有不同层次、角度的美丑区分，以后的人对原作的加工、编辑、刊行、评点等各种影响小说形象的因素都可以有具体的价值变动的情形。从不同范围、不同层次、不同角度的观察再加以综合观察，我们就会对《金瓶梅》的审美价值的体现和成因有个全面的了解。

我们知道从《金瓶梅》以抄本形式流传到有了评点本，不少有识之士都认为这部小说是集中写世情中的丑恶现象的，也都认为它是写得美的，是“妙文”。这种谜样的审美现象表明了小说审美文化创造的发展。叶朗在《中国小说美学》里曾就小说的美学风貌整理了看待《金瓶梅》审美价值三个值得突出注意之点，颇有道理。我大体上同意他的整理，但是放在我们所谈的问题上，顺序应当有点变化，并且要着重从审美价值论角度做点发挥和补充。

第一、《金瓶梅》审美价值的突出特点，首先是写世情的细微和真实。这使它和《水浒传》、《三国演义》有很大不同。叶朗把这个特点称为“标志着中国小说史上从英雄传奇到描绘世俗生活的人情小说的重大转变”。对这个审美价值特点的形成，可以从社会生活中出现的资本主义萌芽和明王朝封建势力日趋衰退来探究，可以从李贽等应时而兴地提倡重视百姓“穿衣吃饭”的思想来探究。就与小说审美价值创造趋向最切近的来说，还要看到审美文化中俗行审美需求的变动。处于世俗日常生活中的人们强烈要求从小说中认识和评价关涉自己实际生活的事情，这就要求有一番更入世的审美眼界和审美发现。

张竹坡在评点中屡屡指出《金瓶梅》写世情达到的“妙文”、“文字之美”，正是从此处着眼的。他在《金瓶梅读法》中说："其书凡有描写，莫不各尽人情。然则真千百化身，现各色人等，为之说法者也。"又认为作者"必曾于患难穷愁，人情世故，一一经历过，入世最深，方能为众脚色摹神也"。他说的"摹神"与"各尽人情"的联系，正说明他认为这部小说所以是"妙文"，能够"以文章夺化工之巧"，就在于作者善于掌握这种联系。他又说读这部小说就像有人"亲曾执笔，在清河县前，西门家里，大大小小，前前后后，碟儿碗儿，一一记之，似真有其事，不敢谓操笔伸纸做出来的。吾故曰得天道也"。把文章之美和人情天道联系一起，显示了新的小说观和审美观。

张竹坡在评点《金瓶梅》过程中就对其弟张道渊说："《金瓶》针线缜密，圣叹既殁，世鲜知者，吾将检而出之。"他将这部小说批点完成之后，有人劝他以此本获重价，他说："吾其谋利而为之耶？吾将梓以问世，使天下人共赏文字之美，不亦可乎？"在评点中，他的确一再从总体到细枝末节，都指明这部小说是写世情之书，有写世情百态细致入微、写世俗人物摄魂传神之美。比如，评点到第二十六回蕙莲"本无情西门，不过结识家主为叨贴计耳"时说道："文字俱于人情深浅中，一一讨分晓，安得不妙"。他的论点是强调真与美的统一在确立审美价值上的重要性，并不笼统地强调写丑就一定要用"化丑为美"手法才能有美。这是值得人们深长思之的。

与张竹坡大致同时的刘廷玑赞赏《金瓶梅》写世情的文心，也赞赏张竹坡对这部小说从各方面写世情成就了妙文那种旨趣的评点。他在《在园杂志》中指出："深切人情世务，无如《金瓶梅》，真称奇书。"又说："其中家常日用，应酬世务，奸诈贪狡，诸恶皆作，果报昭然。而文心细如牛毛茧丝，凡写一人，始终口吻酷肖到底，掩卷读之，但道数语，便能默会为何人。结构铺张，针线缜密，一字不漏，又岂寻常笔墨可到者？"他说的由"深切人情世务"而在审美创造上的"酷肖"和张竹坡说的"为众脚色摹神"相通；他说的"果报昭然"自然也和张竹坡说的"天道"的一部分意思相通。这些都说明他们对《金瓶梅》审美价值所具有的突出特点的深入理解。尽管他们都不同程度地受有当时那种因果报应观念影响的局限性，却都不把这部小说审美价值的成因缩小，只看成手法上“化丑为美”。这也是对人们有启发的。

第二、《金瓶梅》的审美价值体现在人物关系的构成上，也有自己的特点。和以前的写英雄传奇、神魔故事的小说不同，它以写世俗生活中的反面人物为主，也就是以揭露丑恶事物、谴责荒唐现象为主要内容。

能不能因为《金瓶梅》以集中揭露丑恶现象为主来构成形象就说它的审美价值成因主要依赖于“化丑为美”的手法呢?能不能说因为作者面对的是没有美的世界，才只得“化丑为美”呢？这里不但要了解“化丑为美”的确切含义，看它应该如何运用，还要从作品的实际状况作点比较。

中国古代美学中提出应当把丑也作为审美内容的一个方面，并认为丑可以化为美、美可以化为丑的命题，都应当说从庄子就有了。《庄子·知北游》说：

> 人之生，气之聚也。聚则为生，散则为死。若死生为徒，吾又何患？故万物一也，是其所美者为神奇，其所恶者为臭腐。臭腐复化为神奇，神奇复化为臭腐。故曰：通天下一气耳。

庄子这个美学命题承认美丑与人生的关系，又承认美丑的转化体现于整个气化流行中种种事物的具体形态。这个论述有相对主义的缺陷，也有辩证法的智慧。庄子在他的文章中，与这个论述的见解相应，也写了一系列外形丑陋或怪异而具有审美价值的人物。他从美学命题到实际审美创造都为丑进入审美眼界和促使人们认识丑与美可以互相转化，开始了一种早期的准备。但是这里需要注意两点：一是丑与美的转化，特别是“化丑为美”，后人对之使用和发挥的角度并不一致。究竟在哪种意义上可以用“化丑为美”来说明审美价值的变化，要有不同范围、层次、角度的区别，不然就会使审美价值的成因反而弄得不清楚了。二是庄子所写的丑陋怪异又有审美价值的人物，实际上与他写的藐姑射山仙人那种作为美的正面理想的人物是并存的。那些人物不仅都是属于哲学散文的一种设拟、举例性质的描述，也都是怪异的形象，还不是从世情百态中选择、提炼的形象。真正在小说发展中要把人性的丑恶方面在世情书中写出来，集中地以揭露丑恶、抨击丑恶作为审美创造的主要课题，而且形成巨幅画卷，这是《金瓶梅》开创出来的。叶朗把这种审美价值创造的特点称做"在人性观上是一个巨大的进步"、"在审美观的发展上是一个巨大的突破"，是有道理的。

回过头再来看前面所说对《金瓶梅》审美价值的全面估量。张竹坡是敏锐地看到这部小说集中写丑恶人物、丑恶现象这种特点的。在《读法》和回评中，他一再指出，书中有一系列丑恶人物，西门庆最丑恶，是"元恶大憝"。在他周围有形形色色的美恶糅杂程度不同的人，特别是有一大批不同身份、性格的丑恶人物。在第四十八回评中，他说："平插曾公一人，特为后文宋巡按对照。夫太师之下何止百千万西门。而一西门之恶已如此，其一太师之恶为何如也。"这些丑恶人物形象各自有心中的情理，也有外形美与言行丑相互矛盾又相互统一的情景。写其外形或言词呈现与否定价值相联系的某种美处固各有特点，写其本质的丑处也要用审美的光照显出其更丑。第三十六回有蔡状元与西门庆勾结的描写，张竹坡评点说："此回乃作者放笔一写仕途之丑，势利之可畏也。夫西门市井小人，逢迎翟云峰不惜出妻献子，何足深怪？乃蔡一泉，巍巍榜首，甘心作权奸假子，且而矢口以云峰为荣。止因十数金之利，屈节于市井小人之家，岂不可耻？吾不知作者有何深恶之一人，而借此丑之也。"说明白点，揭露丑、鞭笞丑是"丑之"，是加深画出丑的本相，使人们入骨地认识其丑。这里是在世情的关系中作形象的价值提炼，却主要不是强调它采用了"化丑为美"手法的问题。

由这种理解也就可以明白，艺术创造上丑与美的转化指的是拙与工或叫适合审美目标而需要的加工程度和对形象可能起审美情感方向注意制约所引起的变化。这种意义上的“化丑为美”，在《金瓶梅》中的成就与缺欠都值得研究，但这方面的转化不能与形象所提炼的生活现象审美价值特性可能有的转化混同起来。

那么，能否由于这部小说作者集中写了丑恶现象，就可以说它面对的或立足的社会生活和整个世界是没有什么美的世界呢？看待艺术审美创造立意与审美价值确立的特定艺术方法是必要的，却不能不考虑审美价值本身存在的丰富性与复杂性。美与丑等等肯定或否定的价值特性不但是相比较而存在、相斗争而发展，而且还在一定条件下相互转化。客观生活中的事物和艺术形象中的审美价值都应当全面地看。《金瓶梅》集中写丑恶当然是由于当时封建势力日趋腐朽，而资本主义萌芽又很幼弱，社会生活中有着大量的使作者愤嫉和冷嘲的荒唐现象。但是从审美创造眼界来看，作者把丑作为集中揭露和嘲讽的对象，却并不意味着美的绝迹，它只是常常处于被压抑、扭曲的情况下罢了。巴尔扎克在说明他的小说创作立意合理性的时候曾说“在摹写整个社会的时候”会显示出“恶多于善”，这不应该受到指责，因为“那是给前一部分做成一个明显的对照而执笔的”。换言之，刻画的是恶多于善，丑多于美。我不知道叶朗是否注意了巴尔扎克这个论断，他对《金瓶梅》写丑恶与社会生活中审美价值的实况关系也是持类似认识的。他说：“它（指《金瓶梅》）把丑作为审美对象，在作品中予以暴露，向人们显示出，在当时明代的社会中，常常是丑的东西多于美的东西，猥琐庸俗的东西多于崇高伟大的东西。”为了对这种不适合人们生活的状况发出艺术的“愤懑”，集中地揭露丑恶，嘲笑丑恶，以至叹惋人们不知“几”，《金瓶梅》诞生了。这比说当时生活纯然是没有美的世界要符合实际些。

简单地推论《金瓶梅》作者只是看到否定价值，王钟麒就这样做过。他相信王世贞为作者的传说，在《中国三大小说家论赞》中说：“彼以为中国之人物、之社会，皆至污极贱，贪鄙淫秽，靡所不至其极，于是而作是书。盖其心目中固无一人能少有价值者。”他说作者“遭际浊世，抱弥天之怨，不得不流而为厌世主义，又从而描绘之，使并世者之恶德不能少自讳匿者，是则王氏著书之苦心也”。他说的有深度，但不全面。作者为何要集中“并世恶德”？他仍然认为是“思树功伐垂令名”，在实际改造社会不得，才求之于写小说，还是要唤起别人。如此说来，还是要促进人们企求实际上“化丑为美”，而不是只用艺术手法“化丑为美”。作者看否定价值多，并不是毫无追求，实际上《金瓶梅》作品里即使是有色空观念的消极因素，而形象的总体立意仍然是警醒世人，并不是什么厌世主义。作者确实没有更明确的理想，这反映了新的资本主义萌芽极其软弱，还没有更成熟的思想体系，但并不是对生活的绝望。否则连武松这个人物的面影也没有保留的必要了。

就《金瓶梅》中对生活中世情百态作提炼和选择而描绘的形象来看，也不是因为集中否定丑就一切皆丑。不但人物外貌、动态尽有描绘其美的，连一些人物形象的性格、言行那种美丑杂糅的复杂构成中，也有不同程度的美，并不简单化。谢肇淛在《金瓶梅跋》中就注意到：“其中朝野之政务，官私之晋接，闺闼之媟语，市里之猥谈，与夫势交利合之态，心输背笑之局，桑中濮上之期，尊罍枕席之语，驵驵之机械意志，粉黛之自媚争妍，狎客之从臾逢迎，奴佁之稽唇淬语，穷极景象，駥意快心。譬之范工抟泥，妍媸老少，人鬼万殊，不徒肖其貌，且并其神传之。”在这种对人物、境象的“妍媸”、“人鬼万殊”作创造性发现和塑造中，可以有不同层次和角度上的审美价值评判，也在按照美的规律创造中使原有素材得到不同程度的加工或叫向美的目标的转化，对二者就不宜笼统地看成是同样意义上的“化丑为美”。

张竹坡和文龙在评点《金瓶梅》时都注意到作者对人物美丑评判的态度并不是一样的。这也说明艺术形象蕴含审美价值的丰富性和复杂性。从《水浒传》中借来的武松形象，尽管从人物位置上转为陪衬的作用，但写他的形象的肯定价值方面却反而在某点上有所增强。比如，在杀潘金莲之后，武松不像原先那样投案受擒，而是“提了朴刀，越后墙，赶五更，挨出城门投十字坡张青夫妇那里躲住，做了个头陀，上梁山为盗去了”。这不是更显出了他那种对腐朽的封建统治者有决裂勇气的性格吗？这不是使美者呈现更鲜明的美吗？其他如写孟玉楼与潘金莲不同，写及孟玉楼周贫磨镜，又引出磨镜老人自叹身居穷困、儿子又不孝的境遇，写蕙莲后来对丈夫被害的痛苦心情，写王杏庵接济逃难中的人，写韩爱姐的结局，写秋菊的遭遇和性格，都不能说不在一定程度上显露出那里有被压抑、被扭曲的某种肯定价值。从这个意义上说，对这部小说审美价值成因也应当从多方面去看。

至于《金瓶梅》能够以简洁而逼真的笔墨写自然景物、人工建造、民俗活动、匠厨手艺种种形象中的审美价值，又何尝可以一律不算作对美的某种发现呢？

第三、因为上述两方面特点，《金瓶梅》的文字也与其他的小说、戏曲不同。张竹坡在《金瓶梅读法》中说这是一种“市井的文字”，和《西厢记》那种用“韵笔”写的“花娇月媚”的文字不同。这是由适应所写的不同内容和作者不同的审美观而形成的。这个问题在后面谈到与《红楼梦》关系时，还要专谈，此处从略。但这一现象也说明《金瓶梅》审美价值是多种因素促成的，在这个问题上只强调“化丑为美”的手法也不能说明它的根本优长，不能全面地说明这部作品的审美特色。

近代有个梦生在谈到《金瓶梅》审美价值时，还流露了些值得注意的见解。他在《雅言》杂志上撰文说：“世间最美最佳之小说能有几部？”“中国小说最佳者曰《金瓶梅》，曰《水浒传》，曰《红楼梦》。”“我欲评此三书，第一当先评《金瓶梅》，以《金瓶梅》第一难读，又第一难评故。”他所说的“最佳最美”小说列了三部，是否如此排列，自然尚可商讨，他说难读难评却是说着了《金瓶梅》审美价值复杂性和丰富性的。我们上面开始说了些可供思考的端绪，真正要全面清楚地弄清这方面的谜底，还要继续共同探求。不过要从多方面把握它的审美价值，才能看得更清楚一点，这是应该肯定的。

三、《金瓶梅》发出的是哀音还是笑声?

这个谜题其实是两层：第一层得想，作者和评点者借《金瓶梅》这部书发出了什么声音，是哀音还是笑声？第二层得想，这又是怎样的哀音或者笑声？

艺术作品总要传达某种审美情感。通过这种传达会使形象激发接受者的种种审美情感。这种激发的方式和功效，就其最突出、强烈的形态来说，人们常依西方美学常用的分法主要分为两大类，一类叫悲剧性的，一类叫喜剧性的。鲁迅在《再论雷峰塔的倒掉》中指出：“不过在戏台上罢了，悲剧将人生的有价值的东西毁灭给人看，喜剧将那无价值的撕破给人看。讥讽又不过是喜剧的变简的一支流。”鲁迅也指出，生活中悲剧喜剧因素交织的状况比人们一般了解的单纯分为悲剧或喜剧的分法要复杂得多。他还结合当时中国那种安于不鲜明、不进取态度的人物，指出他们只是“喜剧的人物或非喜剧非悲剧的人物”。如果把悲剧和喜剧了解作艺术审美发出的声音，那岂不是既能有哀音和笑声之别，又还可能有哀笑混融，既悲又喜的情形吗？我国古代审美文化，特别是小说、戏曲创作中，都颇有些善于使悲喜混融的传统。那么，《金瓶梅》在体现这个传统上居于何等地位，它发出的是什么样的声音呢？

几百年来《金瓶梅》在流传中，受到处于多种文化层次的读者、观众、听众的欣赏。对它引起审美情感性质的描述和论断也是多种多样的。说是哀音的，说是笑声的，说是二者兼有的，说是多种情感交织、以一种为主的等等，都各有道理。这方面的谜应该如何看待、如何解答呢？

说其中发哀音，有些道理。清初的文学家张潮在《幽梦影》里说：“《水浒传》是一部怒书，《西游记》是一部悟书，《金瓶梅》是一部哀书。”哀什么，没有细说。后来张竹坡等人在评点中屡次指出作者有“哀痛”、“奇酸”、“悲愤呜唈”而作是书，“以《金瓶梅》为大哭地也”。哀而成为“妙文”，岂不可称为发哀音吗？

说其中发笑声，更有道理。从《金瓶梅词话》被指为兰陵笑笑生所作，欣欣子作序时就开始了这一说。序里说：“寄意于世俗，盖有谓也。”如何“谓”，如何“寄意”呢？他说，此书“语句新奇，脍炙人口，无非明人伦，戒淫奔，分淑慝，化善恶，知盛衰消长之机，取报应轮回之事如在目前”，而其功效是要使人们“一哂而忘忧也”。换句话说，要通过引发人们的笑声来达到领略其寓意。通过使人们笑来达到审美效果，作品岂不是发笑声的吗？

注意一下，张竹坡和文龙评点中对哀音说和笑声说都各有阐发。他们实际上是说哀音和笑声、悲剧和喜剧可以交织一起，不过所激发起的诸种情感中可以以某种为主，并不那么纯，是综合着起审美激发情感的功效的。看来这种见解离谜底更切近一些。可以看看他们的论述怎样揭示这种融合，而又怎样点出小说中是使一种声音在更厚实的诸声衬托中被显示出来的。

张潮说的“哀”，欣欣子所说的“笑”，还有谢肇淛在《跋》里说的使人“駴意快心”的笑，到几种评点本里都各自有了细致的发挥。在评点者的揭示下，人们发现“哀”与“笑”可以相关相通。“哀”极“愤”极，可以转化为更有冷峻、讽刺意味的“笑”；“笑”深“嘲”极，可以使“哀”与“愤”更显得震聋发聩，使人心惊。这些并不必截然分为两回事。按照中国美学对悲喜关系处理中可以或者“双遣”或者一为主调、一为附丽等思路，它们可以交会起来。张竹坡在这方面的发现和揭示都是敏锐的。他的眼光看到了二者在《金瓶梅》中混融交会，互相为用，又特别强调了“笑”和照亮事物本相的联系是这种交会的主调。这就把他继续《新刻绣像批评金瓶梅》的评点思路，引到了一个新的审美水平。

在《新刻绣像批评金瓶梅》里已经屡次点出这部小说“笑”而有“趣”，富有“深冷”的特色。在第十五回评语里从“婆儿灯刮了个大窟窿”的细节，书中作夹批说“趣甚”，又在对话映及李娇儿处批道：“文情深冷之至”。在第七十一回讽刺皇帝的词文处批道“又似赞，又似贬”。在末回，西门庆家道完全败落，吴月娘舍子为僧时，又作眉批说：“读至此，使人哭不得，笑不得。”这不是说明“笑”里有讥讽，也有哀音交会其中吗？

张竹坡在更深程度上把作者入世深而带给作品的哀音和笑声的内在联系在评点中作了多种角度的说明。他说，作者曾一一经历过“患难穷愁，人情世故”，有“奇痛”、“奇酸”，“悲愤呜咽而作秽言以泄其愤”。他并且指出有“愤懑”才写得“冷”又“狠”；“愤”到“冷”处，才写出“热得可笑”、“冷到彻底”。他说过，作品是“大哭地”，“泄愤”地，但他更指出作者善为“风影之谈”，如一首词里写的“绣面芙蓉一笑开”，他要人们“随时会意，皆见作者狡猾之才”。他所发现的“哀”与“冷”又转而加强了冷峻的笑与对丑恶事物的否定。这不就是此书所具激发以笑为主调那种审美情感的突出功效吗？

张竹坡在评点中能够看到哀音与笑声的融会关系，又能看出笑声在其中更突出。他看到这部作品以揭露丑恶事物为主，也就需要相应的在审美创造上以激发人们笑的情感为主。他做对了，而且用各种方式让读者了解这一点。在书内，除了以他自己的字作署名的各种评点文字以外，还用了许多其他的方式来表明这种美学论断。

他所评点的“第一奇书”本《金瓶梅》有篇署名谢颐的序，是值得重视的。有些研究者把它当做另一个人支持“第一奇书”评点的，有的同志已经进一步具体论证了作序者可能是张潮。有的则认为更像张竹坡自己的化名。不论究属何人所作，与之相关许多材料都证明张竹坡为上述见解作着反复阐发的事却是无疑的。

首先看序文内容。序文说的观点，是张竹坡自己评点中的主张，而且有些是不一定全为别人注意的笔墨。比如序文说："不特照出作者金针之细，兼使其粉腻香浓，皆如狐穷秦镜，怪窘温犀，无不洞鉴原形。"又说："悬鉴燃犀，遂使雪月风花，瓶罄篦梳，陈茎落叶诸精灵等物，妆娇逞态，以欺世于数百年间，一旦潜形无地，蜂蝶留名，杏梅争色，竹坡其碧眼胡乎？而弄珠客教人生怜悯畏惧心，今后看官目睹西门庆等各色幻物，弄影行间，能不怜悯，能不畏惧乎？其视金莲当作敝屣观矣！"注意一下，秦镜即是用秦宫宝镜可以使妖物邪心现出原形的传说为典故，温犀即是以温峤燃犀可以照见牛渚矶水下怪物的古代传说为典故。序中所说书中幻物，正是张竹坡在《寓言说》和其他评点中对书中人物命意的猜测和比喻。两文对照，非常吻合，都是说明《金瓶梅》是以笑声和讽喻为激发审美感情的主要路数的。

再看序文末句，那里说："不特作者解颐而谢觉，今天下失（按：另外本子此字作"知"）一《金瓶梅》，添一《艳异编》，岂不大奇？"这是说，按评点者的心愿，他实在是把《金瓶梅》变成经过阐发意蕴的新书，简直可以看做传说中的小说作者又编了本新的《艳异编》。作者该向评点者表示含笑的赞许，也该和人们一同大笑了。至于序的署名"秦中觉天者谢颐题于皋鹤堂"，更可以引人玩味了。解颐者，使人大笑也。从序文内容可以悟出这个"谢颐"的署名是由"解"字几个读音中之一（也就是读如"谢"）而借音拟名的。联系秦镜典故一想，这署名其实是说：一个从秦镜中觉悟作品所喻天道而大笑的人。那"题于皋鹤堂"，也使人想到张竹坡评本屡刊有"皋鹤堂批评第一奇书金瓶梅"字样。"皋鹤堂"为张竹坡自称的室名，是他自己使用可能性大，还是某一长辈、友人在此盘桓动笔时使用这一室名的可能性大呢？留待研究者进一步考订文献以作解谜答卷吧！

与我们谈的这个题目有关而需要补充的是，类似序文里阐发《金瓶梅》以笑声为主调这样见解的文句，在张竹坡其他文字里还有表现。在《第一奇书凡例》中他说："《金瓶》行世已久，予喜其文之整密，偶为当世同笔墨者解颐。"在为《东游记》作评语的“尾谈”中说：“解颐会心，须眉天色，各有其妍，聚铺成堆，不可谓人间遂逊蓬岛也。”他把人间诸色景象的可笑和传说中蓬莱仙岛景色相对比，更加强了对解颐所含冷峻意味的暗示，接着他又说：“家室之隐可以瞒天地鬼神，不可以瞒街谈巷语，使无西门等传竭力写之，不反怪《水浒》之欲杀乎？虽然，人心造奇设怪，心渊中龙宫蛟室十倍牛渚，照之者惟有以不火为光。所谓张无碍之宇为笼，因不涸之渊为罟，则何亡鱼失鸟之有?”这岂不是把“谢颐”署名序文中“悬鉴燃犀”之说和判定《金瓶梅》小说发冷峻笑声的审美功效的意思重申了一遍吗？这种重申，是阐发他同意别人为他的评本作序的意思，还就是他重申自己的意思，颇可研究。不久前发现他给张潮信中所说“捧读佳序”是否就是那篇“题于皋鹤堂”、署名谢颐的序，也可以研究。这两种研究的不同结果都不妨碍说明张竹坡对《金瓶梅》里所发的是什么样声音的见解。

《新刻金瓶梅词话》本在中国和日本相继发现，进一步证实了张竹坡上述见解的合理性。张竹坡和文龙屡次点出《金瓶梅》从专写财色上发出的以“笑”为主的艺术声音。但是小说里这种“笑”不仅指与其他情感激发的相互比较又相互交会，而且指通过冷峻的笑与讽喻显示了对所笑的对象所具否定的审美价值性质揭示的深刻性。因为他们先后所据的本子实为《新刻绣像批评金瓶梅》那种明末刊本。他们都可能没有见到过现存最早的《金瓶梅》早期刊本，即《新刻金瓶梅词话》本。他们对明末刊本删落的一些材料未能谈及。比如“招宣府初调林太太”那一回里，“词话本”不但有对节义堂陈设堂皇严正与西门庆、林太太二人进行偷情勾当的辛辣对比，有西门庆奉承对方是“世代簪缨，先朝将相”之类的话。值得特别注意的，还有以后各本未有的诗，那里还有体现冷峻的笑的点题之句。那诗句说：“无心今遇少年郎，但知敲打须富商。”这通俗而诛心的诗句，岂止是对他们一次偷情作辛辣的嘲笑？这才真正如张竹坡屡屡提及的那样，是用冷峻的笑所显示出来的深刻的“史笔”。西门庆与林太太假借管教王三官之名而实为勾搭淫乱的事，不仅是个别浮华子弟与一个妇人的私通事件。这是明代社会中一个暴发户、富商和代表着封建势力渐趋衰落情状的一个贵夫人的勾结。西门庆作为市井中冒出来的暴发富商兼官僚的人物，他极力向封建官场寻找靠山，也恃财恃势向贵夫人那里夺色。这里形象发出的笑声所产生的是深刻的审美否定功效，难道能小看吗?

文龙看来没有见到“词话”本这一诗句，但他的评点是触及这一点的。他在评第四十一回西门庆和乔大户结亲时指出：“暴发户作事，可笑亦复可耻。其一切奢侈僭妄，姑且勿论，即定亲一层，一群无知妇人，以儿戏为真事，遂以正事为儿戏，直忘其家中尚有正主也。”接着，他对西门庆从暴发得财兼钻营得官，因而“直现于声色，左曰不搬配，右曰不雅相”的行径作了评点。他说：“小人得志，大抵如斯。”这说的是暴发户富商和老财主为儿女结亲的事，所显露的“笑声”也不简单。谁能说这只是简单的可笑呢?

“笑声”是《金瓶梅》形象体系发出的主调，却又融含着哀、悲、酸、苦、恨、愤、卑夷、嘲讽等因素，使得这部小说，可以产生特有的审美震撼力量。在这点上，可以说《金瓶梅》的“笑”和巴尔扎克笔下的“笑”是相通的。马克思和恩格斯关于巴尔扎克作品审美价值及其认识价值所作的论述，人们知道的较多了，巴尔扎克和《金瓶梅》作者所接受的文化传统影响及所处的条件并不一样，但他们写社会人情和历史变动有相通之处。巴尔扎克曾把自己作品中应具审美特色的追求称作“人影杂沓，悲剧喜剧并陈”，他又把自己成系列的小说特意叫做“人间喜剧”。《金瓶梅》的作者和评点者所发现和追求的正是在冷峻笑声的主调里，显出中国封建社会晚期的一部可笑、可耻也可悲的形象史，也是人间喜剧。这些难道是偶合吗?这种审美形象发何种声音之谜不是大可探究的吗?

四、《金瓶梅》写“世态炎凉”为什么格外有审美感染力?

张竹坡“第一奇书”本评第一回就说《金瓶梅》是“一部炎凉书”。鲁迅在《中国小说的历史的变迁》中也说明代“讲世情”的小说,“大概都叙述些风流放纵的事情,间于悲欢离合之中,写炎凉的世态。其最著名的,是《金瓶梅》”。

古代小说、戏曲中写到世态炎凉的并不在少数,为什么《金瓶梅》成了明代出现的世情小说中最著名的小说,而它写世态炎凉为什么格外有审美感染力和警醒力呢?

这里的谜团要解开,还是要从作者入世既深,又善选择、描绘世情百态来找寻原因。

正如鲁迅在《中国小说史略》中所说,“作者之于世情盖诚极通达,”凡所形容又能达到使“变幻之情,随在显见,同时说部,无以上之”。又说它“描写世情,尽其情伪,又缘衰世,万事不纲,爰发苦言,每极峻急,然亦时涉隐曲,猥黩者多”。而写西门庆家的兴衰史,又能“著此一家,即骂尽诸色”。这就是说它写一家的日常生活变迁,又能与世情变幻更广阔繁复的画面有机地联系起来。《金瓶梅》开辟了长篇说部中用网状系统结构表现家庭日常生活的审美创造新格局。它写世态从一家日用情景写起,似乎小了细了,它的网状系统结构所牵动的世情各种景象却写得更深更广了。这就使它写“世态炎凉”的依据更深厚而且更充分,艺术力量也就更大了。

张竹坡与文龙评点的重要贡献就是从多方面揭示这部小说写“世态炎凉”的可信性。这就是把写“世态炎凉”建筑在对人们关系细微差异的分辨和对各人心中情理的探求上。张竹坡在《读法》中一再要人们注意书中炎凉、热冷重点变化与形象所显示的情理同天道的关系。他说这是“一部炎凉书”。又说“《金瓶梅》是两半截书,上半截热,下半截冷,上半截热中有冷,下半截冷中有热”。冷热又是有反衬的，“前半处处冷，令人不耐看，后半处处热，而人又看不出。前半冷，当在写最热处玩之即知；后半热，看孟玉楼上坟，放笔描清明春色便知”。但是，书中写冷热，不是表面的冷热，更不是那种表面说几句嫌贫爱富之类的套语。写冷热的深刻性在于从各人的情理通向显示天道的“几”。能在“妙文”中体现出这种“几”，才是张竹坡所说这部小说作者笔下有“史公文字”的真正含义。

当时的张竹坡还不能明确认识艺术形象与历史著述之间作科学划分的标准，但他却知道艺术的真和历史著述的真并不是不能相通的。他用“史公文字”来比方写世态炎凉的深度，正是把审美创造的生动性、深刻性和他了解的世情变化的“几”联系起来阐发对这部小说的见解的。他在《读法》中所说“此书善于加倍写”，除了前面所谈他实为强调事物本身特性使之典型化从而更加鲜明生动之外，也可以说是从如何更深地体现世态炎凉之“几”立论的。请看如下这段论述的文字：

> 文章有加一倍写法，此书则善于加倍写也。如写西门之热，更写蔡宋二御史，更写六黄太尉，更写蔡太师，更写朝房，此加一倍热也。如写西门之冷，则更写一敬济（按，即陈经济）在冷铺中，更写蔡太师充军，更写徽钦北狩，真是加一倍冷。要之加一倍热，更欲写如西门之热者何限，而西门独倚财肆恶。加一倍冷者，正欲写如西门之冷者何穷，而西门乃不早见几也。

显然，张竹坡当时所理解的“几”还只是从一般情理所可看出的趋势。他还没有从个人意向和社会历史的趋势、国家民族的兴衰之间所必有的关联而看作其中体现的某种规律性。但他从写世态炎凉要深入到情理和天道的关系着眼，却对《金瓶梅》写世情、写世态炎凉那种审美感染力和警醒力的深厚根源作了有道理的阐发。这是他的审美理解力和敏锐的观察力的一个突出表现。

《金瓶梅》作者提供的作品，是与李贽等所提倡的“童心说”、重视百姓日用所需的思想相呼应的。张竹坡对这部小说写“世态炎凉”上的空前成就，从发挥李贽等人的思想着眼又作了细致的审美上的分说，这就使人们更加看出这部小说的艺术审美感染力和警醒力与立意深度的关系。《竹坡闲话》中有段话很值得注意：

> 闲常论之，天下最真者，莫若伦常，最假者，莫若财色。然而伦常之中如君臣、夫妇、朋友可合而成，若夫父子兄弟，如水同源，如木同本，流分枝引，莫不天成，乃竟有假父假子、假兄假弟之辈。噫，此而可假，孰不可假！将富贵而假者可真，贫贱而真者亦假。富贵，热也，热则无不真；贫贱，冷也，冷则无不假。不谓冷热二字颠倒真假，一至于此。然而，冷热亦无定矣。今日冷而明日热，则今日真者假，而明日假者真矣。今日热而明日冷，则今日之真者，悉为明日之假者矣。悲夫，本以嗜欲故，遂迷财色，因财色故，遂成冷热，因冷热故，遂乱真假。因彼之假者欲肆其趋承，使我之真者皆遭其荼毒，所以此书独罪财色也。

人们已经知道晋代鲁褒曾经写过著名的《钱神论》，也知道莎士比亚在剧本里对金钱的神通做过出色的描述。张竹坡为探求《金瓶梅》写世态炎凉格外有感染力之谜的答案，在这里实际上也提供了一篇颇具深意的财色论。他描述这部小说审美创造中揭示对财色的贪求造成的真假颠倒、亲疏淆乱的情形，难道不正是触目惊心的吗？后来《红楼梦》作者进而将真假更演进为整个艺术结构赖以确立的重要支架，把世态炎凉与财色、真假关系作了更深入的体现，不能说不是由《金瓶梅》和张竹坡评点起了先导作用的。

张竹坡的这番财色论又正是与发挥李贽的思想有关系的。这不是推论，有文为证。张竹坡在《东游记评语》的“尾谈”里说：“不知童心绝假纯真，故天下之至文，淹没于假人而不得见于后世。夫有一般意思则创一般语言，无意思则雷同矣。”他又在那里指出：“小说家言原不全真，亦不全假。”这岂不是把李贽的童心说与真假的关系同艺术描写世情的新颖而不“一般”、“雷同”的追求联系在一起了吗？

从这个思路再看张竹坡说《金瓶梅》写世态炎凉所以成为“妙文”的一些评点，就更清楚了。他说：“盖他本是向人情中讨出来的天理，故真是天理。然则不在人情中讨出来的天理，又何以为天理哉？”李贽提倡从百姓日用中找伦理，这种思想不是在《金瓶梅》写日用生活境象的情理之书中得到呼应，也在张竹坡的评点中得到呼应了吗？这说明《金瓶梅》在写世态炎凉上的非凡成就是与李贽所代表的新思潮有内在联系的。

《金瓶梅》写世态炎凉达到如此生动深刻的审美成果，为中国小说创作和评点都树立了不可忽略的比较对象，也对以后类似的小说创作和批评产生着深远的影响。丁耀亢的《续金瓶梅》固然如此，《红楼梦》更是如此。《红楼梦》与《金瓶梅》的关系另题再说。《金瓶梅》能被称为向近代小说转化的第一部写实长篇巨著，它在写世态炎凉上的审美成就和感染力，应当是一个重要的原因。

五、《金瓶梅》体现的审美文化特色是雅还是俗？

《金瓶梅》是小说，这是公认的；是不是通俗小说，大多数人也以为不说自明，孙楷第先生在《中国通俗小说书目》里就著录了此书的几种版本。要问这部小说体现的审美文化特色到底是雅的还是俗的，或者说是不是可以雅俗共赏的呢？这就并不那么能很容易地取得大体一致的回答了。一些研究者似乎只谈小说体裁有关的文学问题就满足了，而不大涉及它的审美文化特色，其实这方面的谜是非解不可的。

先得说点对文学史上常识性问题如何理解的事。中国小说是怎么来的？鲁迅在《中国小说的历史的变迁》中说，先民们在休息时“彼此谈论故事”，“而这谈论故事，正就是小说的起源”。他也在《中国小说史略》中介绍了《汉书·艺文志》著录此前小说家时所作的论断："小说家流，盖出于稗官，街谈巷语，道听途说者之所造也。孔子曰'虽小道，必有可观者焉，致远恐泥，是则君子弗为也。'然亦弗灭也。闾里小知者之所及，亦使缀尔不忘。如或一言可采，此亦刍荛狂夫之议也。"鲁迅在前篇中即指出："稗官采集小说的有无，是另一问题；即使真有，也不过是小说书的起源，不是小说的起源。"不管怎么说，鲁迅已注意到小说对人们之间传播故事的作用，而且注意小说的记述、流传手段都在进化。他指出，在宋代，"一种平民的小说代之而兴了，这类作品，不但体裁不同，文章上也起了改革，用的是白话，所以实在是小说史上的一大变迁"。换句话说，文学审美中雅与俗比较和转化的情形在小说发展中也很显然。即使后来仍有沿袭早期文言记事的作品，而大势所趋是走向通俗，掀潮起涛者大都是沿着通俗的路子或再从中涌出雅俗结合的路子所产生的作品。

随着代替文言传奇而勃兴的宋人"说话"本以后，产生了一系列以通俗为趋向的小说。《水浒传》是由民间说话底本与不同传说的记述经过生活于下层的文人整理写定的通俗长篇小说。从《水浒传》借了线索、别成巨观的《金瓶梅》，处在小说发展的转折点上。它是继续从内容到形式更进一步地体现出俗行审美文化特色呢，还是改辙转向主要去体现当时认为正统的雅文学的审美文化特色呢？从它的审美创造的实际看，是前者，而不是后者。这里先不谈具体作者与成书过程，那由别的题目和文献考订去回答。至少从"大名士"的雅文学修养来推测他或他们才有可能写这一巨著的理由与作品体现的审美文化特色看，并不可靠。

《金瓶梅》的特色，主要是通俗得出色。其中当然有借俗写雅，也有借雅写俗；既引用了大量俗曲、戏文，也引用或插入了一些诗词文赋的词句；既有俯拾即是的市井俗语，妙语联珠，又有借经论道，借典说事。且不说在涉及雅文学形式或借述经典时每见纰漏，相反，在运用俗语以说人情世态时却纯熟泼辣得惊人。这些都显示出它主要的优长即在善于通俗，它体现的是俗行的那类审美文化的异彩。

其实，这些审美现象前人已有所点破和评论。《金瓶梅词话》署名欣欣子的序文就一再点出此书“洞洞然易晓”，“未免语涉俚俗，气含脂粉”，虽说是“市井之常谈，闺房之碎语”，确是“理趣文墨，绰有可观”，“其他关系世道风化，惩戒劝善，涤虑洗心，不无小补”。简言之，就是点出这是通俗的可观的也是有益的小说。谢肇淛为它作的跋称之为“信稗官之上乘，炉锤之妙手”。显然这是把它看作体现通俗审美文化特色的“上乘”之作，而并不以为“上乘”只属于雅文学或雅文化。后来，沈德符在《野获编》内所记袁中郎认为此作可配《水浒传》为“外典”，就是认定这两部小说同为俗审美文化中的佼佼者。其中又记述冯梦龙“见之惊喜，怂恿书坊以重价购刻”，当然更说明一贯为通俗文艺作促进努力的冯梦龙是由之发现了俗审美文化的珍宝了。从另一面看，贬低此书的李日华称之为“大抵市诨之极秽者”，也正是把它与市井诨说联在一起的。

既然如此，那是不是人们就会一致地以为《金瓶梅》这种审美文化上俗的体现是应当认可的呢？并不是，不但对此特征褒贬不一，而且原书究竟面貌如何，也在雅俗之别上引出争端来。不但袁照从为其祖父回护着眼，说传世的不是《金瓶梅》真本，原来的不是这等俗的。后来印行《绘图真本金瓶梅》时，蒋敦艮写的序也声称原来真本是如何如何“微妙雅驯”。该印本附的所谓王仲瞿《金瓶梅考证》又说，“原本与俗本有雅郑之别”，“陈眉公《狂夫丛谈》（此书曾于舒丈处见抄本），极叹赏之，以为才人之作，则非今之俗本可知。或云李卓吾所作，卓吾即无行，何至留此秽言？大约明季浮浪文人之作伪，何物圣叹从而扇生毒焰，扬其恶潮耳。安得举今本而一一摧毁之（按今本每回后有圣叹长批，大半俗不可耐或亦是后人伪记）。”这不是要与王世贞雅名相连，而把这部以俗审美文化为特征的小说大换头面吗？

但是，这种声言和摆出来的“考证”都是作伪的故技。郑振铎早就指出，所谓《古本金瓶梅》是存宝斋铅印《真本金瓶梅》的翻版，而二者都不过是“第一奇书”的删略本。所附王仲瞿的“考证”，“一望而知其为伪作。也许便是出于蒋敦艮辈之手。”如果从王仲瞿和舒铁云都热爱体现俗审美文化作品的心性来看，其作伪当更清楚。试读王仲瞿与舒铁云手札影迹，他本人为时所不容，不得不作流浪漂泊的文人。信中自述他几年中“课子淮浦”、“再客燕山”、“东税榆关”而“不能自餬”，又“西游河东”，南下无所依“又返三晋”，抵京又投效不用，又“流落于大梁”，后又“乞食于真州屠孟昭宰兄”，而后“原粮又罄矣”。这等志不得伸、流浪漂泊的文人，怎么会摆出道学面孔去指责《金瓶梅》行世刊本是什么浮浪文人作伪呢？那些指责金圣叹批语为扇毒焰、扬恶潮的语言，与王仲瞿的性格也不合。他与舒铁云二人的志趣都是热爱和护持俗审美文化的。舒铁云不但以《水浒传》人物比拟当世诗人，写成著名的《乾嘉诗坛点将录》，而且自己写戏曲，仅《瓶笙馆箫谱》即收四种。另外还有以酸枣山人署名的《琵琶赚传奇题词》和批语。那题词眉批中说：“酸枣氏出入诸天者三十年，所见奇形怪状最伙，曾不须臾，已为陈迹，此曲之成，殆如吴道子之画水陆道场。在我为赞叹忏悔，在人为解脱超度。或者不察，以为游戏牢骚，则浅之为丈夫也。”后署石樵山人评。这一评者待考，但舒铁云计划也要放入“箫谱”的这一创作的意图与《金瓶梅》作者意图确有相通之处。他与王仲瞿均对俗文学倡行甚力。怎么会如“考证”所说，要否认通俗的《金瓶梅》，并要一起“力谋付梓”所谓“雅驯”的什么真本、古本，“为元美一雪其冤”呢？

应当说《金瓶梅词话》原刊本在中国和日本的相继发现，为《金瓶梅》的早期版本提供了确凿的实物。其审美特色与“崇祯本”基本一致而后者略有修饰的情况，可以说明原作者与整理者的劳绩，但这些都驳倒了所谓有“雅驯”的古本、真本的伪造论据。这倒是把《金瓶梅》作为俗审美文化的特征更突出地显示出来了。否认了俗审美文化的特色，《金瓶梅》也就不成其为《金瓶梅》了。

但是这些只进一步证明了宋起凤早就点出过的《金瓶梅》作者是“极意通俗”的这个思路，并不就是对谜题作了完备的答案。“极意通俗”的审美创造，也可以不止是俗，而且是可以是以俗为主但又达到雅俗共赏。还应当说，由通俗进而达到雅俗共赏，这是由一些小说名作显示的带有共同性的审美现象。

《金瓶梅》在审美文化特性体现上的创造性贡献，不仅在表现形式上通俗得有看头，而且在日用、世态上写得深，这是内在的通俗。这二者的结合要有既善俗又善雅的审美创造力，并不是完全拒绝从雅文学里吸取有用的东西，也不是不讲究文采。正是通俗得入情入理而又有文采，也就能兼通其雅。正如上述，《金瓶梅》在这方面并不如后来《红楼梦》作者做得那么完善，但它确是在写人情世态上为雅俗共赏开了一个非凡的先例。

这一点，张竹坡也看到了。他在《第一奇书非淫书说》中指出，“今夫《金瓶梅》一书作者亦是将《蹇裳》、《风雨》、《萚兮》、《子衿》诸诗细为摹仿耳。夫微言之而文人知儆，显言之而流俗知惧”，又说明他批《金瓶梅》不仅要“新同志之耳目”，也是为“一片天命民彝，殷然慨恻”。他所指的正是雅俗结合的追求，岂不是显然的事吗？清末刘熙载论曲也深得此理。他在《艺概》中说；“《魏书·胡叟传》云：‘既善典雅之词，又工为鄙俗之句。’余变其义以论曲，以为其妙在借俗写雅，面子疑于放倒，骨子弥复认真。虽半庄半谐，不皆典要，何必非庄所谓‘直寄焉以为不知己者诟厉’耶？”看来这用于说明《金瓶梅》审美特色也很适当。它的作者以通俗为极意追求的主要目标，而又能雅俗兼擅，借此达彼，借彼达此，半庄半谐，亦庄亦谐，从而构成妙文，使这部小说在审美文化形态中放出异彩。《金瓶梅》艺术形象所蕴含的雅俗共赏的经验不是值得人们反复探寻的吗？

六、李外传在《金瓶梅》审美创造上有什么特殊作用?

本题说《金瓶梅》里替西门庆死掉的李外传，不是为了说这个人物如何塑造，却是要说这个添出的人物在审美创造上有什么特殊作用。

《金瓶梅词话》第九回写了这个为《水浒传》“武松大闹狮子楼”情节中没有的人物。后来“第一奇书”本在回尾特别点出：“街上议论的人不计其数，却不知道西门庆不该死，倒都说是西门大官人被武松打死了。”张竹坡在此处评道：“为《水浒》留地步也。”在回前总评中也说：“将李外传替死，自是必然之法。”文龙在评此回时说：“此回脱卸《水浒传》，归入《金瓶梅》正传。李外传之传，读作去声，方合本旨，故用之以脱卸西门庆。《水浒》为里传，此书为外传也。”

其实，从小说美学来说，李外传这个人物不同于书里其他人物。他是在为借来的《水浒传》原有故事和《金瓶梅》新展开的故事起接笋作用。他还是作者审美创造意图一种象征，从这个人物的命名可以唤起人们认识《金瓶梅》审美创造上的一些来历。从这个意思上说，这个名字固然可以读作李外传（去声），把“传”字读成上声，意味着里外传通也未尝不可。《金瓶梅》的审美创造是从《水浒传》里部分材料衍发开来的。《水浒传》以外写“水浒”故事的前人作品，包括其他审美文化种种积累的材料，也都为作者不同程度地吸收、改造、摘引或转述了。这部小说又何尝不是里外传通而形成的新传呢?

陈从周先生在新作《帘青集》里曾接连讲了屏、帘、影在园林建筑艺术中可以起到的特殊作用。李外传的命名也正是使人联想到在小说中这个人物可以起到类似屏、帘、影的作用。它如屏风那样“似隔非隔”，隔断前面某些东西，又形成新的“流动空间”，使之更便于包容许多东西。它如帘那样隔中有透，实中有虚，静中有动。它如影那样，借实显虚，借虚显实，是“虚得美”。里外传通的效用是使吸收来的材料和作者自己切身体验的材料融入经分隔处理的“流动空间”；里外传通的材料也便移步换形，移形动影。可以说，这个命名是《金瓶梅》作者为自己这部具备里外传通特点的小说，作的一种暗示性的导游。

这就是说，李外传的命名意味着《金瓶梅》的出现不是偶然的。不但如前题谈到如何了解《金瓶梅》审美价值时所说，这部小说与以前小说比较，它有重要变化，而且从实际印迹和成书条件来说，也是有所凭借，方展新图的。当然，要把《金瓶梅》审美创造中吸收、借鉴、改造等的脉络理得清楚，并非易事，这里的文字体制也不允许详细谈论。从里外传通这个角度，也许可以找到一个大致的思路，并起到一些举一反三、由小及大、由少及多的效用。

第一，先说对家庭场景、市井生活作细致写实这种审美新格局的开辟，《金瓶梅》作者并不是突然获得奇方妙计而这样做的。有关这方面的描写，在此之前的一些俗行或雅驯的不同文学形态中，实际上也已露出了一些端倪。有的作品已在不同程度上开始对这方面作背景来点染或作为局部故事来描写，问题在于《金瓶梅》作者善于抓住这个路子并使之发扬光大了。人们都知道在《水浒传》中有潘金莲、西门庆故事，那里已经开始做这方面的描写了。其他如写阎婆惜、潘巧云、镇关西、牛二等涉及的生活场景，写法也是这样。《水浒传》以外写“水浒”故事的作品，也有这方面的笔墨。如元曲《燕青博鱼》里写了燕青流落街市博鱼为生的情景，也写了燕大妻子王腊梅和杨衙内偷情的情景，这些就属于类似的笔墨。引人注目的是，其中人物关系也和潘金莲、西门庆、武松、武大的关系相类似。再如元曲《黑旋风双献功》所写郭念儿和白赤交勾搭谋害丈夫孙孔目的故事，也写了家庭生活和市井人物。黑旋风也宛如武松的角色。其他元代杂剧、散曲里也有从市井、家庭写出新的笔墨的端绪，关汉卿的《窦娥冤》、《救风尘》、《鲁斋郎》等就是。

明代俗行文学的发展，特别是说唱词话和拟话本的发展，都渐渐显露了从重点讲史、讲神魔和英雄传奇向重点讲述平民生活转移的趋势。胡士莹在《话本小说概论》中谈到明代说唱词话短篇时所举的《贩香记》说唱词话本，正是表明了传奇性与市井生活描写在这种作品中开始结合的事实。此作在《古今小说》中“李义卿义结黄贞女”收尾中也被提及，说是“有好事者将此事编成唱本说唱，其名曰《贩香记》”。其中所写金陵女子黄善聪女扮男装贩香，是依据弘治间实事写成的。此事《明史》有传，《情史》里也收录了。有趣的是从说唱到拟话本都写到这个女主角扮男装时改的名字叫张胜，这与《金瓶梅》中一个人物还同名呢。至于早期就流传的《志诚张主管》和《警世通言》也据以改编了的《新桥市韩五卖春情》，已经被《金瓶梅》程度不同地改造为这部长篇的有机部分，更不必多说。这些都可以看出与《金瓶梅》作注重写世情这种艺术题材的开拓有一定关系。说唱词话短篇中先出现写市井生活、家庭场景的形象，而后在长篇说唱词话中出现《金瓶梅词话》，这是自然的事。虽然在长篇词话中说与唱的比例这种体制问题上仍可探究，但《金瓶梅词话》是把写家庭场景、市井生活的笔墨由端绪发展为灿然大观，却是明显的事。《金瓶梅词话》大量利用和改造了当时俗行戏文、散曲及拟话本也作为改编对象的材料，又都从与市井人物生活、趣味切近的角度作了移植改造，这都是里外传通的现象。这正好说明当时审美文化趋向促进了也造就了有志于从家庭日用写世情的《金瓶梅》作者。

这种里外传通的吸取，又在处境和志趣不同的基点上使《金瓶梅》出现了异彩。狄平子在《小说丛话》中说，《金瓶梅》一书“与《水浒传》不同：《水浒》多正笔，《金瓶》多侧笔；《水浒》多明写，《金瓶》多暗刺；《水浒》多快语，《金瓶》多痛语；《水浒》明白畅快，《金瓶》隐抑凄恻；《水浒》抱奇愤，《金瓶》抱奇冤。处境不同，故下笔亦不同。且其中短简小曲，往往隽韵绝伦，有非宋词、元曲所能及者，又可以征当时小人女子之情状，人心思想之程度，真正一社会小说，不得以淫书目之。”他的论述显然仍受有所谓此书作者想报仇申冤不得实现，便借写书以泄愤那种传说的影响，姑且不论。他看到《金瓶梅》是真正的社会小说，它和《水浒传》有同有不同，并且特别指出其中运用短简小曲上能与宋词元曲分庭抗礼，实际上意味着说作者能够青出于蓝，善借取又善出新，这是有见地的。

第二，说到《金瓶梅》开辟了写纷繁世情中成系列的诸色典型人物的新格局，这也不是没有里外传通、广泛借取的轨迹可寻的。当然作者写人物的根底在于对涉及世情的种种人物面影作出独特的发现，但是从《水浒传》内外各种审美文化材料提供的人物面影中多所借取并吸收再造为自己创造艺术形象的有机部分，显然也是重要的成因。

要说清这方面的事，与说清上一个方面的事一样是个艰巨的课题。要做好《金瓶梅》人物审美创造借取素材来历的稽考，不是短期和轻易可以做到的。但是里外传通的思路却会使人们在读《金瓶梅》时领悟到一些线索。张竹坡、文龙和许多《金瓶梅》研究者已经指出许多有关痕迹，颇可启发人们的思索。

一是在这部小说以前的不少作品中有关财色的许多人物面影，显然都为《金瓶梅》作者斟量过。《飞燕外传》、《赵飞燕别传》、《杨太真外传》、《隋炀帝海山记》、《迷楼记》、《如意君传》等写人物言行动态的手法，都可以在西门庆及周围人物身上发现一些被借取的痕迹。第五十七回写西门庆为永福寺作施主舍财时，对吴月娘劝他少干贪财好色的事那番话，作了透露人物性格的回答。他说：“咱闻那佛祖西天，也止不过要黄金铺地，阴司十殿，也要些楮镪营求。咱只消尽这家私广为善事，就使强奸了嫦娥，和奸了织女，拐了许飞琼，盗了西王母的女儿，也不减我泼天的富贵。”这种坏到猖狂无忌的形象，不正是和多所借取有关人物面影有内在联系吗？

二是对过去文学中的人物面影，不论正面、反面因素，作者都能在加以改造中巧妙地借取。潘金莲的形象虽然有《水浒传》

所提供的面影，在《金瓶梅》里却大大地丰富了、发展了。在作了新的融合的潘金莲形象中，不但有《志诚张主管》里小夫人的面影，有历史上一些奸刁妇人的面影，《快嘴李翠莲记》那个言词快利、敢于反击封建礼法的泼辣姑娘的面影也有某些特征被融合进来了。上述《燕青博鱼》中王腊梅的面影不消说是可以从这个潘金莲形象中发现一些痕迹的。然而，这些面影又是从潘金莲性格形成史作了有根据的改造的。作者特意写了潘金莲从小被卖给王招宣府作婢，在那里从九岁就学描眉画眼之类，是那里的生活熏染了她。后来，她被主家收用，又被任意指嫁给武大这个不合心的丈夫，再被西门庆诱奸后走向了越来越堕落的路。张竹坡在第六十五回评道："作者恶金莲并及其出身，固矣，及并及其出身处之人之媳（按指林太太及其媳）则恶金莲为何如哉！"这不是对作者采取里外传通的成功处做了很好的说明吗？

第三是文字语言上的多所吸取和改造。明代俗行文学发展有一个突出表现就是越来越能以口语俗语表情达意。这种趋向先是在民间说唱歌曲中出现，而后由词话类作品逐渐影响到文人加工改写的拟话本和长篇章回小说。《金瓶梅》是把这种趋势在写世情小说题材所需语言新格局上也作了呈现异彩的发展。

这一点也是狄平子注意到了。他在《小说新语》中指出；"或谓《金瓶》有何佳处而亦与《水浒》、《红楼》并列？不知《金瓶》一书不妙在用意，而妙在语句。吾谓《西厢》者，乃文字小说；《水浒》、《红楼》，乃文字兼语言之小说；至《金瓶》则纯乎语言之小说，文字积习，荡除净尽，读其文者，如见其人，如聆其语，不知此时如看小说，几疑身入其中矣。此其故，则在每句中无丝毫文字痕迹也。"他说的"文字痕迹"指的是当时过于雅驯的文绉绉的文字痕迹。说是丝毫没有这种痕迹，当然是过甚的说法。能够使人物用语和叙事用语都做到空前地显示出生活本色语言那种异彩，这倒真是《金瓶梅》的显著特点。

语言运用方面善于吸收和改造，也是可以找到《金瓶梅》作者用里外传通方法作这种创作追求的一些线索的。作者不但善于吸收生活中以山东为主兼及运河两岸一些地方的口语、俗语，而且在早期“词话”本里还留存着吸收大量说唱词话短篇和其他俗行文学语言材料的浓厚印迹。冯沅君在《古剧说汇》中曾就《金瓶梅》在这方面的语言特色整理出了一系列的例证。胡士莹也依据这一点说：“这正足以证明《金瓶梅词话》是在宋元以来民间乐曲系词话影响下写作的”。其实，张竹坡早在“第一奇书”评点时，为了让读者注意书中语言特色，在《金瓶梅趣谈》中列举了六十多条俗语，还在评六十一回指出过书中善于用民间乐曲的曲名小令来点题。这不反证了作者对这些东西是何等熟悉和善借善用吗？

值得称道的还在于《金瓶梅》作者对下层平民语言和市井常谈俗语驱遣的纯熟自如，并善于融进写人物和情理的形象中去。就以写潘金莲的语言来说，书中不但描绘语言生动传神，人物自己的语言也活脱脱地显示出性格来。但这些也是可以看得出是多所吸取和加以改造的。书中对《水浒》故事原有的语言是如此，对《水浒》外的材料更是如此。以李外传死以前那几回多利用《水浒传》已有语言材料讲，潘金莲为表白自己在骂武大时说的“不戴头巾的男子汉，叮叮当当响的婆娘，拳头上也立得人，肐膊上走得马”之类话，大体采用了《水浒传》原文。但参看《水浒传》和《燕青博鱼》及《白兔记》等类似场景所用语言看，可以发现又是略有丰富和改动的。至于到李外传死后各回来写潘金莲性格的展开，其语言就更是形象鲜活多姿了。比如六十一回写潘金莲听到西门庆在外鬼混回来还编了些饰词应付，她所用的责怪语言，那真是俗语如珠，连环而出，愈见性格。什么“腊鸭子煮在锅里，身子儿烂了，嘴头儿还硬”，什么“盐也是这般咸，醋也是这般酸”，什么“秃子包网巾，绕你这一抿子儿”等等。张竹坡对此批道：“一路开口一串铃，是金莲的话，作瓶儿不得，作玉楼、月娘、春梅亦不得，故妙”。这还不是既见出作者非常熟悉平民口语和俗语，又见出他善借善用的才能吗？

当把这些再琢磨一番的时候，又会发现《金瓶梅》全书处处有李外传的影子。你说是不是这样呢？

七、《红楼梦》是《金瓶梅》的“倒影”吗？

要了解《金瓶梅》的审美价值，不但要从这部小说本身特点上来研究，还要放在中国小说发展的历史联系中来研究。在将它和前后小说作比较中，《红楼梦》与《金瓶梅》的关系特别值得重视。《红楼梦》被认为与《金瓶梅》是分别出现于明、清两个不同的朝代，但在写世情上又是相呼相应的两部巨著。从它们两者的关系可以看清《金瓶梅》在小说创作美学发展中所起的开创新格局的作用，也可以看清它对后来小说创作产生的重大影响。

但也正是在《红楼梦》和《金瓶梅》关系的了解上曾经是众说纷纭，也留下了小说美学上有趣而又待解之谜。

《红楼梦》显然是受《金瓶梅》相当深的影响而创造出来的。但是不是能说成是“完全脱胎”或者叫做“倒影”呢？《金瓶梅》就小说创作美学来看是开创了新格局，《红楼梦》是不是也开创了新格局呢？两部都各自开创新格局的小说，能用“倒影”来概括吗？这个谜当然要从两部小说仔细比较，并参照其他小说的情况，以求得出适当的回答。这里当然也不允许详谈，只就“倒影”说谈点思路。

曹雪芹在《红楼梦》开篇和书中关键地方表露了和《金瓶梅》类似的写世情的审美创造意向。脂砚斋是深知曹雪芹这种苦心的。“庚辰本”第十三回有脂评眉批说：“写个个皆到，全无安逸之笔，深得《金瓶》壸奥。”“甲戌本”二十八回脂评又于写宝玉等在冯紫英处与云儿等饮酒行令时批道：“此段与《金瓶梅》内西门庆、应伯爵在李桂姐家饮酒一回对看，未知谁家生动活泼？”这岂不是表明《红楼梦》作者在审美创造上和《金瓶梅》作者的文心相通，而又颇能青出于蓝而胜于蓝吗？“庚辰本”第六十六回在一个词语翻新之处，即把《金瓶梅》里说的“把忘八的脸打绿了”翻新为“剩王八”，脂评又批道：“岂不更奇?”这也是对《红楼梦》作者既善吸取，又善创新的赞扬。

但是另外一些评者对这两部名作关系理解上的参差不齐之处就太多了。仅与“脱胎”、“倒影”有关的说法就不少。周春在《红楼梦约评·阅红楼梦随笔》中认为：“天下阅《红楼梦》者，俗人与《金瓶梅》一例，仍为导淫之书，能论其文笔若何，已属难得。”张新之以太平闲人署名在“读法”中却认为：《红楼梦》是“暗《金瓶梅》，故曰意淫。《金瓶梅》有‘苦孝说’，因明以孝字结，此则暗以孝字结。至其隐痛，较作《金瓶梅》者尤深。《金瓶梅》演冷热，此书亦演冷热；《金瓶梅》演财色，此书亦演财色”。但他又把《红楼梦》从得《金瓶梅》壶奥而发挥出来的审美感染力归结为贬义，说《红楼梦》“不唯脍炙人口，亦且镌刻人心，移易性情，较《金瓶梅》尤造孽，以读者但知正面、不知反面也”。这固然涉及如何帮助读者了解警戒意图的必要性，但把两部名著说成一部比一部“尤造孽”，显然是陈腐的道德观念在作怪。

把《红楼梦》和《金瓶梅》这种关系说成“脱胎”的后来渐多，但分寸、含义也不尽同。《小说枝谭》所引《缺名笔记》介绍的就有两种：一种是认为脱胎于《水浒传》。这就把《金瓶梅》的脱胎和《红楼梦》的脱胎说成都来自《水浒传》，像个双胞胎。此说还用宋江、晁盖、吴用等人比照《红楼梦》的人物。这显然是对《金瓶梅》和《红楼梦》相继在写世情上开创了审美创造新格局的性质不理解的表现，不必多论。另一种指的是：“又有谓《红楼》之衍炎凉，系仿照《金瓶梅》者，亦确也。《金瓶》无一正人，《红楼》亦无一正人。其人物之逼肖者，为尤二姐之与李瓶儿。”能看出《红楼梦》中写炎凉是受《金瓶梅》启发，人物有逼肖者，是有道理的。但说成“仿照”，却为“全脱胎”说开了先河。至于说二者都“无一正人”，不仅对《红楼梦》再创新格局中出现新型的具备正面气质人物形象的意义毫无认识，一概骂为“无一正人”，也正是从旧观念所致的不确之论。

本来评论小说审美创造中后者对前者或另一部作品有显著的吸取和改造关系，用脱胎作比喻，虽不贴切，如果不理解为全套搬用或仿照，也还勉强可以。但后来有人偏偏向着更不贴切的路上去了。民国初年有署名曼殊者与狄平子互相呼应，为揭示古代小说名作的价值写了一些有意义的文字。他也热情赞誉《红楼梦》、《金瓶梅》的回目与题词。但他对这两部小说的关系却作了不正确的判断。他在《新小说》第八期上说：“论者谓《红楼梦》全脱胎于《金瓶梅》，乃是《金瓶梅》之倒影云，当是的论。”此论出自何人，尚待查考。这位曼殊为之下首肯的判断，却是误下了（按：有研究者考证，这位曼殊并非写小说出名的苏曼殊，录以备考）。过了几年，陈独秀与胡适、钱玄同等讨论古代小说时，肯定了《金瓶梅》的价值，对其和《红楼梦》的关系，却又沿袭了后者“全脱胎”于前者的说法。他在1917年《新青年》第三卷第四号上说，“《金瓶梅》描写恶社会，真如禹鼎烛奸，无微不至，《红楼梦》全脱胎于《金瓶梅》，而文章清新自然远不及也”。他对《红楼梦》再创新的优长看得不充分，对二者的关系也就论的不确了。

试想，这种似为肯定《红楼梦》与《金瓶梅》相呼相应关系为“倒影”或叫“全脱胎”的说法，不正是使两部文学名著都受到不当评估的损伤吗？如果后者只是前者的“全脱胎”，哪里能充分看出二者既相呼相应又各自开创新格局的异彩呢？如果前者只给后者提供复制的模式而使后者仅仅成为“倒影”，也就看不出前者开创新格局还可以激发后者创造新格局的宽阔思路，从而也看不出它促进小说美学发展的历史功绩。比较起来，张新之和诸联另一些说法倒还给人以启发。张新之在《红楼梦》评语“读法”中说：《红楼梦》“脱胎在《西游记》，借径在《金瓶梅》，摄神在《水浒传》。”诸联在《红楼评梦》中说：“《红楼梦》本脱胎于《金瓶梅》，而亵慢之词，淘汰至尽。中间写情写景无些黠牙后慧。非特青出于蓝，直是蝉蜕于秽。”这两种说法都未说“全脱胎”。与《西游记》相比较，也可以使人便于联想起石头的来历；说“借径”和“蝉蜕”的意义又着重青出于蓝，二者均应属聪明的见解。

其实，上边这些说法基本上都是属于用比喻来表达两部小说关系是否适当的问题。如果从小说审美创造发展过程来看，两部写世情小说名著相续相映、后者对前者既借径又创新的关系，比方为对影关系来做些比较，也许更有了解两部名作文心的作用。这里试举几个方面做些比照，也只是提供引线，间或还可连类而及对其他小说的看法：

第一，立意又似又不似。两部书都写人情世态、炎凉真假，也都从家庭场景写及世运兴衰。不过，《金瓶梅》是从借来的西门庆故事线索发展为暴发富商兼官僚家庭的兴衰史；《红楼梦》以四大家族中贾家为主要线索，写的却是以簪缨世家为基本范围，以外省与富商姻亲为穿插的封建家庭衰败史。前者借题作“幻影”，如张竹坡所说写情理所生的诸色人物，“花开豆爆出来的，复一一烟消火灭了去”；后者极力显示“亲见亲闻”的“异样”人物和荒唐景象，也在无可奈何中显示那末世的衰落。二者都有以真实和审美评价统一以撼人的强大力量，而炎凉的境象和有无主要的正面性质人物，又使二者审美格调各自不同。

第二，艺术结构又似又不似。两部书同是写家庭日常生活的长幅画卷。但因所写冷热所依据的条件不同，所着重描绘的对象不同，结构框架也就不同。二者同写财色在世情中引起的种种现象，但小说中写种种现象的主干是社会关系总和中的人物。审美创造凭依的结构及其附加因素，必定要与主要人物的活动与感受的特征相适应。《金瓶梅》提供的是作为成年富商这种反面典型人物极力贪财夺色、投机行贿、为非作歹的艺术世界；由之激发《红楼梦》作者描摹的却是贾宝玉和一些少男少女在也有贪财夺色、尔虞我诈环境中作自己思索与追求的艺术世界。财色牵涉的社会问题在前者是更集中更直接显示的“诸恶并作”，在后者却是主要人物带着朦胧与惊愕触及的诸种丑恶现象。主要人物性格的依据不同，作者对人物关系的态度与立意不同，环绕他们的审美眼界与诸种境象也便似而不似。

第三，人物性格和其间产生的纠葛又似又不似。有人注意到《金瓶梅》写某些人物性格激发了《红楼梦》作者的某些笔法。但所谓“深得《金瓶梅》壸奥”并不是指照样搬用，而是指敢于实写世情中的情状，敢于写出不同审美价值如何以艺术真实可能有的生动形态融合为一体。正如鲁迅就此对《红楼梦》艺术作评价所说的，“其中所叙的人物，都是真的人物”。两部书把诸多人物形象写得都真都美，而又各个不同。正如张竹坡所评点的那样：“于一个人心中讨出一个人的情理，则一个人的传得矣。”能于不同性格人物心中讨情理，则两书人物的关系、纠葛、情态自然显出各真又各异的妙处了。

第四，写人物性格所需的情节、细节以及器用、饰物、动物等的运用也是又似又不似。由于《金瓶梅》开创了在长篇中细致描写家庭生活这样崭新的审美创造路数，也就为小说创作如何适应整个形象系统的建造而作相应的细部加工也提供了出色的艺术经验。张竹坡、文龙都对此作了许多有味道的评点。如张竹坡在对第二十四回评语中说：“噫，一百明珠，作者信手拈来，头头是道，因欲为世点醒双珠，使一颗明珠为一顶门针、关捩子也。寻常只以为瓶儿带来之物，可笑，可笑!”联系明珠在写冷热变故形象整体中的作用，此话当然有理。《金瓶梅》中有西门庆手中洒金扇子，有潘金莲养的雪狮子猫，《红楼梦》中有宝玉项下戴的玉，还有傻大姐拾的绣春囊等等。这些都不能只当小物件、小动物随便看过，它们都在表现人物纠葛中起着不同的作用。《红楼梦》在这方面比《金瓶梅》写得更细了，显示了青出于蓝而胜于蓝的差异。

第五，对民间口语、俗语和现成文学材料的运用又似又不似。《金瓶梅》作者在“极意通俗”从而使语言更与生活接近上较《水浒传》有了新的发展。它的语言入俗而爽利，富有表现力。《红楼梦》沿着这个路子向前走得更多，但不是仿照和搬用。它虽然吸收了《金瓶梅》中许多语言长处，却主要以北京口语为基础，别开了小说语言艺术的新生面。《红楼梦》作者对语言提炼更多，在雅俗共赏上有更高的成就。在运用大量现成文学材料上，吸收了《金瓶梅》行文明白如常语的优长，却又显示了文人作家独力创作小说的优势。其中语言选择与利用更为精审，吸收与改造也更细致和妥帖。像《金瓶梅》“词话”本那样全摘或改头换面地利用材料的现象没有了，有的是刻意求新的利用。一个林四娘故事不是转述而已，它成了显示宝玉思想情趣与才华的重要手段。这也是把历史传奇中的女性形象与当时的诸色女性作了颇具深意的对比，成了一种含有哲理性的礼赞。在这方面，两部作品也是相呼相应，各有千秋的。

第六，《金瓶梅》和《红楼梦》两部作品所提供的审美意境的气韵又似又不似。这是与第一个方面紧密联系的。中国古代美学讲究为文要有气。曹丕《典论·论文》就说：“文以气为主。”谢赫所说绘画六法，第一就是要求“气韵生动”。后来人们逐步对审美创造中应当有意境作了多种探索，也有的把意境和气韵联系起来。但真正以它们应用于评论小说、戏曲，是由李贽、金圣叹、张竹坡等从各种角度展开来的。在张竹坡对《金瓶梅》评点中提到此作的文字同其他作品有审美气韵上的不同。实际上《金瓶梅》在这方面深深激发了《红楼梦》作者的创造性，使之展开了自己作品意象和意境的特定气韵。

近来有的研究者谈到研究审美问题不应当忽略俗审美文化自身的特点。这本来是有道理的。但同时又认为中国古代美学一些范畴，如气、势、意、趣、神、韵等，不适合说明俗审美文化的特征。这却是不确切的，也会造成作茧自缚。中国古代美学本来应当包括小说、戏曲等有关的美学理论，一些带有共性的范畴可以在具体领域作有特色的发挥和发展，也可以生发新的命题。但是却不能回避气韵、形神、意境等这些重要审美范畴在研究小说戏曲中的运用。从《金瓶梅》与《红楼梦》审美总体特色的比较中就不能回避这些基本方面的把握，并梳理它们的异同，了解它们各自的特点。

还从张竹坡评点来说，张竹坡和金圣叹评点《西厢记》、《水浒传》一样，要读者注意这种“妙文”所造成的“风影之谈”。所谓“缅缅洋洋文字”“依山点石、借海扬波”的“幻影”，都是指作品有自存的气韵，因而要人们“一气读之”，“一气呵成去读”。张竹坡发现《金瓶梅》是一篇“市井文字”的气势和气氛，而不是《西厢记》那种“韵笔”式“花娇月媚”的气势和气氛。这就把金圣叹所说《水浒传》文字写不同性格所需的局部气韵的转换，比如“山摇地撼”、“柳丝花朵”、“天外飞来”、“捷如风、明如月之笔”等的局部巧妙转换，变成整个作品意象、意境所呈现的气韵的比较。这是对小说气韵不同的一种颇有意义的发展。鲁迅后来在《中国小说史略》中谈及《金瓶梅》时曾指出：“故就文辞与意象以观《金瓶梅》，则不外描写世情，尽其情伪，又缘衰世，万事不纲，爰发苦言，每极峻急，然亦时涉隐曲，猥黩者多。后或略其他文，专注此点，因予恶谥，谓之‘淫书’；而在当时，实亦时尚。”他还指出这部书“虽间杂猥词，而其他佳处自在”。鲁迅所指出那种“著意所写，专在性交”的末流小说，可以说是对《金瓶梅》写床第之事“间杂猥词”的弱点又向错误方向发挥了的作品，不足为训。这也可以说是对《金瓶梅》的意象和意境误读误用而产生的某种消极影响。鲁迅还在同一部书中对《红楼梦》作了高度评价，认为是“不可多得的”小说，它出来以后，“传统的思想和写法都打破了”，也就显出了“它那文章的旖旎和缠绵”。张竹坡发见了不同审美文字意象和意境所体现出的气韵不同，在鲁迅的评论里更可使人看出《金瓶梅》和《红楼梦》整部作品气韵的不同。

我们在前面曾经说过《金瓶梅》是以笑声为主调发出激发审美情感声音的。联系到这部小说的意象与意境的气韵，那也就处处渗透了对市井所见的丑恶现象发出冷峻的“笑”的因素。

张竹坡说第七回写西门庆穿戴是“写富贵气象却是市井气”。这是写矛盾中显出冷嘲。第五回写害死武大处的文字是“幽惨恶毒”、“一派地狱文字”，后来又写害人者一一惨死。这是写丑行中显出冷笑。这种意象与意境所呈现的气韵与激发审美感情的功效是相辅相成的。从《金瓶梅》写世情得到启发的《红楼梦》作者，自己有不同的立意和艺术结构，由于提供的意象和意境及其呈现的气韵也便不同。可以说《红楼梦》里把写炎凉中的悲怆辛酸作为文气的主调，而在写家庭生活中又使“花娇月媚”类的文字气韵与“市井文字”作了有机的结合。请看，《红楼梦》把一些艺术线索伸向市井人物的生活场景的笔墨里，人们会领悟到作者从《金瓶梅》里得到的窍门。但还有一些艺术线索伸向刘姥姥的家庭、宝玉偶然遇见的纺线姑娘的农村房舍或者收租的乌庄头之类人物的时候，人们还会领悟到这里还有真正的田园文字哩！这些较之《金瓶梅》都有了新意象、新意境，也就呈现出了新气韵。正如前述，《金瓶梅》是由“悬鉴燃犀”而突出了以“笑”为主调，而《红楼梦》文字突出的是洒向人间的“一把辛酸泪”。鲁迅在《中国小说史略》里曾经深刻地指出了这种以悲剧性为主调的气势和气氛。他说：“颓运方至，变故渐多”，“悲凉之雾，遍被华林，然呼吸而领会之者，独宝玉而已”，两部名作这种气韵上的相呼相应又相互差异，显示着《红楼梦》与《金瓶梅》关系上意味深长的谜。

还有一点与此相关，也值得注意。在鲁迅的评论里把《金瓶梅》“间杂猥词”与文辞、意象的“佳处”及意在“描写世情尽其情伪”联系起来，这会使人对这部小说写床第之事过多过露方面的弱点和败笔有更合理的评判。鲁迅又特意引了《红楼梦》开篇对小说旧套中的弊病所作的批评，指明这部书“与在先之人情小说甚不同”，当然也包括《红楼梦》写“悲喜之情，聚散之迹”，都能“因写实，转成新鲜”，也能力求避免末流小流“涉于淫滥”之弊。这就是说《红楼梦》作者是力戒末流小说那种专从《金瓶梅》弱点上去作发挥的做法的。当然，这与《红楼梦》作者对自己作品特有的意象、意境、气韵的追求分不开的。

《金瓶梅》的确激发起了《红楼梦》作者的审美创造力，后者托出的是又一部开创审美创造新天地的一部巨著，而不是什么简单仿作的“倒影”。这就是对这一谜题应作的初步回答。

八、围绕《金瓶梅》的评论，为小说美学批评理论带来了什么？

本书前边有的题目里已经介绍了《金瓶梅》版本变化和几种评点本及评点者的简况。知道了这些简况之后，还会发现有进一层的谜：那就是这些评点者和其他评论者都不仅就一般文学社会功用之类谈《金瓶梅》的得失，他们也非常注意领略这部小说“文字之美”，还谈及应当如何对这部小说进行鉴赏和批评。这些见解和评论为小说美学批评理论有没有带来什么值得注意的东西呢？

有的。虽然处于当时文化背景上，他们还没有如现在的小说美学所具的一些明确的理论观念，但他们的见解实际上是对有关小说美学批评理论的探讨，也对一些规律性东西作了猜测。从明代到清代，随着小说、戏曲的日益盛行及刊印、传播条件的变化，渐渐出现了对文学作品特别是小说、戏曲的评点本。李贽、叶昼、冯梦龙、金圣叹、毛宗岗、张竹坡、脂砚斋、文龙等先后对一些小说、戏曲名作进行了评点，其中也逐渐阐发了对这种评点或叫审美地赏析、评议应当如何进行的一些见解。《金瓶梅》开始以抄本形式流传时，已有一些人对它作了一点评论。它的早期刊本现存者为《金瓶梅词话》本，虽然尚未加上评点，但是许多早期评论显然是依据这个刊本作的。后来广为流传的本子是《新刻绣像批评金瓶梅》，那是经过文人整理加工的“说散本”，而且加了评点。在此基础上又经张竹坡作了系统评点的“第一奇书”本是此后流传最广的本子。再后，在光绪年间文龙在所阅的“第一奇书”本子上作了系统的评点。还有一种就是民国初年梦生在《小说丛话》中对《金瓶梅》作的总评和依部分回次作的评语。此作篇幅小于前三者，但却显示了从古代评点方式向现代美学评论方式的过渡，也值得注意。这四种对《金瓶梅》的评点著作，出现的跨度达几百年，可以说反映了人们由这部小说而引起对小说美学批评理论作探究的一些印迹。

这几种评点本和围绕《金瓶梅》的其他评论内容甚多，其中关于文学批评理论和小说美学批评理论的见解是交织着的，其界限并不易截然划清。我们只要着重看其是否能从审美价值领略和评判来进行比一般文学评议更具哲理性的探究，也就足以看出所持见解的性质了。由于《新刻绣像批评金瓶梅》的评点基本上是对小说本身文字值得注意鉴赏之处作些评点，对小说审美批评应当如何进行这方面谈得既少又待细致整理，暂且不谈。张竹坡、文龙和梦生对《金瓶梅》的评点却都有对小说美学批评理论的不少见解，值得注意。

张竹坡是当时年轻而有锐气的评点家。他继承了金圣叹的许多优长，也延续了《新刻绣像批评金瓶梅》写定者和评点者的一些思路。他的评点的特色是联系自己哲理思路作评点的意识很显著，因而他强调审美批评中评点者应当发挥自己创造性，也可以使评点本另成一书。与此相关，他对小说美学的批评理论见解也就有如下几点值得特别重视，当然这也只是举例而作的梳理：

其一、他认为审美批评要从小说如何成为“至文”、“妙文”的特性出发去领悟作者的“文心”，又要结合自己的感受，方能“递出金针”。他认为，作者“其志可悲，其心可悯，如此妙文，不为之递出金针，不几辜负作者千秋苦心哉!”他又认为自己评书并不是以冷漠态度对书的。他说：“批者迩来为穷愁所迫，炎凉所激，于难消遣时，恨不自撰一部世情书以排遣情怀。”他自量自己并没有像小说作者那样用形象描绘写出一部世情书的可能，“且将他人炎凉之书其所以前后经营者，细细算出，一者可以消我闷怀，二者算出古人之书，亦可算我今又经营一书，我虽未有所作，我所以持往作书之法，不尽备于斯乎?”注意一下，他说的“算出古人之书”、“持往作书之法”的审美批评深意。“算”者，评估，衡量审美价值也；“持法”者，找出“文字之美”的路数也。他又把审美批评的论著和小说原著都当作审美发现，认为两者各有独立成书的价值。这是对审美批评著作独立作用的觉醒，是小说美学批评理论发展史上有重要意义的见解。

其二、他认为审美批评的具体作法要依据原作的“苦心”、“文思”、“精意”和启发阅者的需要而作适当处理。在他看来评点者需要从揭示原著“文字之美”的“文心”着眼做许多事，但做时却并不是随意处置的。他在“第一奇书”本《凡例》中说，金圣叹批《水浒传》用“腹中小批居多”，那是因为所评小说里尽属“现成大段毕具的文字”，“如一百八人各有一传，虽有穿插，实次第分明，故圣叹只批其字句也。若《金瓶》乃隐大段精彩于琐碎之中，只分别字句，细心者皆可为，而反失其大段精彩也”。他把评点的形态和具体作法，都看做是既要依据原作文理，又要适应读者阅读需要，这是有见地的。他特别申明，“其大段结束精意悉照作者”，“然我后数十回内，亦随手补入小批，是故欲知文字纲领者看上半部，欲随目成趣，知文字细密者看下半部，亦何不可?”对于《金瓶梅》中将世情画面组成浑然一体的艺术形象，他采取了相应的审美批评方法，而且作出了说明。这对小说美学批评理论的发展是有益的。

其三，他主张对小说进行审美的批评要有求真厌假的“童心”，也要有从情理变动中“算”出美丑分量如何并且因“几”看价值“定位”的见识。他在评《金瓶梅》时一再把真假和冷热联系起来，在《东游记》评语“尾谈”里更明白地热烈赞扬李贽的“童心说”。他说，“不知童心绝假存真，故天下之至文淹没于假人而不得见于后世。夫有一般意思则创一般语言，无意思则雷同矣”。但他又看到所说的真假在世情中又要从情理的变动中看到天道即看到“几”，才能真正“算”出价值“定位”应当如何进行。他在为张潮的《幽梦影》作评语中，看到原文有“南北东西，一定之位也；前后左右，无定之位也”的说法，他就加上评语说：“闻天地昼夜旋转，则此东西南北亦无定之位也。或者天地外贮此天地者当有一定耳。”这则评语显示他的审美观点有深长的哲理意味。他实际上有了从联系和比较中了解价值“定位”的必要性，即对事物和形象作适当评估要在不同情况的比较中才能“算”得出来。他屡次在评点中所说“各尽人情”与“莫不各得天道”的联系，也正是与这种对价值“定位”的认识相通的。按照这种认识，一些封建理学教条不是要在他的审美批评分析面前受到摇撼吗？尽管他对天地之外“定位”的认识尚持怀疑、犹豫态度，但他评点《金瓶梅》时却始终把求真斥假的“童心说”和情理与天道的统一说作为贯彻他对价值“定位”那种新的理解的具体标尺。他的审美批评的哲理依据显然要高出其他许多评论者。

其四、他认为对小说审美批评中要肯定写不同审美价值对象都可以产生“文字之美”。他选定《金瓶梅》这样以写丑恶事物为主的世情小说作评点对象，反复申明它的文字是“至文”、“妙文”。他一再说明作者写出西门庆的“丑恶”，“蔡太师之恶”。在第三十回批语中，他还指出小说“写尽宋末之弊。”他写的《寓意说》、《读法》一再用揭示书中如何暴露和照出丑恶世态来进行审美评判。特别是通过署名谢颐的序，他又肯定《金瓶梅》能用“悬鉴燃犀”的形象使得“狐穷秦镜，怪窘温犀”。他认定评点就要使作者“千秋苦心”得为世人所了解，使世人共赏这种“文字之美”。他在《东游记》评语中也说：“家室之隐情可以瞒天地鬼神。不可以瞒街谈巷语，使无西门等传竭力写之，不反怪《水浒》之欲杀乎？”他又说，虽然人心中可以“造奇设怪”，并说人们心渊中的丑恶东西可以像“龙宫蛟室十倍于牛渚”，即指传说中温矫燃犀之处，仍然可以照亮，“照之者，唯有以不火为光”。这里说的“不火为光”，就是指人们精神上识破丑恶的能力。这种对识破丑的信心，不是足以使小说美学批评理论眼界为之大大开阔了吗？敢于把丑的撕破作为小说审美创造的主要审美课题而加以如此勇敢的辩护，张竹坡的见识不是与《金瓶梅》作者的文心有惊人的相通之处吗?

文龙依据“第一奇书”本对《金瓶梅》所作的评点也富有审美批评的色彩。他除了从一般文学批评角度对张竹坡的一些看法作了反复驳议外，也对如何进行小说美学角度的批评的理论问题阐述了自己的见解。他与张竹坡都仍不免受当时封建伦理思想的某些影响，如仍然沿袭地认为女人是“祸水”的观念就是。他与张竹坡相比，锐气稍逊，但是他的经历显然又比当时的张竹坡更丰富，对世情的复杂性了解也更多。他更注重从求实上来评论小说中的情理和文章之美。像张竹坡在“寓意说”、“苦孝说”中那样过多猜测式的评点，他就没有或极少流露。他强调要注意小说文思所寓的事理，反对评点者任意武断地臧否人物形象。在与这个思路相关的许多问题上，他提供了不少值得重视的见解。

比如，文龙主张论人物美丑或文章所写事理的是非，都要力求尊重书的原意，并主张要“依情理定其案”。看来他在几个地方实际为官断案的经历，使他把这种体验也融入了如何进行小说审美批评的理论见解之中。他发现张竹坡对第三十二回的评点是不解原作者的笔意反而责备吴月娘不宜认女这类例子，就指出审美批评要公允，不能“有成见而无定见，存爱恶而不酌情理”。他还用家庭、官场上处置人事关系方面的经验，对审美批评要允当的必要性作了说明。他说，判定美恶不可“先有成见”，更不可任意对待。如果有成见，“加之爱欲其生，恶欲其死，又复爱不知其恶，恶不知其美，家庭之间尊长如此，卑幼无容身之地矣；官场之内，上宪如此，属下无出头之日矣。作者道其所道，原未尝向我道也。阅者但就事论事，就事论人，不存喜怒于其心，自有情理定其案，然后可以落笔。”按现代美学的话来说，他这实际上是主张尊重客观对象审美价值的实际状况，也尊重社会公众所持审美观念和标准的批评理论。不过，他要审美批评者完全地做到“不存喜怒于其心”，把审美评价中的主体因素和主观因素完全撇在一边，在审美实际中却难以做到。他还没有意识到这二者要恰当地统一的必要性，但他强调尊重作品客观情况的意思已经是难得的了。

文龙也主张要在审美批评上作到公允，评点者自身就要才、学、识俱备，又要能超脱，保持一个适当的距离。这与西方近现代美学中所倡的距离说有点类似，但他的见解更多地带着中国古代哲人所说的明智、达观、超然是非那种态度的因素。他在评第十八回时指出，张竹坡每每深许玉楼而痛恶月娘是评价失当。他认为，“批书当置身事外而设想局中。又当心入书中而神游象外，即评史亦有然者。推之听讼解纷、行兵、治病，亦莫不然。”这里他显然又联系到自己为官“听讼解纷”的体验，认为对小说进行审美批评也不能离开人情事理的考究。在进行审美批评考究的分寸上，他也与上述那种客观、求实地论美恶的态度相应，认为对人物形象的批评“不可过刻，亦不可过宽；不可违情，亦不可悖理；总［之］，才学识不可偏废，而心要平，气要和，神要静，虑要远，人情要透，天理要真，庶乎始可以落笔也”。他这种强调冷静求实以作审美批评的论点，在古代有唯物倾向的审美批评家中也是颇有代表性的。

文龙主张要客观、求实，也就主张审美批评中要把求真和求细紧紧结合起来以“准情度理”，反对草率地故作翻新。他称那种以意率尔为之的审美批评者为“酒醉雷公”。如在第二十九回评语里就说：“作书难，看书亦难，批书尤难。未得其真，不求其细，一味乱批，是为酒醉雷公。”他不仅以此提醒自己不随意乱批，还把这个意思引申到对整个人生言行能否严谨上去。他在批语里说：“静气平心，准情度理，不可少有偏向，故示翻新，致贻阅者之讥，而以醉雷公呼我也。”而且他也指出，“不但为批此书而然也，接人处世，排难解纷，言为心声，听其言亦可知其行矣”。这显示了他对文学审美批评和知人论世中的审美批评在理解上的一致性。

张竹坡和文龙从对《金瓶梅》的评点中各自有所侧重地揭示了审美批评中的主体因素和客体因素、主观能动性因素和客观因素。但他们也都重视了人情与天道、天理的关系。比较起来梦生后来的评点文字较少，但他却更强调了《金瓶梅》与前后小说名作的比较，也强调了读书眼光问题。后一点，当在另外题目中去谈。他们的见解是不是各自接触了小说美学批评理论的不同方面甚至不同流派的见解呢？这里不是又有更深一层的谜吗？

九、如何做《金瓶梅》“看官”，这应当和小说美学挂钩吗?

看张竹坡的“第一奇书”评点也罢，读文龙对《金瓶梅》的评点也罢，那里都有专对“看官”说的话。“看官”，是过去通俗小说作者沿用说书艺人对观众的尊称。照现在的话来说，就是读者。当然在播讲情况下就是指观众和听众，这些也就是传播学上所说的传播接受者或可简称受传者。

张竹坡、文龙等对“看官”说的如何欣赏和鉴赏《金瓶梅》的窍门和道理，实际上就是现在正在发展着的阅读美学的研究内容。阅读美学是以各种阅读形态中的审美现象作为研究对象的美学应用分支学科。它具有对审美现象作横断研究的性质。专就小说阅读审美问题作研究，当然也与小说美学交叉，应当成为小说美学的组成部分。如何做《金瓶梅》“看官”，应当是小说美学研究课题中的应有之义。

按照一般情形，凡是对小说的审美评点，要对“看官”说话，总是要帮助读者更深入、生动、有效地进行审美欣赏和鉴赏活动的。但是直接地谈论如何做有鉴赏眼光的“看官”，这却是一种值得专门研究的审美课题。梦生是对此作了注意的。他在《小说丛话》中说：“善读小说者赏其文，不善读小说者记其事；善读小说者是一副眼光，不善读小说者又是一副眼光。”又说：“《水浒》评的好，《金瓶》评的亦好。圣叹以真能读小说之眼光指示天下读者不少。”应当说，在这方面，梦生是把金圣叹、张竹坡、文龙等注意帮助读者打开“读小说之眼光”上的苦心作了强调和表彰的人物。

明清几百年中出现的一些优秀的评点家曾对许多小说、戏曲名作作了不同的评点。他们对小说美学的一个重要贡献，就是以评点这种灵活机动的审美批评样式为帮助读者作审美地阅读作了许多指点和辅助。当然，每种评点本的是非长短个个不同，但是一些好的评点本的总体优长是使读者的审美阅读意识更强了，对作品的审美更细致、更深入了。《金瓶梅》是部难读又难评的小说。在一些评点著作相继问世的过程中使得读者以审美阅读的眼光对这部小说加以审视的程度越来越增强了。从这种意义上说，有关阅读美学理论和经验的发展，实在也是《金瓶梅》审美价值被更多读者从更深更广意义上加以感受和评判以及得到益处的过程。

有关《金瓶梅》的四种评点著作，人们已经知道大略。它们对《金瓶梅》文本所作的或详或略、或注意于此或注意于彼的评点，都是不同程度地帮助读者注意作审美的阅读的。其中也有一些见解是专就读者如何“自立主意”地作好“看官”来讲的。这二者之间本来没有什么难以逾越的鸿沟，二者相互区别，又相互联系。与此同理，由审美阅读到审美的批评，即由审美的读者和审美的批评者这二者之间也没有什么难以逾越的鸿沟，这二者也是相互区别，又相互联系的。这两种不同身份和不同性质的审美，也都可以互相转化。现在我们着重从几种《金瓶梅》评点著作中看看它们为阅读美学带来了些什么。这也只是举例而言，以供进一步思考之助。

一是阅读审美的基本要略就是对“文字之美”的细细品味，并从而进入对文字符号所引起的内容、形式各方面审美价值的把握。几种评点本都反复提醒读者细细琢磨作者“文思”，领略“妙文”。这些话看似普通，实有深味。上面题目说过，张竹坡和文龙分别强调过发挥主体意识探求文意的积极性和尊重原书文意的客体依据的不同主张，但他们的不同主张实际上也从不同方面为阅读审美研究提供了思路。读者可以把这两者结合起来成为既尊重原意又独立探求的阅读审美。梦生曾说，《金瓶梅》是“异样妙文”，但因“写奸盗邪淫之事”，“尤难读”。他主张要善读，就要有相应的眼光。而这种眼光的培养要从细读文字中领会。他甚至说要把审美阅读当做审美批评来做，才能细，才能深。他说：“读小说不如评小说，以欲评小说，方肯用心细细读，方有趣味。不然，任他读了若干遍，未得一点好处。”他认为金圣叹评小说的得法处也就是使读者“翕然有味”的原因，那也就是“全在识破作者用意用笔的所在”。他又认为，借助别人评的地方再有自己独到见解，“自我心中扒剔而出”，“使我评而佳，则通身快乐，当与作书相等”，这也就是由审美发现而达到的审美愉悦。这种见解在张竹坡、文龙的评点里也有许多。张竹坡对人说“《金瓶》针线缜密”，他的评点要使“天下人共赏文字之美”。他要人们真正细读文字，方能“不负作者千秋苦心”、“变帐簿以作文章”。文龙更进一步地指出：“阅者当自具手眼，别出心思”，即指从文字中看世事，准情度理，再定其案。他们都认为要当好《金瓶梅》“看官”，就要有从文字上细细推敲原作文思何在的努力，又要有依据事理独立审视的鉴赏态度。这些见解的提出在阅读美学上都是有重要意义的。

二是审美阅读要注意形象价值的呈现有虚与实的关系。张竹坡对此作了许多评点。他说作者的立意是来自实际生活的经历和人情世故的磨炼，但是作为小说形象来写却要造“风影之谈，亦必依山点石，借海扬波”。他指出写炎凉书，有诸多“恶人”、“不是人”的人，但这些是艺术的幻影，“且于幻影中，将一部中有名人物，花开豆爆出来的，复一一烟消火灭了去”。作者从真真假假、虚虚实实中写出使读者从情理看天道的妙文，读者也要领悟其中的真真假假，虚虚实实，方不误读。他说“读《金瓶》不可呆看”，又说“读《金瓶》不可零星看”，都与此理有关。

《金瓶梅》里的形象是与作者立意密切关联的整体。其中的虚实、真假如何融合有自己的特点，阅读就要善于把个别情节的描绘和以西门庆家盛衰为主线对炎凉世态的描绘及撕破丑恶东西的整体形象联系起来看。只呆看“曲尽诸丑”、奸贪邪淫景象，不明白“悬鉴燃犀”的苦心，自然是误读了。只零星看作者受当时荒唐时风制约而在描绘上“间杂”的“猥词”，并且分不清它与那种著意“专在性交”的末流小说的不同，那也就误看了。只看到写丑恶，“只看其淫处”，看不到“文字之美”和文思所在，就不能获得审美地阅读这部小说的要领。按照几部评点著作的共同见解，要通观炎凉，通观“悬鉴燃犀”的文义，才能如张竹坡所说“方知作者起伏层次，贯通气脉，为一线穿下来也”。

当然，正如前引鲁迅在《中国小说史略》中的论述所见，《金瓶梅》为“尽其情伪”，“时涉隐曲，猥黩者多”。它的写床第之事多，有“时尚”的原因，就小说创作发展来看，也有对形象虚实分寸掌握上是否适当的原因。后来的《红楼梦》在这方面就更着重写与“欲”有关的性情而尽量减少对床第之事作直露、过分的实写，显然更提高了文字的审美价值。这种对比可以给人以很大启发。虚实掌握在审美文化不同形态中的尺度也不一样，这也是小说阅读中值得注意的。张竹坡已经提出《西厢记》是“花娇月媚”文字，《金瓶梅》是“市井文字”。这些是由相应艺术对象和立意所需要的，其实也与戏曲中韵文要有诗味和小说要细致叙事二者要求不同有关。朱光潜先生在《从“距离说”辩护中国艺术》里，举过《西厢记》“酬简”和《水浒》里西门庆和潘金莲的故事，说明同是写淫秽的事迹，给人的审美感受不同。这个比较用在和《金瓶梅》的比较上也完全是适用的。他说的“距离说”合理成分多少，此处暂不讨论。诗体用的虚写和小说里散文的实写应有不同掌握，则是显然的。正是在这点上把张竹坡所说的两种文字的区别和结合再从虚实结合上去了解，对阅读上增强辨别力是很有益处的。

三是张竹坡和文龙评点中反复提醒读者要领略“文字之

美”，就要揣摸情理，从情理之中看事物兴衰变化之“几”。把文理和事理、文情和人物心中之情对照关联起来领略，这是审美阅读能否进入形象深处、能否得其神髓的关键。张竹坡认为，读者要知道《金瓶梅》行文之妙。文意何以能“动人肝肺”，就要细嚼文章的“曲曲折折”。要予所写人物心中讨情理，于各尽人情处讨天道，于天道显示的炎凉兴衰变化中领悟“几”。领悟这种“几”，其实就是要达到对美与真与善结合的领悟。

不过张竹坡和文龙也都看到阅读者要有自己心思和评判能力、“断案”能力的重要性。张竹坡在《第一奇书金瓶梅读法》中还用生动的比喻说明这一问题。他说：“读《金瓶》必须悬明镜于前，庶能圆满照见”，“读《金瓶》必须列宝剑于右，或而划空泄愤。”他所说的岂不是审美阅读中既要有清明的理智，又要有热烈的爱憎吗？文龙对审美阅读中要揣摸情理与天理的关系更强调读者要学会使入书与出书相结合。他为第四十七回作评时说：“善读者当置身于书外，勿留意于眼前，固早恍然于其间，而西门庆之必不可效法矣。”在为第十回作评语时又说：“独怪夫看书之人，所谓旁观者清，不能咀嚼世情之滋味，但图片刻之欢娱，其愚且顽，不几与西门庆等哉？苟能离身题外，设身局中，旁人之是非，即可证我身之得失，目前之言动即可定日后之吉凶。”他说的吉凶自然仍只是当时观念中的吉凶，但他所说的“准情度理”和对入书、出书的掌握，不是对审美阅读者如何“别具心思”作了进一步说明吗？

他们都是古代的评点家，还没有小说美学作为科学的系统理论认识，但他们对《金瓶梅》评点中提出的一些如何做这部小说“看官”的问题，对今天的读者也有启发作用。

审美文化形态的产生、传播、阅读和批评都不是简单的现象。像《金瓶梅》这样又美妙又复杂的小说，由它摆在审美阅读者面前的难题，在古代小说名著阅读中具有代表性。就美育来看，越是具有审美复杂性的作品，越需要读者有相应的审美鉴赏能力。读者审美地阅读水平的提高，才能更好地领悟《金瓶梅》这部作品的审美价值和认识价值。从另一方面来说，对《金瓶梅》和类似作品研究的深入，对读者进行有关审美修养的帮助，使哲学、美学、道德修养等在更多读者身上日益增强，也就有更多读者会善于正确领略《金瓶梅》这部文学珍品的审美价值。

梦生早就认为《金瓶梅》是一部“最佳最美”之小说，但具体阅读上他也认为应该有所分别。他说：“《金瓶梅》不许未成年之男女读，以其血气未定，必致误会故。”郑振铎也说过：“如果除净了一切的秽亵的章节，它仍不失为一部第一流的小说，其伟大似更胜过于《水浒》，《西游》、《三国》更不足和它相提并论。”把供研究的全本和正确删除“猥词”并有注释、评议的本子或加上改写的读物分别出版，仍然是需要的。但更重要的是加强美育，加强有关阅读美学的研究，使读者的审美鉴赏能力迅速提高。简单的事实是，未成年的男女都要成年，他们也要先后阅读《金瓶梅》的。相信随着社会主义物质文明和精神文明建设的发展，读者眼光的变化，《金瓶梅》这部名著的审美价值和在小说发展史上的地位都将得到越来越多的人的正确而深入的了解。

十、《金瓶梅》书名里也有审美之谜吗?

当你读《金瓶梅》这部书的时候，第一眼就会看见这由三个汉字组成的书名，它对你有形象的吸引力；当你看完这部书，掩卷思考其中形象的内涵和韵味的时候，又是这三个汉字组成的书名给你留下曲终的余响。你有没有想过，这书名里也有审美之谜呢?

书名叫来这么有味道，可它为什么要这么取名呢？一般人都已经知道，这个书名是从书里人物——西门庆的两个妾一个婢三个人名里各取一字组成的：潘金莲取其“金”字，李瓶儿取其“瓶”字，庞春梅取其“梅”字。但是在你的审美感受里，这个书名的妙处是否只以了解这三个汉字从三个人名来的就为止了呢？

先给你介绍一段与《金瓶梅》有呼应关系的名著《红楼梦》那个书名的文字，回头再说本题。

金克木先生在《艺术科学丛谈》里介绍阅读美学常识时，举了《红楼梦》这个书名为例讲它在审美地阅读时会给人什么感受。他说的大意如下：

《红楼梦》就文字构成来说，由三个汉字组成，这些是三个文字符号，每个字各是一个意义代码，连起来的字面意思也只是“红的楼的梦”。可是这个“的”字在汉语中是加上去的变化，但又是隐含在内不被察觉的。“红楼”能联成词，“楼梦”不能联成词。从汉语构词这种习惯可以解作“红楼里做的梦”，这又加上了字，产生又一种理解或“解说”。然后三个字加起来成为一个书名，成了另一个词。这就不是指梦，而是指书了，于是三个字联起来脱离了原来三个字意义相加的总和。以上这些理解还是没有超过起点。要达到审美地读，必须发现字面意义以外的意义。比如首先指那本书的实物这还不够，还要发现三个字本身以及其连接所产生的多少脱离非文学用法规范中的意义。第一个字“红”就不是只指颜色。例如另有一部书名叫《青楼梦》，就大不相同。那也不是指字面意义的“青的楼”，而是别有意义的青楼，即妓院。所以，“红楼”不是只指一座红色的楼，“红”字不能换成别的颜色字。这也不是北京大学旧址的那座红楼。北京大学学生出刊物可以题名叫“红楼”，那也与《红楼梦》中的贾府无关。

转述了金克木先生这番话，你是不是觉得对了解《金瓶梅》这个书名的妙处也有些启发呢？

了解一下前人对《金瓶梅》这个书名的不同议论，也有助于如何从审美地阅读小说来看这个谜题的解决。

认为此书取名由三个人名各抽一字组成，早见于袁中道《游居柿录》。他说：“‘金’者，即金莲也；‘瓶’者，李瓶儿也；‘梅’者，春梅婢也。”后来许多人对这个取名由来的解释认同。

但是人们的感受总多少觉得仅仅如此尚不足以尽其妙处。为什么要取这三个字呢？又有了些别的进一步的说法。

弄珠客为《金瓶梅词话》作序中说：“作者亦自有意，盖为世戒，非为世劝也。如诸妇多矣，而独以潘金莲、李瓶儿、春梅命名者，亦楚梼杌之意也。”他认为与西门庆有关的美貌妇人尚多，但这三个人死得“较诸妇而更惨耳”。此说似有进一步想法，但仍属于惩戒女子最淫者的思路，在审美意味上并未说出更多道理来。

有趣的是顾公燮《销夏散记》在叙述那个王世贞为《金瓶梅》作者传说的时候，却还生发出先有面前金瓶中供养梅花的形象作为触发因素，然后作者就此为文的说法。那里说：“一日，偶谒世蕃。世蕃问：‘坊间有好看小说否?’答曰：‘有’。又问：‘何名’？仓卒之间，凤洲见金瓶中供梅，遂以‘金瓶梅’答之。但［又云］‘字迹漫灭，容抄正送览。”接着又说王世贞如何“退而构思”，“借《水浒传》西门庆故事为蓝本”等等。王世贞是否可能是《金瓶梅》作者，已经迭经争论，张竹坡作“第一奇书”评点时虽从这个传说的“苦孝”内容作了些评点，但他也觉得作者谁属中的“传闻之说，大都穿凿，不可深信”。他仍是从不确其名的作者所可能有的经历和文思来了解书的内容及书名的。后来鲁迅、吴晗等曾一再指出王世贞为作者说并不可靠，但这种传说影响的余绪至今仍存。单就对《金瓶梅》书名了解可以从形象的启发作为创作的因缘讲，这个先见金瓶中供养梅花的故事至少也是人们不愿停留于由三个人名抽三字组成书名那种简单理解的一种表现。

正如“第一奇书”评点本打开了人们对《金瓶梅》全书形象了解的思路那样，在对书名的了解上张竹坡也对审美地阅读此书打开了些思路。他对书名从几方面作的引申都有助于揭示比三个汉字简单相加更多一些的意味，也就是给审美阅读感受以超出原来三字相加总和的一些意味。

一是联系全书写炎凉，看这书名的妙处。他在《寓言说》和《读法》里有些猜测被人指责为牵强之论，那是对的。但他的评点并非都对审美地阅读没有启发。比如他说“劈空撰出金、瓶、梅三个人来，看其如何收拢一块，如何发放开去。看其前半部只做金瓶，后半部只做春梅；前半人家的金瓶，被他千方百计弄来，后半自己的梅花，却轻轻的被人夺去”。又说“莲瓶相妒，斗叶输金”、“瓶里梅花，春光无几”。这些联系作品形象的了解，比停留在三字拼合上总多了点味道。

二是他又认为作者选这三字合成书名，还有为审美创造作自喻的意思。他在《读法》里说：“《金瓶梅》三字连贯者，是作者自喻。此书里虽包藏许多春色，却一朵一朵，一瓣一瓣，费尽春工，当注之金瓶，流香芝室，为千古锦绣才子作案头佳玩，断不可使村夫俗子作枕头物也。嘻，金瓶梅花全凭人力以补天工，则又如此书处处以文章夺化工之巧也夫!”这当然是由书名的妙处引起对作者意图的猜想，然而也是审美地阅读的猜想。这也在三字原始来历解说之外多了些味道。

后来还有民国初年那位梦生的见解。他说：“《金瓶梅》者，合潘金莲、李瓶儿、春梅三名者成一书名也。作者或另有命名之意，读者亦不必过事刻舟求剑。日人翻印，改名曰《多妻鉴》，亦可。”他说日本人翻印《金瓶梅》时曾改名《多妻鉴》，这不但提供了一种别人不大提到的版本，也是一种改书名的材料。但那改动被他称为“亦可”则不能苟同，所改书名的思想、境界和韵味与原名相比均差之甚远。他说的不必把原作者起名意思指的太实也是对的，但这同时也意味着可以把善读小说的眼光运用到对书名上的阅读上去。

看来，审美地阅读可以使人们更多地想想《金瓶梅》书名为什么妙。书名是全书审美形象构成的有机部分。要了解书名是否成为佳构，也要放在与全书形象有机联系上去了解，并可以放到提供更丰富的想象天地这个意义上去衡量。张竹坡已经作的对书名更多韵味的解说与联想还可以延伸。读者可以作个简单的多向思维的测试，就可以得到一些新的启发。比如，书名原来不是被解释为潘金莲、李瓶儿、庞春梅三个名字各抽一字组成的吗？为什么以这三个字组合比其他字组合更佳呢？另叫“潘李庞”，“莲儿庞”、“莲李春”、“潘李梅”等等又如何呢？你会发现有的字组合后可产生新的词义，比如“莲儿庞”，有的就不行。比来比去，“金瓶梅”还是可以由字面联结到与全书形象联结以使人产生更多联想的最佳组合。

这个书名与全书立意结合来读可以产生更丰富的意象。据说有人曾把这个书名翻译成“金瓶子里插梅花”。说是误译吗？就审美阅读来看，却不失为一种对审美意象的把握。如果再联系原书所写的炎凉世态的变迁史和张竹坡的一些评点，这个书名意象给人的东西就更多起来。这里的字义和形象的关联可以使人想到其中的“金”既可指颜色又可指金钱，还可指作硬通货原料的金。金瓶里的梅花，原是华丽盛艳，到后来全毁了，正如有人所说“金散瓶碎梅也枯”，这不正是由炎到凉、由热到冷的象征吗？西门庆这个暴发富户极力买爵夺色、谋财害命，最后以衰亡结束丑恶的历史，但仍有后继者在。不是仍有新的金瓶梅花吗？这书名的意味确实不简单。

请再看一看书里所写与书名形象有关而张竹坡评点中并未全指出的材料，也许更有助于对书名妙处的了解。

《金瓶梅词话》和“第一奇书”本都有武松遭发配后，西门庆集聚妻妾宴赏芙蓉亭的场景。这是西门庆财色双夺的兴盛时期。就在这回文字里，作者特意安排了一首赋，其开篇就是：“香焚金鼎，花插金瓶”，结尾是：“毕竟压赛孟尝君，只此敢欺石崇富。”后来张竹坡据以作批的本子在回前换原诗为词，其中也有“折来花枝，宝瓶随后”的字句。张竹坡评道：“上半阕收拾金莲文字，下半阕为瓶儿插笋也。”

看看《金瓶梅》第九十六回，“词话”本与“第一奇书”本都有与第十回、第十九回写宴饮和亭园繁华的赋相对照的赋。

春梅游旧家池馆时所见的宴赏游乐、“花插金瓶”之处已是一片凄凉衰败景象。“词话”本原有的回前诗里写的“里虚外实费张罗”、“台倾楼倒罢笙歌”、“玩好金珠托卖婆”等都比后来改的词更直接、更形象。试想，托卖婆变卖的何止是“玩好金珠”，也有一个一个妾婢，以“金瓶梅花”作为象征的人和物，不是都一一出卖或毁灭了吗？

到了第一百回，“词话本”写到月娘带子流浪，春梅暴死。韩爱姐作为西门家仆役之女也逃难投亲，夜投客店。有首词点题说，她的困苦样子是“唯思昔日家豪”、“为忆当年富贵”、“此夜月朦云雾锁，牡丹花被土沉埋”。这个从春梅庇荫下被抛向离乱行列的女子，不过是金瓶所插梅花的别种影子，然而也被埋入泥土。

这些描写和利用词、曲、赋反复点题并紧扣书名的笔墨，能认为是偶然的吗？只要深入领略《金瓶梅》书名所引发的意象和意味的丰富性，就不会把它的妙处简单看过。再比较一下后来仿此而作的书名，那也是以主要人物人名中各抽一字组成的书名如《平山冷燕》之类，有《金瓶梅》书名这么有味道吗？孰妙孰拙，拿来一比较，岂不是显然可辨的吗？

对《金瓶梅》书名作审美的阅读，只是一例。如果能对全书形象和文字多做审美上的琢磨和探寻，你一定会有更多的审美收获。

（本篇原载《金瓶梅谜》第十一节，该书由笔者与刘辉共同主编，书目文献出版社 1989 年出版）

附录：如何进一步解开《金瓶梅》之谜?

——《金瓶梅之谜》卷后语

本书所讲《金瓶梅》有关的谜题，共有一百个。其中有些谜题还可以破开作为几个谜题，这样算来，又不止目次所列那个数字了。其实，《金瓶梅》这部作品可以引起人们兴趣的谜题还有许多，本书前面所谈，只是量力而行地举其要者作了初步的回答。读者如果从中增强了研究《金瓶梅》的兴趣，又关心如何进一步解开这部小说的谜，我们的目的可以说达到了。

梦生此人在民国初年曾撰文说过，在中国古代小说名作中"以《金瓶梅》第一难读，又第一难评"。这也就是说，有关这部小说需要解开的谜非常多，自然解答清楚也不容易。我们这些撰稿者虽然作了初步尝试，但也深深体味到要解答清楚有关这部小说的谜题，确非轻易之事。我们所作的初步解答是吸取了学术界对《金瓶梅》研究已经获得了一些成果，融入了各自对这些成果的评估，也融入了各自在研讨中的一些心得。书里已作的解答未必全都准确，我们互相间也没有勉强地去取得观点上的一致。如果我们这些分题解答的文字能算是一种畅所欲言的古代小说专题笔谈，这对学术界和《金瓶梅》读者来说，也许是一件值得欢迎的事。我们欣然这样做了，也更清醒地知道，我们已经做到的和设想要全部清楚地解答谜题的目标之间，还有长长的路。

如何进一步解答《金瓶梅》之谜？这需要学术界和广大的文学爱好者的共同努力。从本书解答谜题的情形看，宛如对一处巨大的名山胜水景观群落的探寻刚刚开了个头；有的景点已经大致浏览到，可称赏心悦目；有些景点只是部分领略，未尽其趣；有些景点是已见曲径通幽的吸引力，尚待窥其堂奥；有些景点还如瞭望到树杪事影，待人去踏寻；有些景点简直还是云深不知处。不过如此解答谜题也如览胜寻芳一样，从对景观已知未知之间的联系，也可以给继续探寻提示一些路数。如果把多少体味到的这些路数加以整理，提出对进一步解开《金瓶梅》之谜的若干希望和建议，也许不无小补。现在就最切近的列举如下：

一、解开这部文学名著之谜，要有扎实的材料，又要有清明的见解。这就是说，进一步解开《金瓶梅》有关谜团，要从加强对文献材料的考订和理论分析的统一上多下工夫。前人在这两方面都提供了不少成果，但对全面解开这部巨大而又复杂的小说名著之谜来说还很不够。历史文献材料提供的价值在历史联系中存在着，也在历史联系中得到不同程度的揭示。梦生所说读《金瓶梅》需要与之相适应的眼光，对研究和评论更加重要。从某种意义上说，对文献材料作搜集、调查和对文献材料的研究，二者是相辅相成的。搜集并考订文献的新材料、新角度会促进研究新见解的萌生；正确而科学的新观点新见解在发现文献材料的新鲜价值和特性上，方能得到确立和验证。马克思主义在历史文化现象研究领域里的应用，也应当显示出既有开放气魄，也有历史发展观点的特色。要善于尽量吸取各种先进科学文化理论成果，包括先进的、新兴的研究方法到所要解决的课题上来。只要有利于对《金瓶梅》研究的文献考订和理论分析的统一的，各种学科的理论与方法都可以借鉴和采用。要鼓励多种探索，鼓励观念的更新，鼓励在解题的多向实践中发展多向思维，而后做出最佳选择。探索的尝试多了，研究的角度和层次都多了，逐题解谜的深度和综合解谜的深度就会日益显著。

二、既然是解《金瓶梅》这部作为俗行审美文化形态的小说之谜，就应当把涉及审美文化特色的研讨放在更重要的位置上。审美文化形态中出现雅与俗的相互比较、对立、竞争又相互渗透以至在一定条件下相互转化的情形，这是不可回避的历史事实。《金瓶梅》这部小说的产生和传播中的许多谜，都与审美文化形态上这种雅俗关系联系着。不细致研究它作为审美文化形态表现出来的特点和有关问题，与此紧密联系的其他许多谜题也不能得到确切、深入的回答。进一步说，一部巨大又复杂的小说，无疑可作为各种学科的研究对象去探求有关的知识和价值，但是这些探求作为对小说的总体研究和对谜题解答，还是要密切联系小说的形象，并且要回到它的审美文化特性研究上来。没有做应有的审美文化特色辨识的小说研究，就等于忽略了小说的基本特性；没有从这种基本特性来解谜，那也不是对小说应有的审美文化方面的解谜。我们当然可以从这部小说中吸取各方面的历史知识，但是审美解谜的基本点却是要使人领会具体作品形象的价值。要使研究的不同角度的光照，更鲜明、准确、生动、传神地照出这部作品作为审美文化形态的本来面目，因而可以说，进一步解开《金瓶梅》各方面谜题的重要目标，还是要从各种角度着手来探寻这部小说审美价值的存在方式、原因和效果等等。正是在这方面，还有许多有趣的谜在等待人们去探究。

三、《金瓶梅》之谜不只是一部书的文本构成之谜。它的出现引起的文化震动和持续的众说纷纭状况，用现在流行的话来形容，简直可以称为“《金瓶梅》现象”了。这部书的传播过程连带着出现了“《金瓶梅》现象”，这也可叫做大范围的审美文化现象之谜。对此，应当放在中国审美文化发展过程中来了解和考察，也应当联系审美文化和政治、经济、伦理、民俗、大众传播等方面的关系来了解和考察。如从大众传播关系来看，其中有一个重要方面就是研究这部书与社会阅读需要、读者阅读心理、读者所具审美文化层次和素质等等的关系。如果联系这部小说在国内和世界各国影响读者的情况来研究，就可能在这些方面对谜题作出具有新见解的回答。

这些方面在本书中已经有一些解题文字作了不同程度的尝试。这也是作者们为本书增强特色所作努力的一种体现。由于对本书体制的设想在于力求达到学术性和可读性、知识性和趣味性的结合，篇幅也不能过大，因而对本来想多谈一点的谜题也来不及多谈，或者想多列一些方面的谜题也未能尽行列入。我们知道笔谈可以分批举行，《金瓶梅》之谜何尝不可以用这种笔谈办法分批谈呢？我们希望在有机会写《金瓶梅之谜》续篇的时候，学术界的各方面有志于此的人士能提供出更多的研究成果。那时，我们将可以如同出发进行新的览胜寻芳活动那样，拾阶而进，领略更多更动人的风光；我们在解答谜题的时候也会更有所进步。自然，这也将会使我们和读者为解谜而作的交流更深入、更愉快。

我们期待着！

1989 年 1 月于北京。

（原载《金瓶梅之谜》）

《艳异编》和《金瓶梅》

《批评第一奇书金瓶梅》有篇序文，其中强调了《艳异编》和《金瓶梅》之间有非同寻常的关系：一、认为两部书同出一手，后者也“信乎为凤洲作无疑也”；二、认为两部书“艳”、“异”程度虽然不同，仍属于同类作品；三、认为“第一奇书”评点本的作用在于可以“使天下失（或本作“知”）一《金瓶梅》，添一《艳异编》”。

事实果真是这样的吗？并非如此。

“第一奇书”本《金瓶梅》序作者署名为谢颐，其真实姓名有待进一步考订。现在已有张潮所作和张竹坡化名自作两种说法。不论序作者真实姓名考订结果如何，序作中所谈《艳异编》和《金瓶梅》之间关系应如何看待，都是不可轻视的重要研究课题。由于张竹坡评点而成的“第一奇书”本成为清初以来流传较广的《金瓶梅》版本，此本的评点和序文的影响都不可低估。除了应当充分肯定其优长外，对其中某些失察不当之处，也应细致辨明，以免瑕瑜淆混，贻误读者。对《艳异编》和《金瓶梅》关系的上述论断就是一个关系非浅的例子。

现在人们对有关两部书各种文献的了解，就总的看来，比署名谢颐者作序之时有了好得多的条件。如张竹坡、署名谢颐者未看到《金瓶梅》的“词话”本及有关材料，可能就是误下断语的重要原因之一。现代科学与艺术的发展和中西文化的交流，使得人们对传统文化现象观察的角度与方法也在不断更新。为了进一步了解这两部书之间的真实关系，也应当作些新的比较和综合研究。就笔者接触的材料看，《艳异编》和《金瓶梅》在早期的传播准备和实现传播过程中，就各自显露出一些不可互相代替的特点。对这些特点和相关迹象，或叫信息，作适当的比较，将会帮助人们更全面、更切实地了解两部书之间的关系。《金瓶梅》研究中某些素称难度较大的问题的解决，也有可能从中获得有益的启发。

本文拟着重从以下几方面作比较和论述：

一、《艳异编》和《金瓶梅》并非同一人所作

署名谢颐序文是从相信一种传闻开始而进一步指实二者为同一人所作的。所说"《金瓶》一书，传为凤洲门人之作也，或云即凤洲手"，本是不可靠的传述。从小说的"细针密线"和艺术效果，断为"的是浑《艳异》旧手而出之者，信乎为凤洲作无疑也"，像是比较二者特点而来，其实，这也不可靠。

本来，张竹坡在"第一奇书"《读法》中曾认为小说作者"既不著名于书"，评者也就不必"多赘"，"且传闻之说，大都穿凿，不可深信"。序文却又忍不住要依据传闻加以论断，指实二书作者同为凤洲（即王世贞）了。这说明评论时深入迟早要牵涉到作者情形和作品性质之间关系的探究。探究所及，传闻异辞，均可在于视野，问题是由之所下的论断要经得作品传播过程的事实和有关文献的验证。

现在人们可以看到的有关《艳异编》和《金瓶梅》版本记述、传播过程的文献材料数量不少，对两部书或为编者或为作者的说法、线索也纷繁多样。翻检这些文献材料，就目前所见者，没有有利于二书同为王世贞所作这种论断的有力证据。可供否定的证据，倒是不断发现。

先看版本记述所显示的编著者线索。

现知《艳异编》的本子主要有如下几种：①息庵居士辑《艳异编》，四十五卷，有辑者自作小引，王重民先生断为嘉靖至万历间所刻；②《续通考》著录为陈霆编《艳异编》，三十五卷，明刻本；③《千顷堂书目》著录为王世贞辑的《艳异编》，

三十五卷，明刻本；④吴兴凌氏刻题王世贞选《艳异编》十卷，⑤题王凤洲先生编、汤若士先生评《正续艳异编》，四十卷，续十九卷，叙作者署汤显祖，明刻本；⑥《玉茗堂摘评艳异编》，十二卷，明刻本，分六册、八册装两种，均录息庵居士小引，有艳异十二图，八册本有苕东无瑕道人跋；⑦《玉茗堂摘评艳异编》，十九卷，明天启间刊本，署名同前；⑧《玉茗堂批选本艳异编》；四十卷，题王弇州原本，襟霞阁主校，卷首序署汤若士，此本曾由上海中央书店排印，谭正璧先生曾有收藏；⑨题吴大震编《广艳异编》，三十五卷，谭正璧先生认为此书成书与吴作《龙剑记》相近，当亦在万历间。以上诸本中题息庵居士辑或陈霆编的本子当属创始期版本。

《金瓶梅》的版本，人们已经熟知，现存主要为三种，即①《新刻金瓶梅词话》，一百回，有东吴弄珠客序，标明作于万历丁巳季冬，另有欣欣子，称“吾友兰陵笑笑生作《金瓶梅传》”的序、廿公跋；②《新刻绣像批评金瓶梅》，一百回，书前只有弄珠客序，略去作序时间，通称“说散本”、“崇祯本”；③清康熙间所出张竹坡评点“第一奇书”本《金瓶梅》，有署名谢颐序，此本后来迭经刻印流传。其他所谓“真本”、“古本”《金瓶梅》之类，或删削，或窜改，无关本题，不必论说。

从这些版本记述看早期传播现象，它们提供的两部书编者或作者的信息，并不易确定。对王世贞为报父仇而作《金瓶梅》的传说，学术界早已多次驳议，认为并不可靠；放大些范围放在《艳异编》和《金瓶梅》的关系上再去指实，也不可靠。对《艳异编》原编者现有记述有息庵居士一个号，还有陈霆和王世贞两个真人姓名。息庵居士序是表明编者意图的文字，现在还难以确定息庵居士是陈霆或王世贞，或竟是另外一个人。《千顷堂书目》录编者为王世贞，《续通考》录编者为陈霆，也都没有说明与息庵居士署名有何关系。陈霆被记述为编者，当为显示《艳异编》成书更早一些。陈霆是明代德清人，字声伯、弘治壬戌（1502）年进士。正德初，曾触忤刘瑾被谪判六安，刘瑾被诛，他被重新起用，作过山西提学佥事。他被称为“博洽多闻”，著述颇丰，传世的《渚山堂词话》被收入《四库全书》，称为“明人词话之善本”。当他为此书作序时为嘉靖庚寅（即九年，1530），已“屏退林下”。与之相比，王世贞为文活动时间较陈霆晚些。他生于嘉靖五年丙戌（1526），卒于万历十八年庚寅（1590）。人们早已知道他是主张文学复古的后七子中的首领人物。他传世的著述甚丰，以诗文和史类著述为多。陈文烛在王世贞卒前不久为其《弇山堂别集》作序，特地引用别人赞语，称之为“良史才”。序文又以“莫逆交”的身份，说明曾“窃窥其青箱”，了解其著述已传未传之稿，举了《弇园识小录》、《三朝首辅录》、《权幸录》、《觚不觚录》、《朝野异闻》等许多正统文史著述的名字，却绝无辑《艳异编》或写《金瓶梅》的影子。他的记述可信性强，也值得人们思考。

从版本记述与文本显示编著者痕迹结合考察也是如此，王重民先生对此中复杂性提出的问题引人思索。他在《中国善本书提要》中著录息庵居士辑《艳异编》早期版本时说：“考《千顷堂书目》有王世贞辑《艳异编》三十五卷，不知与此本有无关系？殆后人缩为三十五卷，托之世贞欤？抑世贞原有是辑，息庵居士广为四十五卷欤？俟有充足史料，再论之。”同条有补注一则更值得注意，那里说：“吴兴凌氏有朱墨本《艳异编》十卷，题王世贞选。”这个“选”字不但加重了繁本与简本孰前孰后的疑问，而且可以意味着题王世贞选即他是从某一原编本选编而成。吴兴凌氏是当时苏郡颇有影响的书铺，对同郡著名文人王世贞的著述可能较为熟悉。这个材料为想从王世贞身上指实《艳异编》原编者的意图增加了否定因素。

以汤显祖之名作的一再摘评和增删的本子都标上王世贞原编。这使得《艳异编》原为王世贞编的著录增加了，但《艳异编》原编者之谜的难度并未消失。从另一方面说，摘评本对王世贞作为原编者的身份并未增加可信的说明。

其一、关于息庵居士的署名能否确认为即是王世贞的别号，汤本没有说明。息庵居士小引中记客问所说有“居士方持三大部、破无明网”之句，能否认为与王世贞《四部稿》命名有什么瓜葛呢？看来不能。因为《四部稿》命名指赋、诗、文、说等文体，而小引讲的居士“持三大部”当指佛教大乘僧和在家奉佛的居士通行持奉的三聚净戒，即摄仪类戒、摄善法戒、摄众生戒，也可称为三大部；“破无明网”即佛教所说破世俗的愚惑之网。考虑到当时居士也有三教混一的趋向，“持三大部”兼指道教经书系统的三大部，即洞真部、洞玄部、洞神部，也是可以的。再看下文讲的火宅莲花、色即是空等禅理，“持三大部”显然并非与《四部稿》已有三部之说相联系的含义。

其二、署名为汤显祖摘评本的序文与评语也没有提及题为“陈霆编”或“王世贞选”这些本子，但所标王世贞原编和王世贞选本是否有关，仍值得注意。汤氏摘评本有无瑕道人跋，其中认为王弇州原编“讥赏伤于剀直，排叙任其浩繁，故披览者不无欣厌参半焉。得玉茗堂一摘评之，真所谓乐而不淫，哀而不伤者矣！是役也，岂曰小补云乎！”这是肯定汤氏改编的功绩。但是如果前述吴兴凌氏本标出本郡名人王世贞选《艳异编》是可信性较强的，那王世贞就不是原编者。他岂不是和汤显祖、吴大震形成为闻有不同的改编方式，但又同处于改编者行列里了吗？

其三、还有个值得注意的现象：以汤显祖署名的改编摘评本本身也是个谜，汤显祖对王世贞的文学主张和文学作品是多有异见的。关于汤故意不见王世贞而只把大加修改的王世贞文章留在桌上让其了解自己态度之类记述并非任意为之的。如果汤显祖真是如叙文所说特别喜爱《艳异编》，又如明人听石居士所说“汤临川赏《金瓶梅词话》”，而他能确知前者为王世贞原编，又能看出二者浑如出于一手，是不会淡然处之的。摘评本写序时间记为“戊午天孙渡河后三日”。按此当为万历四十七年（1618），此时《新刻金瓶梅词话》与汤显祖的《牡丹亭》均刊行不久，照理应当对之有所牵涉或暗示，反而只从“啸咏时手此一编”如何的感慨谈去，岂不奇怪？

此谜还有一层，以汤显祖署名的叙文写作时间还和其卒年结合为新的谜。对汤显祖卒年现在至少有三种说法：谭正璧先生推算其卒年为天启七年丁卯（1627），姚奠中《中国古代文学家年表》推算其卒年为万历四十五年丁巳（1917），不久前出版的《汤显祖传》据汤氏族谱推算其卒年为万历四十四年丙辰（1616）。依前者，摘评本叙是可以写于“戊午”年的；依后面两种方法，“戊午”时汤显祖已故去十年或十一年，岂不是摘评本编者成了谜，所认定原编者又更不可靠了吗？

《艳异编》原编者和《金瓶梅》原作者到目前为止都是难以确定的。但是在两个不定之中又有可定者：即两部书有关编者、作者材料不能证明两者同出一手。退一步说，即使有一天考订到《艳异编》原编者或改编者之一为王世贞，也没有充分证据能说明是同一个王世贞又写了《金瓶梅》。相反，从《艳异编》和《弇州四部稿》都可以举出材料证明《艳异编》和《金瓶梅》并非浑似同一“旧手”，《金瓶梅》并非出自王世贞之手的作品。现举两件材料说明。

一件是《艳异编》各本对《武后传略》的处理。息庵居士本收有此作，并有一则附记：“按古今之称淫德者，至武曌而极矣。余尝见有市本《如意君传》者，薛敖曹其淫毒鄙亵之状，读之污齿颊，且不见正史，又年月颇不甚合，故略不载。第乐府中有《如意曲》：‘看朱成碧思纷纷，憔悴支离为忆君；不信比来常下泪，开箱验取石榴裙。’乃后所自作以寄薛者。事有无，不可知，附记于此。”这是表明原编者如何掌握取舍尺度的文字。后来标明王世贞原编的本子反而都省去了。至于《金瓶梅词话》，不但词文中有“恰似则天遇敖曹”的字句，经有的研究者核对，有关床笫之事的刻露描写，也多所袭取于这种“市本”的《如意君传》。息庵居士虽广搜有关“艳”“异”的文言作品，对《如意君传》却采取谨慎而不屑收录的态度。显然息庵居士和《金瓶梅》作者不是同一“旧手”。

另一件出自《弇州山人四部稿》。在第四十九卷有酒品二十绝。王世贞在小序中记述了在北方和南方所领略到的名酒。金华酒曾在《金瓶梅》中被小说作者反复称道，描写为送礼必备的佳酿，在王世贞笔下，非但不肯对之大为赞美，而是很为厌恶。他说：“金华酒，色如金，味甘而性纯，食之令人懑懑，即佳者，十杯后，舌底津流旖旎不可耐，余尤恶之。”又说，“麻姑酒，出建章，味多甘，以浓郁为主，尤在金华下”。相反，对吴中新出现的荡口酒、顾氏三白酒、靠壁清白酒，则分别誉之为“南酒第一”、“视荡口稍有力，亦佳酒也”、“味极鲜冽甘美”等语。据陈诏参照一些民俗史料考证，金华酒盛行于嘉靖间，至万历间渐衰。《金瓶梅》作者对金华酒的写法很有意味。这不但为作品产生的年代提供了有力证据，和王世贞品酒的论断也大为不同。这正可以作为帮助辨识《金瓶梅》作者谁属的有力证据。

从上述材料的比较，可以看出《艳异编》和《金瓶梅》两部书的编者和作者并不能都归于王世贞。当然，《艳异编》先行传播，可能给《金瓶梅》作者以某种影响，比如为其借鉴前人文言作品提供方便，也可以从编者文字中吸取某些思想材料等。但传播中显示出两书原编者、原作者在审美趣味、文字风格及成书目标上差异均甚大，《金瓶梅》并非“浑《艳异》旧手而出之者”。

二、《艳异编》和《金瓶梅》并非同类性质的小说，它们的传播准备和实现过程也不一样

就说部或小说这个大范围的概念说，《艳异编》和《金瓶梅》都可以纳入。就小说细别门类的特征，尤其是就传播过程所分别的特征来看，两部书并非同类性质的小说作品。

先说两部书文本特征的差异。《艳异编》是对前代及明初志怪、笔记、传奇体短篇文言小说及某些有关题咏序跋之类文字依专题编选而成的作品集。《金瓶梅》是借《水浒传》中西门庆、潘金莲、武松等人物形象，衍化、扩展而形成新格局的长篇通俗

的世情小说。一为编选既成散作，一为新创造的完整小说；一为重在文言，一为重在口语；这是供传播的两书文本所具的显著不同的特征。由此还派生了二者文本特征各个方面的不同。即使后者有向前者所收作品的借鉴的情形，二者毕竟不属同类作品，不能形成浑一的“旧手”，二者所经历的也不是同样意义上的传播准备与实现过程。

以同写到艳情，也同提到刘、项和戚、虞事迹而论，似乎两书有所呼应，其实性质不同。曾被认为专收唐人传奇体文字的《艳异编》，其实还要广泛得多。举凡与“艳”、“异”有关的前人记述文字（或轶事、或虚构）均被作为酌收的对象。包括明初出的曾收于《绿窗新话》、《剪灯新话》等书中的一些作品亦见于此书。该书共分神（星神、水神、龙神）、仙、宫掖、戚里、幽期、冥感、梦游、义侠、徂异、幻术、伎女、男宠、妖怪、鬼等部。息庵居士小引强调说明从“艳”、“异”角度选这些作品是因为“情”不可不谈。其中说：“极而至于千古之雄必指刘、项，其智力足以笼决一世，而不能割之于虞、戚；又极而至于鹿苑仙，以累劫之功，见宫彩一旦而失其神足，况其他哉!”这可以使人联想到《金瓶梅词话》也讲到刘、项，戚、虞，不但第一回篇首词里有，正文里也有。不过细察起来，二者用意不同：一个指编选理由，一个指一大部由财色影响人生而写的西门故事可引起的感慨。再放开来看，由谈情而以刘、项、戚、虞之类轶事为例，不只是这两部书的一种似为呼应的话题，而是当时涉及情爱的许多种文艺作品带有共同性的一种现象，也是一种“时尚”。元末明初的杂剧、套曲、散曲、小令及话本、传奇常常以此为话题，如张时起有《别虞姬》、王伯成有散曲《项羽自刎》、沈采《千金记》中有《别姬》。值得注意的是《绣谷春容》这种集知识性与观赏性于一书的作品集中，不但收了大量与《艳异编》所收作品重合的故事，也收了不少如《解嫖论》、《孔方生传》、《别儒巾》之类讽喻性文字。而该书鲁连居士序中则采取与《艳异编》编者类似的口气说：“古来英雄都颠倒于妇人手中。恁他汉高、楚项，终移情于戚姬、虞美；英雄痴情，当不起泪痕三点。”（按，绣谷为地名，约在苏州阊门内板厂，春容大抵指妇女形象，与“艳”字意相近）这些都是传播中“时尚”的印迹。

后来董说在《西游补》中写到项羽和虞姬，凌濛初在《拍案惊奇》卷三十二篇首也引用了曾见于《金瓶梅词话》第一回篇首所引提到刘、项、戚、虞的那首词。这些都显示了当时的文化心理与时尚。不过也可发现这些编者、作者都看到妇女对“丈夫”、“英雄”们的吸引力，却也仍然脱不掉封建社会里以男子为中心的传统意识。不同的是，《艳异编》辑者就此讲“火宅莲花”之理，《绣谷春容》辑者讲妇女比当时男子能“天真自然，露一种妙相”。后者也许可看作《金瓶梅》中写韩爱姐、《红楼梦》中写贾宝玉的“女儿是水做的”之说的一种早期萌芽的意识。总的说，这些作品提刘、项、戚、虞的着眼点并不是意识到要尊重妇女，而只是对妇女吸引力的更多发现。《金瓶梅》作者在这方面也与前人大大不同。他从刘、项、戚、虞例子引出来的是，“曲尽人间丑态”的形象，甚中心又是把西门庆这种从市井里暴发而显赫的富商兼官僚，当作讽喻对象的“丈夫”或“豪杰”。这就成为一部“专讲财色”，深刻写出世态炎凉的世情小说。

由于两书性质不同，成书立意不同，对前人材料的运用自然不同，由之所受的影响也不同。比如对《西厢》故事，《艳异编》搜罗了有关传奇、诗、词、跋等，成为文学作品与有关资料合集的体制；《金瓶梅》也采取《西厢记》中的文辞，却是作为西门庆等人物对话、酒令等形象刻画的组成部分。对柳宗元《河间传》在两者成书上的作用，更可以从比较中得出一些启发。《艳异编》和《绣谷春容》等书先后收入了《河间传》，编选的方式也有变化。息庵居士辑本照收了全文，玉茗堂摘评的《艳异编》八卷本加了一则跋语，其中说：“楼迂斋云：‘读此传，子厚讪笑寓托之词有伤心者矣。’”楼迂斋其人身份不详，但跋文所见的“讪笑寓托”的特征是有道理的。问题是这些编选及评语仍然是属于文学史料评论的范围。《金瓶梅》作者显然接受了《河间传》的影响，却使之融化于自己写市井人物的笔墨里。潘金莲身上就有河间妇的影子。当时阅《金瓶梅》者对此即有概括。沈德符在《万历野获编》中就记述袁中郎说：在《金瓶梅》第一部续作《玉娇李》里“潘金莲亦作河间妇，终以极刑”。不言而喻，从《金瓶梅》到《玉娇李》的潘金莲形象，在袁中郎看来都渗透了河间妇形象所具的讽喻意味。可见《艳异编》等书是对《河间传》选编和评释，而《金瓶梅》写作则是从其借取神髓，注于新的形象。可见二书之成不能看作浑如同一“旧手”。

就“艳”与“异”在两书文本显示程度不同而言，并不仅仅在于“《艳异》亦淫，以其异而不显其艳；《金瓶》亦艳，以其不异则止觉其淫”。二者从审美文化雅俗不同追求上也使“艳”与“异”的结合呈现出不同的特征。《艳异编》可以只收《武后传略》，不收《如意君传》，只收《河间传》，不收《浪史》之类。相反，《金瓶梅》着意于写日用世态，作者“极意通俗”，是使“艳”与“常”或曰从日常生活发掘出来的“真”结合，也即使作品的审美风貌更增强了写实而逼真的可信性。与这种优长相关联，其中也有审美创造尺度掌握上的欠缺，那就是追随“时尚”，对床第之事过分着意去刻露地描写，有些地方不仅袭用了《飞燕外传》之类作品类似的笔墨，也袭用《艳异编》也不收的《如意君传》有关的笔墨。这是它的瑕疵或叫缺陷。从这方面看，也不能说它是“浑《艳异》旧手而出之者”。

由于《艳异编》和《金瓶梅》二书文本特征不同，也就要涉及它们具体编辑、刊印与传播实现过程的一些不同情形。有一些人物在此过程中留下的痕迹表明他们起了不同的作用。了解这些也有助于了解二书之间的关系：

1. 二者有无抄本流传的情形不同。《艳异编》没有留下有抄本流传的记载，这与本身就是编选现成作品有关。《金瓶梅》却有不少关于其先有抄本流传而后付之于编辑、刊印的记述。收藏、接触、转抄或转售《金瓶梅》抄本者，先后有袁宏道、袁中道、谢肇淛、邱志充、王世贞、刘承禧、王肯堂、徐文贞、王稚登、文吉士等。抄本最早流传之处是：一是邱志充在辇下即京中所藏；二是袁氏兄弟在真州见此书之半；三是王肯堂曾到仪真，后来屠本畯见其用重资购抄本二帙，可能与袁氏兄弟所见真州抄本同出一源；四是刘承禧藏本录自徐文贞家。王稚登、王世贞抄本来源不详。这些显示了抄本大致是由北向南流传的痕迹，却没有一处记述与《艳异编》成书有关。

2. 二书付编辑、刊印的过程不同。《艳异编》付编辑刊印没有什么有关争议之类的记载。凌氏本是在苏州印行。据沈德符记述，《金瓶梅词话》初刻、新刻也都在吴中即苏州。他借抄的本子，冯梦龙“见之惊喜，怂恿书坊以重价购刻”，马仲良“时榷吴关”也觉可以刻印。由于沈自己疑虑重重，“遂固箧之”。但“未几时，吴中即悬之国门”，即有全书付编辑刻印了。此本何来？沈德符未讲，仍待考订。但沈自己有书可核对，未怀疑此书与自己藏抄本文字之间的一致性。看来，同在吴中的王稚登和与吴中文人颇有旧谊的王肯堂等可能为应和冯梦龙的倡举，集纳各自抄本成为全书上起了作用。《金瓶梅词话》有东吴弄珠客序。姚灵犀曾指出“东吴弄珠客，疑即龙子犹，亦即冯梦龙”。此说有理，但未说理由。看来可补说几条：其一、龙戏珠的民间传说可作为其取号的因由；其二、冯梦龙早就“怂恿书坊以重价购刻”，积极主张将此书付编辑刻印是他行为动机的因由；其三、序文“书于金阊道中”表明弄珠客与书铺活动的地点都在金阊。曾为冯梦龙出书多种的叶敬池、叶昆池兄弟的书铺即在金阊，王稚登也居住金阊。沈尧俞在为王作写序时曾指明此点。王稚登自己也说：“吴号繁雄，而金昌（阊）为尤。”这是否提供了他们合作的方便与可能？其四、后来李渔曾在《三国演义》序中说：“尝闻吴郡冯子犹赏称宇内四大奇书，曰《三国》、《水浒》、《西游》及《金瓶梅》四种，余亦喜其赏称为近是。”这种赏称证明了冯梦龙积极赞助《金瓶梅》编印，也排除了他是此书作者那种说法的可能性。

还有值得注意的就是廿公跋。他的跋文虽短，评价却颇中肯綮，口气也值得玩味。他显得颇知内情，提出要谅解作者与流行者的苦心，跋文中暗示了自己赞助的身份，并部分地透露了自己的名字。此人是谁？很可能就是王肯堂。王肯堂，字宇泰，号念西居士，他为自己所著《郁冈斋笔麈》写序时就署过此号。“念”与“廿”同音通用，此时约六十五岁左右，岁数不小，当得“廿公”这一称谓。他的为人颇开明，鉴赏眼光上颇合当时审美文化新思潮。他曾向友人传观所藏《金瓶梅》抄本。此跋属他，当有很高的可信性。

3. 两部书编辑、刊印实施的过程不同。《艳异编》的刊印似乎顺利，早期的息庵居士辑本就有两种刻本，后来署汤显祖摘评本更是迭经刻印，卷数也几经变更。《金瓶梅》则不同。它是一部自成一体的新作长篇通俗小说，但备印的抄本并不全。据沈德符《万历野获编》说：“原本实少五十三至五十七回，遍觅不得，有陋儒补以入刻，无论肤浅鄙俚，时作吴语，即前后血脉，亦绝不贯串，一见知其赝作矣。”可见他知道此书付编辑、刻印的一些内情。由“遍觅不得”所缺几回原作而找人补写，这是一种苦心。尽管这几回补得有缺欠，但接续全书使成整体之功不可抹杀。仅以第五十七回写西门庆答应寺僧募化时回答吴月娘那番话来说，对刻画这个人物的性格就颇有深度。西门庆说：“咱闻那佛祖西天，也止不过要黄金铺地；阴司十殿，也要些精镪营求。咱只消尽这家私广为善事，就使强奸了嫦娥，和奸了织女，拐了许飞琼，盗了西王母的女儿，也不减我泼天富贵。”这里写西门庆那种猖狂无忌地谋财夺色的暴发户性格特征颇为入骨，而运用前人作品中人物加以点染也颇恰当。可见为之作编辑补作者的写作功夫并不算太低，但此人未必是冯梦龙。因为，沈德符与他是友人，又熟知他怂恿购刻的前因后果，不会贬之为“陋儒”的。谢肇淛在《金瓶梅跋》中曾说自己所藏部分抄本“稍作厘正，而阙所未备，以俟他日。有嗤余诲淫者，余不敢知”。他厘正后的部分有无为编辑、刻印所利用，留以待考，但他称“阙所未备”，看来他也不是补写者。

就《金瓶梅》“词话本”文字看，采用日常俗语纯熟而生动，但用字的准确性上却颇多瑕疵。从编辑付诸刻印的角度看，显然采取了基本保持原貌的态度。除补写几回多吴语外，全书其他九十五回基本上为北方俗语，主要为山东俗语。为了表达俗语，产生了数量不少的借字、讹字，有些在无前例可循情形下，难免用错，但为数那样多，也表明原作者生活经验丰富的巨大优长和用字功底的某些缺欠二者同时并存。可以看出，到了付诸刻印仍然有用字上的大量瑕疵，绝大多数并非出自刻工、校核上的疏误，而是原文如此，未及纠正的。这也是《金瓶梅》并非出自王世贞之手的一种依据。对照一下王世贞各类著述，都没有这种现象。后来，经文人改订的“崇祯本”的功绩之一，就是将原书用字上的瑕疵大多做了订正。这也可以反证要用王世贞的“旧手”说明《金瓶梅》的作者是他是不可靠的。

《艳异编》和《金瓶梅》作为文化产品传播之后在读者中引起的反响和在社会文化系统中的处境也不同。《艳异编》的顺利刊行和有多种改编本，说明既成传统的文言名作从“艳”、“异”的角度上加以编选，提倡谈“情”，也是在平静的形式下暗起涟漪而已。《金瓶梅》的出现却不同。它在写世情的深入上和在审美文化方面所具的新颖的创造性，连同其写床第之事过于刻露的缺陷，都引起了震动。它刻印传播之后迭遭查禁，但几百年来仍有越来越多的有识之士对其作出公允的评价。与这种情形相关联，两部书的读者面也不同。正如《艳异编》辑者和摘评者序言所谈，这种作品集大致在文人圈子里“传杯酌、资谈助”，或在少数能研读文言作品的读者圈子中发生影响。《金瓶梅》则不同。正如欣欣子序所说：“此一传者，虽市井之常谈，闺房之碎语，使三尺童子闻之如饫天浆而拔鲸牙，洞洞然易晓。虽不比古之集，理趣文墨，绰有可观，其他关系世道风化，惩戒善恶，涤虑洗心，无不小补。”关于欣欣子序是不是在《新刻金瓶梅词话》中才出现，“吾友兰陵笑笑生作《金瓶梅传》”是不是可靠，“作”又是何等含义，是原作的“作”，还是改补的“作”，都引起了考订者不衰的兴趣。就传播过程来说，欣欣子序自称作于明贤里，可能是在透露《金瓶梅》付诸编辑、刻印时的具体地名。至于笑笑生、欣欣子的真实姓名，仍然有待新的考证成果。欣欣子序有个明显的论断，即强调了这部小说是通俗的，可以说看出此书是新兴的俗审美文化的现象。这是与《艳异编》有很大不同的。曾经有外国学者注意到当时小说多供生员一类人阅读。《金瓶梅》因为通俗得出色，它的读者面远比生员要广泛。它有与《艳异编》读者覆盖面重合之处，而差异却更大。它不但适应中层人士如生员之类的读者，而且首先在于能适应活跃于日常谋生逐利又粗通文化的广大读者层，在改编为说书、演唱情形下，还会有更多的接受者。有趣的是，一些本出自雅文化圈子的代表人物，如袁宏道等，也为这部小说所强烈地吸引着。这也正说明，善于通俗的作品，偏能获得雅俗共赏。以此与局限于通雅的作品相比较，的确令人深思。

《艳异编》和《金瓶梅》并非同类性质的小说作品，也非经历了同样的传播过程。这进一步证明了《金瓶梅》虽被王世贞收藏过全抄本，却并不能说这部小说是由他编《艳异编》的什么“旧手”创作而成的。

三、《艳异编》和《金瓶梅》的传播在当时审美文化思潮中所占地位并不一样

除了谈《艳异编》和《金瓶梅》在具体付诸编辑、刻印和实现传播过程的比较，还应当从审美文化思潮的发展这一更大范围内两部书所占地位做些比较。这方面的材料只能举例而言，但也会有助于人们的思考。

正如前边所说，《艳异编》和《金瓶梅》两部书性质不同会

带来文本特征上一系列的不同，它们的传播在审美文化思潮发展中所占地位也不相同。小说审美是审美文化思潮的一种浪花。这两部书的编者、作者及其他有关人物的审美心态，又会这样那样地使当时审美文化思潮的变化与社会关系的变动及特定审美主体文化教养特征之间的联系等等也折射出来。

《艳异编》和《金瓶梅》作为审美文化成果的出现，都不能只当作偶然的事情看过。它们在当时社会审美文化思潮发展中所处地位，大体说来是相反的。《艳异编》更多着眼于对已经被纳入雅审美文化形态那些传统作品的回顾，《金瓶梅》则是适应世俗人物欣赏需求，显示出俗审美文化新的涌发力量，又多少带有野性的花朵。《艳异编》辑者把“艳”、“异”与“情”的关系当作审美形态不可回避的内容。其中从“色为身本，爱为色根，由色生身，身复生爱，浮沉展转，宁有解脱”，讲到刘、项与虞、戚，又讲到火宅莲花和色即是空的禅理，作为看透情爱纠缠的苦恼，寻求某种解脱的出路。玉茗堂摘评本序却把阅读“艳”和“异”为特征的文言短篇小说与“八股道中，无一生趣”作了对照，并且认为应当破除轻视“齐谐之口”的拘于之见。但又借昔人云“我能转法华，不为法华转”，强调编选目标是“得其说而并得其所以说，则乐而不淫，哀而不伤，纵横流漫而不纳于邪，诡谲浮夸而不离正”。无瑕道人为之作跋又特别表彰摘评本，说是“真所谓乐而不淫、哀而不伤者矣”。换句话说，《艳异编》从初编到改编，大体路子是认为不妨发乎情，又不要忘掉传统的儒家诗教；要有禅学的眼光，既不拘于八股，又不脱离雅审美文化尺度所允许的范围。但是其中既然有对齐谐的肯定，对谈情的欣喜，实际上又与审美文化新思潮的趋向有所连接。《艳异编》及与之近似的《绣谷春容》等编选本都披着雅正的服装，实际上又不免向重视当时人情世故、反映俗审美文化情趣悄悄移去的内容。如其中不但有《会真记》这些久传不衰的上层士女爱情故事，也收入了《买粉儿》这类写市井青年与商家女郎由买粉而结成生死爱情的故事。这种文言小说把平民生活中情爱专挚的故事赋予了怪异而美好的色彩。就这方面讲，也许比《金瓶梅》作者更多地看到市井日用生活中也有值得称道的美好感情，但《金瓶梅》中所写韩爱姐等人形象中所写的积极肯定的审美因素，却以与丑恶因素相纠结的复杂性，蕴含了更丰富的内容。廿公说此书“曲尽人间丑态”；谢肇淛说此书“譬之范工抟泥，妍媸志少，人鬼万殊，不徒肖其貌，且并其神传之。信稗官之上乘，炉锤之妙手也”。他们真正指出了《金瓶梅》使写情与写世态深刻结合而显示的审美独创性。

前面曾讲了与《艳异编》比较，《金瓶梅》着重于写财色对人生的影响。它以写世情的深刻入微的优长连同其缺陷都使人们在审美文化领略上感到震动。它迫使人们形象地感受到明代当时封建社会的衰败和资本主义因素四处萌生的咄咄逼人之势。一百回纷纷繁繁世态炎凉场景中又隐现的封建盛世传留的体制规范被冲破、僭越或使之变形等等现象。西门庆是肆无忌惮地谋财夺色、行贿害命的暴发富商兼官僚的典型形象，潘金莲是与西门庆相互熏染、愈来愈趋堕落的市井妇女。在他们周围，从女到男，从家到县，从县到国，从商到官，层出不穷地呈现着不成体统的笑料。这是《金瓶梅》那种以冷峻的笑声为主调的审美风貌的重要依托。后来文龙见及此点，曾对第四十一回作评语说：“暴发户作事，可笑亦复可耻。其一切奢侈僭妄，姑且无论，即定亲一层，一群无知妇人，以儿戏为真事，遂以正事为儿戏，直忘其家中尚有正主也。”看来文龙还是带着某种正统观念来看这里不成体统的形象刻画的。问题是在社会关系的变乱里，儿戏与正事在另一体统的追求者眼里正是颠倒着看的。这里审美文化创造所显示的人们价值观念变动的复杂性，要比《艳异编》里承袭的观念，不知要丰富和深入多少倍了。

在这方面说，被题为《艳异编》选编者或原编者的王世贞在晚年的《觚不觚录》里就其朝野见闻，倒也记述了许多不成体统的事例。但他是为旧体统被破坏作深深的叹息，而不是理解作与日用生活有联系的世态变迁。他也许提供了从另一角度与

《金瓶梅》作者揭示的社会现象可以相较相通的东西，但他们的思路毕竟不同。文龙对第七十二回评语也触及了小说在这方面的深意。他说：“《水浒传》已死之西门庆，而《金瓶梅》活之；不但活之，而且富之贵之，有财以肆其淫，有势以助其淫，有色以供其淫。虽非令终，却是乐死；虽生前丧子，却死后有儿；作者岂有爱于西门庆乎？是殆嫉世病俗之心，意有所激、有所触而为是书也?”看来，“曲尽人间丑态”，不仅是个别的丑恶事物的集合，而且是不成体统的纷乱世态孕育着可笑又复可耻的人物与行径。这里有具体而深刻的历史讽喻内容。比如小说里写到西门庆入王招宣府与林太太勾搭时，那里就有“无心今遇少年郎，但知敲打须富商”的诗句。后来的本子把此诗略去了，其实这是诛心笔墨，又是有史笔深度的笔墨，市井暴发富商和世代簪缨之家贵妇人的勾搭有非同偶然和肤浅的形象内涵。显然这种笔墨是王世贞的思想与文笔都不能出之的，就审美文化思潮的地位看，他与这部小说的作者也显然不能置之一处的。

上述是就明代社会自身社会关系变动引起审美文化思潮的变动去观察《艳异编》与《金瓶梅》的位置。从与别一种文化即从外国传来的文化联系来看，与这两种书有关人物也显示了值得注意的审美心态与审美追求的动向。“第一奇书”本谢颐署名的序肯定了张竹坡评点对揭示《金瓶梅》真正的文心与面貌的显著作用，称赞“竹坡其碧眼胡乎!”不管是别人作序，还是竹坡化名作此序文以夫子自道，这个“碧眼胡”作为称赞的尺度，都意味着和另一种文化交流的裨益。

“碧眼胡”，与过去说部中迭曾出现的胡僧识宝作幻、破妖去邪等传说中的形象有关。但从明中叶起，“碧眼胡”还意味着现实的传教士。他们带来的是已经比中华传统文化要多所前进的另一种文化。在他们那里资本主义因素长足的发展和近代意义上的审美文化形态与相应的观念的勃兴，都使得感受到文化需要变迁的中国文人们从中可以引起不同程度的思考。《金瓶梅》作者是从生活本身抓取了世态的变动，《艳异编》编者或改编者虽然大体上面向传统作品，却也多少受到这种气息的吹拂。现在难以说明《金瓶梅》作者确为何人，但发现《金瓶梅》作者创造的可贵和新颖之处，并为之付诸编辑、刊行、传播出力的一些人物，却都先后和现实的“碧眼胡”有过各自不同程度的来往。从这种意义上说，对《金瓶梅》优长的发现与审美思潮变动有关，也与“碧眼胡”带来的文化因子作为助燃剂有某种关系。后来张竹坡被誉为“碧眼胡”，可以说是这种审美文化思潮变动在中西文化初步交流影响下所留印迹的一种证明。

这是一个有意义但需要详加研讨的课题。这里仅就《艳异编》和《金瓶梅》有关的几个重要人物和“碧眼胡”交往的线索作点梳理。

1. 王肯堂与利玛窦的交往。上边已介绍过王肯堂为《金瓶梅》抄本传播和推动编印都可能起了不少作用，署名“廿公”的跋可能即其所作。值得注意的是，他对《金瓶梅》和许多文化问题的看法颇有新颖的见解，而他和利玛窦的交往对促进这些新颖见解的形成不无关系。他在《郁冈斋笔麈》中对此作了记述。首先是他从利玛窦接受了西方关于天体的新知识。他说：“西域人利玛窦言：日体过大于地。人颇骇而不信，言其所以，则确乎不可易也。今著其说于左方。”于是，他作了分题论述，还附了日、月、地球关系的插图。其二，他把西历与中国传统历法合了比较。其三、他看见过利玛窦所带欧洲书籍用纸，也试用过利所赠的欧洲纸，感到的确优良。他由之感慨“蔡伦捣故鱼网作纸”的方法在欧洲人那里经过改进达到了怎样的新成品。其四，从利玛窦赠予的《交友论》中看到了欧洲历史上一些人物事迹与文化特征，并以与袁中郎称赞《金瓶梅》类似的话来表达自己的读后感。他说：“有味哉，其言之也，病怀为之爽然，胜枚生《七贫》远矣。”其五，又读利玛窦所赠《近言》，说“若浅近而其旨深远矣”。这是对言浅意深的通俗文字的赞赏。他不但从利玛窦介绍的文化中领悟天体变动和人间“俗业”中人们位置的变动如同“搬演歌剧”的变动。与之相关，他也引发了对袁中郎《锦帆集》中诗要写真情那一论点的热烈赞同并作了新的发探。他认为每个时代应有自己的真诗，即新的审美成果。相比之下，对世人把王世贞拟之于苏东坡则不以为然。他认为："无论其它，即读其文章，弇州尚微有纱帽山人气，"与苏东坡"何可同日道也"。显然与"碧眼胡"的交往有助于他那由赞扬《金瓶梅》等显示的新的审美眼界的形成。

2. 汤显祖与利玛窦等人的交往。明人听石居士在《幽怪诗谭》中曾把李贽赏《水浒》、《西游》与汤显祖赏《金瓶梅词话》联系一起那应该是有所据的。汤显祖又被《摘评本艳异编》署为摘评者。不论摘评是否假托，或者经考证仍然真为汤所摘评，汤显祖所处当时审美文化新思潮代表人物之一的地位是无疑的。就是他，于万历十九年（1591）在广东肇庆时曾同利玛窦、特·彼特利斯相会，谈笑甚欢。在他的《端州逢西域两生破佛立义》七绝二首中表达了思想感情的新鲜变化，而且特地点出这是由"碧眼胡"引起的。他说："画屏天主绛纱笼，碧眼愁胡译字通。正似瑞龙看甲错，香膏原在木心中。""二子西来迹已奇，黄金作使更何疑？自言天竺原无佛，说与莲花教主知。"据史料，利玛窦来华后先是借佛僧之名传教，而后逐渐说明佛教之不可为据，加强了对西方文化和天主教耶稣会教义的宣传。汤显祖从利玛窦言论中，突破了旧时限于儒释道三教混一状况的某些观念，生发了一些新见解，这是可以想见的。此后，他在文学上极力倡导写情，对《金瓶梅词话》表示赞赏，这些都不能说和这种眼界的扩展没有关系。此外，他晚年交谊甚厚的王肯堂（宇泰）、李贽也都是审美新思潮的代表人物，他们也都与利玛窦有过交往。他留有致王宇泰信，不但有谈及不愿求靠于郡县官员心情的，也有谈及未能去应约游苏州一带，"尽江东之兴"，是因为不愿求筹游旅之费而"上岸求人"的。这些能看成是偶然的吗？

3. 李贽与利玛窦的交往。李贽与《金瓶梅》创作的关系，后人有所猜测。伪托王昙《古本金瓶梅考证》中说这部小说

“或云李卓吾所作”，并无什么证据可言。但李贽的文学主张看得出是在《金瓶梅》创作中得到呼应的。李贽作为明代审美文化新思潮的重要代表人物，不但和袁氏兄弟、焦竑、汤显祖等友谊很深，和利西泰（据有学者考订即利玛窦）这个“碧眼胡”也有交往。《续焚书·与友书》记他与利“三度相会”，认为这个西秦大西域人是“一极标致人也”，“我所见人，未有其比”。这是从文化交流的新眼界得来人物品评的新眼界，谁能说这不是和他的审美心态有所联系的呢？

4. 谢肇淛与利玛窦的关系。谢肇淛为《金瓶梅》抄本作跋说明他具有审美文化上的新眼光。他也对利玛窦带来的文化颇为动心。在《五杂俎·天部》中他说：“西僧利玛窦有自鸣钟，中设机关，每遇一时辄鸣，如是经岁，无顷刻差讹也，亦神矣。今占候家，时多不正。”这表明他对西方传来科学技术进步成果的坦然倾心，自然也从此看到中国科学技术落后，产生了思变意识。他在书中一再指出什么“客星掩帝座”之类谬说不合事理，对京师天文台则特别予以肯定的记述。在漕运问题上，他以自己的经历说明经临清的运道“有功于上都不浅”，又从运费酌量和海防发展需求上论述了继续发展海运的必要。他还注意到姑苏这样地区经济的发展形成了“市井小人，百虚一实，舞文狙诈”的世情诸态。这些都可以说从与利玛窦介绍的文化中增强了比较意识。从天文到世态的观察，他都渐具了新的眼光。由这种眼光看王世贞造园林也自具见解，他说王世贞要运高三丈许巨石入城，“至毁城门而入，然亦近于淫矣”。相反，对葛尚宝作木假山的知变达观意识颇为赞赏。这些和他赞赏《金瓶梅》里写世态炎凉的变化意识何尝不显示出相通的内容呢？

另外值得一提的是，利玛窦的继任者有金尼阁。此人与中国人张赓合作编译成寓言集《况义》。其中大部分是《伊索寓言》的文言译义，在续编里也收进了柳宗元的《罴说》、《蝜蝂传》。虽然未收《河间传》这篇为《艳异编》、《绣谷春容》收过的作品，但中西人士合作编成中西讽喻寓言的集子，至少表明他们在审美文化上也在寻求共同感兴趣的东西。在这点上，不如说“碧眼胡”与中国文化界人士都对具有深刻讽喻意味的柳宗元作品，作了新的发掘。《金瓶梅》创作在这点上究竟有没有参照《况义》，值得考证，但它的写作不但吸收了《艳异编》所收《河间传》的神髓，也吸收了《蝜蝂传》的神髓，则是可以见到大略的。《河间传》着重以妇人堕落为比喻，《蝜蝂传》着重以蝜蝂贪得负重、至死不悟为比喻。“专讲财色”对人生影响的作品《金瓶梅》与“碧眼胡”在中国友人协作下编入发掘这方面内容的讽喻作品，这难道也是偶合吗?

文化交流的影响，也有社会审美文化思潮本身的变化趋势作为相应相和的条件。在这种意义上，《艳异编》和《金瓶梅》继续出现，不必看作定为一手所作，就审美文化思潮发展看，却都可以看作“碧眼胡”带来那种文化与中国文化在不同层次、不同性质上的对照物，也各有其意义。不过要说明，从袁中郎、王肯堂、汤显祖、谢肇淛、冯梦龙，欣欣子至李渔、张竹坡，又到近现代的研究者，人们越来越认识《金瓶梅》的审美价值，却决不是只意味着认识了一部新的《艳异编》。《金瓶梅》是从《水浒传》出发，大大超越了《艳异编》的审美文化新现象。它对中国小说审美发展所起的作用，值得人们认真探讨并给以充分的估价。

1989 年 5 月 1 日，北京。

（原载《徐州教育学院学报（哲学社会科学版)》1989 年第 2 期)

《金瓶梅全图》的文化和艺术价值

《金瓶梅》是明代出现的特具异彩的文学名著，清初小说批评家张竹坡称它为“第一奇书”。但是，因为其中对床第之事描写过于刻露等原因，屡遭非议以至查禁。近代有的批评家根据对它的纷纭争议，称它为“第一难评”之书。依此说来，把这部小说情节形之于图画也需要大费斟酌，从某种意义上说，也可以称它为“第一难画”之书了。

难评，并不是不可能评得有理而服人；难画，并不是不可能画得分寸适当而引人。对过去明清各种《金瓶梅》版本中插图得失，暂不在此细作评议。现代画家中先后有人对《金瓶梅》作绘画表现的探索的确取得了可贵的成绩。曹涵美在20世纪三四十年代绘制出版的《金瓶梅全图》，就是其中具有代表性的一种。

曹涵美（1902—1975），本姓张，无锡人。为画家张光宇、张正宇胞弟，过继母舅为子，改姓曹。他们三兄弟都对《金瓶梅》题材这一难画的课题深感兴趣。现在所知，张光宇和曹涵美都为此留下了不同体裁的艺术名作。先是张光宇于1933年创作了《紫石街之春》这幅融合中西画艺为一体，带有浓厚装饰风味的单幅画，他自己称之为新的中国画。徐悲鸿先生见后倍加爱赏，特地将此画带到莫斯科参加国际画展。这是《金瓶梅》所借《水浒传》中西门庆与潘金莲初次相识的情节以新型绘画样式出现于世界画坛。继之，就是曹涵美于1935年画了《金瓶梅全图》第一次稿。此作先于《时代画报》、《时代漫画》等报刊发表，引起了社会各界注意。随即由上海时代图书公司在1936年印行了第一集，但因战争变乱，公司歇业，以后各集未能印行。后来，经过改绘，于1942年至1945年，由上海国民新闻图书印刷公司印行十集，主要画面共达500幅，旁附对小说原文经删略而成的说明文字，成为现代人新绘《金瓶梅》题材的重要艺术作品。此作绘制过程先后处于抗日战争全面爆发的前夕和沦陷区的情况下，但整个作品贯注的保存民族文化和帮助读者重新认识和感受这一文学名著真髓的精神尚能始终体现。此后，张光宇在香港也为孟超《金瓶梅人物小论》画了别具神采的插图数十幅，构成了《金瓶梅》题材在现代画作中又一组重要的艺术作品。由《金瓶梅》作为艺术题材在现代画家作品中被表现的简略情况介绍中，可以看到曹涵美所绘《金瓶梅全图》以其艺术质量和众多的篇幅具有不可忽视的地位和价值。

不过，由于《金瓶梅》研究在近数十年中历经曲折，又由于曹涵美为家事所累，忙于继承曹家的商业活动，《金瓶梅全图》创作出版未能继续，《金瓶梅全图》长期以来被埋没了。许多研究《金瓶梅》及有关艺术作品的人，不知此作，有的也仅闻其名而难得见原图原书面貌，加之人们对《金瓶梅》写床笫之事过于刻露有大致印象，总对有关绘画能否画得适当，心存疑虑。此书因而成为稀见本，而稀见者又归于收藏单位的特藏，难以让研究者或艺术爱好者更多的阅览。其实，从这部以文学名著为题材而绘成的名作看来，画作者在掌握艺术表现隐显分寸上还是做了仔细斟酌的，引述原文做说明也采用了适当的选摘、删略的方法。就此作再创造的成绩来说，已经利于更多读者鉴赏，有其艺术上、文化上的优点。

首先，此作在现代以《金瓶梅》为题材的绘画艺术作品中具有一定的代表性。名画家贺天健等在所撰序文、题词中从不同角度介绍了曹涵美在中西绘画及文学等素养积累及对此题材逐步深化的情形。曹涵美以深厚的根底用于对《金瓶梅》题材形象的生发，出笔屡现新意。他注意运用现代文化眼光，特别是鲁迅、郑振铎等学者对《金瓶梅》开展新的研究的眼光去观察和勾勒形象。画面着重小说所写人物神态与社会生活事理，力求形神兼备，于这方面颇见匠心。特别是对于人们看做难画的涉及原小说过分刻露描写男女做爱之事，画作者能注意斟酌画面上的分寸，使画面主要引导向对人物社会关系和作品主旨的了解。正如有的序作者所评："举凡淫亵之态，蕴藏不露。"就这方面而言，此作力求绘出帮助阅者了解原书又从画面知人悟世的新画境，对明清刻本中插图水平有显著超越。把它看作《金瓶梅》题材绘画在20世纪中叶的一种名作，是不过分的。

其二，此作以历史上的文学名作为题材，又能开掘历史生活与当时现实生活的联系，使人从绘画艺术笔触中对现实与历史有更多更生动的领悟。不论从当时与小说描写近似的经济活动，官吏的贪赃枉法，旧家望族的衰落与资产者的兴起，还是民俗节庆，生养丧葬礼仪，民居南北对照，饮食习好比较，上层及平民各种人物心理表现与行为方式等等，都可以有生动的印象和启发。包天笑、范衡等人分别在序言、题跋中揭示了这部画作在这方面的长处。包天笑在题词中就称此作"别具妙谛"，"真似其大名，能将美处涵于其中"，"再者，《金瓶梅》一书，乃描写社会而暴露其丑恶之书也。今之土豪劣绅相接踵，我望涵美君借《金瓶梅》之笔，以一一作象形之鼎也"。这应该算是将此作的警世作用说得言简意赅的文字了。

就艺术笔墨说，此作在画历史人物活动情景时，也赋予了由现代眼光观察、描绘而融入的现代感。比如，画人物交谈之类的规定情景又融入了心理幻化的影像，显然糅合了古代画梦境手法与现代电影的特技手法。又如，改绘后的十集本与原印初版第一集本那种工笔细绘的画面风格也有了显著的变化，那就是增强了如版画的刀锋感与装饰趣味。甚至在画面中的对联、匾额上加入了借诸原小说诗词曲文等而来的讽喻性内容。这是一种变动原作细节，类似电影旁白的方法，也是使画作带有现代感和讽刺韵味的一种别致的方法。这对拉近《金瓶梅》与现代人的距离是有效的。

据有关材料，曹涵美早年曾画过《兵变画谣》等适应时代要求的漫画，也画过《钟进士斩妖》等古题新解的漫画，还画过《渔娘哀史》、《貂蝉》、《长恨歌》等长篇故事连环画。这些都为《金瓶梅全图》的创作积累了经验。他本为画家，又为生计经营现代商业，使他对原小说中市井人物的形象有更多的了解，更易画出其神态来。隐龛在介绍此作的文字中还认为，从《金瓶梅全图》1936 年印本的“工笔”画法到后来的“工心”画法，增强了“动”和“力”，显示了画风的变化和坚毅的努力获得的进步。这也可以说明此作的艺术价值不可轻视。

其三，《金瓶梅全图》是艺术画作，又有经过选择、删略而转述原作的文字说明。它是图文并茂、雅俗共赏，而且认真注意了配合的分寸的读物。它还是一种少见的使艺术作品与艺术评论兼备的读物，类似于文学评点本。此作当时先出一集，后来出十集本，每集都有用序、跋、题词、介绍等形式出现的艺术评论。当时著名的作家、画家、学者如包天笑、贺天健、姚灵犀、邵洵美、董天野、万籁鸣等为文刊入书中达 30 多篇。他们在文中各抒己见，议论风生，有的文章转述和发挥了鲁迅、郑振铎等评《金瓶梅》的观点。这些像是一个学术会场，应视为一批富有参考价值的文化、艺术评论史料。当然，这些评论者的身世并非全部清楚，其见解今天看来未必都可称恰当，但总是有参考价值的。比如，曹涵美自己的跋语，其中既有艺术家尽心探索心态的表露，有对《金瓶梅》文学意义的独到理解，也有对艺术及美学道理解说不确切之处。例如，他在 1936 年印行第一集所附第一篇跋文里说：“艺术的目的是在‘美’，而‘美’的元素，却便是‘淫’。”这后半句的说法显然不确切。“淫”在古文字里，本义指过分，后来人们多用以专称男女情欲过分。即使以情爱而论，也不能把情爱和情欲过分二者等同起来，更不能把后者作为艺术与“‘美’的元素”的全部内容。就其画作而言，如上述对男女床第之事有关表现是注意掌握分寸的，此说和他的艺术实践也不吻合。这些地方，可由人们识别、评说。作为艺术作品的《金瓶梅全图》，其优长是值得肯定的。

最后，需要补充说明的是，此作仍待重印，哪怕是专供研究者内部参考也好。1993 年春，原书目文献出版社曾拟根据国家图书馆藏本影印此作，可惜因出版方式等原因，未能出成。现在要印，仍有 1942 至 1945 年所印 10 集本共 500 幅图的全本，所缺一角的一页，我知道已经补齐。1936 年曾单印行的第一集也存全本，有 34 幅图及有关文字。还需说明的是，此作所绘小说情节到蔡京府里翟管家要西门庆为他物色年轻女子做妾时为止。这已经具备了原小说描绘社会各种人物的大致面貌，但其余画稿尚不知落于何处。由于曹涵美已于 1975 年故去，现存这 500 多幅已印行的画作也就很为珍贵了。另外，前几年在与张光宇后人张大羽交谈中，得知他正在为其父所绘《金瓶梅人物小论》插图依原稿作修补加工，以便再印时制版更易传其神。如能与《金瓶梅全图》先后重印，那就会使这两兄弟的艺术贡献同获重光，那又是艺林可庆幸的事情了。

（原载《古典文学知识》2002 年第 5 期）

《西游记》文体特征的再认识

摘　要　以《西游记》早期版本世德堂本为依据，研究了校者华阳洞天主人和作序者的意图，认为胡适在《中国小说考证》中提出的“神话小说”的观点并非确切，反而忽略了早期版本所提示的“寓言”之作的特质。

为什么要提出《西游记》文体特征再认识的问题？因为这个问题在今天仍有其特殊的重要性。人们知道，在这方面曾经存在不少歧见，如称为“神话小说”之类论断曾颇为流行，却并不符合小说文本的实际。近年来，不少研讨者已经注意到《西游记》蕴涵着以修持文化为突出方面的中华传统文化若干重要内容，绝不是什么神话的复述和演义。进一步的问题是，这些文化内容又体现为什么样的文体特征？这方面的再认识是把研讨推向深入所不可缺少的。

再认识从何做起？有哪几方面可以作为分辨这部小说文体特征的基本依据？看来需要温故而知新，要从前人研讨得失的几个明显之处加以比较，再加上适当的材料予以简要分说。

一、早期文本提示了什么？

看小说文体特征要看文体的实际状况。《西游记》早期文本既展开了作者立象尽意的艺术创造的基本面貌，也有早期评论者或是写定者、校订者自己对文体特征的说明与鉴赏体验的表述。

现在人们能见到《西游记》百回本最早的刊本是明万历二十年金陵世德堂所刊的二十卷本，通常简称世德堂本，现藏国家图书馆。除了后来清初汪象旭、黄九烟在证道书本中依据别的材料为其增加详介玄奘出身一段文字外，从文本特征说，世德堂本大体具备。其中遗存有作者追求和早期评论者有关文体特征的印迹，弥足珍贵。

请看，世德堂本刊行时校者华阳洞天主人和作序者虽未说明旧叙因何故未能完整刊入，是残缺，还是他故，但都欣然赞同原书旧叙对全书主旨与文体特征所作的论断或竟是写定者、校订者的自序表白。陈元之在为世德堂本所撰序文中是如此介绍、转述和判断的：

> 余览其意，近跅弛滑稽之雄。旧有叙，余读一过，亦不著其姓氏作者之名，岂嫌其丘里之言欤？其叙以孙，狲也，以为心之神；马，马也，以为意之驰；八戒，其所戒八也，以为肝气之木；沙，流沙，以为肾气之水；三藏，藏神、藏声（精）、藏气之三藏，以为郛郭之主；魔，魔，以为口、耳、鼻、舌、身、意恐怖颠倒幻想之障。故魔以心生，亦心以摄。是故摄心以摄魔，摄魔以还理。还理以归之太初，即心无可摄。此其以为道之成耳。此其书直寓言者哉！

这里由转述引出的后两句很值得注意，第一个“此其”起句是转述旧叙大意，第二个“此其”起句是由旧叙及原书面貌自然导致的文体特征判断。尽管旧叙和原书写定者、校订者是否同一个人尚待考订，但这里对《西游记》文体特征的判断是以成书文本实际与旧叙表明的体验、意向为依据的，也是可与流传文本相互对照而不违逆的。

还可以注意，《西游记》百回本后来多次刊印，清初出现的“西游证道书”本文字修订更为完善，成为以后流传各本的依据。后来这些本子的古代评点者、作序者等虽然对小说寓言内涵侧重揭示的方面和价值取向有所不同，但他们大多一再强调这部小说文体特征的寓言性质。比如，汪象旭、黄九烟在阐明小说所写体现道、释、儒一理时，侧重“证道”；张书绅对“西游”寓意作“新说”时，侧重明儒；而怀明即雨香在揭示《西游记》

所“记”为修持之说时，侧重佛道一理。他们分别在“西游证道书”本第一回、第六十三回、第七十七回等回评点中，在“新说西游记”本总评和一些回评中，在《〈西游记〉记》序言和第七十一回评点中都特别指出此小说是寓言，或叫喻言。怀明还以为此小说许多地方还是“寓言中又讽世耳”。这种从早期版本提示的对《西游记》文体特征的认识，应当是大体合理的。后来各本评点中有关这一合理评述的继续利用，不能认为是偶然的。需要思考的倒是近、现代一些研究者何以避开早期版本提供的合理的评述，转向以“神话小说”的眼镜去看《西游记》的思路。

其他与“神话小说”类似的说法暂且不论，由胡适大倡起来的认为《西游记》是“神话小说”的理由和早期版本的提示何以岔开了呢？需要做分别的观察。

二、神话直线演述还是寓言立象统驭各种素材?

《西游记》写取经故事，的确涉及了一些神话故事和人物。但是，正如陈元之转述早期版本旧叙说的写“道成”而出以寓言，神话故事和人物都只能是被特定价值趋向的立象尽意所吸纳和改造的素材，绝不是直线演述。这是判断这部小说文体特征的一个要点。胡适先生恰恰是在此点上走岔了。

胡适在《中国小说考证》中认为《西游记》作者吸收佛教神话，又自想象出许多妖怪灾难，想出“这一大堆神话”。因为能使人笑，是“人的意味的神话”。其实，神话从根上就是有人的意味的，问题在于神话作为素材用到《西游记》特定的寓言小说文体特征中，就不能使神话维持原来的面貌和身份了。胡适从佛经中考证的佛家神话只能说明素材的性质，不能说明经改造而成血肉一体的寓言文体特征的性质。比如，胡适怀疑孙悟空的形象“不是国货，乃是一件从印度进口的。也许连无支祁的神话也是受了印度影响而仿造的”。他举哈奴曼的印度猴子神话是否对中国作者有影响，并不能找到力证，而中国《山海经》中雍和等似猿非猿的形象及《吴越春秋》中的袁公形象早已为无支祁提供了先声。何况，即使作者吸收中外神话中灵猴素材而创造了石猴出身的孙悟空以象征人的心神，这也是寓言小说的独特创造，并非神话直线演述。本来鲁迅称《西游记》为神魔小说，可从题材显示角色主要来源理解，还带有宋人记载说话人分类不严的痕迹。胡适一再从神话演述和新想出一大堆神话着眼看待《西游记》，就把作为素材吸取的神话和整部小说文体特征的是否神话性质进一步混淆了。他所说的“绝大的神话小说”的断语也就离文本的实际和《西游记》早期版本提示的寓言之作的合理评述越远。

反过来说，符合胡适所说的专门演述神话的古代小说也是有的。比如，新印明末出现的《开辟演义（绎）》就是一种。那里边既说佛教神话，也说盘古、三皇五帝等神话，不过既无寓言意义，也把神话说乱了。后文不去说它，其开篇一章竟然编造出释迦牟尼派弟子毗多崩莎那化身而成蟠桃模样，再由桃中长出盘古而开天辟地，才除去了南赡部洲的洪荒状态。如此神话小说显然是对中国神话和历史的篡改，“绝大”或“绝小”，都不值得赞许。

还有一种现象，有的研究者不理会早期版本及许多重要评点者对《西游记》文体特征寓言小说性质的反复认定，却宁肯沿用所谓“神话小说”这样不切实际的论断。也有的找了童话、喜剧、传奇等加到这部小说文体特征上，却都漏掉或回避了“寓言”这个特点。是不是以为古代寓言多为短小之章，注定不能与《西游记》这样鸿篇巨制文体特征的性质相联系呢？

中国古代审美立象学说告诉我们，文学创作中“立象以尽意”，重在“象其物宜”。《西游记》在题旨实际需要以寓言立象的条件下，那就可以不被过去习见的寓言体制、容量形态所局限。《西游记》以形象生动的成果显示了寓言小说构成巨作的创造性和空前性。这正是作者民族文化素养、创新胆识和巨大才能的证明。从世界各国文学来看，比如欧洲古代的《伊索寓言》

也都是短小篇章，但后来却出现了一些寓言巨制的作品。即以现代英国作家威廉·戈尔丁来说，他借《圣经》中“苍蝇之王”的典故，又借近代文学屡写的流落荒岛的传说为素材，写了一群少年在一场未来的核战争中当疏散运输机被击落时流落荒岛的故事。这部寓言小说题为《蝇王》，却充满了现代人思考通向未来的哲理。1983 年他因为这部小说获得诺贝尔文学奖。这部英国人写的长篇寓言小说可以看作为中国古代寓言小说《西游记》利用寓言创造小说巨篇起了现代的旁证作用。

三、八十一难是神话叙述结构，还是寓言小说的比方结构?

《西游记》所写八十一难是小说的基本结构。分辨这是神话叙述结构还是寓言小说的比方结构，是判别小说文体特征的重要依据。观察这个依据有从文本实际和读者领悟实际出发，还是从猜想取经故事必从佛经神话找结构来源这样两个路子。胡适走的是后面的路子，他走错了。

胡适认为《西游记》作者写出八十一难有四个来源：第一个是玄奘本传的暗示；第二个是宋元有关取经故事的“诗话”与戏剧；第三个是“最古的”，即认为《华严经》中《入法界品》所讲善财童子求法故事“便是《西游记》的影子，一百一十城的经过便是八十一难的影子”。至于第四个来源即是著者的想象力和创造力，想象出了“一大堆的神话”。这种考证对人们了解《西游记》素材来源不能说没有用处，但作为认定小说文体特征的依据却不合题。这些神话素材即便对《西游记》结构有点参考作用，也只是转化为寓言的养料，何况那“最古的”来源就不靠实，也算不上最古。《入法界品》里善财求法经历只是求访，并不构成“难”，一百一十之数何以要变成八十一难?那个“善财”在《西游记》中只是于一难中被收服的红孩儿的借喻名号，并不能概括八十一难全部比方的意义。

其实，八十一难在《西游记》中，是体现小说以寓言表达修持文化即“道成”过程的比方结构的需要。其包涵的文化精神是中国传统文化中那种天人合一观念，特别是运数、气数观念在小说艺术结构上的体现。九九八十一之说，在中国有比《华严经·入法界品》古得多的传说来源和文献依据。一般推算释迦牟尼生卒年和孔子大致同时，而比孔子早活动数十年的管仲就早已把九九八十一的观念作为久远的传统文化观念在论述了。《管子·轻重篇》说，“虙（伏）羲作造六崟（计），以迎阴阳，作九九之数以合天道，而天下化之”。后来，算学中出现的乘法口诀有“九九八十一”，人们对经过克服困难而达到一致称为“九九归一”。民间对时令、人事都讲究以九九八十一观察阴阳消长、难易变迁的过程。比如，冬至以后，民人家里做九九消寒图之类，都是要观察阳气由微而渐著的过程。其中寓有在阴阳消长、寒暖递移过程中倡导乐观向前的人生哲理。此种深植于中国历史、民俗中的文化观念被作者用于《西游记》以写人生修持成道文化为突出题旨，成为寓言比方系统的结构形态，正是自然的合理的。它来自中国传统文化土壤的滋养，包括儒、释、道三方面文化影响的滋养，却决然不是佛经中善财故事的搬用。

当然，《西游记》由八十一难寓言比方系统而立象的具体内容有其丰富性和古今结合、作者与读者追求结合的多层次性，小说文本为此提供了广阔的天地。在这方面，早期版本陈元之序也有发人思考的论述。序中说：“彼（指旧叙和小说作者）以为大丹之数也，东生西成，故西以为纪；彼以为浊世不可以庄语也，故委蛇以浮世；委蛇不可以为教也，故微言以中道理；道之言不可以入俗也，故浪谑以恣肆；笑谑不可以见世也，故流连比类以明意。于是，其言始参差而俶诡可观，谬悠荒唐，无端涯涘，而谈言微中，有作者之心、傲世之意，夫不可没已！”这里转述旧叙所说之理实际上是把八十一难所寓西向成丹要经过多次磨炼的结构与世间文化需求及作者讽世的情志做了逐步推进的论述。后来怀明在《西游记记》七十一回评语中简括上述意思称此一小说为“寓言中又讽世耳”，正是把小说文体特征与特有的社会文化作用做了点明。由此可以悟出，八十一难作为文体特征的结构特征，出之于对修持成道的题旨，但其哲理却在指明人生、社会达到更合理想境域而可能经历的磨炼过程，这具有广泛的启迪和激励作用。

了解八十一难最突出、切近的比方对象，自然应是如陈元之序所说的“道成”途中磨炼不可少的题旨。对此方面，李安纲做了不少开拓。他在近期发表的指出《西游记》电视剧续集失误的论文中，对八十一难具体寓言的系统性和对中国修持文化意蕴的体现做了给人不少启发的分析。他认为，《西游记》八十一难的结构也是中华民族传统文化的自觉载体，还指出，这种结构是《性命双修万神圭旨》中修持思理的艺术体现。这些都有益于了解小说作者创作追求和文体特征。就这方面我觉得言尚可补，想补说下面两点：

第一，从“道成”须多次磨炼的修持思想来源说，明代除了《性命双修万神圭旨》，还有《性命双修慧命正旨》、《性命宗旨》等书，而把这些书的大旨往上推求，可以看出受宋人张伯端《悟真篇》等书的影响很深。所以清人含晶子在《西游记评注》总批中认为《西游记》小说的构成是“探源《参同》（指《周易参同契》）、节取《悟真》（指《悟真篇》），所言皆亲历之境，所述皆性命之符”。这就把八十一难与作者深知修持磨炼之境味的体验点明了，具有参考价值。

第二，八十一难是运数、气数观念在这部小说艺术结构上的立象形态，不但是纵观的，也可以横观的，或者如蔡邕谈书势所谈，是“纵横有可象的”。《西游记》八十一难从时序上是纵的，从地域、方面、取经人物遭遇重点不同上又是横的。国家图书馆收藏有晚明惠王选侍王氏抄本《元始天尊说药王救八十一难真经》。这部经文是道教经文，原本始传于何时，尚待考订；抄者为万历皇帝第六子朱常润王府眷属所抄，则说明明代已在流传。经中称元始天尊应救苦真人请求，向众神说明当时人不如上古人健安而多病的原因，并且说明求治的必要，又当即封古代秦地名医扁鹊为灵应药王真君，让世人念诵此经以救八十一难。这部经文从外到内、从头到脚、从男到女、从小到老，历数世人八十一种病患的灾难，正是与修持配合横向展现了救治人间病难的大观。不管小说作者是否参照过此类经文，纵横展现八十一难的结构都是中华文化在寓言小说这一特定载体中的体现。

四、小说角色价值关系富于变化和推移不定说明了什么?

《西游记》文体特征还有个使主张其为“神话小说”的研讨者头疼的现象，那就是小说角色价值关系富于变化和推移不定。说是写神话，其中神的角色已经不像原来传述的样子，有的还带着太多的负面价值；说写魔怪妖精，有的妖精魔怪还是神变的，有的是神佛的侍从、坐骑，有的妖怪变成了取经的信徒，有的妖怪被收服成了神佛侍从。至于角色的美丑、善恶、慧愚更是错糅变化，目不暇接。这种角色关系的写法按陈元之序转述的话，叫做“俶诡可观”。按照“绝大的神话小说”之说或纯粹的“喜剧”之类西方美学观念去套，简直对不上口径。这是怎么回事，说明了什么？

其直接的创作原因，就是作者写的题旨在写中华修持文化观察“道成”所需磨炼的艰巨性与境界的构成的多种可能性。在寓言比方的这种系统里，各种角色都在修持中演变，哪有固定的角色价值关系呢？好比“借花献佛”这个成语，出自《过去现在因果经》，原说一个信徒因女儿体弱不能靠近佛前听讲，借二花以献佛，后来成语转指借别人别物以达己情。《西游记》寓言比方体系中一切素材，包括神佛角色，都是借喻修持文化所指的某种境界。整体来说，《西游记》是对这一成语反其意而用之，不是借花献佛，而可以说是借佛献花。“花”是什么，“花”是修持必经磨炼之理和体验；“花”献给谁，献给人生，献给想从修持和相关哲理中得益的人们。这就带来了寓言化用各种素材构成角色价值关系，以表现修持“道成”需要而变化的灵活性和机动性。

从审美立象能够“俶诡可观”的追求来看，这也正与作者体悟中华传统文化中气化流行一元论的审美哲学精神有深厚的联系。以《周易·系辞》为代表阐发的中国审美立象学说主张“立象以尽意”，要“象其物宜”，又要从条件变化中观察象位的变化，认为要“六位时成”。原来，寓言比方系列的系统性和因“时”、因“宜”、因象“位”而推移的神、佛、魔、怪与取经者以及其他人物的富于价值变化并且推移不定，正是这种修持文化与身外万象相通的立象思想相统一的体现。不管小说作者是否意识到，《西游记》在包涵修持文化与中国审美立象学说实践经验于一炉时，实际上以寓言这种方式体现了各种角色关系中体现的美丑、善恶、慧愚的辩证性质。

清初名僧石涛曾经接受传统气一元论为底蕴的气化流行观念和万化归一的思想。他在《画语录》中提出“一画”的命题，认为一元和万象变动不居这是立象的根据，因而他大胆地在题画诗中写出“何必拘拘论美丑”这一发人深思的名句。《西游记》作者比石涛先得此心，才能在人物、角色关系上做了大胆的调整。与以前的玄奘取经传记、“诗话”比较，《西游记》的主角由唐僧变成石猴修炼出身的孙悟空。这个形象在寓言小说中的地位是象征“心”的角色，他以猥小奇丑、身具绝艺而内具慧美等审美价值特征融于一身，成为新颖而具有异彩的形象。为了以寓言的特别方式塑造孙悟空这个形象，作者把元人杂剧在他身上还保留的妖性成分，如曾娶一国的公主作妻，又想窃取宝物为妻做衣饰，还有宣扬自己的性具如何如何之类丑词去除了，从而使之增强了审美价值与立象“象其物宜”的统一性，也增强了人物内美的厚度。值得注意的是，在书中多次写到孙悟空对美、丑在角色身上结合的合理理解。他和师弟遇到民人、道士、僧众对他们的丑怪形容表示惧怕、厌弃时，就说明自身外表虽丑怪，心地却好，有降妖捉怪的本事，如此等等。这些都是把美、丑、怪、常等形象价值形态作统一看待的哲理以鲜活的人物关系传达出来，这是这部寓言小说一种亮点所在。至于写神、佛、魔、唐僧、官、民以至阴间判官身上正反面价值结合的复杂面貌，正好显示这部寓言小说具有审美表现和功效的巨大潜能。

结　语

以上简要的回望与辨析，都说明对《西游记》文体特征的再认识，有助于正确评价和鉴赏这部小说。这方面的深入研讨仍然是值得重视的。

（原载《运城高等专科学校学报》2001 年第 1 期）

《西游记》形象和现代审美文化

摘　要　《西游记》小说形象在现代审美文化发展中留下了深刻的烙印。其主要表现：一是不仅《西游记》小说形象在民俗事象中广泛延续，而且在社会重大变革中也可见其影响，毛泽东屡次引用便是显著例子；二是小说文本被改编为戏剧、诗词、电视剧各种形态；三是现代小说创作包括鲁迅、张恨水的小说创作都不同程度受到《西游记》的影响。

《西游记》百回本小说形象几百年来已经深入人心，这是公认的事实。作为中国俗文学的古代名作，它的形象在过去一个世纪中对人们审美文化发展仍然产生着历久不衰的影响，而且至今不时展现新态，这又是值得人们注意的事实。这就提出了对中国俗文学名作文本特点特别是其形象构成特点和影响现代审美文化发展的情形作贯通观察的问题。

《西游记》文本形象构成的由来等，可称为文本的先天因素，这是应当认真研究的重要方面。这里提出应当认真研究的则是另一个重要方面，属于对其文本形象发挥作用的研究，或者说对其在审美文化发展进程中产生影响的审美功效方面如何的研究。由上述问题，我认为对《西游记》形象在现代审美文化发展进程中的影响可以着重从以下三方面做大致的考察。

一、从民俗事象到社会重大变革前沿

20 世纪初以来是中国社会发生巨变的历史时代，在历史生活演变的不同方向，从民俗事象到重大社会课题的解决，居然常常可以体味到《西游记》小说形象从审美文化角度产生不同程度的影响。

人们知道，《西游记》形象在民俗事象中延续着，这是民间传统审美文化中有代表性的现象。民间俗语、民间节庆活动、民间习俗中祈福与禁忌等事象中运用《西游记》形象表达审美心绪的情形在现代仍是所在多有的。就如社火中有孙悟空除妖精、猪八戒背媳妇（孙悟空所变）的节目，马厩雕刻有孙悟空形象，儿童玩具有唐僧、孙悟空、猪八戒、沙和尚等形象制品，包括面具及其使用兵器仿制品等。这方面当然也有因时代习尚、技术条件、材料革新而变化的情形。值得注意的是，随着社会生活变革需求以至于重大较量的进行，人们对《西游记》形象的接受和运用也出现了新的情形，小说角色的审美文化价值和意味也有了新的开发。孙悟空、猪八戒、沙和尚和唐僧等形象常常被引喻到贴近现代生活内容以至引入重大社会变革与较量的前沿那种语言环境中去。当此时，这些形象的感染力与说服力成为新的文化产品的组成部分，在审美文化价值取向上成为新的精神力量的体现。这种现象反过来可以证明，小说文本材料现实程度的强弱并不等于作品形象后天审美功效的强弱。这也可以进一步证明，国家图书馆所藏早期世德堂刊《西游记》百回本陈元之序引述原叙透露写定者创作意图的重要性和可信性。在那里就表明写定者审美创造的巨大功绩在于用寓言兼讽世作为小说文体的基本特征，才有了这部小说形象喻世方面的广泛适应性，包括其在现代审美文化许多方面产生的不可轻视的有特色的影响。这是长期流行的那种称此小说为“绝大的神话小说”的论断所不能解释的。《西游记》有寓言小说象理兼容的长处，加之有寓庄于谐的优势，才有更便于唤起接受者领悟形象和生活需求变化多样联系的审美功效。对此，我曾撰有《〈西游记〉文体特征的再认识》一文，发表于《运城高专学报》2001 年第一期，此处不赘。

进一步的问题是，《西游记》形象对现代审美文化影响的事实还说明，对小说形象的接受和运用不只是单个人的，也是在社会关系中、在群体中实现的。人们接受和运用小说形象时可以有不同层次、不同角度，又可以互相影响，互相推动，从而以影响审美文化变动为凭借进而影响人们参加社会生活变革的精神面貌。这就需要把《西游记》形象依据审美功效的可能性引向参加社会重大变革的群体的审美文化需求那里去。现代史上在这方面显示了大手笔的是毛泽东。请看不同历史时期的几个例子：

（一）1938 年，毛泽东在延安抗大对第三期学员讲坚定正确的政治方向、艰苦朴素的工作作风、灵活机动的战略战术三者重要性及相互关系的时候，用《西游记》人物来比喻说明。这引起了学员们的笑声掌声。他讲的要点是：唐僧这个人，一心一意去西天取经，遭受九九八十一难，百折不回，他的方向是坚定不移的。但他也有缺点：麻痹，警惕性不高，敌人换个花样，就不认识了。猪八戒有许多缺点，但有一个优点，就是（吃得）艰苦，臭柿胡同就是他拱开的。孙猴子很灵活、很机动，但他最大的缺点是方向不坚定，三心二意（按，这大约是指孙悟空受到了冤屈被赶而回花果山说的）。毛泽东还说，你们别小看了那匹小白龙马，它不图名、不为利，埋头苦干，把唐僧一直驮到西天，把经取了回来。这是一种朴素、踏实的作风，是值得我们取法的。毛泽东抓住《西游记》形象寓意主旨和几个角色的性格，使之同现实生活需求挂起钩来，促进了抗大青年学员在提高对俗文学名作审美文化领悟的同时，增强了以抗大校风三句话作为身体力行目标的信念。显然《西游记》形象的审美功效在这里得到了扩展。

（二）1942 年 9 月 7 日，毛泽东为了解说中共中央当时提出精兵简政政策极其重要的意义，特地为延安《解放日报》写了篇社论。在社论中，他用《西游记》和柳宗元所写《黔之驴》两个体制大小不同而寓言特性相似的形象说明问题。他说：“铁扇公主虽然是一个厉害的妖精，孙行者却化为一个小虫钻进铁扇公主的心脏里把她战败了。”在转述《黔之驴》里的大驴子还是被小老虎吃掉之后，他又写道：“我们八路军新四军是孙行者和小老虎，是很有办法对付这个日本妖精或日本驴子的。目前我们须得变一变，把我们的身体变得小些，但是要变得更加扎实些，我们就会变成无敌的了。”《西游记》形象与抗日战争中党的重要政策取向挂钩，这种引喻又影响着各根据地军民的实践，这不也是审美功效上的扩展吗？

（三）毛泽东在社会主义建设道路探索中，对于《西游记》形象在经济、道德课题方面给人的启示也一再做过评注。这种文字当时虽未公布，实际在他对有关问题的讲话和决策中融会进去了。比如，在《西游记》第十八回写到高老庄的高老儿向唐僧诉说猪八戒能干活却又太能吃的情况时，唐僧说：“只因他做得，所以吃得。”毛泽东在小说这段文字旁边批注说：“只因做得多，所以分配应当多，多劳应当多得。反过来，只因吃得多，所以才有可能做得多。生产转化为消费，消费转化为生产。”这对现在人们思考市场经济条件下处理劳动分配问题也有不小启发。这个批注的思路显示了对小说形象的社会作用可以做出多侧面的开掘。又如《西游记》第二十八回写孙悟空一连三次打死白骨精变的人，被唐僧取消随行资格，只好回花果山。他为了卫护山寨，作起法来让来犯的人马死伤甚多。他为此情景鼓掌大笑道：“快活！快活！自从归顺唐僧，他每每劝我道：‘千日行善，善犹不足；一日行恶，恶常有余。’此言果然不差。我跟着他，打杀了几个妖精，他就怪我行凶。今日来家，却结果了这许多性命。”毛泽东在这段文字旁边写批语是：“‘千日行善，善犹不足，一日行恶，恶常有余’。乡愿思想也。孙悟空的思想与此相反，他是不信这些的，即是说作者吴承恩不信这些。他的行善，即是除恶；他的除恶，即是行善。所谓‘此言果然不差’，便是这样认识的。”此处批语把孙悟空形象和学界认为的作者一同加以表彰、赞美。把行善与除恶统一起来，欣赏之情洋溢象外。当然，过去学界认定《西游记》百回本作者为吴承恩的说法现在仍有争议。但这丝毫不减弱毛泽东这段批语的深刻性。此段批语借此形象揭示道德价值观须持的辩证态度，是对这一小说形象在社会文化中的作用从又一新侧面做了开掘。

（四）到了20世纪60年代，在当时称为反对现代修正主义的较量中，孙悟空这个先是敢于向天庭抗争后是敢于向恶魔开战的小说角色成为毛泽东用以激励人民斗志的英雄形象。关于毛泽东因绍剧《孙悟空三打白骨精》观感与郭沫若赋诗唱和详情，下题再做介绍。毛泽东和诗中“金猴奋起千钧棒”、“今日欢呼孙大圣”等各句应属于在诗歌中重画出带有现代意蕴的孙悟空形象。令人深思的是，孙悟空形象的重画和发挥，在毛泽东那里沿着历史发展的逻辑形成了两重性：一方面，正如《关于建国以来党的若干历史问题的决议》所总结的，毛泽东曾用孙悟空形象比喻的“文化大革命”，属于他晚年的严重错误，给党和国家造成巨大的损失；另一方面，不可忘掉的是，毛泽东对孙悟空形象的重画和发挥是由国际反霸权斗争的需要而产生的，或者说是更直接的促成因素。1964年1月，毛泽东在同安娜·露易斯·斯特朗谈话中指出，1963年7月14日苏共发表对中国施行攻击的公开信是斗争的转折点。他说：“从那时起，我们就像孙悟空大闹天宫一样。我们丢掉了天条！记住，永远不要把天条看得太重了，我们必须走自己的革命道路。”（译文原载《党史文汇》1986年第6期，据《毛泽东与文艺传统》转引）这显示了他运用孙悟空形象意在表达千百万中国革命者决心反对霸权，要和中国人民一起坚持“走自己的革命道路”的勇气和胆略。由此一线索再去看孙悟空形象得到重画和发挥在现代审美文化发展中的意义就会更明白了。

在改革开放时期和建设社会主义市场经济条件下，《西游记》形象就经济活动中商品形态与广告文化而言，也出现了借喻性的延续和发挥的情景。儿童玩具中有了用新技术材料制作的唐僧师徒的面具和兵器等，商标中有孙悟空的形象。广告中则有与服装、中药以至信息产品等相关方面对《西游记》形象的运用。大家熟知的有金猴皮鞋，有孙悟空推荐的药酒，现在又有孙悟空在西行路上推荐给唐僧使用的学外语复读机等。如此不断变化，方兴未艾。报载，浙江绍剧演孙悟空的传人六小龄童正在奋力用金猴形象在经济活动中打开一片新天地。他表示拒绝外国商人买断金猴广告形象权的要求，决心为中国人自己在广告方面发挥这一形象的作用。这是与毛泽东当年提倡金猴形象时含有“走自己的革命道路”的深意相吻合的。从小说中孙悟空被借喻到现代生活中去到毛泽东诗作中赞扬的金猴，都是中国人创造的《西游记》形象的加工、延续和发挥，也是现代人振兴中华进程中一种推陈出新的审美文化现象。相信这种审美文化充盈的生命力还将在生命流变中开出新的花朵。

二、从小说文本到各种文艺形态的改编

《西游记》小说形象是经过吸纳史料传说、说评话、演杂剧、唱散曲、吟诗词以及其他形态演述的准备，才被写定为百回本这样成熟的杰作的。数百年来，其形象又不断返还到各种文艺形态的改编及相关演示活动中去。这可以看作审美文化发展中群众与专家、普及与提高、通俗与通雅相互作用那种关系的一个缩影。在现代这种情况有了更显著的发展，按照《西游记》小说形象又用别的文艺形态作新的演述、改编的作品层出不穷。国家图书馆藏的就有说唱本《西游记》、演《西游记》故事的各种剧本，有关《西游记》的图画及诗文等。需要着重考察的是《西游记》小说形象在其他文艺形态的改编或发挥中产生了什么变化，这种变化和整个文化现代化进程有何种联系。

以戏曲为例，清末民初出现了不少由《西游记》故事改编的剧目。《安天会》等大致取谐谑可以娱人的角度，对原作闹天宫的真正寓言意味并未深刻表现。《安天会》在清宫廷作为《升平宝筏》昆曲头本演出时题名重在“安天”，是取孙悟空闹天宫被如来翻掌压到五行山下安了天庭为题旨的。但其表演尚属正路，与后来出现的《盘丝洞》表演上以近裸迎合庸俗趣味，对原作冲破情丝束缚等寓意反而湮没不彰的戏尚有不同。还有《十八罗汉斗悟空》属于借枝生叶着重发挥打斗趣味的作品。这

些都有当时审美时尚的影子。新中国成立后，戏曲工作者以改革精神改编了《安天会》为京剧新剧目，突出了孙悟空反抗玉皇大帝的精神，改名为《闹天宫》。接着进一步强调了孙悟空在老君八卦炉中烧炼后成为火眼金睛，武艺更强，进而大闹天宫，戏名进一步改为《大闹天宫》。这种改编避开了与以后随唐僧取经故事的衔接问题，对孙悟空敢与天庭抗争加以赞扬，实际上符合中国人民独立自主、坚持反霸权的心理，是带着新时代印迹的改编和发挥。新中国成立后出版的相关连环画也有同样情形。先后出现的动画片《大闹天宫》、《金猴除妖》等以主角意气风发、画面奇趣多姿的形象与接受者进行着有新意的审美交流。

绍剧《孙悟空三打白骨精》的改编演出和由此引发郭沫若、毛泽东赋诗唱和，是《西游记》形象在现代审美文化进程中产生重大影响的事件。此剧对《西游记》改编借鉴了京剧连台本戏《三打白骨精》、《大破平顶山》。浙江省绍剧团 1960 年上演此剧，正逢当时苏联领导人以好看幌子为掩饰推行霸权主义，对中国施加全面攻击之时，剧中形象所寓精神很适合人们评价是非的需求。被重新演示的《西游记》形象可以帮助人们识别真假，鼓舞志气，增长智慧与勇气。它受到人们欢迎是自然的事。由观赏此剧引发郭沫若与毛泽东赋诗唱和，则使此剧中孙悟空形象可以给人们以反霸权力量的启发意义更为引人注目了。

郭沫若 1961 年 10 月 5 日写的七律《看〈孙悟空三打白骨精〉》全诗是："人妖颠倒是非淆，对敌慈悲对友刁。咒念金箍闻万遍，精逃白骨累三遭。千刀当剐唐僧肉，一拔何亏大圣毛。教育及时堪赞赏，猪犹智慧胜愚曹。"此诗对剧中不同角色意义的评价显然有不合策略之处。毛泽东读到郭诗之后，于当年 11 月 17 日也写了一首七律《和郭沫若同志》："一从大地起风雪，便有精生白骨堆。僧是愚氓犹可训，妖为鬼蜮必成灾。金猴奋起千钧棒，玉宇澄清万里埃。今日欢呼孙大圣，只缘妖雾又重来。"这是对该剧演绎《西游记》形象角色价值关系和由现实课题可以从中领悟价值取向的正确酌量，也是在现代、当代诗词中对孙悟空形象简明而出色的新描绘。郭沫若读到毛泽东的和诗，茅塞顿开，1962 年 1 月 6 日又依毛泽东诗韵写了《再赞三打白骨精》一诗：“赖有晴空霹雳雷，不教迷雾聚成堆。九千万里明真谛，八十一番弭大灾。僧受折磨知悔恨，猪期警惕反涓埃。金睛火眼无容赦，哪怕妖精亿次来。”看了郭此次诗作后，毛泽东在 1 月 12 日信中写道：“和诗好，不要千刀当剐唐僧肉了，对中间派采取了统一战线政策，这就好了。”同时还在信中附了自己新作《咏梅》一词给郭，词中“已是悬崖百丈冰，犹有花枝俏”、“待到山花烂漫时，她在丛中笑”等与和郭作诗中赞扬金猴敢于斗妖的精神正是相得益彰的。有的注释本指出，郭沫若与毛泽东由该剧而有诗作唱和是“借以反对当时所说的现代修正主义”，大致是对的，但似意犹未尽。现在看来，当时用金猴形象为喻而抨击的“妖雾”其更现实的课题是指借好听名义为掩饰而推行的霸权主义。这与前述“丢掉了天条”、“走自己的革命道路”的思想联系起来，才会对诗中赞扬和重绘孙悟空形象在审美文化发展上的意义体味更深一些。

到了改革开放时期，对《西游记》形象在其他文艺形态中改编与发挥具有新的条件。这与改编者和广大接受者各自在现代化进程中获得新的体验、新的眼光和审美上新的需求相联系的。按照新的文化品位和科技手段、艺术手法结合的不同层次，改编与发挥本来有比过去更为广阔的天地，但显然又需要有新的调试过程。现见的改编与发挥的作品和相关的理论探索缺乏通气和呼应，协作不够。改编与发挥当然可以有不同的试验，但总以小说原作形象创造的大旨与艺术手法精髓的路子相统一为宜。那种只借其外形或名号而精神大异的改编、改写，同那种热衷对帝王趣闻做“戏说”一样，不能产生与作为俗文学杰作《西游记》相副的改编作品。比较起来，中央电视台《西游记》电视连续剧所拍前集拍得还是比较认真的，在体现小说文本那种为理想而坚持取经、不惧八十一难磨炼终成其功的寓意大旨上还是努力的。其续集想补拾前集之漏，又淆乱以原作艺术形象的逻辑结构，败笔就多了。青年研究者李安纲对此有驳议专文，对人们是有启发的。由此可见，对《西游记》形象的影视改编如何既能体现富于寓言色彩的取经故事特性，又能适应新时代人接受者的审美需求，把二者结合好，是值得认真总结研讨的。就这个要求看，《西游记》电视连续剧前集的主题歌还是值得赞许的。其题为“敢问路在何方”，由阎肃作词，许镜清作曲。其词道：“你挑着担，我牵着马，迎来日出送走晚霞。踏平坎坷除霸道，不怕艰辛就出发。啦，啦，啦……一份份纯情梦想，一场场酸甜苦辣，倘问路在何方？路在脚下。”唐僧师徒一行人的画面与歌声相映生辉，道出了对《西游记》形象寓意一种具有新时代特征的理解与阐释，即为实现理想需要人们发扬脚踏实地坚持实干的精神。对于正在振兴中华民族，努力实现现代化和更远大理想的人们来说，这种由古代小说文本形象到接受者心理作出的新的艺术联结，不也意味着审美文化意识上有了新的变化吗？

三、从《西游记》形象创造的精髓到现代小说创作艺术的革新

观察《西游记》百回本小说形象与现代审美文化发展进程的关系，就文学范围来说，最具证实力的还要看对现代小说创作艺术追求的影响。小说观念的现代变化和现代审美文化整体发展进程实际上是紧密联系着的。从20世纪初年起，在中西文化交流空前加剧的背景下，一些先进的文化人士把中国的俗行小说或者称通俗小说摆在世界小说范围里去反复比较。其结果使人们发现，中国的《西游记》跟《红楼梦》、《水浒传》、《三国演义》、《金瓶梅》与世界别的国家的小说名著相比毫不逊色，并且有自己的特长。人们在逐步认识它们审美价值的基础上，把过去几大才子书的说法改为几大小说名著。新中国建立后，由于《金瓶梅》描写性行为过露不便多提，通称其他四种为中国四大古典小说名著，《西游记》列于其中，流传更广。它本是俗文学的名

作，加上“古典”二字，实际上是认定其审美文化品位上的提升。从审美雅俗关系上看，也是顺应世界文学审美大势，承认它并非“不足观”而是俗雅结合的名作罢了。由此种眼光的变化看，《西游记》形象对现代小说艺术创造追求的影响也就更大了。

谈到《西游记》形象对现代小说艺术创造追求的影响，离不开对其文体特征的正确把握。我认为它不是如胡适倡说而后曾颇为流行的所谓“绝大的神话小说”，而是寓言小说，或者说寓言中特擅长诙谐以讽世的小说。国家图书馆所藏现见最早的百回本即世德堂本的文本，特别是陈元之序引述原书叙文就宣告和显示了写定者、初评者此种以寓言写小说的意图。后来许多重要评点者都不同程度地从寓言特征阐释其题旨，现代研究者中“神话小说”眼镜去误解这部小说，不理睬早期版本提供的写定者、初评者表露的初衷，确实值得为之一叹。对此，我在《〈西游记〉文体特征的再认识》那篇论文里已有详论，此处不赘。这里要说的是，观察《西游记》以寓言小说形象构成的精髓对现代小说创作艺术追求的影响，至少要回答两个问题：第一，现代小说作家特别是著名小说作家接受《西游记》形象创造方法的影响是否存在，有的话是不是有不同层次？第二，《西游记》形象构成精髓的影响在著名现代小说作家的作品中能否找到显著的例证？这二者都可以作肯定的回答。

先说第一个问题。现代小说创作受《西游记》形象构成方法影响在不同成就的作家的作品中都有体现，显然有不同层次，有些现象与当时审美文化习尚变迁有关，耐人寻味。清末民初，在被梁启超称为“小说革命”的风气下出现了一些以唤醒国人认识中国社会所处困境非得变革不可为初衷的小说，其中不少是想采用《西游记》寓言加讽喻的笔法的。但为草创之期，所学多为外形套路层次，除沿袭章回体制外，叙事也袭用套路。像《射雕记》开头缕述南瞻部洲无极国北面有座黑风山，山上有只巨雕如何害人等等，像《洗耻记》开头缕述牙洲有个大国叫汉国，二百年前被野蛮民族贱牧人打败如何如何。这种仿写，虽寓改变当时社会的愿望，还无生动形象。比此略胜的是初步将寓言方法讽喻故事串成整体。像《学生现形记》假借吴姓学生在混沌皇帝治下依靠“之乎者也”混到官职，讽喻浅露，略胜于无。像《蜗触蛮三国争地记》借蜗牛国国王属下有叩头虫、应声虫、可怜虫三大臣，以蜗国指中国，触国指日本，蛮国指俄国，但这种影射并不准确，与古代蛮触相争寓言含意不切合，讽喻也就无力。再进一层次的是想用《西游记》形象原有主要角色或其衍生的后代演述新故事，也就是续书的路子。1909 年出有两种同题“新西游记”的小说。一种署冷血著，现存五回，写唐僧师徒成正果后，到现代又奉如来佛之命到西牛贺洲了解新教传播情形，碰上了报纸、电灯、电话、鸦片烟、新学堂等，时差人非，笑话不少，但寓意仍浅，讽喻无力。另一种署煮梦著，又称“女学生现形记”，写孙悟空、猪八戒变为女学生上学堂的遭遇，除了叙事荒唐，缺少寓意，题文都明显地表露对学堂的旧观念和不良趣味。1914 年又有周起发、陆士谔编述的《也是西游记》，写小唐僧再次取经过程的经历，其中写与樱粟真人乌烟阵较量，有揭露鸦片危害的意义，据介绍整部形象描绘仍属粗疏，讽喻仍然不深。到 1941 年，北京耿小的写有《云山雾沼》，据一位朋友所见，此书写唐僧三徒有机会参加世界性体育竞技比赛，孙悟空、猪八戒、沙和尚大展雄风。如此写来倒是反映现代中国人跻身世界体坛的愿望，不失为开一新侧面，只惜尚未查找到原书，不知寓言和讽喻特色发挥得如何。有待另作评议。

顺便说说，当代小说中也有以“新西游记”为题写作的。有种仍以章回体写的《新西游记》，作者海诚。此书应视为对原著的改写，在人物关系上有新的设想，在寓言大旨上反倒没多大进步。另一种是台湾作者张宁静写的儿童幻想式的小说，虽题“新西游记”，但与《西游记》主要故事、人物均无关，写思明、思薇两兄妹梦中随蒲公英小绒球由台湾起飞，沿长城、黄河西去，直到法国的见闻。写童趣尚可，寓言、讽喻的味道却很谈。

近年还有种《西游新记》，为童恩正所写，写现代中国游历者眼中的美国科技、人文、社会诸相，在中、美建交后互相了解越来越多之后，这种犹作新奇之状来谈的“西游”，吸引力自然会减弱，而从书中“新记”寓言大旨上与《西游记》联系来观察就更缺乏深度了。

仍然说回来。《西游记》形象构成精髓对现代小说创作追求的影响真正起了质变的情形，是在“五四”运动之后新文学创作发展中出现的。随着反帝反封建斗争的进行和吸收世界先进文化成果及对中国文化传统研究水平的提高，还有人民群众特别是先进知识分子审美趣味的变化，接受《西游记》形象创造精髓融入现代小说创作追求的眼界也要向更高更深的层次转化。解决这个审美文化创造上的难题，需要大作家来体现。鲁迅在这方面也是最突出的一位作家。

这里谈第二个问题。接受和发挥了《西游记》形象创造精髓的现代作家和相关杰作，首先要数着鲁迅和他的《故事新编》。这也许应看做鲁迅与中国审美文化传统在创作上联系的不可忽视的一个重要方面。人们评价鲁迅小说成就时，常常首先注意他的《阿Q正传》、《祝福》等作品，在概括他的创作方法和艺术特色时，也多推崇他深刻而有丰富表现力的现实主义笔力，这都是对的。但这些还不够。鲁迅不只是运用现实主义的大家，也不只是乡土文学的大家。我倒赞成这样的判断：鲁迅在现代小说创作中所起的开拓和示范作用，既体现为成功地运用了现实主义方法，也体现为成功地运用了浪漫主义方法以至于现代主义等凡是“拿来”有用的各种方法。在《故事新编》中，他就成功地运用了《西游记》形象构成的精髓，即中国古代小说的浪漫主义方法和寓庄于谐的讽喻文学传统经验。他自称《故事新编》中8篇小说属“历史小说”，是“拾取古代传说之类”而新编的小说；他认为它们既有“旧书上的根据”，又有被他自谦为“信口开河”的想象与创造。他自许为这样写“并没有将古人写得更死”。其中得益于吸收《西游记》形象构成精髓的影响而使作品洋溢着艺术异彩的情形是绝不能忽视的。

《故事新编》酝酿和始作于鲁迅小说创作初期，1922 年 1 月作《补天》（原题《不周山》）。1926 年 10 月 12 日作《铸剑》、《奔月》，1934 年 8 月作《非攻》，后期的《理水》、《采薇》、《出关》、《起死》分别作于 1935 年 11 月、12 月，是应巴金出书之约，将多年酝酿之作奋笔赶写出来的。此集可以说是贯串其小说创作全程的作品。特别是后期几篇是他把在《中国小说史略》等学术论著中评析《西游记》形象构成精髓那些思路融入小说艺术创造的成果。其经验很值得我们研究。茅盾在为《玄武门之变》写的序言中就说："用历史事实为题材的文学作品，自'五四'以来，已有了新的发展。鲁迅先生是这一方面的伟大的开拓者和成功者。他的《故事新编》在形式上展示了多种多样的变化，给我们树立了可贵的楷式；但尤其重要的，是内容的深刻，——在《故事新编》中，鲁迅先生以他特有的锐利的观察，战斗的热情和创作艺术，非但'没有将古人写得更死'，而且将古代和现代错综交融，成为一而二，二而一。"茅盾指出了这种写法的难度，而且指出鲁迅更深一层的用心，即"借故事的躯壳来激发现代人之应憎恨与应爱。"茅盾所说鲁迅手笔可贵之处，可以理解为以《西游记》式浪漫恣肆地写寓言讽世，从而统驭了"多种多样的变化"，又以古今交融的活力激发现代人的情感。这二者，鲁迅在评析《西游记》时都曾说到过。鲁迅一再赞赏明人谢肇淛的一段话，认为可以概括《西游记》形象创造的大旨。谢说："《西游记》蔓衍虚诞，而其纵横变化，以猿为心之神，以猪为意之驰，其始之放纵，上天下地，莫能禁制，而归于禁箍一咒，能使心猿驯服，至死靡他，盖亦求放心之喻，非浪作也。"此说以浪漫纵横为此小说手笔之精髓，以寓言讽世为大旨，以制心为实现理想而至死靡他为形象构成风采的内在依据，也许正是鲁迅激赏之处。鲁迅又赞赏清人纪昀从小说文本多写明官职可说明《西游记》写定者为明人用以讽喻明世的见解。这两者不都与茅盾所说鲁迅《故事新编》成就相呼应了吗？

当然，鲁迅小说创作中融入《西游记》形象构成精髓带来的是整体上高层次的又似又不似，是新的韵味和异彩。从审美文化发展辨析角度来看，能不能从《故事新编》中看到一些吸取《西游记》形象构成精髓而留下的印迹呢？试举两篇看看。

先看《铸剑》。此作首先在厦门大学青年办的《波艇》杂志创刊号发表时题为《眉间尺》，《鲁迅日记》中又记题为“眉间赤”。这可理解为本喻心地赤诚。此篇写作时，鲁迅刚由北方遭军阀威胁境地转到厦门，而南方新军阀又叫人忧心。他所居楼房正对东海波涛，古今感慨激荡如涛，促使他回忆起少年时从《吴越春秋》、《越绝书》得来的材料，构成了这篇小说的人物面影。这些在他后来向日本友人做简单回顾时讲过，虽未讲如何写，但其由东海而生的文思又恰如东海傲来国地方的孙悟空跃入了笔墨，其立意与《西游记》有相通之脉，而主角坚决、实干之精神，又有新意。首先，眉间尺（赤）心地赤诚，为向专制暴君复仇，舍生取义。黑色人冷峻有谋，为实现公义，不惜殒身相助。真是：一黑一红，相得益彰；有勇有谋，终断王头。有人说，小说中写群众麻木不醒表现鲁迅前期对群众力量估计不足的弱点。这不是毫无道理。但此作意在写专制激起的平民的复仇壮举，人物与环境关系有浪漫色彩，读来合情合理。其二，写黑衣人趁大王靠近金鼎观看鼎底少年人头时抽剑斩落王头入鼎，又在少年头不胜王头时，毅然斩落自己头颅入鼎。两个复仇者之头终于战胜专制王者之头，同归于尽。这里融入又发展了《西游记》浪漫恣肆的手法，写主角决战心理与严峻态度又有过之，笔墨何等悲壮！写三头难辨，笔墨又何等意味深长！可以比较比较，《西游记》第二十五回写孙悟空对付镇元仙要用滚油炸他时是变化石狮子代替自己而砸破油锅；第四十六回在车迟国与羊力大仙斗法时，孙悟空也曾变成枣核钉儿沉在锅底，以戏弄昏庸国王和羊力大仙等。那里显露的是孙悟空的机智和本领。鲁迅笔下面对金鼎由外到内的决战，构思奇异，意义更深。其三，黑色人自称名字是宴之敖者，生长于汶汶乡。“敖”，古与“傲”通。

“宴”，可取其放胆欢乐之义。这和孙悟空自称东海傲来国天生圣人韵味相通。“汶汶乡”正好隐喻生存环境昏暗和不开化。其四，形容黑色人冷峻而黑瘦如铁，鼎火映得他“变成红黑”，又“如铁到微红”。这可使人联想到孙悟空从东海底找到的金箍棒正是根“黑铁”。到鲁迅笔下，兵器为复仇之剑，主角本人却成为向专制大王复仇的如铁之人，岂不意味深长？

再看《理水》。鲁迅此篇晚期作品利用古籍中材料写出了大禹作为中国历史上为国脊梁式人物那种思维活跃而具实干精神的风采。首先，写大禹及其随从的水利工程人员如铁铸而不可撼动的群像很鲜明。这种形象和那批保守、昏聩的官吏固然是强烈的对比，和插入那种现代民族虚无主义论者的面影也是强烈的对比。正如《西游记》写真假取经者的对比时，会插入明代官衔以助古今联想的功效，二者之间有神似趣味。其二，大禹坚持以“导”治水，小说特地写出他是“看透实情，打定主意”的。他有百姓热切盼望治水成功而尽心的支持，又有同道水利工程人员的协助，他本人更有“讨过老婆，四天就走”，多次过家门而不入的忠于职任的精神。这同唐僧师徒坚持取经理想而孙悟空一心忠贞除妖降魔是相通的。尽管篇幅短小，大禹形象从内外结合上说，要更为自觉而结实得多了。还可注意，鲁迅把大禹传说中神异成分大为减弱，并力求同历史拉近，就表现性格、内在精神讲，反而更高了。例如大禹向舜帝汇报时，说自己心情只是“每天孳孳”，也就是为理想的大业而日日实干。这就如同把历经八十一难说成只是除难日进一样，在平实的寓意中更显出奇伟。这足以说明，鲁迅将吸纳《西游记》艺术精髓与现实主义方法融合起来，使大禹形象发出了引人又可信的新的异彩。

由《故事新编》中前期、后期作品各择其一的大略观察，已可体味这部小说集作品和《西游记》形象构成精髓相通之处。它们有寓言的深味，情节的奇想，讽世的锐利，又有寓庄于谐和激发今人情思结合那种如引信的引燃力。鲁迅确实应认定是在现代小说作家中继续和发展《西游记》形象构成精髓方面最出色的代表。

到了抗日战争时期，在通俗小说创作中能够继续发扬《西游记》形象创造精神的当首推张恨水的《八十一梦》。此作用寓言体式以浪漫诙谐笔法对国民党统治区的腐败和黑暗作了出色的讽刺。作者曾得到周恩来的鼓励，也曾得到毛泽东的慰问和勉励。《八十一梦》始写于1939年，在重庆《新民报》连载，遭到国民党要人以使作者入息烽监狱相威胁而中断。1942年出单行本时，作者在书前称原稿让老鼠咬烂而成残编，实为顺手一刺。《八十一梦》的结构显然受《西游记》八十一难结构的影响。其中《天堂之游》和《我是孙悟空》两篇最受读者欢迎，其主要形象正是由猪八戒、孙悟空演绎而成。在《天堂之游》一开始就说梦里记得八、九岁看《西游记》连带学会了驾云，此时竟能高升到天堂，发现猪八戒在天堂当了督办，掌握了走私大权，而走私重要物资就是汽油。于是，天堂大路旁竟然树起了“一滴汽油一滴脂膏”的大字标语牌。在《我是孙悟空》里，作者梦见被观音大士一指变成了孙悟空，竟敢追到无维山无情洞万骷山去和金面、银面、铜面三个妖头搏斗，经过几番苦战并请了多位仙佛相助才得占了上风，不料仍被通天圣母斗败。小说写通天圣母所居豪门有一条路可通空中，门有横额叫“孔道通天”。圣母老妖“每个手指上套有黄金白金赤金钻石宝石的戒指”，大手一伸，天日无光，逼得孙悟空只好变成疥虫才能从夹缝中逃生。此作用《西游记》形象构成方法，或如作者自述为“取材于《儒林外史》与《西游》、《封神》之间”，“寓言十九，托之于梦”，从而引起人们心领神会，颇受欢迎，在国统区、解放区都纷纷流传。周恩来当时在会见《新民报》编辑人员谈话里就指出，恨水先生写的《八十一梦》在“揭露黑暗势力”上“起了一定作用”。此作虽然在精深上还不及鲁迅《故事新编》，新中国成立后重印时作者还因有的篇对黑暗势力有退让一类思想而作了节改，从大体上看，还是继承了鲁迅《故事新编》显示的方向的。

抗日战争后期还有一部由《八十一梦》引发而以文图并茂为特色的《西游漫记》。这是由漫画家张光宇撰文并绘图的作品。此作先在重庆、成都展出，后出单行本，新中国成立后曾一再重印。全作分十回，画图六十幅，写唐三藏师徒再上取经路去取民主真经途中的遭遇，讽刺当时国民党统治区的荒唐世相。其中的纸币国、埃秦国、阿房行宫、梦得快乐、黑市场、混水潭以至孽龙以怪谜骗吃行人在被打败后潜逃等，也正是用《西游记》笔法而富有以寓言警世的特征的，可以与张恨水笔下的梦境寓言相呼相应。

本文主要对《西游记》形象构成的精髓对现代审美文化发展的影响就突出例证做了略论。近些年有关小说创作评议或作者表白文字中，好像还没有几个人明言立志发扬《西游记》形象构成的精髓，写出新的此类巨作的。这倒不必是重写改写取经故事，而是要得其寓言讽世小说和浪漫主义方法之神而创新的成果。我是希望能有这样新的作品出现的。为了鲁迅《故事新编》的成就能有续响，为了审美文化发展得更加丰富多彩，我热切地长久地保持着这样的希望。

（原载《运城高等专科学校学报》2002 年第 4 期）

石评梅文学之路与先觉觉人精神

内容提要　由于情感经历和所受影响，石评梅文学创作体现出前后不同的阶段性差异。后期她更加强调文学的社会责任意识，提出作家应具有“先觉觉人精神”。实际上这与传统意义上的“知行统一”有着内在的联系。文章由此认为，石评梅作品“将写真实感受与历史使命感逐步结合”，又使“情感丰富与理智清明趋向兼具”，最终达到“个人追求与民众需求加深融汇”。

石评梅，这个现代新文学早期女作家重新被人们关注，特别是邓颖超同志《为题〈石评梅作品集〉书名后志》先行于1982年9月20日在《人民日报》发表，其中披露了高君宇、石评梅和周恩来、邓颖超、赵世炎同志相关的重要史实，更引起了各界读者进一步探究的热情。不过，就这位在当时占有重要地位的女作家来说，对其文学道路的研究还是不够的。《文艺研究》杂志在石评梅诞辰百周年之际举行相关讨论，是很有意义的。

新中国成立前，高、石事迹被有的掌故作者当作北京名胜轶闻中情史谈资来写，新中国成立后，由于多种原因，现代文学史研究者也没有重视石评梅的文学成就。今天重读石评梅的作品，会发现那里有理想，有深情，有文采，也有风格的变化，显示着有启示意义的文学之路。高君宇和石评梅，一位是“五四”时期成长起来的“青年革命之健将”，一位是才华横溢的女作家。正当他们趋向决心结合时，高君宇突发急症而病逝，石评梅悲痛、警醒和悔恨交织写下的许多动人篇章，不仅成为那个时期进步青年把革命事业与爱情联系一起的绝唱，也首次以多彩的笔墨写了早期中国共产党的一些重要史实的侧影，写出了中国共产党重要活动家多方面特征鲜明的形象。尽管这些篇章仍然不是她文学活动的全部。现在对她的文学道路作综合观察，深感还需要打开一个新的视角。这就是研究石评梅自己感悟、提出并在文学之路中力求加以体现的先觉觉人精神及其文学特征。

先觉觉人——作家的责任

有的研究者依据庐隐在《石评梅略传》中提到的，把石评梅文学写作分为三个时期，也就是作梅窠漫歌一类诗的第一时期，作《心海》和《涛语》的第二时期，作《红鬃马》和《匹马嘶风录》的第三时期。也有的研究者建议以“三一八”惨案为界把石评梅文学写作分为前后期。这些都有一定道理，但或三分，或二分，都要着眼于她文学道路演进的特征。石评梅文学创作上几个时期有变化，前后相续相承而又不断发展。应该说，她自己回味过去，展望今后，郑重提出来的作家要有先觉觉人的精神，就是与她文学之路发展轨迹密切相关的。

这一论断提出在1924年9月20日，即石评梅22周岁生日这一天。当时，她在对待和高君宇情感问题上仍处于疑虑未决时期。高君宇从南方多次来信鼓励和支持着她文学创新的勇气；《妇女周刊》加强理论评论色彩的需要，又促使她琢磨高君宇和鲁迅以不同方式给予的帮助。她在这一天写的题为《露沙》（即庐隐）的信中写道：“一想到中国妇女界的消沉，我们懦弱的肩上不得不负一种先觉觉人的精神，指导奋斗的责任，那末，露沙呵！我愿你为了大多数的同胞努力创造未来的光荣，不要为了私情而抛弃一切。”信里说的先觉觉人精神，也就是从自觉的努力造成先觉用以觉人的精神。回顾她创作上的变化，可以说，这种精神虽然不同时期自觉的程度不同，却在不同时期都起着积极的作用。

石评梅提出先觉觉人精神作为作家应有的责任感，不是偶然的。总体上看，这是对《孟子·万章篇》两处引述殷商名臣伊尹关于先觉觉后觉那种社会责任感思路的继承和改造，也是对“五四”时期先行者从文学改革到社会改革思想脉络的一种领悟。

石评梅的父亲石铭是在传统文史方面学养颇深的举人，又是辛亥革命后思想日趋新颖的知识分子。自幼受到父亲的严格教育，使她对文学与教育事业有强烈的爱好，但她真正感触到文学与社会的联系，却是在“五四”运动的影响下。那时，她在太原女师上学，为了响应从北京发起的“五四”运动，她参与了编印反映文学与社会问题的油印刊物。1920 年，她考进北京女高师体育系，是因为那年不招国文科，也因为她不愿上理科。正如后来林砺儒转述石评梅当时的想法所评议的，她“一来想求点科学的知识，二来要学成一种专门的技能。以一个十九岁的女青年，能够这样打主意，就是不凡”。其实，她的不凡，从力求成为全面发展的新时代妇女来说，文学、体育、教育在别人看来难以兼善的优长，她却要综合达到，因为她渴望以“五四”实现个性解放的思想和超出前人的实践相结合，成就一个有出息的青年。她在北京以生气勃勃的姿态吸纳“五四”带来的新风气。李大钊、鲁迅等先生授课的引导，和在同乡会结识的那位英气勃发而又文雅深沉的高君宇的帮助，都使石评梅刚刚出现在北京文坛上，就有了较为开阔的视野。她在高君宇介绍下加入了马克思学说研究会，重点参加了讨论文学、评议诗歌和翻译世界名诗的活动。从课堂到研究会的活动都使她受到李大钊的影响，尤其是李大钊 1917 年 4 月 1 日在《言治月刊》发表的《美与高》论美学与文学家、美术家、思想家、教育家关系的文章。李大钊在那里强调改造中国社会，要使中华民族成为美而高的民族，并且指出当时“教育感化之力有未及”的状况，呼吁“此则今之教育家、文学家、美术家、思想家感化牖育之责，而个人之努力向上，益不容有所怠荒也矣”！这可以说是石评梅这种先觉觉人文学创作精神的重要理论来源。

石评梅形成先觉觉人思想另一个重要原因是高君宇的帮助和

关怀。从1921年起，石评梅的文学创作出现了三方面有代表性的作品，也因为初恋的挫折而开始写了一些伤感的作品。起初三方面作品分别可举如下例证：其一，例如《夜行》，写度过暗夜，迎来初升太阳，山河为之增美。这可以看作参加马克思主义研究会后为那些生气勃勃的探求活动的前景而兴奋。其二，写《春之波》，其中写小船泛流，“春之波在爱之河荡漾着”，但也担心船儿不稳，可以说反映了初恋的不安心情。其三，为学校演出所需，写成话剧《这是谁的罪》，这是对青年在封建势力面前“软化”还是抗争的艺术提问。此时她显示出朝气洋溢志在探求的文学创作姿态。但随之而来是初恋失败的沉重打击。因为受了吴天放的欺骗，石评梅曾答应与吴永作“朋友”。1923年1月18日去探望时却发现吴有妻有子，已经来京同住。“春之波”变成浊风恶浪。石评梅由此伤透了心，深感社会、人心的险恶。她鼓起勇气向素来敬重的高君宇写信就青年忧闷、悲哀问题求教。高君宇此时仍以友人一般的关切，并以自己思想经历和对改造社会、改造世界以从根本上解除青年苦恼问题上谈自己看法。他说：“世界而使人有悲哀，这世界要换过了；所以我就决心来担我应负改造世界的责任了。”他分析了造成青年苦闷的社会原因，又从青年是否有改革的积极行动来分别效果的不同。他指出“千里程途，就分判在这一点”，并且在信末约以“我们抢上前去迎未来的文化”。这里热情鼓励与鲜明论断都无异于把李大钊在《美与高》中的呼吁在青年作家面对的问题上具体地作了阐述。由此开始了高、石二人日益加深的友谊，并且渐向深挚的爱情发展。

当然，高君宇的道理不仅是自身的认识，即“知”的程度的问题，还有知与行的统一，即自觉的知与自觉的行如何统一的态度问题。这样，那个既古老又新鲜的知行统一问题也就悄然地与作家先觉又觉人的责任相融相联地出现在对文学与实现人生价值之路的思考中。石评梅在同一时期文章中反复就自己过去所想所做联系起来加以回顾，正是促进加深思考和改进行动相结合这一趋势的。事实表明，正是这样的努力促使她提出先觉觉人的责任问题。我曾经概述石评梅“总是做着自己觉悟到的事情，对高君宇的爱也不是轻易决断的，而一经决断就爱得深沉而坚定”。现在看来，这个特点是经历了初恋挫折之后，特别是在形成先觉觉人这个思想之后体现得更为自觉而明显。

石评梅体悟先觉觉人的重要性实质上是从自觉的知行统一中获得的，也是在其文学道路中具体体现出来的。这种体悟当时就在读者、朋友中得到共鸣与回应。她致露沙的信发表不久，天津女师一位女青年给《妇女周刊》寄来题为《真实》的文稿。其中领会先觉觉人论断主旨非常深切，表示决心如评梅说的那样不畏艰险，去实现自我，达到新的人生，其署名特地用“觉先”二字。石评梅在发表为总结《妇女周刊》周年工作体会写的《总帐》一文的同时，特地发表了这位“觉先”的文章。知音、友声带来的喜悦与石评梅这个论断的力量同时洋溢在版面上，也更证明了她对此论断在自己文学活动中加以自觉贯彻是有效果的。我们可以就几个重要方面观察她文学创作显示的变化，来了解她在实践中由于力求达到先觉觉人而具备的特点。

写真实感受与历史使命感逐步结合

写真实感受是“五四”时期文学革命先行者提出的重要原则之一，也是作为文学作品可贵品格的重要方面。陈独秀在“五四”前夕发表的《文学革命论》提出文学革命军三大主义，其中第二条就是“推倒陈腐的铺张的古典文学，建设新鲜的立诚的写实文学”。这比起胡适先行发表的《文学改良刍议》中对文学内容所作一般要求而谈的“须言之有物”，要更切近现代文学应有的特征。其中除了“推倒陈腐的铺张的古典文学”这一要求的不全面性，后人已作了重新分析之外，“建设新鲜的立诚的写实文学”这一主张是得到广泛认同的。文学研究会、创造社等不同的新文学团体在侧重强调写真实感受即立诚，或侧重写社会实相即写实上有所差异，而实际上在求新鲜和立诚这相通的视角上几乎是共同的。

石评梅作为响应“五四”新文学的青年，其初起时也是认真地追求写真实感受的。她为之感动的也多是这样的文字。她在《再读〈兰生弟的日记〉》中引述日本评论家厨川白村的见解说：“艺术的天才，是将纯真无杂的生命之火红焰焰地燃烧着的自己，就照本来面目投给世间，把横在生命跃进的路上的魔障相冲突的火花，捉住它呈现献于自己所爱的面前，将真的自己赤裸的忠诚的整个的表现出。”她还比较了小说、日记或尺牍等哪种文体能更好地体现这种“诚实”。但是这种由当时的认识所把握的“诚实”或叫“写真实感受”却仍然大致近似于前代作家的浪漫主义追求，因为这还不能保证对历史真实与艺术真实相统一的正确体现。各种价值，包括真、善、美，放在生动的历史联系中才能正确把握。写真实感受如何与同历史真相联系着的历史使命感相结合，这就是等待石评梅从先觉与觉人结合的实践中去体悟、作出新的回答的课题。她逐步作出了自己的回答，并体现于文学形象。

正如人们知道的，石评梅在初恋时期写的“春之波”上泛游的“幸福船”，那样写也算写真实的感受，但在识破事情真相后感受全变了样。她原来担心“覆了幸福船”，倒真成了现实。这种打击不仅如庐隐在《石评梅略传》里说的，使她受到深刻伤痛难以恢复，也造成了她在高君宇诚挚的真爱面前保持长期疑虑不决的一个因素。但这在文学之路的思考上，也从另一面促进了她对写自己一时认定的“真实感受”和历史使命感的关系进入了比过去深入的探究。在这方面，又是高君宇成了最有力的辅导者。

高君宇从事革命的胆略、理论见识的卓异都使石评梅敬佩。但在高君宇真挚的爱情表露上，她却以疑虑重重待之。1924 年，在由上海到广州的船上高君宇写了一封信给石评梅，就她的这种矛盾做了推心置腹而又充满哲理的论述。石评梅后来在《梦回寂寂残灯后》中引述了这封信的主要部分，表达了由此信引起的心灵震动，写了在高君宇骤然病逝后于非常悔恨中重忆此信，并对其中那些哲理性论述如何做了进一步的感悟。高君宇在信中直点石评梅对他从事职业革命工作的艰险性和必要性的思想准备不足，所谓“不顺意”，实为有所畏怯。他说：“我是有两个世界的：一个世界一切都是属于你的，我是连灵魂都永禁的俘虏；在另一个世界里，我是不属于你，更不属于我自己，我只是历史使命的走卒。假如我要替自己打算，我可以去做禄蠹了，你不是也不希望我这样做吗？你不满意于我的事业，但却万分恳切的劝勉我努力此种事业；让我再不忆及你让步于吮血世界的结论，只悠久的钦佩你牺牲自己而鼓舞别人的义侠精神。”这是真正的披肝沥胆的语言！对照石评梅于几天前写给露沙信中表示的先觉觉人的精神，简直是催促实践的鼓励之声，而且是趋于更高层次上的实践的起跑枪声。请注意，石评梅这年中秋前一日写了致高君宇信，那是9月13日。9月20日生日写了致露沙信。高君宇上船前收到石评梅信，即在9月22日写了这封以“生命中两个世界”点明处理心理矛盾的准则。也许由致露沙信引起的天津读者“觉先”的文稿不久也到了石评梅面前。这些给她心中引起的是一个综合的体悟，是一个很深印象的体悟。此后，特别是高君宇的失去，使她由震动中感到这“生命中两个世界”的论述不但是对生命之路的体认，也是对文学之路即先觉觉人的核心问题的体认。正是从这种意义上看，她写的怀念、追忆高君宇的诗文，那些写与此相关事件的文字，与过去的作品有了不同的视角和不同的声音。尽管她的悲痛与凄苦不免要流露出来，包括如她的友人介绍的，强烈震撼和刺激曾使她一个时期常有情绪不稳定的表现，而她努力把内在情感的充分抒发和通向历史使命的责任感结合起来总是显示为主调的。这就是不能把她此后作品简单地看做过分凄苦的文学或看做消极浪漫主义的基本原因。

进一步观察石评梅后期作品体现写真实感受与历史使命感结合上的进展，还可以从她对几方面题材处理上提高自己觉悟又以文学语言感化别人来加以说明。

一个显然的例子是她不但把高君宇关于生命有两个世界的思想深印于心，用以激励自己，也用以激励别人。她用这个思想检验自己在文学、教育及编辑活动中做到的和应该做到的。用她的话说，就是用“走君宇的路来纪念君宇”。她也曾以这个思想鼓励在南方被逮捕入狱的萍弟（即陆晶清原来的爱人）。她在《寄到狱里去——给萍弟》中说：“你不是也和天辛（即高君宇）一样，有两个生命；一个是革命，一个是爱情；你应该为了他们求成全求圆满。”又说：“深一层看见了社会的真象，才知道建设既不易，毁灭也很难。”并说明当时和旧世界之间是“难分胜负的苦战”。出乎她预料的是，这个萍后来离弃了陆晶清，也走了别样道路。但这只是加重了、加深了石评梅信中所说道理的严肃性和她对社会现实的复杂性、严酷性有了新的认识。后来她把对这番道理更深的感悟融入后期小说《匹马嘶风录》的人物形象中去。《匹马嘶风录》发表于1927年12月28日的《世界日报·蔷薇周刊》。其中写参加革命军的吴云生决心赴艰履险，临行之时，给爱人雪樵留的信里用以勉励的正是高君宇那关于生命中有两个世界的论述。小说写的雪樵和作者自己有类似的心情，等到雪樵后来知道吴云生在敌军控制的城市里不幸被敌人捕去，一同被捕的革命者三十余人都被绞死了，这里融入的是北京曾发生的李大钊等人遇害的历史血案。而雪樵在悲愤中拭泪站起，准备继承死者遗志，为云哥报仇，这里融入的情感描写也是与历史责任感相结合的具有新的力量的情感描写了。

另一方面的例子是对一些历史事件和人物有了新的理解和新的描写。她后期小说《红鬃马》、《白云庵》的素材都是其年幼时曾经闻见的历史、生活事实，但她早期只追求写真实感受时并不把这些牵涉更广历史事变的素材作为形象塑造、加工的重要目标。在高君宇那生命中有两个世界思想启迪下，她从过去有所接触的前辈革命者的事迹和面影里有了新的发现。她家乡有过一位参加辛亥革命以赫赫战功受到民众爱戴，后来在反对新军阀的二次革命中不幸牺牲的人物叫蔡荣寿，由对李大钊、高君宇等新型革命人物的了解，她也连带地更多地了解了蔡荣寿，进而以一个女孩由小到大与一位将军家庭不同时期接触为结构写成了《红鬃马》。这在当时还是少有的。故事线索虽然简略，却以红鬃马、小白马为引线，在熟识人家交往中带出历史的变故，在人物感情交流中寓有厚重的历史内容。特别是在场景变换中隐现出人物情感与历史环境都处在流变中，而个人遭遇和一定历史活动相关联，显示了作者融入先觉觉人精神的努力。小说结尾写道，主人公“不是失败的英雄”，他的妻子和儿子将“承继他的未竟之志去发扬光大”。小说中作为叙述者的已长大了的女孩从主人公纪念碑那里感受到：“已陨落的希望之星的旧址上重新发射出一种光芒！这光芒复燃起我烬余的火花，刹那间我由这个世界踏入另一世界，一种如焚的热情在我胸头缭绕着——燃烧着！”可以说，这篇小说中形象的塑造是作者从这一历史人物身上探索并抓住写个人真实感受与历史使命感结合的成果。这样的作品使作为她的学生辈的新进作家李健吾在追悼石评梅的会上称赞为“思想、情调都不是往年的了”，是使人“欣悦”的作品。

与此类似的例子是石评梅后期另一篇小说《白云庵》。此作结构不如《红鬃马》那样讲究，主人公刘老人的经历多平叙而出，但提出解决革命课题并非轻易的和一次完成的思想，却是耐人寻味的。其醒人之处在访问刘老人的女青年身上融入了作者感受的东西，又以解决历史课题的层次性使人悟到个人一个时期真实感受的局限性。要在长远的历史的流变中观察生活趋势，才能获得新的感受、新的认识。正如刘老人所说，“因为人生是流动的进步的，今天改了，明天也许就发现了毛病，还要再改”。这是从辛亥革命的不彻底性得来的痛苦教训的声音，也是对历史事变持发展观点的声音。老人鼓励年轻人“去打倒，去破坏这使你悲愁的魔鬼”。这里融入的思想恰恰是高君宇在帮助石评梅振作精神时阐述过的思想。刘老人从年轻人的志向中启发了“第二次的生命”，小说中的年轻人、女作家也从刘老人的回顾中获得感悟，“壮志重生”。小说人物关系和语言能够引人，也正体现了作者这种以先觉而觉人不断努力探索的一个重要特点。

情感丰富与理智清明趋向兼具

石评梅在文学创作上初步显露才华是以多彩而丰富的感情抒发引起人们注意的。我也曾把强烈的感情抒发作为石评梅散文的一个突出特征，并比较了她的前期后期作品感情抒发在内容和形式上的一些变化。而从先觉觉人精神及其在实践中的贯彻就更容易看清其文学之路发展的轨迹。

首先要重视的是石评梅后期在力求使情感丰富与理智清明在作品中趋向兼具方面作出的努力。

回顾其初期的作品，应当说偏重于情感丰富方面的展现，而理智清明方面相对不足。这与其早期对理论兴趣较浅，而侧重于文艺及体育技能的多种探索和演练有关。石评梅生性聪颖又活泼好动，文学艺术及体育的爱好又多样，因而多才多艺，诗文书画，球舞田径，以及冰上运动，均有造诣。她情感丰富，好学多思，但这种多思是从情感、愿望及初步理想出发者多，而与实际社会关系及相应理论探究联系者少。在结识高君宇后，高君宇的理论造诣与对社会、青年、妇女以及文学问题的见解使她折服。高君宇介绍她加入马克思学说研究会。参加其中活动，本来是增强理论方面修养的极好机会。但就现有材料看，她参加该会的活动内容多局限在诗歌创作研讨及外国名诗翻译方面。后来获得高君宇热情、恳挚的鼓励和思想帮助，二人之间由深切的友谊发展为爱情的酝酿。但这时已过了马克思主义研究会理论研讨的活动阶段，石评梅已经被选聘为北师大附中女生部主任，全力投入了教育改革的实验。而理论上探求不足仍然不时在文学创作上显露出来。这就是高君宇帮助石评梅撰写《模糊的馀影》中描写西湖景物如何写好，修改石评梅为《平民周刊》撰写诗歌原稿等所针对的实际情况。这也就是说，石评梅是马克思主义学说研究会的早期会员之一，却没有像大致同期参加该会的女会员缪伯英那样及早投入直接从事革命工作的行列，也没有发展到像张挹兰那样直接追随李大钊进行革命工作，甚至不惜牺牲生命。当然，这只是分析妇女界不同的先进分子在不同的思想追求条件下，其步伐的差异。重要的是作为志在文学和教育改革的石评梅，在和高君宇的交往中，也包括和鲁迅的交往中，是逐步认识到自己这方面弱点的，并且在高君宇多次的帮助下力求改变这个弱点。鲁迅关心石评梅的文学与编辑活动，曾说，《妇女周刊》“议论很少，即偶有之，也不很好”。这个评语促使石评梅注意理论研读和评论的加强，而高君宇不断提供理论书刊和倾心的交换意见，更使她受益很深。这都是她感悟和形成先觉觉人精神的重要原因。

情与理的处理本来是人生处事不可避免的两种因素，文学艺术也要求二者融合。仅就高君宇在信中对青年悲哀的社会原因的解决，青年本身对改革社会制度可能有的两种态度，生命里有两个世界等思想，都是促进石评梅将情感丰富与理智清明结合起来的强有力的启发之言。比如，石评梅在女高师毕业前写的《这是谁的罪》，其中提出青年在封建家庭压力下“软化”本来是有社会意义的问题，但她在回答批评者的文章里却把几种人物关系的性质都说成对“情”的不同作法，并说正面写“封建家庭的罪恶”，反面是“警告青年男女慎重用情”。其中援引古今情仇情敌之例以作证，反而把改造社会制度不能在封建旧势力面前“软化”的应有之义冲淡了。这就说明理论探讨不足，理智清明不足，对于情理结合达到更高程度必然产生妨碍。正是在高君宇的帮助下，她为《妇女周刊》写了一系列关于妇女争取政治、经济和民主权利等有情有理的文字。她思考人生与文学的联系，提出先觉觉人是作家的责任，也与高君宇以前信中表示的“决心来担我应负改造世界的责任”那一思想密切相关。高君宇，不但鼓励这个与办《妇女周刊》相关的精神，而且鼓励她积极为中国共产党正与孙中山联合促进国民会议召开一事在妇女界多作工作。她为高君宇的关切、鼓励所感动，也为其时时想着动员民众的工作热情所感染。她也认为妇女解放要与全国民众政治、经济、民主要求的解决结合在一起，挥笔写下《致全国姊妹们的第二封信——请各地女同胞选举代表参加国民会议》。此信发表于1925年2月25日《妇女周刊》上。此信从历史到现实，从国外到国内，论证了妇女参政的必然性、合理性，提出国民会议对妇女问题和妇女代表问题要作应有的关注。此文以有理、有情、有例证、有力量的论述表明："男女两性既负担着社会进化、人类幸福的重责，所以我们女子的努力，是刻不容缓，同时不是自私自利。"信中的论述和那种保持旧式男子为尊体制以及那种提倡女权至上的主义划清了界限，也和脱离广大劳动妇女实际，局限于小圈子的妇女运动方式划清了界限。此文不但受到妇女界的赞扬，为召开国民会议而努力的李大钊、孙中山等也予以赞扬。高君宇在重病突发前不久，鼓励石评梅做出这样的成绩，是他们两颗心更趋靠近的重要表现，是对人生和文学创作思想趋向一致的重要表现，也是石评梅提出先觉觉人精神在文学、编辑活动中一次成功的体现。可惜的是，此后的第十天，高君宇因过于劳累而加患急病于29岁英年早逝。这给石评梅造成了巨大的震撼和不绝的遗恨。她在痛定思痛的过程中决心更加坚实地走情感丰富与理智清明结合之路，尽可能地用理智引导自己的情感。人们看见她的后期作品中在这方面努力的实际成果，说明先觉觉人精神的发扬是以自觉的程度为决定因素的。

人们会注意到高君宇死后石评梅写的《痛哭英雄》、《墓畔哀歌》等作品中那种慷慨悲悼与继承遗志决心的表露都是情理兼具而文采斐然的。人们还可能注意，此后石评梅在使更广的题材进入文学和编辑活动视野时，也力求做到情理二者兼具，使先觉觉人精神能体现出新的层次。这可以用两方面突出的例证来说明。

一是1926年在北京发生"三一八"惨案后她的文学和编辑活动。女师大学生刘和珍、杨德群牺牲，石评梅好友陆晶清也受了伤。在这个血写的事实面前，石评梅的感情与思想再次受到震动。她深感到高君宇说的为了改造旧世界不怕坐牢与牺牲精神的可贵。她认识到为了争取合理社会制度的实现，为了真正的民族独立，都免不了抗争与艰危。她一面为报刊积极组织文稿，一面自己动笔先后写了《血尸》和《痛哭和珍》，分别在《京报副刊》上于1926年3月22日和3月29日刊出。在前一篇里她分别写了追悼杨德群、刘和珍的情思，也写了鼓励安慰陆晶清的情形。她把惨案比作暴君放出狮子来吃人，但她面对烈士的血尸发出庄严的心声："和珍，你放心的归去吧！我们将踏上你的尸身，执着你赠给我们的火把，去完成你的志愿，洗涤你的怨恨，创造未来的光明！""假如我们也倒了，还有我们未来的朋友们！"在后一篇里，她描写了刘和珍生前可贵的品格和可亲的音容笑貌。她坚毅地相信："此后一定有许多人踏向革命的途程，预备好了一切去轰击敌人！""我也愿将这残余的生命，追随你的英魂！"在这里显示了情与理结合的新层次。

另一个就是1927年相继在南方发生的"四一二"大屠杀和在北方发生的李大钊等几十位革命志士遭军阀杀害的事件。石评梅以勇敢而深挚的追悼文字提供了当时文坛上少有的公开悼念烈士的动人的文学作品。收入《偶然草》的那篇《无穷红艳烟尘里》，通过对暮春天气的感慨，实际上是对那个"心头愿意永埋"的这个春天表现了义正词严的谴责。其中表达恨不能用宝刀"杀死那些扰乱和平的恶魔"，用烈火"烧毁了这恐怖的黑暗和荆棘"的义愤，正是集中了对如此后牺牲的赵世炎等烈士的爱和敬，也集中了对摧残革命的那些新军阀、反动势力的恨。石评梅迎着恐怖的黑云，以激昂的热情与冷峻的理智加上机智的语言写下《断头台畔》这一追悼的诗篇，1927年5月3日发表于《世界日报·蔷薇周刊》。她特地在诗末注明写于4月30日，这是报上披露李大钊等被害消息的第二天。她以文学的语言，虽不明言却又特指了北京这起惨案。读一读其中的诗句："红灯熄了希望之星陨坠于苍海中，/瞭望着闪烁的火花沉在海心飞迸；/怕那鲜血已沐浴了千万人的灵魂，/烧不尽斩不断你墓头芳草如茵。”在诗末她还坚定地表示：“‘死’并不能伤害你精神如云散烟消，/你永在人的心上又何须招魂迢迢?”这里的追悼与咏怀是深情与信念、悲愤与哲理兼具而浑融一体的。在军阀肆虐的北京，文坛上能出现这样悼念英雄的诗篇，与作者所说的先觉而觉人的精神相印证，其中给人的启示作用岂能轻视?

个人追求与民众需求加深融汇

石评梅的文学创作从一开始就表达了她作为新式的有出息的女性的追求。但是怎样在社会改革中去实现个人追求，怎样与民众需求趋向一致并且加深融汇？在她那里是经历了多方面的磨炼才在认识上和文学实际创作上逐步体现出来。这个过程和评梅个人感情曲折经历相关，也和她经历的当时一些重大事件给予她的启发相关。其中高君宇和其周围友人的种种变故都不同程度地触动她思考作家个人追求和民众需求关系这个牵涉文学道路方向的问题。在初期她那对光明的欢欣对理想的向往，都仿佛是自然的流露。后来在面临初恋挫折，思考青年与妇女问题时，君宇的帮助却让她朝向改变旧的社会制度的思考，而改变旧的社会制度，是青年们共同的事业，推而广之是发动广大民众改变社会改造社会的事业。文学当然要在这一过程中寻求新的品格、新的声音。这就是1923年4月16日高君宇给她的信中研讨青年悲哀问题对她在文学表现什么等问题上引起的思考。但开始思考和后期文学创作中出现的变化在程度上有大的差异。应当说，从1924年生日写给露沙信中提出先觉觉人精神的思想，到高君宇回京鼓励她参加国民会议促成会的群众宣传工作，是一个重要的转变时期，她曾经多次对高君宇赴艰历险到平汉工人中工作，到山西基层和到广东革命军中工作劳苦表示敬佩，但对其意义仍有隔膜。在追忆高君宇而写的《天辛》一文里，她描写自己曾有过个人奋斗、匹夫之勇的想法。她所说的“幻想的新境界”是“愿我自己单独地离开群众，任着脚步，走进了有虎狼豺豹的深夜森林中，跨攀过削岩峭壁的高冈，渡过了苍茫扁舟的汪洋，穿过荆棘丛生的狭径”等等。她自己也认识到“不过这怕终于是一个意念的幻想”。现实社会的问题不能靠此去解决，文学的作用也不能靠此去发挥。等到高君宇鼓励她写《致全国姊妹们的第二封信》的时候，他们共同的努力在那次国民会议促成会的召开中，在影响这个政治活动呼声中和着“代表二万万中华国民”即广大妇女的声音显出的那样大的力量，是她以前诗文不能比拟的。更为直接的震动是高君宇的去世，紧接着是孙中山在北京的去世。她感到民心在文心中的深厚作用，与民心相通的文心才是真正有感染力的。因而她写的许多悼念高君宇的诗文比之过去其他作品有了内容上的深刻变化。比如，在《墓畔哀歌》里她写自己的悲痛与誓言，也写了“墓畔有白发老翁，有红颜年少，向这一抔黄土致不尽的怀忆和哀悼”。此后，她在一件件血泪交迸的师友遭残害的事实面前，更加寄希望于革命集体与广大群众的觉醒。在这样的思想条件下，其文学与教育活动着眼于先觉觉人精神的体现就更为明显了。

石评梅后期把民众需求当做大海，把个人追求向这种民众需求的融汇看做向大海的奔流。在《缄情寄向黄泉》里，她说：“深刻的情感是受过长久的理智的熏陶的，是由深谷的潜流中一滴一滴渗透出来的。”“如今我是一道舒畅平静向大海去的奔流；纵然缘途在山峡巨谷中或许发出凄痛的呜咽，那只是积沙岩石旋涡冲击的原因，相信它是会得到平静的，会得到创造真实生命的愉快的，它是一直奔到大海去的。”同时她笔下的形象也由过去写《同是上帝的儿女》、《董二嫂》那种同情下层人的态度进而多写“三一八”惨案中刘和珍等更为主动抗争的人物形象了。她曾想到南方去做更实际的接近群众的工作，后因附中方面强有力的挽留等原因，未能成行。但她向友人表示，也在日记中立志：“要找另一个新生命新生活，来做以后的事业。我想替沉没在苦海中的民众出一锄一犁的气力。”她还说：“不但要做文艺家，还要做社会革命家呢!”她后期的一些具有新的人物，新的风格，新的力量的作品正是与这种思想变化密切相联的。

由于在个人追求和民众需求融汇方面的进步，石评梅在写《匹马嘶风录》后曾遭军阀派的特务、侦探的查问，但她仍然坚持走自己认准的文学之路。1928 年 5 月 3 日，日本侵略者制造的济南惨案发生，石评梅和朋友们立即出了《蔷薇周刊》的“国耻纪念号”特刊，引起军阀政府查问，但她接着写了《我告诉你，母亲!》又在 5 月 29 日《蔷薇周刊》发表，她曾多次写过她与母亲相依为命的深情，这一诗篇却以告别母亲也要奔向战斗行列的诗情激动读者的心。诗的最后两节是：“我告诉你，母亲！/你那忍看中华凋零到如此模样，/这碧水青山呵任狂奴到处徜徉；/晨光熹微中强扶起颓败的病身，/母亲你让我去吧战鼓正在催行。”“你莫过分悲痛这晚景荒凉凄清，/我有四万万同胞他们都还年轻；/有一日国富兵强誓将敌人擒杀，/沸我热血燃我火把重兴我中华。”这里的诗句体现出个人命运和民众命运、民族命运相连的更高的思想境界。

作为上个世纪 20 年代活跃于北京的作家石评梅，她的作品让我们今天读来也绝非恍若隔世。其中原因何在？她的文学道路及其先觉觉人精神和处于新世纪的人们的历史联系，不也是值得我们思考的吗？

（原载《文艺研究》2002 年“石评梅研究专号”）

传播与编辑审美问题专论篇

传播学与美学

一、从“立象尽意”、“言文行远”说起

由于历史文化发展条件不同，西方和处于东方的中国在一些学问作为独立学科出现的时间和名称上有显著的差异，但在应历史需求而萌生、发展及其趋势上有共性。当然就其生长脉络与呈现形态上又各有个性。人们对美学做中西比较中可以体认这种情形，对20世纪中叶才作为独立学科兴起的传播学做中西比较中也可以体认这种情形。处于新世纪条件下，为了使中国传统文化中那些珍贵的遗产在面向现代化、面向世界、面向未来的发展进程中焕发出新的光彩，我们需要加深这种比较，进而从中得出新的认识。这对于社会文明各方面建设必将起到有益的作用。为此，将传播学与美学特别是和中国美学进行综合交叉研究是个非常有意义的课题。

现代科学技术的发展给人们提供了一个从通向信息社会的视角观察社会传播和相关审美活动等一系列问题的思路。这就需要重新审视由古代传播到采用现代科技手段而在不同层次、范围引起传播与审美相融形态的变化。这种变化影响到经济、政治、文化或者说精神文明等各个领域里人们交往中信息交流的层次和程度。现代社会的发展需要传播学研究不同国家和民族在不同制度下不同受众的生活状况、发展程度、价值取向如道德面貌和审美需求等构成的传播环境，以得出新的传播理论，去适应和指导大众传播的实践。就信息传播实施的目标和功效来看，传播和审美、传播学和美学的结合是很重要的而且是必备的方面。在中国，要发展具有中国特色的传播学并且要形成相关的传播美学，

是我们的历史责任。为此，无疑要吸取世界各国包括西方及其他各国传播学和美学中一切有益的东西，但基础是立足于对中国传播学问和美学优良传统的继承和发展，是对中国广大人民群众生活与精神需求包括审美文化需求的研究和提炼，并从中探寻大众传播审美活动中国作风中国气派的源流。

香港传播学者余也鲁在《中国文化与传统中传的理论与实际的探索》中提了两点看法，很值得人们思考：第一，从中国人体会看，过去俗语说衣、食、住、行是人生四大需要，现在应该加上传（即传播），合称人生五大需要。第二，他转述了美国学者威尔伯·施拉姆在香港讲学期间所讲的一些话。施拉姆认为：凡是会在一个社会中发生的事，几乎全在中国发生过。中国人在传播方面发展出来的观念，得到的深刻体认、尝试过的方法，以及接受或者拒绝这种方法的经验，不仅可以促进传学（即传播学）思想在亚洲的发展，也可以大大供西方学者借镜。曾师从施拉姆的余也鲁还表示，他们师生一样深信：从具有这么悠久的中国文化中，一定可以找出不少亮光，让我们可以更清楚地认识人类的传的行为①。由这两点可以合理地认为，中国传统文化中对传播和在传播中如何融会贯通以审美学问，并由之产生相关的体认、观念和方法等等，都有丰富的遗存。把这种认识放到研讨发展中国特色的传播学和中国美学的密切联系上来，将会更使人们打开新的眼界，并促使它们联接起来以新的姿态生长，在新世纪为振兴中华民族文化而必需的课题中占有非常醒目的地位，提供可观的效果。

但是，要从理论上说明传播学和美学尤其是中国美学按照学科发展的趋势应该做到更紧密的结合并非易事。从中外文化史来看，两门学科独立展开的时间不同，但都有相当多的论著，在两门学科发展不同阶段的学术代表人物为数众多，对学科要旨的解

① 宣伟伯（即威尔伯·施拉姆）《传学概论——传媒·信息与人》余也鲁译本译者代序，香港海天书楼，1983年修订版。

说也颇为纷纭。此处不可能也没有必要逐一做详细介绍。针对多年来对中国美学与传播学关系的整理、探讨比较更为薄弱的状况，比较适宜的办法是就传播与审美、传播学与美学适宜的联结点从大的、相应的历史阶段举例做概略对照，用来起举一反三的作用。比如中国美学从早期发展就形成的两个重要命题，应当说与传播实践密切相关，也完全适用于对早期传播中审美经验的理性认识，可以称为早期传播美学思想的重要命题。这两个命题就是：第一，“立象尽意”；第二，“言文行远”。它们应该成为对传播学与美学特别是中国美学在历史文化联系中的观察的联结点，也可以成为吸取和改造西方和其他国家相关文化中有益成分的联结点，当然要做些说明。

先看第一个命题：“立象尽意”。此话出自《周易·系辞上》。原文从解说《周易》继承《连山》、《归藏》设立形象以传情达意的思路说起，记载孔子关于传播中“书不尽言，言不尽意”，因而需要“立象以尽意”的思想。其中不但阐发了立象需要“象其物宜”的道理，而且以卦爻立象与文辞变化与对人传通的关系推衍及社会、文化、人事等方面，认为“化而裁之谓之变；推而行之谓之通；举而措之天下之民，谓之事业”。这一命题对中国美学立象学说最重要的思想做了表述，同时总结了早期形成的传播需要审美立象的经验。宋人朱熹在注文中说：“言之所传者浅，象之所示者深。”此注没有说明“言”也可以分别发展出立象与说理的不同追求，但说明了“立象尽意”命题与传播的密切联系，功不可没。

再看第二个命题：“言文行远。”此话原意出自《左传·襄公二十五年》记载孔子的话。原文为：“言之无文，行而不远。”这是对“立象尽意”那个命题的演进，并在言文关系，特别是在“行”，即传播审美功效如何显示的意义上的具体发挥。这就是说：人要说的不仅是理，还有志趣、情感等，可以统称之为意。怎么说得有效，就要力求有“文”，这样才能行远。大约因为原话属于正题反说，虽然历来人们在传播和审美活动上都深受其影响，在现代编的美学和传播学相关辞书中却均未能列为正式条目。其实，在南朝梁刘勰那部全面、系统地总结此前以“文”为代表的传播与审美贯通经验的巨著《文心雕龙·情采》中，已经把孔子这番意思做了正面表述，那就是“言以文远”。如果要更强调孔子所说的“行”与传播效果联系的深刻意蕴，把刘勰的话进而修订为“言文行远”，在表达传播学与美学联接的学理上就可以更加增强表现力。

本文拟以“立象尽意”、“言文行远”这两个命题作为了解传播学与美学特别是中国美学的连接点，采取上述就历史文化发展中大的阶段选出例证的办法，对中国和西方传播学与美学思想略加对照，作为本文的第二节，以下接着论述相关的几个重要问题。

二、中西传播学与美学思想发展选例对照

上面说“立象尽意”、“言文行远”两个命题可以作为传播学和美学的连接点，因为两个命题指的都是传播实施中“怎么说”的问题。信息论、系统论和控制论等现代科学技术理论被应用于社会科学、人文科学的研究，使人们对“怎么说”这个可称为传播学与美学联结点的关键课题有了新的认识。但要真正更好地激活传播学与美学历史发展中的合理的思想遗产，首先要学好用好马克思主义的基本观点与方法。马克思主义中有关传播学和美学的深刻论述，是使我们进一步认识有关“怎么说”在历史上出现的各种论述和现代传播事业发展需求之间联系的强大光源。

1. 马克思对传播与审美活动关系的论述

传播是人们交往中说出经过组合的信息的活动。“说什么”与“怎么说”是紧密联系着的，都是人们社会生活系统的产物，而人进行有意识的传播活动追求与实际“怎么说”的情形在传播功效中必然有不同的体现。对此，马克思的论述告诉人们要从

社会关系及相关形态去考察。最值得注意温习的至少可以举出如下几处：

马克思在《1844年经济学哲学手稿》中论述人们之间交往活动时，指明“个人是社会的存在物”，不仅人们活动所需的材料，甚至思想家用来进行活动的语言本身，都是作为社会的产品给予人的，而且人本身的存在“就是社会的活动”，人“自己是社会存在物”。并且在该书中将人的能力与动物的本能做了比较，论证人的能力的显著优势是“人也按照美的规律来建造”。

马克思在《政治经济学批判导言》中论及审美和传播都涉及的艺术发展与其在传播中怎样繁荣的问题时，指明“关于艺术，大家知道，它的一定的繁荣时期决不是同社会的一般发展成比例的，因而决不是同仿佛是社会组织的骨骼的物质基础的一般发展成比例的”。

马克思在《摩塞尔记者的辩护》中就当时大众传播中自觉地为人民传递信息的报刊形成“怎么说”的新特点及如何影响人民和社会，做了生动的新概括。他在那里论述，作为传播媒体里的报刊编辑人员把社会生活中各种材料的信息“组成一个统一的整体”去影响人民，而报刊“有机地运动着”，就可以不断地影响人民也影响社会，促进社会问题的解决。

马克思这几处论述把传播与审美联接的社会生活依据，语言文字作为传播工具的特性，由人把内在尺度运用到对象上去而形成按照美的规律的建造都说清楚了，也把大众传播媒体如何加重“怎么说”在正确处理个体与人民群众、媒体与社会关系而提出的新的责任观说清楚了。正是由此，历史发展留下的传播学与美学在“怎么说”方面许多论述就可以在新的认识层次上去衡量，对人们引进西方传播学的公式也可以从发挥审美功效这个视角得到新的认识。

2. 孔子与亚里士多德对传播与审美关系论述的比较

由“怎么说”这个线索可以使我们注意中西传播学和美学在联结方面一些醒人耳目的东西。先说由上古文明总结形态出现的中西早期思想家关于传播与审美联结的理性认识而形成的命题。古希腊亚里士多德在《修辞学》中提出“说话的人”、“所说的话”和“听话的人”，被看做西方学者关于传播三项要素研究的最早表达。这也确实可以被认为是现代由拉斯维尔提出，由“谁”、“说什么”、“通过什么渠道”、“说给谁”、“说的效果如何”表示的传播五要素那个模式的思想渊源之一。但从中西文化比较来看，对此可以有新的认识：

其一，上述“立象尽意”、“言文行远”的两个命题由孔子最先提出。孔子多次分别提出“言者”与“闻者”的不同关系，后来在其弟子传释其学说的《诗·关雎》序中就有“言者无罪，闻者足戒”的说法，在《礼记·缁衣》里记有孔子关于“言有物而行有格”的说法，在《论语》的《卫灵公》、《宪问》、《子路》几篇中分别记了他关于“辞达”、“有德者必有言”、“巧言乱德”、“君子名之必可言也，言之必可行也，君子于其言无所苟”等等见解。这些都包含了亚里士多德提出的三要素，而且从正反两面提出了“怎么说”的命题及说的效果包含“行”的命题。这些都早于亚里士多德。

其二，亚里士多德和中国的孔子等人虽然表述的方式有差异，所论的范围有广狭之别，但从所论的内容看，还是都看到传播中“怎么说”是与审美学问联接的重要问题。以亚里士多德提出传播三项要素的《修辞学》来说，其立论的总依据是讲究修辞，而这正是为了解决传播中“怎么说”才能动人、服人的问题。其《诗学》等著作关于怎么说的见解对后来传播与审美结合产生了不小影响。比如，艺术想象与对事物形态的模仿说，描绘事物要成整体说，悲剧对观众心灵净化说，艺术可以产生无害的快感说等等，其实都是对“怎么说”一些侧面做带有希腊文化特征的论断。孔子在总结中国上古文明传播与审美的经验时，以“仁”的学说为基点，以君子在修身、齐家、治国、平天下中重德修文使传播的“言”与有序的“文”及正确的“行”相统一，因此孔子提出的两个命题贯注着中国式的审美与实践与理性在发挥人的主动性意义上相结合的精神。《尚书》中的“诗言志”和“观古人之象”，《易经》的象数结合以启发人的方法，《诗经》中“好言自口，莠言自口”的对“言”作分别的观念，“出言有章”的文采追求观念，“有伦有脊”的整体生动地传播的观念，“慎尔言也”和“辞之辑矣，民之治矣；辞之怿矣，民之莫也”的传播功效观念等（分别见《小雅·正月、都人士、巷伯》、《大雅·板》）。这些见解到了孔子论断里成为关于传播中“怎么说”以“立象尽意”、“言文行远”为核心这样思想的组成部分。与亚里士多德相比，孔子学说在汉武帝“独尊儒术”条件之下大为兴盛。后世虽也有与时浮沉的变化，但就与传播相联结的美学学说而言，其不少成分吸收道家、佛学以及其他家如名家、法家诸家之长，从而加强了适应性，影响绵延不绝。比如，认为立象要强调体悟“道”与审美愉悦的一致性。《孝经·圣治章》中“言思可道，言思可乐”就体现了孔子思想的这一层次。《礼记·表记》记载孔子说：“情欲信，辞欲巧。”这体现了他关于“怎么说”中应该有把真情实感与文辞讲究结合起来的要求。他还有关于美善、文质、比德、致中和以及“兴于诗，立于礼，成于乐”等以美育陶冶人才目标和“化成天下”的社会改造目标等表述。这些构成了孔子学派关于传播和审美联结理论的丰富遗产，其中具有中国现代大众传播者可以有分析地汲取的古代智慧。按说，老子、管子、孟子、墨子、荀子、鬼谷子、韩非子等关于传播与审美的联系都有各自的独到见解，此处选例只讲孔子学派，其他学者因篇幅关系，不必多说。

3. 刘勰与欧洲中世纪神学美学家对传播与审美关系论述的比较

罗马和欧洲中世纪有基督教神学思想家发表的关于传播与审美关系的见解盛行于世。代表人物有罗马的普洛丁、圣·奥古斯丁，还有作者不详、冒名雅典第一任主教狄奥尼西·阿烈奥帕吉特的一部文集，也对包括传播活动在内的美作出神学的解说。其共同的取向是认为传播要引导人从神那里寻找美的根源。比如，普洛丁在《九部书》第一部分卷六里说，真善美统一于神，而美不在比例对称。又说“美的事业和美的文词”里找不到从比例对称归于美的根由，“在美的事业、法律、知识或学术里能见出什么比例对称呢?”① 后一种文集在《论诸神名讳》部分中也认为人世间的美是相对的，神性的美是绝对的，它是一切存在物的美的源泉，是美的最高境界。

大约与西方欧洲中世纪相对应的中国中古时代，儒学与道家及其借端而生的道教，还有传入中国不久的佛学与佛教却在国家大统一和分治的交替变化中悄悄地实现学理上的互相渗透。由秦开始的“书同文”，由汉兴起的纸张在传播上的广泛运用，促进了传播的发展。汉代整理典籍和诗赋创作的繁荣都在此后的朝代交换中仍延续其影响。魏晋南北朝的玄学清谈有社会变乱给士人造成的文化心理需求的条件，而在思考传播与审美关系中却提供了一种不专尚某一宗教而崇尚玄理即哲理的风气，这就使中国美学与传播学联接的思路在这时期出现了联翩而起的文化上的俊鸟。先是由陆机的《文赋》总论文章传播各方面的特征，卫铄《笔阵图》等总结了中国特有的汉字书法传播的特征，接着有郭璞关于整理、传播古籍异书中分辨新异的见解，顾恺之、宗炳、谢赫等关于绘画传播中个人欣赏与观众欣赏要略的论述等，都代表了当时对传播与审美结合的新认识。到了梁代，不但出现了钟嵘的《诗品》，而且有萧绮为《拾遗记》所作序言，更令人叹赏的是出现了将传播与审美课题在讲求“文心”的目标下做了系统论述的巨著《文心雕龙》。就萧绮的序言说，文字虽不多，在表达“立象尽意”与“言文行远”两个古老命题在传播中的体现上颇有独到之见。他说：“绮更删其繁紊，纪其实美，搜刊幽秘，捃采残落，言匪浮诡，事弗空诬。推详往迹，则影彻经史；考验真怪，则叶附图籍。若其道业远者，则辞省朴素；世德近者，则文存靡丽。编言贯物，使宛然成章。数运则与世推移，风

① 《西方美学家论美和美感》，商务印书馆1980年版第53页至57页。

政则因时回改。”此文所说他为了传播有良好效果而进行的审美追求是很醒人耳目的。尤其是指出“编言贯物，使宛然成章”，可以说是对传播活动中心环节上具文采而成章法那种编辑审美活动目标的深有体验之言。

至于刘勰的《文心雕龙》，过去一般看作文学理论的名著，也有人放开点看作文章学论著。如果从贯串上述“立象尽意”和“言文行远”的精神来看，其实应看作把握古代传播和审美学理联结于“文心”而成为史论高度统一的一种传播美学巨著。刘勰深通儒道等中华传统学理，又谙熟印度传来的佛学，还因为做过步兵校尉和东宫通事舍人，对当时朝野各种传播手段与文史及艺术材料获知丰富，可称为传播与审美兼擅的行家。尽管后世在众多推崇声音中，也有人说他持二元论哲学的。但就中古时代与国内国际学者比较看，对传播与审美关系论述的系统性与深刻性方面是很难有人可与之比肩的。依其《序志》披露的写作意图，全书可分五大部分，实际上可看做他对传播与审美学问结合而呈现的基本架构的说明。第一部分，“天文枢纽”，所说“本乎道，师乎圣，体乎经，酌乎纬，变乎骚”，说的是传播要审美为文的根本指导思想。其中解说立象尽意关涉体道悟道与成文的关系，把“文以明道”的思想做了明确阐发。第二部分，“论文叙笔”，即依据当时不同传播需求论述了各种文体的不同特征。第三部分，“剖情析采”，包括《神思》、《体性》、《风骨》、《通变》、《定势》、《情采》、《物色》、《熔裁》、《声律》、《章句》、《丽辞》、《比兴》、《夸饰》、《事类》、《练字》、《隐秀》、《指瑕》、《养气》、《附会》，并以《总术》作为这部分的概论。这一部分就文章作者个体言是创造论，就放入传播活动中心环节体现信息建构“宛然成章”来说，也就是体现审美立象成文要求的建构论。其重点由“剖情析采”标出，正是在《情采》篇里继续了孔子的命题，提出“言以文远”，并把形文、声文与情文的统一称为“立文之道”。他认为，能正确处理文质关系就能“心术既形，英华乃赡。”可见，他在这部分从审美立象的各个阶段到各个方面的条件，把传播中贯注上述孔子两个重要命题的建构理论的要点系统地阐明了。第四部分，可以借取其大意称为通时论才。《总术》概述信息建构审美创造大要，又引出《时序》、《才略》、《知音》、《程器》这几篇，也即开辟了由个体创造转入对传播社会功效要在不同大小群体中知人论世的条件下进行检验的理论。试看《时序》所论为时代演变与文章流传的关系；《才略》所论为对传播者相关才华发挥作史论结合的考察；《知音》是就审美文化中传播者与受传者、创造者与评论者、立象者与赏象者互动关系立论；《程器》是讲传播人才全面培养的必要性，通过“雕而不器，贞干谁则”的比喻引出的论断，也点出了传播审美人才的培育需要适当的环境与机制的意思。正如《序志》所剖露的这部“言为文之用心”的巨著“按辔文雅之场，环络藻绘之府，亦几乎备矣”，表明其具有中国古代传播与审美结合理论的完备形态。“按辔”与“环络”的描述也表明力求有超越前代和系统周全的品位。清人纪晓岚称这些表明作者的“自负”和“其书乃传”的原因，由此也可对现代传播与写作从事者以启发。

4. 近现代中国人对传播与审美关系的新认识和对西方传播学模式的新理解

欧洲文艺复兴以后，特别是近几个世纪西方工业和传播技术条件都有很大发展。中国发明的印刷术在西方社会条件下起到了比在中国本土更为巨大的文化推进器的作用。西方科学技术的发展以及美学学科建立并向细微处分析的研究趋势，都使中国曾经居于世界前列的有关美学与传播理论处于停滞以至落后的状况。近代落后的中国学术不振的状况曾使许多志士仁人奋力在用新眼光观察中西传播与包括美学在内学术上的异同。在寻求振兴中华道路过程中，改变传播事业面貌和促进审美学说及有关文艺形态的改变，曾以救国急务的课题提在人们面前。由此大量兴办新式报刊，继之兴办出版社、通讯社、电台等，与此大略同时，不断引进西方的新闻学和美学的著述。由鸦片战争之后这种情况日趋显著，并且与洋务运动、维新变法、辛亥革命、五四运动等巨大社会事件相联系，传播与审美联接的理论也不断有新的萌发。其间如康有为、梁启超推动下宣传维新竞以报刊新式文体促进了文风变化。孙中山对革命报刊办得生动的要求，蔡元培、王国维以及萧公弼等介绍西方美学理论并以中国教化理论与西方美育学说相结合，还以报刊、出版机构与学校学术机构在传播上呼应，都使现代传播与审美以追赶西方文明为显著标榜的结合，在中国文化界逐渐蔚成风气。五四运动唤起广大学生、工人、市民以至农民关注国运的热情，提供了受传者与传播业互动的新局面。俄国十月革命传来的马克思主义，连同传播与审美形态结合的新声音，促使中国在传播与审美联接上更快地选择了用马克思主义了解中国问题，也用来选择中国传统中有益东西的道路。李大钊、鲁迅、陈独秀先后在传播与审美达到新的联接中做出了实绩，也发表了各有特点的论断。被称为马克思主义与中国实际相结合产物的毛泽东思想，是在中国人民求解放的过程中，由毛泽东代表的中国共产党人集体创造的。在这个创造过程中，提供了利用传播和审美联结的新经验，也有以马克思主义与中国古代传播及审美智慧相互联接而生出的新经验。在这个大趋势中，宗白华、朱光潜、钱钟书等都为这一新经验、新见解的积累做出了自己的贡献。因此观察中国积累的传播和审美联接的经验和理论，既不可忘掉源远流长的上古、中古、近古等古代的东西，不可忘掉近代以来从外国吸取相关文化而引发出的东西，更不可忘掉中国人民怎样站起来建立和建设新中国过程中的东西。因为近现代距离近，许多事情为人们熟知，这里对中西方传播学、美学相关见解的对照也不必详举，只提有代表性的线索即可。

有个重要的时间上参照的课题可以引人思考。现代传播学的形成大致被认为在 20 世纪 40 年代，当时处于反法西斯战争后期。西方传播学学科的出现与中国共产党领导下的抗日力量所办报刊、出版、广播、电影等传播实践中总结的相关理论的发展大体上同时代出现。由于社会条件的差异，西方发达国家里传播学科有了很大发展。中国传播及相关理论虽未能及早冠以传播学并提出与美学学科联接的课题，但在改革开放几十年后，不但引进国外传播学论著与国内相关著作相互参照，而且前些年已经在报刊上提出传播与编辑活动中都应研究审美问题，可以说这也是学术发展的趋势。现在，从人们已知的西方传播学奠基人哈罗德·拉斯维尔到保罗拉札斯菲尔德、卡尔·罗夫兰、库尔特·列文还有前边已经提到的威尔伯·施拉姆，他们在实际论述中都论到传播如何更有力地说服、影响受传者的问题，但是，他们都还没有形成传播学与美学作交叉、综合研究的正式论题。正如上述，施拉姆已经谈了研究中国历史文化中丰富的传播体验与思想，应当说包括传播与审美结合的思想对传播学发展的意义，可惜他还未来得及做出进一步的论述。就适应各国情况的传播学建设来说，对不同国家传播与审美结合体验与见解的研究都是应该做的。就发展中国特色的传播学来说，研究中国传播与审美联接的传统与现实的需求，是中国传播学与美学学者都应当担负的责任。

就发展有中国特色传播学与美学结合吸取历史经验来说，把马克思主义与中国实际相结合在这方面提供的思想成果尤其值得我们继承和发扬。毛泽东在上个世纪40年代关于传播与审美如何结合，如何运用各种文艺形式更好地吸引和影响广大人民群众，做了一系列有深广影响的理论阐述。除了属于抗日时期、解放战争时期特定条件下政策性言论应当历史地看待外，其根本见解对于指导中国传播学与美学的联手共同发展是有长远意义的。比如，1942年毛泽东在所作《在延安文艺座谈会上的讲话》中，就当时条件下如何运用文艺审美形式进行传播，既要符合抗日战争的社会需要，又要符合传播与审美创造的规律，谈了传播中“事实基础上”的问题。对问题的中心，他点明了“基本上是一个为群众的问题和一个如何为群众的问题”①。这个问题引申到传播和审美的关系上也就合理地可以提出“说什么”、“对谁说”

① 《毛泽东著作选读》下册，人民出版社1986年版第530页。

和“怎么说”的关系问题。再看1948年4月2日毛泽东在所作的《对晋绥日报编辑人员的谈话》里指出，“马克思列宁主义的基本原则，就是要使群众认识自己的利益，并且团结起来，为自己的利益而奋斗。报纸的作用和力量，就在它能使党的纲领路线，方针政策，工作任务和工作方法，最迅速最广泛地同群众见面”。他还着重地指出要发挥报纸的作用，就要“把报纸办得引人入胜”。“在报纸上正确地宣传党的方针政策，通过报纸加强党和群众的联系，这是党的工作中的一项不可小看的、有重大原则意义的问题”①。这里说的“有重大原则意义”的问题和他在延安文艺座谈会上说的“为群众”和“如何为”的问题，是有内在联系的。他提出报纸联系群众发挥作用的思想与马克思在《摩塞尔记者的辩护》中说的是一脉相承的；而他说的“办得引人入胜”的要求，不但与恩格斯当年对革命报刊做的类似要求相通，“引人入胜”这一审美命题的成语也是来自《世说新语》对园林审美的概括。毛泽东这些论述应该看做在新条件下对“立象尽意”与“言文行远”的传统思想在“怎么说”这个课题上的新的应用。

由以上中西传播与审美思想与经验历史情况的简略对照，再思考人们常提到的拉斯维尔关于传播过程五项要素的模式，就会觉得其立论与说明在与中国实际联系中有不尽如人意的地方。主要是在提出“说什么”的同时，对“怎么说”没有明确立项或者作为“说什么”的题中兼有之义给以强调说明。后来，丹尼斯·麦奎尔和斯文温德尔在合著的《大众传播模式论》中曾对拉斯维尔的“五W”模式加以补充使之变为七项，却仍然没有把“怎么说”强调和突现出来。这就成为促进传播学和美学综合交叉研究必须补充和发挥的一个重要问题。正如上述，要吸取西方及其他外国和中国历史上传播和审美联接的有益体验和见解，就一定要把“说什么”和“怎么说”联系起来，并且把

① 《毛泽东著作选读》下册，人民出版社1986年版第644、645页。

“怎么说”当做发挥审美活动作用以求得相应的传播审美功效的基本用武之地。这在大众传播作为如马克思说的体现社会文化组织机制并“有机地运动着”的事业中，其审美活动集中体现于“怎么说”这个传播进程的要素里，其影响又贯串到全过程，显得尤为重要。要发展有中国特色的大众传播学，我们应该依据中国情况和体验在建立大众传播美学和丰富充实传播学模式的阐释与应用方面都作出自己的贡献。

三、大众传播美学研究的基本课题

传播活动必然是信息传播的活动。依照适用范围、技术条件、组织程度和社会影响等不同条件，可以把信息传播划分为个体内向传播（如自思自想，严格地说应称内向传通）、人际传播、群体传播和大众传播。大众传播指近现代发展出来的具有社会组织性质，有一定数量人员组成的机构和必要的技术设备，其传播品面向大众，而且如马克思所说是“有机地运动着”的传播。大众传播的出现和发展，特别是现代技术装备的报刊、出版社、通讯社、广播、电视、电影、电脑互联网等传播形制的出现，促使其与审美联接的实践体验和理论认识在被吸纳为大众传播美学的课题上，也就需要有新的视角并转化、激发出新的内容。

依据这一理由，对上述关于“怎么说”引出的传播与审美联接的思路放在大众传播一般具有的中心环节或叫中枢位置的编辑（在影像、音响、舞蹈及体育相关传播中或称编导）来观察，可以找出和一般美学或叫普通美学相应的基本课题。尽管美学界现在对美学基本论题构成的见解并不完全一致，但就传播审美活动涉及美学须给予回答的基本方面还是可以看得清楚的。本文拟以“立象尽意”与“言文行远”两个中国美学的重要命题应用于大众传播为线索，依照《文心雕龙》架构大意，参照笔者在《美的发现》一书及上世纪八十九十年代有关信息传播编辑审美活动一些论文中对此问题的探讨，参考叶朗主编的《现代美学体系》中一些提法，对大众传播美学应研究探讨的基本课题做些简述；在简述中并对每一课题应该着重处理的对立统一的矛盾做简要说明，由于有的课题属于易晓的常识，只作必要的提示。

（一）审美立象——实现为社会把关和审美建造的统一

大众传播是面向大众、实行“有机运动”式和大规模的信息交流活动。要感动和说服受传者，就要有效地传情达意，而所传的信息也必须有适当的建构。在达到情理结合中需要按照中国美学的立象学说，善于“立象以尽意”。就采用符号以更好地启发诱导人们对信息建构的信服、感动和领悟的作用看，也就要“言文行远”。大众传播的社会组织性质和特定的价值取向，决定了传播过程会有不同形态、不同层次的把关活动。为社会把关与审美建造的统一，是保证传播者价值取向、传播目标和相关功利实现的必然要求。为社会把关和审美建造要求，二者有区别也有联系。二者的联系在于都要以尽意的“象”、有文的“言”促使传播品能“行远”。历史形成的共识是，事实是“言”、“文”的依据，实践是检验的标准，而真、善、美统一在传播品中体现得如何是衡量立象功效价值鉴别的尺变。二者的区别在于社会组织的外在尺度和由具体传播品体现不同作者、传播加工者赋予的审美内在尺度未必时时处处一致。马克思说的人能够把内在尺度运用到对象上去，从而“按照美的规律来建造”，是以具体人的审美条件和追求为依据的。因此，正确处理为社会把关和审美建造二者的关系是非常重要、也非常实际的美学课题。

在此课题上，中国立象学说提示给人们的有丰厚的内容。中外美学都论述意象在信息建构中包括各种艺术创造中的重要性。刘勰在《文心雕龙·神思》中强调“窥意象而运斤”，后来清代郑板桥还把胸中之竹作为从眼中之竹到手中之竹，从物象到画面形象作艺术转换的关键之象的意象的代称。他们也都继承《周易·系辞》所论断的“立象尽意”的命题，强调“立”，并且用多种角度讲“立象尽意”与“象其物宜”的内在联系。《文心雕龙·原道》讲人能“仰视”、“俯察”各种物象成为“有心之器”，“实天地之心”，也就是人的“立”在于获得能“立象”、能“言文”的本领，由之“心生而言立，言立而文明，自然之道也”。又从“因文而明道”引出“辞之所以能鼓天下者，乃道之文也。”这就在意象的重要性的阐发中又进而强调了“立象”与“文以明道”的关系所显示的深刻意义。这一点对于大众传播中编导所系的审美活动尤为重要。因为大众传播体现的社会责任与建造审美追求都要减弱个体观象、欣赏感受的随意性和被动性，而增强对受众引起审美功效预测的前瞻性和主动性。中国古代美学由“立象尽意”与“言文”、“言志”联系，又由“文”与“质”与“行”联系而通向“明道”，实质上是“立人”，又强调传播中“立象”、“言文”与“行”的一致。《国语·晋语十一》记载的一段名言中说，“言，身之文也，言文而发之，合而后行，离则有衅”。这里“言”、“文”、“行”一致的思想与“立象尽意”、“言文行远”思想存在呼应，可以成为大众传播美学放在第一位研究的课题。

（二）审美教育——实现感化与说服的统一

《文心雕龙·原道》具有中国古代美学与传播理论结合卓见的体现，既在于提出重立象，重明道，还在于把传播审美的感化使命放在原则的意义上加以强调。尽管如后人指出的刘勰说人文与天地并生有当时科学眼界的局限性，但是其中由伏羲、文王、孔子“观天文以知变，察人文以知化”的历史传统去论述审美教化，即现在所称审美教育的重要性，却是值得重视的。其中说到“取象”、“问数”为了“设教”，把孔子教育著述活动所倡导的审美教育功能描述为“雕琢情性，组织辞令，木铎起而千里应，席珍流而万世响，写天地之辉光，晓生民之耳目”。人们知道，为论断这种感化的重要因素即真、善、美的一致性，孔子和老子以及孟子、荀子等都分别阐明了立象要求“言”的“文”

具有文质一致、信言与美言一致、内充实与外有光辉的一致。《老子·八十一章》以“信言不美，美言不信”、“善者不辩，辩者不善；知者不博，博者不知”来揭示实际传播中暴露了那种不正确处理三者关系而产生的矛盾性。孔子评论周乐《武》为“尽美矣，未尽善也”，评赞《韶》乐则认为“尽美矣，又尽善也”。在《论语·八佾》中记载孔子主张“言而有信”，在《论语·卫灵公》中记载孔子强调“辞达”，反对“巧言乱德”。后来《孟子·尽心》主张“内充实而外有光辉”，《荀子·正名》强调传播的辩说是“心之象道”，所用的名要“足以指实”，辞要“足以见极”，“极”即是透彻、准确，运用名要“用丽俱得，是谓知名”。这些都为刘勰《文心雕龙·原道》强调“晓生民之耳目”的教化作用，包含与认知、道德一致的意蕴做了先导。

在现代大众传播美学的研究中，由于社会组织进行“有机运动”而呈大规模信息传播的机制，要求真、善、美统一应当而且可以在新的层次上得到统一，避免互相乖离的现象。毛泽东多次要求传播的文字应当做到准确、鲜明、生动，实质上是对真、善、美统一要求的具体化。准确是对事物信息的可靠传达，鲜明是价值取向的明白体现，生动是传情达意的形象感人。大众传媒要尽审美教育的职任，有了内容、形式的统一，还要有方法上的适当，才可以取得显著功效。在振兴中华民族的行程中，我们提倡德育、智育、体育与美育等的结合，提倡以德治国与依法治国的结合，提倡促进人的全面发展与个性潜能发挥的结合。我国大众传播也应当贯串这些精神，在审美教育功能上发挥更大作用。对此，大众传播美学的研讨应当做出更多努力，用以推动和指导大众传播审美活动发挥审美教育功能的实践。

（三）审美设计——实现伦次与启示的统一

信息传播要有适当建构。按照马克思说的，要把“内在尺度”用到信息传播建构的对象上去，使之生动得体，就有一个形象构成的伦次和启示相结合的课题。不论信息传播品属于何种范围、何种学科或何种具体社会功利目标，就建构需要尽可能完善以达到传播功效来讲，是有共同性的。其区别只在于形象审美价值要求强弱的差异。因此，近现代侧重形象体现的传播或工艺性强的行业出现了形象设计或审美设计的称谓。放在大众传播审美追求方面来看，这应当是各种信息传播品达到整体生动感人必有的审美要求。这在传播品建造起始阶段尤其重要。当然，随着构思和加工不断深入、细致地进行，设计会有变动和修订，但设计立象的基本要求应当是贯彻传播品所经历酝酿、加工、成型付之传播和再观察传播品功效的始终的。

信息传播建构需要达到伦次与启示的统一，这是古今传播史实证明了的，也是信息科学与传播学在传播者影响信息建构质量、使语义与语用在信息组织中呈现新面貌这个层次上联接的理论表述。信息不可能以原始状貌堆积为传播品，在大众传播实施中要有对“内在尺度”如何体现的加工，而不能仅仅停留在工程技术意义上的无杂音、字迹清晰等要求。伦次与启示的结合，就是要说得更美，更动人，更有力。这两方面都来自人对信息传播品接受的规律性。对这种规律的探索，古今学者都有表述。亚里士多德说，要把“原来零散的因素结合成为统一体”，这种组合“不但它的各部分应有一定安排，而且它的体积也应有一定的大小”，这些都要适合人的了解，比如太大太小都不利于了解，因为“看不出它的整一性”①。中国古代、现代学者和有关典籍里对此也有很丰富的论述。对于伦次和启示的关系，在古代文献中意味着对文化产品所体现信息建构的有序性、条理性和合适的形制、体例等的追求，也在传播效果上意味着对作为“象其物宜”体现在社会关系方面，比如礼乐、仪态等人际关系方面的追求。《诗经·小雅·正月》里自信所表达的诗意“有伦有脊”，联系诗作者先说“维号是言”，后说“有伦有脊”，可见作者强烈的传情达意要求：不但要传，而且要传得如脊椎动物那样

① 《西方美学家论美和美感》，商务印书馆1980年版第39页。

完整生动，以求动人。现在人们常说的“有头有尾”、“活灵活现”，其实与此意思大致相同。《周易》里既有“言有物”，又有“言有序”，《论语》里有“言中伦”，说的都是传播内容要有符合物宜的伦次去说服人、感动人的意思。把伦次与启示结合明确地作为对出版传播一种审美设计思想提出来，则是清初李渔。他在《芥子园画传》康熙间初刊本序言中，记述了他为出版这部书所作审美设计的思路。起初，其女婿得到明末画家李长蘅传授画法的稿本，建议出版。李渔翻阅中既有为此稿本潜藏作为出版物审美特质而生的喜悦，也有对稿本不完全适合传播的缺点而发的叹惋。他认为，“此系家藏秘本，随意点染，未有伦次，难以启示后学耳!”为此，他组织王概等对稿本从伦次调整和整理有关画论和评说上做了加工，然后出版，使此书成为流传不衰的绘画界喜爱的读物。他的伦次与启示结合的思想与图书出版中审美设计的实践都促使一种似乎不经意的论断却触及了传播审美设计中带规律性的东西。人对形象与信息关联如何体认，即通过感受与认识达到兴象、意象或者更完整的境界的感悟程度，是与对象信息建构伦次与启示结合得如何有密切联系的。电影编导所重视的蒙太奇就与此理相关。爱森斯坦作为前苏联著名导演，还举例以前后不同镜头画面的衔接可以给观众不同启示，说明此理的重要性。在中国历代谙熟传播功效由来的许多学者先后强调过这一点，其论点和经验在现代也引起重视。宋代司马光在《资治通鉴》编成上书皇帝时特地表明编撰过程中的一项重要追求，即为了便于“资治”，就努力做到“先后有伦，精粗不杂”。到了现代，毛泽东在与吴晗谈话中也称赞《资治通鉴》“叙事有法”，认为今人读来也很有启发。[①] 由此可见，李渔概括的伦次与启示应该统一的思想对大众传播审美设计活动的重要性不可忽略。

① 《毛泽东的读书生活》，生活·读书·新知三联书店1986年版第208页。

（四）审美思路——实现适宜体式与立象思路的统一

按照中国美学立象学说，“立象尽意”的根本追求就是要“象其物宜”。审美立象的思路用现代心理学的说法就是发挥想象能力的思路，刘勰在《文心雕龙·神思篇》里说的就是这番道理。这里说的课题其实就是“说什么”要有适宜的文（或艺术形式）和具体“怎么说”的思路的统一，实质上也就是中西美学都讲究的内容与形式的统一。实现这种统一，当然可以把黄金分割，写真中适当比例、对称与平衡，园林的内景借景、相生相宜，节奏与结构的和谐，虚实烘托等等构成形式美的法则融入创造过程，但是重要的是在立象总思路上要“象其物宜”。为此，就要注意想象力发挥的基本方法。中国古代把诗作为文艺立象的代表，由之总结出风、赋、比、兴、雅、颂，称为六义，分别见于《周礼》和《毛诗序》。唐人孔颖达注解六义时说：“赋、比、兴是诗之所用，风、雅、颂是诗之成形。用彼三事，成此三事，是故同称为义”。后人具体解说纷纭，大致公认赋、比、兴为诗法，风、雅、颂为诗体。高亨在《周易杂论》中认为，在《周易》象辞中也早已用了赋、比、兴三种方法和象征方法。放在大众传播应该贯串中国审美立象学说精神看，现代文体当然更为繁多，但赋、比、兴和象征可以看做发挥想象、立象成体，也即审美立象思路的基本方法。中外近现代学者对这些基本方法总的称谓上有不同见解。其中从别林斯基到中国现代毛泽东认为可以称之为形象思维。这是从其与逻辑思维有联系又有区别来说的，并不意味着凡称“思维”就是理论的逻辑的，甚至是形式逻辑的。也有一些学者以为可以只从与直觉联系的想象功能来了解，就提审美想象。二者共同点是承认想象功能的发挥。依此道理，可以吸取刘勰称为“神思”的精神，而从“审美思路”来了解赋、比、兴和象征的特质，应该说更方便于大众传播美学课题的研讨。

这个课题要注重“象其物宜”的追求，因为《周易》提供的中国立象学说成系统的依据就有两方面：其一，《周易》古经的构成以象数结合面貌立象就在体现“象其物宜”的精神，而其卦爻变化推演就是以网状动态结构呈现形象的，并以此寓有所传的吉、凶、悔、吝等等显示价值取向的成果。其二，《周易》的《易传》以理性语言阐明天、地、人与阴阳、刚柔、仁义关系都可以体现在卦爻变动的网状动态形象中，都需要“象其物宜”。可以说，这两方面都告诉人们传播审美建造中适宜的体式和立象的思路都离不开网状立象这个原则。此后老子、孔子、庄子等各自从不同的侧面表达了对此原则的理解和阐述。其中最为生动而促人深思的是《庄子》用寓言方式所表达出来的。

《庄子·天地篇》有个寓言说，黄帝把玄珠（可理解为道，或叫真理的象征）遗失在深海里，相继派了知（理智）、离朱（色，视觉的象征）、吃诟（论辩的象征）去找，都没有找到。后来派象罔去，把玄珠找到了。这个象罔过去有人解作罔象。郭象注认为是“明得真者非用心也。象罔然，即真也”。这容易偏向崇道即无象的见解。其实，有物即有象，用心去“象其物宜”，也必有象，只是有隐显之分、大小之分等等而已。《老子·三十五章》说，“执大象，天下往”。可见老子并不否认大象存在的真实性。《庄子》在别处说，“天地有大美而不言”，说的是自然美不会自行说破，须待人的领悟。象罔之名，顾名思义，正可以按照古文字“罔”即“网”字的正解而成就其名，应该理解为象如网然而动，方可获得道或真理。它可与《庄子》此篇及他篇说的心斋、刳心而得的思想相通，也就是去除障碍并从立象网状结构思路去获得道之真相。这却与那种把象罔当作罔象、魍魉等山精水怪之类东西理解的说法挂不上钩。

进一步的问题是，《庄子》关于象罔的寓言和作为传播品建造审美思路的赋、比、兴和象征有联系吗？中外传播与审美思想都告诉我们，这是肯定的。宗白华在《美学散步》中举《庄子》这则寓言与德国诗人歌德关于从发挥想象功能可以获得真理的见解做了对照。歌德原话是：“真理和神性一样，是永不肯让我们直接认知的。我们只能在反光、譬喻、象征里面观照它。”① 除去神性之说显示歌德由宗教信仰而有的局限性以外，他关于发挥想象进行几方面审美观照以通向真理的深刻见解，正与庄子说的象罔寓言相通，也与中国古代诗歌体现的赋、比、兴等法相通。请看，发挥想象立象对物象的反光观照，多么像“赋”法；譬喻的观照，是“比”的应有之义；象征的观照，也正与“兴”所指的由物引兴、托物言志内涵有密切联系。宗白华先生在对照中感慨地说：“真理闪耀于艺术形相里，玄珠的皪于象罔里。”这正是恢复了庄子寓言里象罔的原意，而且可以理解为指明象罔的本领正在于善用由赋、比、兴三法或再加点明象征方法构成的网状结构。

我们还可以说，赋、比、兴和象征作为审美立象思路不但适用于语言文字为符号的大众传播，而且适用于非语言文字为符号的大众传播。陈原在《社会语言学》中谈及用非语言文字符号交往、传播中涉及运用形象方法的作用时，引述了柯克在《音乐语言》中讲的音乐表情达意的三种方法。细察之下，可以发现这三种非语言文字符号的方法也和赋、比、兴相通。请看，其第一种是直接摹仿自然音响，略似“赋”法；第二种原称近似摹仿，其实是比拟摹仿，如对雷鸣风吼采用比拟方法使人形成近似感受，略似“比”法；第三种是用兴和象征方法，如采用特定文字标题，或特定音响标志，使这种声响和人的情感发生特定的关联，略似“兴”法。② 这也说明人们常称非语言文字的传播形态为“语言”，并称有特定的“语汇”，正是喻指各种传播符号的作用有共同性。联系到宗白华一再讲过各门文学艺术有相通之理，也就可以把赋、比、兴与象征理解为人们发挥想象功能，贯通分解与合成，为审美观照并立象所必需的基本思路。我们的大众传播为了增强功效，就要在审美信息建构中善于运用这些思

① 宗白华：《美学散步》，上海人民出版社 1981 年版第 68 页。

② 陈原：《社会语言学》，学林出版社 1983 年版 179—192 页。

路，并且与所建造的传播品具体体式的要求统一起来。

（五）审美体验——实现体悟人心与体察舆情的统一

审美体验是运用想象体悟对象形象特别是人心感兴、取向、意味的特殊功能。“由己度物”是审美的普遍现象。人们能够由审美体验把握事物和人物形象呈现的审美价值特性，是因为物理人情总相关。形象存在有一定线索呈现的信息，可以提供审美者“设身处地”而加深其感受的可能性。审美体验在具体审美者身上因其条件的差异，总会有深浅、正误的差异，其最根本的检验标准仍然是社会实践。不过，要有深刻的审美感兴，总还是要有深入的审美体验。这在个体审美鉴赏意义上是这样，在大众传播中传播者与受传者各自面对经不同层次加工的传播品的审美活动也是这样。就共性来说，传播者与受传者的审美体验都要依据主体自身在生活实践、审美实践等活动中积累的精神、文化信息库存，由面前审美对象信息激发而又与自身提取的库存信息相联系与比较中“活”起来，体验就会发热生光。这种体验是审美欣赏和审美创造都需要的。审美体验不仅在立象初级阶段起作用，在形成意象进而构成意境中要起作用，再进而由欣赏转入做心手相应努力的审美创造中，也要反复起作用。这就是刘勰在《文心雕龙·神思》里强调“神与物游”，司空图在《与王驾评诗书》里强调“思与境偕”的重要原因之一。

说到大众传播从业者讲究审美体验，也有进一步的要求。那就在于传播事业的基本活动特性是为社会把关与具体信息建构建造的结合，又在建造中实现伦次与启示的结合。这些都要求把必须有的审美体验从个体立象向群体在建造中立象转化，即作为传播中间环节的作用。人心是可以在相符合的审美取向上相通的。善于传播的本领则要求能发现别人心里审美体验的成果，自己也能在体验中印证这种成果，还要善于表情达意去感化和说服人们，使受传者易于体验，乐于体验，达到审美愉悦。审美立象学说强调的“立”在这里值得更仔细地体会其深意。既然，传播中立象要“象其物宜”，那个“宜”就是为审美意象和审美体验的统一、审美价值取向与一定条件下实现对审美规律符合而获得愉悦的统一的基础。这里，以象动人在大众传播因为“有机地运动”而具的社会性信息传播的规模上有了新的视野。动人，在这个视野中是与大众相通，动大众之心。人们常说的舆论，是指大众或公众中形成一种理性的公论；人们也常说的舆情，则应该是大众或公众中形成与形象价值取向相关的情感、情绪或意愿相共鸣的体现。大众传播的立象要按照正确的导向达到应有的功效，就要努力实现体悟人心和体察舆情的统一。从大众审美需求中体验并转化为大众喜闻乐见的传播品的审美建构，这就是对审美体验放大视野而应用于传播全过程应有的理解。清初王夫之在《诗广传·大雅十七》中说：“心目之所及，文情赴之，貌其本荣如所存而显之，即以华奕照耀，动人无际矣。”此话放在大众传播品力求动人，传播者和受传者审美体验相互连接、相互促进的关系上，给人的启发是意味深长的。

（六）审美提炼——实现分解与合成的统一

审美立象对大众传播尤其重要的是，要在创造过程中贯串审美提炼的努力。审美是具体的生动的，但是要使传播品成为精品，就需要审美提炼。成语说的取精用宏，就可以表达这种提炼的必要性。要把许多审美建造的信息、素材或半成品经过加工使之向更精彩的方向上升，可以说是由繁提炼到约，又由约以显示繁的过程。要把审美印象融成意象，又融成意境，体现为传播中的精品。从欣赏来说，似乎所把握的是现成的生动的整体；从创造过程来说，却经历着对形象构成要素的分解与努力达到有机合成的往复过程。这一过程以形象贯串始终，以情感反应包孕内外，虽可与理性有不同程度的结合，但是以立象提炼的生动形态在实现。中外许多总结传播精品经验的见解都说明，审美提炼的分解为了合成，合成来自分解。前面说的李渔为了增强《芥子园画传》的传播吸引力，对改进全书伦次与启示结合下的功夫，就是由王概等对全书各个部分分解开加工，而后又把各部分构成新的有机联系形象整体的。这个合成的结果是新的审美层次上的传播品。

就大众传播与各种范围意义上传播相关联意义上看，审美提炼在不同时代、不同主体之间还是互相影响、不断深化和拓展的。东晋时王羲之为表达与友人在兰亭欣赏心得而作的《兰亭集序》，用精美的诗文和书法作品使兰亭山水风光之美与相应的文化欣赏之美都因这种提炼而空前地彰明起来。唐代柳宗元在《邕州柳中丞作马退山茅亭记》中说："夫美不自美，因人而彰。兰亭也，不遭右军，则清湍修竹，芜没于空山矣。"这里提出"美不自美，因人而彰"的命题又把王羲之审美提炼的意义作了新的升华，也展开了其自身面对新的山水游记作为传播品审美提炼的新天地。此后由这一审美提炼的精神而影响的新的形态和风格的传播精品不断涌现。可见，审美提炼以达到取精用宏在传播中的体现不仅是促进已有精品吸引受传播者的必要条件，也是如马克思说的培养有对精品需求而不断增长自身审美修养那样的大众的必要条件。

（七）审美品类——实现传播品审美个性与审美共性的统一

现在对审美作分类研究一般按涉及的主要领域分为自然审美、社会审美、艺术审美和专就人类自身而言的人的审美。而相当多的学者把艺术审美看做美学的基本范围，因而所说审美范畴等统以艺术着眼，所称的审美形态，其实是指艺术形态。艺术审美是美学研讨的核心部分，因为其中集中体现了审美活动的要义。但就大众传播来看，所需审美活动的眼界却不只是艺术审美，而应该是人生全部审美活动的涵义。《周易·系辞》说的"品物流行"、"象其物宜"都是广义地看待立象和其成果的审美特性的。古代诗文、民间俗语所称的"万象"也正是对审美多样性的体认。应该说，中西方美学都有多样统一的审美意识，但中国审美立象学说对审美品类的讲究要更为丰富。这种讲究可分四个层次：其一，关于基本审美品类范畴。中国古代美学不像西方美学只从艺术审美而来，只有美、崇高、悲剧、喜剧以至荒诞等几个，而是从人生与天道广义关系出发以立象去体认的范畴，首先是阴柔、阳刚，继之是象、宜、文、妙、能等，然后是对达到立象宜、文与否成果的和、美、善、信，言志、表情与达意的达、婉、兴、讽等。仅就美来说，中国美学对之有各种分别，与其相对的丑也有多种分别，如丑恶、丑陋、奇丑、清丑等。其二，中国美学对构成审美活动要素的品类，特别看重，比如文气、书势、气韵、文质、风骨、隐秀、熔裁、情采等。其三，审美建造品级的品类，如能、巧、精、工、化工、逸品、神品等。其四，审美风格以及所引起意境感兴的品类。中国由这方面讲究而形成的品类学说蔚为大观：刘勰《文心雕龙·体性》归纳出文章风格八种审美品类，唐代窦蒙《语例字格》总结书法审美风格品类数十种，皎然《诗式》总结诗歌审美风格品类十九体。尤其是司空图在前人基础上所著《诗品二十四则》，是融入儒、道、佛三家审美学说而成的审美品类学说中里程碑式论著。其后沿其思路与体式出现了有关诗、词、曲、赋、画、文、书法等各方面的审美品类著作，使这方面思想成果成为中国美学强项之一。清末的刘熙载在《艺概》、《游艺约言》中对此又做了对照与发挥，数十数百对品类范畴相映成趣，宛如青峰列队，花木成行，很值得大众传播美学从中吸取审美建造的教益。

对此课题，在运用中外审美品类学说于现代大众传播活动的建造与选择过程中的时候，要用其精神。即以马克思主义为指导，既要体现以“三个代表”重要思想统领社会主义文化建设，包括大众传播所体现的文化建设，又要促进传播品审美个性与审美共性的统一，促进多样化；既要坚持正确导向，又要在传播品审美建造内容与形式结合上积极创新。这样，就可以不断增强大众传播的中国特色，使提供给人民群众的文化产品更具吸引力、说服力和感召力。

（八）审美文化——实现个体审美与群体审美的统一

审美文化，是把审美活动放在由社会历史发展形成的文化总系统中来观察而提出来的课题。审美文化一般被认为包括人们审美活动物化成果、与这些成果相关的思想论述的文献和在生活中形成的相关形态和方式等。这是包含很大的题目，也是人们常说的话题，无须多介绍有关古今论述的异同。需要提起注意的有如下几点：一、要注意实现个体审美与群体审美的统一。大众传播注目所在是人民大众的审美需求。要把个体的审美需求与公众的审美需求恰当地统一起来。要适应大众的审美需求，不忽略较小群体但却代表审美素养较高、较有特色层次的需求，也不能忽略个别个体的审美偏嗜或者另类的需求，不过要予以适当的引导与制约。二、与上一点相关，要联系国内外审美文化交流的实际，恰当处理通雅与通俗两种审美取向的文化所适应的不同人群以及作品的关系。要力求雅俗相通，在一定条件下做到积极统一，实现雅俗共赏。三、大众传播机构是审美文化发展的有力组织者和推动者。要力求与社会主义市场经济体制的建设相适应，实现审美传播产品的生产、传播与被接受和消费的积极统一和良性循环。四、加强大众传播中心环节，即编导环节建设，并实行与文艺职业从业者、审美艺术爱好者、民间工艺师、文化批评家等各界人员密切联系的制度，以促进个体审美与群体审美的积极统一，获得大众传播健康运行机制的有利条件。

（九）审美知音——实现审美创造与审美反馈的统一

审美知音，讲的是审美创造与审美反馈的关系。知音命题来自先秦一位姓俞名瑞字伯牙的著名琴家。他由晋国官任上回楚地家乡公干，于停船时奏琴，结识了樵夫钟徽字子期这个朋友。钟子期深通琴艺，听得出俞伯牙琴声里的深意，由此知音之遇，变成深交。后人把审美创造者与鉴赏者、批评者的相投与交谊称为知音，推而广之，也把各种人生交往中心心相印、志同道合的情谊称为知音。放在大众传播意义上来看，就是审美创造与审美反馈的统一。这可以有两层意思：一层是文化艺术作品的创造者与能深入鉴赏这一作品的人构成知音；二层是传播者的审美创造与受传者的深度领略也构成知音。应该说，这是上述审美文化课题的应有之义，这里特别加以专题论述，因为这是各种传播形态追求合于理想的传播功效的标志之一。刘勰在《文心雕龙》中为此写了《知音》专篇，为后人重视这一文化传播中的关系提供了可贵的史论结合的阐述。其中对知音的难度、途径、如何避免知音障碍等都做了论述。所论鉴赏的高标准是以中国美学中以道家推崇最力的“妙”作为核定鉴赏尺度的光源，以“圆照”、“圆该”作为会通文章立象程度的思路，又以“博观”作为获得参照能力的基础。对此，清人纪昀称之为“扼要之论，探出知音之本”。但这个“本”也不是泛泛之论，对具体参照评议方法，其中提出要由“平理若衡，照辞如镜”的心态去对传播品进行“六观”。这就把对传播品进入社会评价层面应该把握的基本方面说明白了。请看，“一观位体”，即立象成体在文化发展中所呈位置是否适当；“二观置辞”，即看与题旨有无适宜的文辞表述；“三观通变”，即看在同类作品中继承与创新关系处理得如何；“四观奇正”，即看建构思路与章法上掌握奇正相生的造诣如何；“五观事义”，即看引用事例与文理是否相应，是否可信；“六观宫商”，即看声韵、节奏等安排得如何。其中没有多说情、理结合问题及鉴赏者受感动程度问题，是因为该书其他篇如《情采》篇已经讲了。再比如，《宗经》篇讲了参照经典著作形成新作的“六义”，就可以把这方面知音的深度更向内容的意向性探求推进了。那里说：“一则情深而不诡，二则风清而不杂，三则事信而不诞，四则义直而不回，五则体约而不芜，六则文丽而不淫。”这可以说是在当时条件下把传播品构成的要略与审美受传者鉴赏与评价而构成知音的要略点清楚了。今天，要发展大众传播美学，我们可以就此思路继续发挥与完善，对于丰富中国大众传播理论与推动传播者与受传者之间良好关系的形成，都是有益的。

(十) 审美策划——实现审美功效与传播谋略的统一

信息传播为了说服人，教育人，影响人。这个显见的事实在大众传播“有机运动”中显示得更为清楚。研讨大众传播中审美立象的道理，也要从以前美学多从个体、静态欣赏眼界看待审美与功利关系向社会传播系统中变化着的审美事实做新的思考。古希腊亚里士多德有“无害的快感”说。这本来可以从“无害”向不同方向发挥，因为“无害”的另一面应为广义的“有利”。欧洲有一些学者却侧重于无关利害意思去发挥。康德对美学有许多贡献，在这个问题上也侧重于美感“无关利害”，对后世所谓“为艺术而艺术”学说的形成有不可轻视的影响。这一点同康德学术活动很少联系当时已经形成的大众传播促使审美活动“利害”较量更加显豁起来的事实，有密切关系。中国传统美学立象学说从起初就不大张扬审美与功利绝对无关的观念，而是着重人的立象尽意要“象其物宜”，强调善与美、道德与文艺、娱乐与教化统一的观念。《周易》古经以象数结合显现的吉、凶、悔、吝，显然表示所立之象对人的意义和价值，不是强调无关利害。《易传》所说立象要贯通天、地、人，要“化成天下”，明确提出要“象其物宜”，那个“宜”就是由立象而体现的意义和价值酌量。这应该看成对于审美功效与人的谋略关系做了初步的但也是把个体与群体结合起来的论断。那里说立象化成的作用是“天地设位，圣人成能，人谋鬼谋，百姓与能”。“人谋”显然指人们参与事物形象变革必有“谋”的因素。“鬼谋”，可以看做对形象变化中难以预料的那些因素的论断。孔子与老子虽然在强调审美活动人为因素即功利追求角度与方法上有明显差异，一个重视参与以“仁”推动人世变革，一个重视尊重自然，主张静柔以待变，但总体上都是对人君治国大计的总思考，都含有审美与道德以及与人生大计相关联的谋略思想。《老子》被后人解作无为而治的国策或兵书，与此相关。孔子及其后学的审美学说主张“兴于诗，立于礼，成于乐”，发挥诗的“兴、观、群、怨”作用，君子要以“文质彬彬”为陶冶目标，在修身、齐家、治国、平天下本领的审美修养中包含谋略内容也是显然的。其明证之一就是孔子的弟子曾子在“吾日三省吾身”的内容中不但有“传（即孔子向学生们传授的学科内容）不习乎”，还有“为人谋而不忠乎”。这也从事实说明当时孔门所赋与传授和引导的东西中，审美离不开功利的意识，也离不开与功利有关的谋略。

先秦诸子其他人与当时频繁的政治、军事、经济、外交、文化等活动所需的游说、教学、著述等传播活动中，也发展出传播审美功效与谋略相结合的思想，其理论表述也丰富多样。《孙子兵法》多次论述不同“示象”与战争胜败的关系。《荀子·成相篇》说的“凡成相，辨法方”，“主好议论必善谋”，说的是所在职任的感化、说服要求与谋略施展的必要性。在其《非相篇》中，对传播要讲究的“谈说之术”，即如何说服对方的谋略做了全面的论述。他说，要“矜庄以莅之，端诚以处之，坚强以持之，譬称以喻之，分别以明之，欣欢芬芗以送之，宝之，贵之，神之。如是，则说则常无不受。虽不说（指取悦）人，人莫不贵。夫是之谓能贵其所贵”。《鬼谷子·谋篇》还认为，“为人凡谋有道，必得其所因以求其情”。这些都为传播中“怎么说”具备更大功效就需要审美建造与谋略的结合提供了可贵的见解。

唐代柳宗元以提出“美不自美，因人而彰”的命题突现了重视人的审美活动贵有主动性的见解。与之相关的是他进一步提出了“象与人谋”的命题。他在《钴鉧潭西小丘记》中说：“嘉木立，美竹露，奇石显。由其中以望，则山之高，云之浮，潭之流，鸟兽之遨游，举熙熙然回巧献技，以效兹丘之下；枕席而卧，则清深之状与目谋，滢滢之声与耳谋，悠然而虚者与神谋，渊然而静者与心谋。”这就把审美与谋略结合和审美者的内在要求的联系说得更令人深思。原来“象与人谋”的底蕴就是“象其物宜”这样的立象与心谋与神谋，既可以通向他说的“明道”的深处，又可以显示人生的真趣。

到了近现代中外思想家眼里，对审美与功利包括与谋略关系的探求，也进到新的层次。鲁迅在为蒲列哈诺夫《艺术论》译本写的前言中赞成其从审美和艺术起源论证功利是基础，之后也不会完全脱离功利的见解。他特别点明，“并非人为美而存在，乃是美为人而存在的”。在此论断前面，他说，“在一切人类所以为美的东西，都是于他有用——于为了生存而和自然以及别的社会人生的斗争上有着意义的东西。功用由理性而被认识，但美则凭直感的能力而被认识。享乐着美的时候，虽然几乎并不想到功用，但可由科学的分析而被发见。所以美底享乐的特殊性，即在那直接性，然而美底愉乐的根柢里，倘不伏着功用，那事物也就不见得美了”。这是对断言审美统统无功利的见解很有力的反问。那么，现实审美中没有无功利的感受吗？当然会有。越是自然的或是与当下利害无直接牵涉的，由于审美关系的多样性就会使那些形象及韵味以亚里士多德或康德说的“无害的”形态引起人的感兴。但是，条件变了，同样对象又会使人的感兴也变了。可见，问题还在于形象与意义和价值联系的多样性。其深层的功用，不是直接感受能回答的，这也是理性和感兴、科学和艺术各有其用的理由之一。由此可以认为，谈论审美感兴深层有无功用为根柢和当下有无直接功用的问题是两个层次的问题，讨论审美立象要不要与谋略结合也是两个层次的问题。随意观赏自然景色，怡然自得，忘怀天人之别，是一种审美活动；要把审美心得再由意象建造成体，以物化载体的形态再去感化别人，则不但有价值取向，还要有深度的功利斟酌，即形成谋略的运用与审美功效考究的结合。

现代大众传播实践活动体现这种结合的趋势是处处涌流的。涉及政治、经济、军事等传播较量工程，都包括审美酌量的部分，甚至被称为“宣传战”、“广告战”等，可想而知，必有谋略与建造意图结合在内部起作用。就一般文化传播做为工程整体策划追求来看，现代广泛地形成了创意进而有审美策划的观念。在出版、影视、展览、广告、报刊等传播业中不断增强或明确地显示审美策划的意识。有的已明确设立或形成一种职务、职任或环节的称谓，比如，策划、总策划、策划编辑等，美术界已经出现了具有专门能力和影响的策展人。这些都说明大众传播中审美活动发展和时代审美习尚提供的新需求、新条件已经促使某些审美历史经验和观念要予以新的理解。海德格尔有个值得注意的论断，“艺术本质上是一种谋划。它要求艺术家和观赏者之间积极的合作——即就置身于作品所处的艺术传统中的观赏者而言的占用和保存”①。策划不都是审美，但传播审美创造需要审美策划。信息建构加工那种广义的艺术，需要实现审美功效追求和策划或谋略的统一。

至于大众传播实行审美功效追求与谋略讲究的结合的具体路数，可以从古今传播功效与谋略运用的经验、教训中多所吸取，不必详说。如果从新兴的系统工程学问和系统科学来观察大众传播的信息传播机制看，应该着重予以注意的有如下几点：其一，力求做到宏观立象与微观立象相结合，或者叫大范围做文章与小焦点做文章相结合。毛泽东有一次对报社人员讲，报纸是“材料库”，可以集中信息传递，又要善于研究材料，“找机会找题目发挥”，就寓有这番道理。其二，力求做到谋篇与谋心相结合。谋篇，是对信息传播成品做不同层次的谋划，谋心，是对作品思路与受传者心思联系程度的谋划。鲁迅与郑振铎合编《北平笺谱》，留下许多信件和序言既说明了编书的“豫想”，也有对文化市场需求的“揣摩”，设想了此书可以作为“中国木刻史上之一大纪念”，还预测“至三十世纪，必与唐版书媲美”。可以发现，立象追求与传播谋略均体现其中。其三，力求做到传播品多样文化功能与基本信息建构审美目标相结合。比如，一本书当然有主旨，但也有多样文化作用，谋划得好，可以收到相得益彰的功效。人们常说的社会效益与经济效益结合问题，在谋划中

① 参见《二十世纪西方美学名著选》，复旦大学出版社 1988 年版第 198、199 页。

可以与实用建筑工程做参照思考。实用建筑讲求功能、技术与美观三要求的结合，大众传播中的文化传播产品也可以参照这种原则进行谋划，这也会给大众传播中审美创造思路打开更广阔的天地。

（十一）审美人才——实现传播审美人才与人才传播审美素养的统一

此一课题属于具体传播要求的人才培育问题，但也是大众传播总体观察的必有之义。在先秦出现的“文质彬彬”等命题，首先是就具有传播审美能力，内质又好的人才培育而言的。现代人在讲的“德艺双馨”等，也是同样道理。这些都是讲适宜的人才是大众传播获得审美功效最有力的保证。刘勰《文心雕龙》有《才略》篇和《程器》篇，集中地就传播意义上审美人才的品类和“贵器用而兼文采”的成才方向做了阐述。这些与现代社会文明建设要求的人才培养互相映照，仍然可以使人得到很深启发。此一课题需要结合学校教育、社会教育、家庭教育和传播实践中自学成才问题另做研讨，此处不做详论。有个明显的事实可以作为提高大众传播事业从业者思考这个课题的迫切性和重要性时参考。现在，受众审美造诣不齐的程度颇为人们关切，但大众传播提供的作为可以起引导和榜样作用的传播品，其审美上的疵误更令人吃惊。比如，影视屏幕、书刊版面上审美常识的误导，文字与服饰的谬误，还有以丑恶当美好形象的错位宣扬等都超出了难免的失误那个一般文化流程现象的界限。从来历讲，可以找多种原因，直接而必得重视的一条改进措施，就是对传播审美人才与人才传播审美素养要从积极结合上来考虑。要抓紧传播审美人才培育这个根本问题，并且持之以恒，必能有利于大众传播审美建造质量与传播审美功效的改观。大众传播美学为此也要做出切合实际的学术研讨的成果，用以促进这方面工作的改善。

（十二）审美境界——实现传播审美意境与审美生态境界的统一

我们讲大众传播美学所依据的古代中国美学立象学说是从“立象尽意”和“言文行远”相关的两个命题开始的。从“立象尽意”到“言文行远”是传播审美活动不断进行的过程。尤其引人深思的是“立”和“行”。正因为强调“立”，后来刘勰提出“窥意象而运斤”和司空图提出“思与境偕”的命题引出的“意境”、“境界”的命题自然也体现出中国美学重视审美与人生情趣探求相联结的思路。不论把意境看做情景交融、时空兼会的审美心象果实也好，或者如前述看做赋、比、兴（即引动、感兴）和象征几法联手通向领悟的境界也好，这里的“立”还只体现了审美活动的一部分。更具有挑战性、更深刻的审美意义的部分，即马克思说的“把内在尺度用到对象上去”“按照审美规律来建造”的部分。这样意义上的“立象”是把意象用经过审美造诣培育的心手相应能力物化为具有新形象的产品。郑板桥所说“胸中之竹”重要，正为了更好地转化为“手中之竹”。而这些不同层次转化的审美成果，其功效还要显示为影响人心的功效如何，因为人及其环境的改变是审美活动更积极，更主动，也更有新哲理意义的课题。

马克思在《关于费尔巴哈的提纲》里指明他心目中的“新唯物主义”的立脚点是“人类社会或社会化了的人类”的同时，提醒人们：“哲学家们只是用不同的方式解释世界，而问题在于改变世界。”这个重要论点也是了解他关于传播与审美关系一系列论述的核心依据。这里的要旨正是说要重视世界与人类社会关系的实际状况，而更重要的是改变世界。前边引述他关于人“按照审美规律来建造”的论述和《摩塞尔记者的辩护》中关于报刊作为大众传播的机构是以“有机地运动着”的方式传播着人民需要的信息建构，又唤起人民，以促进社会问题的解决的论述，都是由此而来。从大众传播审美活动全局来看，这论点可以照亮中国古代“立象尽意”和“言文行远”两个论题所强调“立”象学说的精髓，并在现代社会需求的土壤里激活而使其焕发出异彩。由此，也可以说，凡是有益于了解这一思想和闪发相应光彩的东西，不论古今中外，都值得吸收与消化，并转化为发展大众传播美学的养料和相应的成分。卡西尔在《人论》中说，“只有靠着构造活动，我们才能发现自然事物的美。美感就是对各种形式的动态生命力的敏感性，而这种生命力只有靠我们自身中一种相应的动态过程才可能把握。”这个论断的可贵也在于点出审美立象构造的必要性和必然性，而且点出了是个“动态过程”。其不完全透彻处在于未能就现代人们审美活动的充分发展形态是在大众传播影响下展开的去立论。如果按后面说的情形立论，其“动态过程”必然把个体感兴而成的意境、境界还要联系到群体人心与行动的关系上去，联系到主观世界与客观世界相互影响而得以达到不同程度、不同取向的改变上去。由此回顾毛泽东 1941 年概括的马克思主义的命题——“自由是必然的认识和世界的改造”，和认为中国革命也需要志在改造中国而又得符合客观实际情况的“象样的图样”的命题。放在传播这种图样又去实现由图样到实际的转化过程上看，岂不是也是“立象”又“行远”的过程？

进一步看，人们由领悟而“立”的形象境界，要向物质性产品或叫向客观世界的转化，不可能无障碍地轻易地转化。这里就有理想与现实的关系。在信息传播建构审美活动达到的境界是影响人心，又去影响实践，从而促进现实境界改变的努力，是一个过程。这种经由审美活动影响人心、促进社会和建设发展，只是各种因素的一部分，其过程反复进行，方可如古人说的那样在“化成天下”上起到应有的功效。现在人们常说要有适宜的生态环境。一个社会审美上适宜的生态环境是理想社会应有的特征。但这样的审美生态适宜的环境的实现是一个长远的过程。人们要善于把审美欣赏和建造中立象而成的审美境界和长远目标、人生理想联系起来，又要善于把影响现实世界特别是影响人心、影响人的面貌改变的阶段性，即具体目标和人生现实状况恰当地区别开来。中国大众传播审美学问在“立象”的“立”与“行远”的“行”的关系有了以“象其物宜”作为建造的根本原则而进行充满智慧的把握，就一定会对整个传播学和美学的交叉研究提供出有创造性的贡献。

四、汉字文化特征与中国大众传播美学应具的特色

这个问题本来是上述中国大众传美学研究基本课题中应有的一项，由于其超越上述各题的特殊性，就设一不长的小节做简要的论述。

1. 认识和掌握汉字文化特征的重要性

人们进行信息传播要运用的符号有多种，其中最重要的是语言文字。文字是语言的书写形式，起着确定信息传播建构以作为文献传通、流布和保存的基本载体的作用。文字应该看做一个民族文化（包括审美文化）特色的显著标志。就世界范围看，最初有多种起源于象形的古文字，因为各种原因先后失传，唯有汉字历经数千年的发展，培育和传播着源远流长的中华民族文化，在新时代仍然伴随着中华民族文化的发展而展现着强大的生命力。近现代一个阶段，由于中国处于落后状态，志士仁人们在探寻民族衰弱原因时，也曾在与西方国家使用的拼音文字做比较中，怀疑汉字是不便接受和发展现代文明的文字工具。也有不少学者主张改革汉字，但不赞成废除汉字。那些研讨是非得失该由语言文字学界去总结。现在的事实是，现代科学技术的新发展，特别是信息科学与系统论、控制论、电脑等科技的发展，汉字电脑输入和检索等问题的解决，人们对汉字的历史功绩和适应能力，特别是信息识别和审美建构上的优势刮目相看。汉字的功能不比世界上任何一种拼音文字差，并且它有独特优势。可以合理地认为，以几千年中华民族生活滋养的汉字，必将以其独特的优势长远地为发展中华民族文化，包括整体审美文化和大众传播中

的审美文化，显示其作用。1986 年全国语言文字工作会议“纪要”中表达了语言文字学界共同的信念，认为“在今后相当长的时期，汉字仍然是国家的法定文字，还要继续发挥其作用”。

从发展大众传播美学角度来看，认识和掌握汉字文化特征是发展有中国特色的传播与审美关系理论与方法的根基问题。关于汉字文化研究已经有许多学者进行着不懈的探讨。唐兰先生在上世纪 40 年代 50 年代问世的《中国文字学》和《古文字学导论》为此做了开辟性的贡献。现在新的有关著作不断涌现，为人们认识和掌握汉字文化特征提供着文字学上的帮助。我们要从此继续展开眼界，对汉字特征在传播与审美结合上的体现做深入的认识。仅就创设、组成物名、人名、译名等体现的特色看，汉字就以丰富的历史文化创造积累的底蕴与适应各种形式传播特别是大众传播的活力使人们喜爱。综合各种文字学著述和传播审美实践体认，可以大致对汉字文化特征表述如下：它以与生俱来的立象追求为根据，以表意、会意为长，又以形声兼具，笔画成体，多义综合，形成模块灵活运用、文化蕴含丰富而变化精微为优势。它是独具中华民族特色，具有长久世界影响的古老而又永葆青春的文字。这是令人自豪的历史赠予。我们应该珍视并加以善用。对其文化特征的形成还可以从几个侧面去认识。

其一，中华民族先民传播意识与审美意识的萌生与发展都与汉字萌生与发展紧密联系，并且至今在汉字中可以探寻出传播与审美的历史文化痕迹。这与别的拼音文字不同。比如立象的“象”，韩非子解释为远古地面生态变迁，北方先民难见到生象，画象以示人，以像真象而成字，延申为物象之象到广义的象。其中有字词史，也有生态史、文化史的蕴涵。又如“相”，古字在树木旁画一人目，表示与“象”通用而又显示先民观察物象以显著的木为代表而又具目观心量的意蕴。以后从中延伸出多种义项，包括朱光潜先生在《谈美》开头假设举例用三种职业学识不同的人面对同一棵树木有不同眼光的论题，也在原初汉字“相”的立象里有其苗头。可以体味其中有交往传播的蕴涵，也有审美的蕴涵。举一反三，从汉字文化长期培育起来传播与审美的相融相长的联系中可以给人的启示很丰富。

其二，汉字对文化传播与审美关系的影响，有其文字特征提供的根据。著名语言学家也是音乐家的赵元任先生以其艺术敏感和学术深度造诣总结了汉语符号系统即汉字的特点和优点。他说的几项都与发展中国大众传播美学有关，第 1 项，简单和优美。其中说，“汉语的文字系统，即使把简化字考虑在内，当然是很不简单的，可是它在优美性尺度上的等级是高的”。第 2 项，通讯性能，即传达信息的性能。其中说，“汉语既靠基音又靠陪音来表达信息的基本要素”。“汉语除了语调之外还使用声调，声调是使汉语特别适宜于物理通讯的要素之一”。他也说到汉语“不利于通讯的消极因素是方言的分歧”，但正是汉字成为文化统一的有利条件。“共同文学语言或‘文言’的存在，部分地弥补了方言的分歧”。第 3 项，便于所传播东西的产生、传递和复制。其中指出，原来人们感到汉语文字系统在利用现代技术和制定程序时比字母文字即单纯拼音文字复杂，现代化条件的进展，情况大为改观。“一旦学会了汉语的文字系统，它的丰富的花样就有助于辨认。这比多次复现同一些少量的要素来得优越。”第 4、第 5 项关于汉字用量大小适当、用字节省数目方面的优势。这可以看作信息传播文字上用料精省方面的优势。第 6、第 7 项分别讲辨别符号能力和作业同义词（指简称和缩略语）达到适宜程度的功能。其中说，“总是给出语素而不是给出音位，或者从文字上总是给出字，而不是给出字母。”“这样提供的信息比较多，因此也更适宜于记忆、交谈和推断。”第 8 项是关于为了更好地发挥上述优势而更促进规范化，建议整理出一套“通字”。后者是语言文字学界的责任，此处不论。其中还指出：“汉语就其普遍性而言，跟世界各种语言相比，得分是很高的，它可以和西方古代的拉丁语的地位相比，甚至高出拉丁语。”而最重要的是肯定汉字的生命力。① 赵元任先生总结的汉字的文化特征和优势，对于人们研讨以汉语汉字为文化凭借的大众传播及其组成部分的大众传播美学如何发展和培育中国特色，都有很深刻的启发意义。

2. 汉字文化特征与传播立象的中国作风中国气派

汉字文化特征在中国传播与审美长期不断结合的实践中呈现出与之相关的特色。比如，汉字影响文学传播中的追求字斟句酌、简约构象的传统，由声调与语调联合作用而形成格律、平仄的运用，又由于汉字模块型灵活运用而形成对联、姓名字俱备而有整体呼应的人名文化，还有字谜、字谣等。由汉字书写而形成世界上最讲究的书写艺术，称为书法。与之相关的，还有印章镌刻、题匾书额、文书行款等。另外，风俗中节庆、生葬、禁忌、信仰颂赞与表示镇魇、建筑及器具用品上还有特异变化文字、符咒与吉祥字等。毛泽东曾经提倡在善于吸取世界上一切有益文化营养的同时，要重视在传播中发展“中国作风中国气派”。1956年8月24日在同音乐工作者谈话中，毛泽东特别指出：“说中国民族的东西没有规律，这是否定中国的东西，是不对的。中国的语言、音乐、绘画，都有它自己的规律”，“音乐可以采取外国的合理原则，也可以用外国乐器，但是总要有民族特色，要有自己的特殊风格，独树一帜。” “中国人还是要以自己的东西为主。”“应该是在中国的基础上面，吸取外国的东西。应该交配起来，有机地结合。”这里首先从语言说起的一番道理，而汉语言的书写形式正是汉字，完全可以在由汉字文化特征对中国传播审美学问应具的特色课题上予以应用。历史发展的经验也证明，具有浓烈中国作风中国气派的传播精品与有效方法使得中国传播文化以独特的文采赢得了世界影响。现代中国革命史上此种例证就丰富得很。比如，毛泽东在几个重要历史关头，把对全国人民的号召以书法题词的形式传播天下，独特的审美文化形态与政

① 《赵元任语言学论文选》，中国社会科学出版社1985年版第75—86页。

治、军事等现实内容结合，深入人心，起到团结人民，鼓舞人民，去改变社会面貌的巨大作用。抗日战争期间，蒋介石密令发动皖南事变，偷袭北上的新四军，制造血案，并逮捕叶挺将军。面对蒋介石反动政府禁止刊发有关报道的关头，周恩来以政治胆略、审美才能和传播谋略相结合，在《新华日报》被扣压有关文稿而成天窗的位置，以书法题词的形式对皖南事变表明了中国共产党的严正态度。那由汉字组成的题词是："千古奇冤，江南一叶；同室操戈，相煎何急。"这就使蒋介石造成血腥事变的关键事实，破坏抗战大局的性质，及中国共产党代表人民抗日意志而发出的义愤与谴责等，都以民族文化特有的风采跃然纸上，照耀人民心间，成为大众传播史上的佳话。这些都正是中国大众传播与审美结合而形成的中国作风、中国气派发挥功效的范例。我们应当继承与弘扬这种精神。

3. 汉字文化特征与中国传播与审美相结合的历史经验对世界文化发展的意义

汉字不但是中华民族实施文化传播与交往的有效工具，从其对积累和传播文化的影响看，也对世界文化的发展，起过并继续起着不可代替的作用。香港学者饶宗颐在《符号·初文与字母——汉字树》中说："造成中华文化核心的是汉字，而且成为中国精神文明的旗帜。"这话对认识历史上形成的东方一些国家和民族的汉字文化圈和新时代世界范围里热心学用汉字的人数日趋增长的现象，以及大众传播涉及世界重要文种（语种）中汉语汉字位置日益显著的现象都有启发作用。在发展中国特色的大众传播学包括大众传播美学的过程中，认识和掌握汉字文化特征是一个重要的带根本性的文化血脉所系的问题。只要我们不懈地在这方面努力，汉字文化的生命力一定会在大众传播中焕发得更加夺目。中华民族伟大复兴，中华民族文化在新时代的发展，包括大众传播美学的发展中都会显示和记载着汉字文化以其特征而显示的新的历史功勋。

4. 培育和发展中国传播学和美学结合的特色是中华民族为

世界文化发展做出应有贡献的必然要求

从人类社会文化发展历史全局来看，不同民族、国家对传播与审美的结合积累的文化成就各有其特点，从发展趋势看，又以和而不同、取长补短、走向共同繁荣为最佳选择。中国宣告的和平发展道路为中国大众传播美学发扬自己的特色，又善于与其他文化交流与相处提供了施展的广阔天地。这也是把马克思说的人的全面发展和现代人类学社会学贯串的以人为本的价值观结合起来，在力争和促进世界和谐发展潮流中发出的最有历史底蕴的声音。在体悟这一声音的学术论断中，费孝通先生用人们价值观中最富于生动吸引力的审美取向作为文化交流与相处态度的衡量标尺。他概括为："各美其美，美人之美，美美与共，天下大同。"这也是大众传播与美学结合必然要参照而加以衡量的过程。正如他说的，这要求人们提升"文化自觉"的程度，而实现这个文化总体交流与发展的过程是一个艰巨的过程，就长远来看，也是大有希望的过程。人类总要往高处走，要往更美好的境界走。中国大众传播与美学的结合在这个过程中正意味着要使中华民族伟大复兴在这个重要方面也以鲜明的民族特色为人类总体人文价值成果的繁荣做出更大的贡献。

（此论文曾于2004年4月25日在北京大学举行的关于中国美学在新世纪的发展学术研讨会上宣讲）

谈俗文学与传播学的联手研究

1984年春天，在中国俗文学学会筹划成立过程中，热心于俗文学研究的人们曾经传阅《中国俗文学学会缘起》的草稿，并且随即讨论和修改。我曾经几次参与《缘起》的修改，在学会成立后吸收与会代表意见，又对它做过订正和补充。当时曾在附记中说，这个《缘起》在学会成立中“起了一些沟通思想的作用”。以后的研究要向具体课题发展，《缘起》似乎可以作为“一个历史性的材料留给纪念册”。

现在回过头来看看《缘起》，有什么感受呢？学会成立二十年来，既促进了中国俗文学研究不同课题上不同程度的发展，反过来说，对《缘起》也涌起些新的想法。主要的一点是：当年《缘起》所体现的学术志向和视野也需要加强和扩展。这次在中国传媒大学文学院举办中国俗文学学会成立二十周年纪念活动和学术研讨活动是个良好的机会。我想建议大家研讨一个俗文学与传播学联手研究这样的课题。这可以看做由当年《缘起》所说一点线索跨进一步，实现学术上一种新的结缘，用另一种说法就是用综合交叉研究扩大学术视野。这是不是会给俗文学研究带来一些新的层面上的景观呢？这里只能初步点出几个方面，供大家商讨。

传播方式与俗文学审美文化特征

《缘起》曾经用民众“喜闻乐见的文学”、“俗行的文学”等意思解释俗文学的作品的大略，用对文学发展过程中雅俗比较和转化这样着重审美文化特征侧面做综合研究来指明俗文学学科的特征。这些现在看来仍然是有道理的。其中对俗文学学科研究对象的发展，既提到“作品种类”、“有关论述”等，也提到“传播方式”。对“传播方式”只是点到，有待展开。现在看来，应该认真加以研究。多年来俗文学研究接触到的文化事实反复提示人们：传播方式对俗文学审美文化特征的形成和发展有巨大的多方面的作用。

不久前，在一篇叫做《传播学与美学》的论文里，我分析了传播学与中国美学的思想遗产如何体现了传媒发展变化与相关审美形态作品的关系，论证了建立大众传播美学的必要性与可能性。这也为传播学与俗文学两种学问实现新的结缘提供依据。比如，由孔子代表的儒家学派提出过“立象尽意”、“言文行远”（原为《左传》记载孔子用正题反说的语言经调整而来）。这两个命题就是可供传播学发展出传播美学并和俗文学研究结缘的重要的思想遗产。因为它们包容了传播学和俗文学共同需要探讨的丰富内涵。它们可以让人思考，由拉斯韦尔提出的西方传播学中关于大众传播模式中那个“说什么”的部分，如果不补充和加强关于“怎么说”的内容，就不能充分揭示信息传播中有关审美功效的一系列问题。简括地说，传播美学的学问，俗文学在传播推动下发挥审美功效，很重要的就是要看“怎么说”的本领在实际的传播中如何体现。它们也让人思考，文学必然要以立象尽意的基本路数的“文”达到行远。但是能够做到使民众喜闻乐见而俗行的“文”，和那种和民众有太重隔阂而难以俗行的“文”，也就在传播方式上“怎样说”的斟酌上有其差异，当然，传播方式的变换、转化都以“言文行远”为根本追求，也就有相通之处，雅俗之间存在转化的可能性。

“言文行远”，还告诉人们信息传播与生活需求的密切关联。言的“文”，为了行动的远。传播方式的发展变化正是以此为根基影响着各种文学形态适应人们需要的样式与程度等等。由不晓文字的小范围人群的口传文学到现在大众传播媒体所传出俗文学作品与广大的民众相交流，有了巨大变化，现在动不动就是成千上万、数亿、十几亿人同时赏听俗行文艺作品。就其文学俗行现象来说，传播形式（包括条件、需求、导向等带来的变化）都不能不引起俗文学审美文化特征的变化。例如，赵本山、黄宏、赵丽蓉等在电视上演出的小品，就应当看做传播形式变化催引、培育而出现的俗文学（或叫俗文艺）的新现象。就过去舞台戏剧文学说，小品只是考试、培训等即兴练习样式，经过电视传媒的推动，成为具有独立品格的俗行文艺或文学体式，其剧本或脚本的文学形态自然也显露了新的审美文化特征。传媒的发展与相关的俗行文学或叫文艺审美形态成了民众日常生活必有的因素。侯跃文、石富宽等演员说过一个相声，假设取消电视台、没有电视的情景。他们以夸张的形式让人们思考：没有现代传媒，也就没有现代民众在大范围俗行状态下欣赏以至评判相声、小品这些俗行文学或叫俗行文艺的现代审美文化情景。对其中的规律性与发展课题，需要不需要俗文学与传播学学者联手进行研究呢?

传播媒介价值导向和俗文学作品的审美文化建构

人们已经知道，不同时代俗文学发展的各种体式和形态与传播条件有关。文本的版本、流传情形以至文词与情节的变异也是如此。要特别注意的是，近现代发展起来的大众传播是面向大众、具有一定社会组织为依托、具有一定数量人员组成的机构和必要的技术设备为条件的传播。作为以推动社会前进为目标的大众传播媒体必然要有与此目标相一致的价值导向，在其审美文化功效追求上也应当是如此。

马克思在《摩塞尔记者的辩护》中曾经指明了这种追求为人民利益和社会进步而运作的传媒的文化使命。他说，这些报刊传媒从事者力求把社会生活中各种材料的信息（当然包括俗行文学形态的材料所含有的信息）“组成一个统一的整体”去影响人民，而这些报刊（现代影视也是如此）在“有机地运动着”，就可以不断地影响人民，也影响社会。为了实现自己的使命，传媒不能任意地轻率地把原始信息堆砌成传播品，而要有与价值导向相应的审美文化建构。传媒的社会责任和要使文艺传播品达到尽可能多的群众喜闻乐见并且符合群众真实利益的要求，自然地促使现代大众传播中发展出一种规律性的现象，这就是实现为社会把关和审美建造的统一。这个规律性的现象对俗文学传播和发展尤其显得重要。由此带来俗文学审美研究上的一系列课题，都与此有直接间接的关联。在现代传媒对社会文化起不可轻视作用条件下，研究俗文学的发展变化，要与传媒发展、变化相联系，也就是必有之义。这已经为上个世纪中国社会文化发展中传媒与俗文学关系的丰富事实所证明。面对新世纪传媒和俗文学都有的发展课题，不论就总结过去经验或记取教训来说，如何使大众传媒与俗文学达到更有成效的互动，以符合为社会把关和俗文学传播品审美建造相统一的要求，都值得认真研究。

“五四”运动兴起前后，鲁迅、刘半农等先行者对中国现代传媒与民众所乐于接受的俗文学的关系曾经做过多方面研讨。鲁迅依托当时传媒开辟了继续并改革中国小说的道路。刘半农运用传媒发动并研讨了民歌整理并在此基础上进行诗歌创新，以及注重传播中通俗小说的积极教训与消极教训等问题。现在有了更好的大众传播与俗文学创造相结合的条件，我们应当继续他们的业绩往前走，在新世纪创造出更新的东西来。

传播学和俗文学研究中共同促进民族特色发展的课题

传播学作为科学门类是在西方发达国家开始建立的，但是传播的发展及其相关的理论认识形态在中国和在许多发展中国家也是按照历史文化发展趋势不断积累的。就其丰富性而言，中国在这方面学问遗产待发掘的库存是排在世界前列的。俗文学的学科也是同样道理。从精神文明建设看，要在中国发展这两门学科，都要以马克思主义为指导，使之成为有中国特色社会主义文化的组成部分，就要把科学研究的课题与民族振兴的大业和人民群众的需求相结合，与弘扬中华民族优良文化传统相结合。由此也就自然地提出传播学和俗文学联手研究中的共同课题，即共同促进相关文化民族特色发展的课题。《缘起》也点到这个意思，但是放在传播学与俗文学联手研究必要性上来看，需要更加深入地予以认识和研讨。

大家知道，中国共产党几代领导人先后讲过建设民族的科学的大众的新民主主义的文化，到改革开放的新时期又讲建设中国特色社会主义的文化。这些文化目标都要求在面向大众需求的审美创造中重在发展自己的民族特色。对于发展传播事业和俗文学来说这都是极为重要的。毛泽东在提倡善于吸取世界上一切有益的文化营养的同时，反复指出要使中国传播作品，包括受民众欢迎的各种文学作品，具有“中国作风和中国气派”。这就是说要具有民族特色的文化品位。1956 年 8 月 24 日，在同音乐工作者谈话中，毛泽东特别指出，“说中国民族的东西没有规律，这是否定中国的东西，是不对的。中国的语言、音乐、绘画，都有它自己的规律。”“音乐可以采取外国的合理原则，也可以用外国乐器，但是总要有民族特色，要有自己的特殊风格，独树一帜”。如此等等。值得回味的是，这些道理是从语言说起的。汉语是汉族的民族语和中华民族的公用语，也即中国的通用语言。汉语言的书写形式是汉字。要发展中国民众喜爱的俗文学，发展中国特色的传播学，也发展二者共同有关的审美学问，促进文化创造的民族特色，也就要有共同的自觉的以民族语文为本的意识：那就是珍视并善于运用汉语，珍视并善于运用汉字。汉字在适应现代化发展中的利弊，曾经在一个时期引起疑虑和争议。随着科技手段的发展和汉字在电脑信息设备中输入检索问题的解决，汉字在文化上的表现力和适应现代化需求的能力都令世人刮目相看。越来越多的人认识到汉字是中华民族具有独特色彩的文化创造。汉字伴随中华民族传播和文化发展的脚步，积累了丰厚的文化材料和经验。以汉字为重要文化依托，这是先民给我们留下无与伦比的历史赠予。我们要以汉字作为弘扬民族文化优良传统的重要凭借，在从事新的俗文学创作和新的传播业创造中促进民族特色的发展。

近些年来，我在《汉语人名文化放谈》等关于以汉字运用为本形成的汉语人名文化的考察中，在编辑学、传播学与中国美学关系的考察中，在俗文学审美理论批评发展的考察中都贯串一个信念：即汉字在审美文化上对各种传播品的影响是深远的。语言学家、音乐家赵元任对汉语符号系统也就是汉字文化上多项优越性的论证和对其生命力的肯定是卓越的。他的学术贡献应该成为传播学和俗文学联手进行新扩展领域研究的有力理论支持。

事实也有越来越多的例证，越是沿着汉语汉字本身文化特征发展趋势进行的文化传播和俗文学创作而富于民族特色的精品，越会受到国内民众持久的喜爱，也越会产生国际影响。由云南民歌改编加工的《小歌淌水》，不但国内民众喜爱；也被许多国家歌手传唱和公众喜爱，称之为“东方小夜曲”。依据北方南方不同地方传唱歌词整理的《茉莉花》，在国内演唱不衰，在国际上也成为了解中国民众审美情怀的典型俗行作品。新创作流行歌曲中也有佳作，比如乔羽作词的那首《思念》，其开头是“你从哪里来，我的朋友？好像一只蝴蝶，飞进我的窗口。”蝴蝶在窗口的舞动，宛如在汉字的块状结构提供的文化空间里有缕缕情思闪耀着中国民族诗化心理的色彩。可以说，这是俗行的，又带有雅味，是汉字汉语文化培育的创作果实。毛阿敏演唱此歌，获得国内赞誉，也获得了国际奖项。这与那种专事搬运外国腔调而背离汉字汉语文化特征的作品比较，哪一种更符合文化创造民族化的路子，是不必多说，就可以明白的。

传播学与俗文学联手研究，课题丰富，天高地阔。以“三个代表”重要思想统领这种联手研究，一定会有新的果实。汉字汉语的文化表现力也会在其中展现新的光彩。

（此论文曾在中国俗文学学会成立二十周年纪念暨学术研讨会上宣读）

文化工程特性与编辑美学思路

不久前，为组稿到镇江、扬州走了一趟，对那里的风物颇留了些印象。刚回来，又接到一本刊物，里边有篇文章把编辑工作看做一种文化工程，认为把编辑学视为文化工程学，较好地体现了这门学科理论性与应用性兼备的特点。我很高兴地看到这方面的见解。我认为，“了解编辑活动的文化工程活动特征，是了解编辑学一系列理论问题的关键”。现在看来，谈编辑美学也就得从文化传播中编辑活动必具的文化工程特性谈起。在我的印象里，镇江到扬州间长江上百舸争流、金焦对影等等风物，倒真可以与编辑活动由文化工程特性而具的审美特性相联系。在长流对影的映照里，可以有助于打开谈编辑美学的思路呢！

长江上舟船以动含静负载人与物越过一定空间；两旁金山、焦山的建筑、园林以静待动，提供以文化游赏的场所，它们都是物质性为主的建筑工程成果，都有追求审美价值的成分，都在其工程科学之中形成有关艺术和美学的分支学科。那么属于精神生产的大众传播中的文化工程活动，岂不更应看作为重视审美价值追求的领域吗？从编辑活动文化工程性质里岂不更有理由去作审美规律的探究吗？

“双戟”纠结如何解？

《水浒传》写了一个在对影山下吕方和郭盛挥舞画戟相较量

的故事。① 这里本来是一条大阔驿路，两山对影。为了争夺山寨，两人相争，也成了对影，两枝画戟较量得不可开交。是小李广花荣用奇妙的箭法射开了纠结一起的两枝画戟上的带饰，是宋江促使他们和好结拜，共上梁山。这个有趣的故事，可作为不同领域里建造工程学问之间，特别是有关审美学问之间关系的象征。

曾经有对编辑学和编辑美学的怀疑，也曾经有把编辑美学看做只是要注意装饰或装帧的美术技艺因素。也曾经有人把传播中的文化工程特性视有若无，不给编辑学和编辑美学留以和已形成的建筑园林工程学问和审美学问以对应的地位。这些是人为的，很有点对影山下双戟纠结不清的味道。

其实，物质性建造工程科学和精神生产中的文化工程科学，就“按照美的规律来建造”讲，是领域虽异，规律相通的。它们应该互相参照，互为影子科学，共同发展，各显效能。物质性建筑工程科学是以自然科学基本原理应用为主的综合性学科，其中某些部分还发展成为综合性艺术与科学及相关的艺术美学学科。如园林建造科学中与之相关的有园林艺术和园林美学。在精神生产领域里也是这样。单就大众传播中文化建造工程而言，可以说是以社会科学和人类科学基本原理应用为主而形成的综合性学科，其中某些部分形成的分支学科也可以成为综合性的艺术和科学，已经大体形成的如装帧艺术、演播艺术和新闻学、出版学等。由文化工程特性而研究编辑活动的学问应当是贯串新闻报道、图书出版、影视播映等的有共同性的道理。由此而研究编辑活动审美问题的学问也是包括各种大众传播渠道中审美道理的学科。它是编辑学和美学间的交叉学科，是新兴的编辑学的分支学科。

有了编辑活动所具的文化工程特性为重要依据，有物质性建筑工程科学中的审美学科如园林美学作影子科学，编辑美学的思

① 见《水浒传》第三十五回。

路就可有更开阔的眼界。它的内涵不应仅限于装帧或版面装饰，也不仅是外在形式的加工。文化工程特性与编辑美学思路有紧密联系。文明建设越发展，文化工程的审美功能越需要充分发挥。编辑美学在促进两种领域里的建造工程学科更加密切联系携手共进方面也将发挥越来越大的作用。马克思预言过未来科学的融合和人的全面发展，在两种建设工程对影可以联结的意义上也是可以看得出来的。编辑美学在这方面的作用是不可轻视的。

当然，就审美学问互相吸取而言，以这两种建造工程特性为依据而发展起来的美学，终归要各以自己研究对象的特殊性为基地。它们之间相对应而又各有特色的审美经验的提炼和整理，将会为丰富整个审美文化的研究，提供宝贵的贡献，也会对各方面的学科建设和创造提供借鉴和启迪。比如，园林建造可以视为突出艺术特点和审美追求的建筑工程种类。园林美学研究的概略可以着重在园林如何引人审美的鉴赏和创造，然而其实际加工着手的工艺要求仍然在于如何运用山、石、水、木等物质性的材料。编辑美学所探究的文化工程建造中审美因素在大的节奏方面如勘测、设计，施工，原材料的选择和改造，设备、产品的加工工艺和施工方法等方面，和物质性建筑工程审美学科有对应的内容，但二者随建造加工的对象而有审美要求的差异。简要地说，文化工程审美要求根本特质是要用精神成果去影响人的精神面貌。要使文化工程成果的审美功能得以发挥，就要对种种信息作不同层次的加工，要建构成生动形象地显示这些信息的价值的符号体系。善于使人在文化工程成果里找到唤起心灵的东西，这就是编辑审美活动匠心独运的所在。

“对影”是要求多所取借。编辑活动中审美要求的实质却是对文字、代码、音符、色块、线条等符号作使之更加“得体”的加工，使之增加形象的价值。曾经是在物质性建筑工程里常常作为附生要求的审美功能，在文化工程成果里不能不分别不同情况地跃居更为重要的位置。也正是越是显出了不同于物质建造工程审美要求的不可代替的特色，这种对影关系才越显著，越是相映成趣。两种不同工程性质的审美学问也就需要各自发展，又互相吸取以携手共进。

遐迩相传如何“载”?

精神产品可以比做用传播手段在文化工程成果里负载的东西。这是古人也感觉到了的。宋代的周敦颐就说过“文以载道”。他表达了儒家发展到理学学派时对文章在传播中应具的作用的一种认识。这也是对供传播作品的一种原则要求。放在编辑美学要探究的文化工程审美特性上看，“文以载道”显得不确切、不全面。在传播过程中，能说是只“载道”而没有情感、意志，没有对节操的追求和对形象的审美评价吗?

传播是人们互相交流信息的活动。人们在实践中使特性发展得多么丰富，由信息可以传播的内容就有多么丰富。这就意味着对可以传播的作品所负载的各种信息，进行包括审美要求在内的各种加工的课题，也有多么丰富。一个简单的事实是：传播必然要力求影响接受传播者。接受传播者的需求和传播的目的性都决定了编辑加工的审美要求有丰富的内容。不但传播的信息不能缺少审美的内容，如何传播更不能缺少审美的追求。马克思说的好：“如果你想得到艺术的享受，那你就必须是一个有艺术修养的人。如果你想感化别人，那你就必须是一个实际上能鼓舞和推动别人前进的人。”① 他也说过消费与生产能互相促进，艺术作品也创造着能欣赏艺术的大众。事实上，由人和物、人和人之间种种关系产生的精神作品，都要转化为人本身可传播的东西而进入传播过程。它们都有如何传播或传导得更有效、更动人的要求。求真、求善、求美的统一在文化工程审美特征上的体现在于使“文”不但足以载“人”，而且巧于载“人”，巧于影响人。

想想那些江船，它们的建造工程是不断改进的，那不是为了

① 马克思：《1844年经济学哲学手稿》，1985年人民出版社版112页。

更有效地运载人和物吗？江边那些名胜建筑园林不断修饰，那不是为了更有效地吸引人们游赏其间吗？我们出书、办刊物、作播映。都要把所传播的作品建造得更具审美的动人力量，那不是要把负载、传播精神成果的使命完成得更出色吗？

要注意传播发展带来的一个历史现象：原来狭小范围的相互传播，所需的是广义的编辑活动和编辑审美活动；发展为大众传播而提供公众采用的文化工程成果，却反过来需要在较小范围设置专业编辑人员岗位进行更集中也具有更高成效的编辑活动和编辑审美活动。正是文化传播系统逐步发展和进步，使得传播所需的枢纽位置或叫中心环节上的文化工程活动特性越来越发达。这对编辑审美活动作为社会文化系统中有巨大影响的审美形态起着决定性的作用。

现在人们所讲传播学里所作的信息流程公式是按五项来叙述的，即谁、说什么、经什么途径、有什么效果、是向谁说。在讲途径里包含不同媒介之意，在讲流程中有抗干扰的说明，在讲接受之后有反馈的说明。其中对信息要加工却当作不值得细谈的部分。从编辑学和编辑美学都要以传播所需的文化工程特性着眼看，重点正在于对信息要加工，即不仅要看在传播中“说什么”，而进一步的问题还在于“如何说”。正是在说什么与如何说统一要达到“得体”的意义上孕育着编辑美学和编辑学的要旨。人们说到的优化选题、编书体制要安排得合理、论述或描写的文字符号系统要有序而生动、装饰设计中要善于对比和联想等具体编辑审美涉及的方面，都与这一要旨有关。

信息传播要有效，而且要达到文化工程成果预期的目的，那就不能使信息处理停留在信息论萌发阶段的要求，即仅仅适应通信传输中排除干扰、技术上清晰等要求。那还主要是物质性工程科学范畴的事。只有切实在文化工程意义上影响信息建构质量的变化（向传播得更精更动人方向的变化），并且显现为审美创造加工所引起的审美价值的变化，这才真正展示出编辑学的内容。看来还是要肯定两个看法：其一是编辑活动放在传播中心环节上看，其主要作用在于选择和建造（或叫把关和建造）相结合。其二是编辑审美建造要注意的主要方面在于把伦次和启示相结合，并以此当做影响加工对象审美价值的着眼点。这两点都说明应当研究影响信息建构质量的必要性和可能性。

选择和建造都要求传播的作品增强审美因素，做到“得体”，要“得体”就需要使信息符号组合达到最佳伦次。伦次适当，才足以达到启示的目标。

“分”“合”、“激”“扬”如何裁?

伦次与启示的结合，作为传播中信息符号处理体现文化工程的审美追求，具体又该如何去把握呢?

陈从周先生在《说园》中指出：“造园，一名构园。重在构字，含意至深。深在思致，妙在情趣，非仅土木绿化之事”；又在总结一些名园构建经验时指出：“其妙在各园依水而筑，独立成园，既分又合，隔院楼台，红杏出墙，历历倒影，宛若图画。”这里说的为了构得“得体”而“既分又合”，是体现思致与情趣的审美创造路数，而“深在思致，妙在情趣”却显示审美修养在具体创造上的应用。抉择舍弃，增广删削，无不从适当地突出形象的特征中透露着审美价值趋向。要把握这两个方面，正如陈从周先生在另一处说的：“皆由观察之深，提炼之精，特征方出。”这些造园的道理放在了解编辑活动审美道理上也是相通的，正好可作为对伦次与启示了解之助。

造园需要善于观察和提炼，而且为了突出特征，要善于“既分又合”，又善于依思致和情趣而取舍，这也可说是编辑审美追求的伦次和启示相结合的要略。为了要“得体”，必然要有适当的伦次，而伦次正要在反复分合进行提炼与推敲的过程中达到适当。思致和情趣似乎是虚的，作为对体现形象价值的那些文字符号、图形符号等的加工上，它又表现为依据“得体”所需那种价值尺度的取舍。传播中的价值尺度无不要考虑接受传播者的情况。所谓“激扬文字”，体现于文字符号加工的不同价值取向，或激或扬，不是又和形象、章法上的“既分又合”相互为用的吗？为文之理可以有助于造园，造园之理反转来又有助于为文和传文，特别有助于传播中文化工程的审美构建，于此可见。

“分合”工夫对编辑审美活动的重要性绝不亚于其他审美创造，而且有其特殊性。文化工程特性决定了编辑活动的审美要更善于“叩其两端”，既要考虑得广，又要琢磨得细，作“分合”反复的过程也要更多。它要与付诸传播的信息流通各个环节结合得更紧。张竹坡在所评《金瓶梅》第二回评语里说：“做文如盖造房屋，要使梁柱笋眼都合得无一缝可见，而读人的文字，却要拆房屋，使某梁某柱的笋，皆一一散开在我眼中也。”此话颇引人深思，但不完全。作者写作目标是“合”，但没有先“分”得精确细微的工夫，也“合”不好；读者要通过“分”深入领略作品，但没有“合”也没有统领全文的生动收获。至于进行文化工程的编辑活动要进行得有深度有精度，编辑人员不但要不断变换地取着作者、读者和评者的角色，以至取着校对者、印制者、播映者、发行者等角色，还要为“得体”而反复作“分合”的观察、检测和复核。作者和读者等想不到的或想到少的，编辑的审美眼光却应当注意到而且更细些。他们应当是该分的分得清，该合的合得严。在编辑工作中，遇到新构、重构、改构、补构的种种情形，都会发生。文化工程所具有的使命是把准备传播的信息符号组成生动的个体或群体，而且用物质手段确定化，以便真正与物质技术手段联系起来，实现传播。这里“分合”的特殊性质和重要意义是显然可见的。

我在《美的发现》一书中曾谈过审美需要提炼也就需要善于掌握分解与合成的辩证关系。这对编辑美学也完全适用。合成来自分解，分解为了合成。事物的审美特性可分可合，人的审美感所依托的感觉器官的功能也可分可合，构成文化工程成果诸种审美因素还是可分可合。种种形象构成的“得体”与否，由于它们在审美关系中与生活联系的多样性，也就提供了文化工程审美创造路数上分合变化的多样性。造园艺术理论认为园林建构有分合成景之法，而无定式，编辑活动中审美创造讲求分合也是如此。

“激扬文字”在编辑审美活动中无疑是重要的。审美加工的尺度与真、善、美结合的具体鉴赏尺度是密切相关的。“激扬文字”体现的价值趋向以影响接受传播者，有一定的审美功效目标。体现善于分合变化以“得体”有一定的构建路数。这二者是相辅相成的。求真、求善、求美之间的关系，也要善于分合，以观其当。伦次上分合是否能达到“得体”的要求，也需要用文化工程所需的审美价值尺度去衡量。二者结合得越好，对增强文化工程成果的审美价值，也就越有效。

再从传播所需的文化工程和物质性建造工程二者审美追求的对照来看，二者有着重适应生活需求领域的不同，但也有相通之处。伦次与启示贯串于文化工程审美追求的各个方面、各个环节，正如“既分又合”和适应使用者方便与情趣需求也贯串于物质性工程各个方面、各个环节大体相似。建筑学要综合研究建筑功能、物质技术，建筑艺术及广义的审美追求及三者之间的关系。文化工程学科在大体相应的一些方面，也要进行有自己特点的研究。比如，要研究如何达到文化工程成果的功能及传播目标、信息符号加工的技艺和相关的物质技术如何配合、如何实现文化工程成果构成中的艺术和审美追求等。要看到二者有着重于物质文明建设和着重于精神文明建设的差异，二者对审美因素起作用的范围和手段有不同的要求，形成的学科也各有不同。但在建造中探寻审美规律，以利于“得体”、利于满足人的审美需要上，仍然可以作为“对影”关系来看待。

“笑问客从何处来”？

江船运送着各种各样的人，他们将要出现在另外一些人的面前。他们的形象会引起一定的评判，并且会引起某种审美上的比较，也会引起对这种审美价值变动考究的兴趣。传播出的文化工程成果的审美价值在形象上的体现，也将是各种各样，并不划一的。由于接受者审美观念和情趣的多种多样，不同审美价值的文化工程成果会引起不同的评判和比较，也会引起对这种文化工程成果审美价值变动原因的考究。接受传播者的反应和受这些作品审美影响的程度，也是编辑美学必须研究的课题。

唐代诗人贺知章有首诗说："少小离家老大回，乡音未改鬓毛衰；儿童相见不相识，笑问客从何处来？"如果说离乡多年的诗人重新出现在乡人面前的形象是有所改、有所不改的形象，在形象里增加的美可以说是饱经沧桑而获得的苍劲和老练的美。这是生活历程赋予他的。前边说的江船上的人出现在人们面前呢？也许是稚弱的女孩变成健美的姑娘，见识浅陋的小子变成博学多识的工程师，不修边幅的游子变成整饰一新、谈吐文明的企业家，如此等等。这些各有其促成的原因。传播出的精神产品也会有高下不同、感染或说服人程度上迥异的情形。它们的审美价值，也要从形象的各方面经受人们审美鉴赏和各种有关审美实际的检验。说文化工程特性在审美意义上也是贯穿全过程的，于此也可见出来。编辑活动在审美建造上的双重性在这里也有体现。它既有社会文化传播系统的专业岗位赋予的选择和建造相结合的使命，又有为文化工程长期、反复地起作用而尽着社会责任。在这方面，文化工程活动每到竣工而传播一部或一群作品，就仿佛为舞台或体坛推出自己培训的一批新演员、新选手。"客从何处来"在这里的审美意义远超过个体的某些经历，对形象变化起的作用的描述，也远超过作者和读者个体创作或接受中一些审美体验的描述。这是社会审美关系中作组织和引导的学问，也是编辑美学应有的特点之一。

编辑审美活动应该也能够做到这一点，正是因为文化工程特性赋予它处理供传播的文化上"崭新的实体"的责任。美国著名编辑萨克斯·康明斯正是从这方面抓住了编辑审美活动的特质。他说，编辑应当有鉴赏力、创造力和当修理工的能力。每处理一部新的文稿，“他就必须使自己适应一种新的形式。因此，他的头脑要灵活，一时一刻都不能忘记，他所处理的每一本新书都是一个崭新的实体”。文化传播过程，就审美需求看，是选择和建造那种有适当审美价值的作品提交给公众选择享用的过程。用符号体系组成建成符合包括审美价值尺度在内的优秀产品，不是容易作到的。而这种难度大的文化工程产品又必定是负载文化内容的“崭新的实体”。个别交流时零散的、不成形的思想、情感、意愿的表达，只有经过作者的组织撰写，又要经过文化工程的选择、加工，才能达到社会审美文化发展程度所应有的水准。这就是一般说来，编辑从事审美活动特别艰巨而又审慎的重要原因。

正如应有的理想尺度和实际发展已达到的审美程度常不能符合那样，在编辑审美活动中参差不齐的状况是所在多有的。这也是急需发展编辑学和编辑美学的客观原因之一。这种参差不齐的状况在园林建造成果的审美体现上也是存在的。对“崭新的实体”如何善于从具体情况出发，以求更突出“实体”本身应具的审美特征上，园林建造学科也可以给编辑美学研究以启发。孔子说过，“因材施教”。审美加工也需要“因材施工”。造园中有种种不同情况为园林美学提供了“因材施工”的研究课题。比如园林中有中国传统园林与西式传统园林，南方园林与北方园林，新建园林与修复园林，修复中又有小补、大补的不同，还有改建园林等。这些不同情形，在审美上要求也就各异。供传播的文化材料或产品也是需要“因材施教”、“因材施工”或者叫“因材制宜”的。比如，自行组织编著、原有文献或新著的汇编、改编改写、全译或编译、整理校订、完整的新著、旧著的另排或影印、古籍珍本的影印等等。播映形态的产品也有自己的不同传播形式。这些都需要对不同的作品或材料的“实体”进行不同的文化工程性质的活动。沿着这些方向研究其各自需要的伦次和启示，就会有不少的收获和发现。

但是，我们说的编辑美学需要从文化工程特性探究审美规律，却并不意味着只有专业编辑人员才能理解和运用这种规律性的认识。相反，正是因为专业编辑岗位的活动集中了文化工程特性的审美现象，从此得出的审美认识，更有利于帮助广大的人群都能从中获得审美效益。从人的才能发展来说，传播的才能和为传播而加工的文化工程才能，应当是属于人的全面发展的内容之一。未来不仅要打破个别人以某种职业为限的局限，也将打破某方面才能的局限，而在当今条件下，认识编辑美学对进行文化工程的特定岗位和其普遍意义的关系，对沟通传播有关各方面在认识评价和审美经验上的交流也将是重要的。

（原载《编辑学刊》1989 年第 2 期）

信息传播建构与编辑审美活动

几年来，我先后阐述过建设编辑学应当注意研究编辑活动所具有的文化工程活动特性的意见，也谈过建设编辑美学应当注意从这种特性去研究编辑审美活动的意见。本文拟就文化工程（说全一点可叫文化传播工程）活动中的信息传播建构应有的艺术追求与编辑审美活动功效的关系略作展开的论述，以助共同研讨。

善传艺理彰　制胜方引人

先要说明的是，这里说的信息传播建构艺术，是指大众传播中心环节上编辑活动对信息作处理加工应当有此追求的艺术。为了简化，称之为信息传播艺术，或径直称为编辑艺术，也大体可以。考虑到传播的发展有多种形态，大众传播的实施也有其他环节与因素，编辑的称谓也有专业岗位与劳作形态之分、狭义与广义之分，解说时要加以必要的限定。编辑活动中信息建构艺术与编辑美学有不同的研究角度与范围，但是前者无疑是后者进行学理概括的重要依据。这也与建筑工程艺术与建筑美学之间的关系颇为相似。人们不是已经有编排艺术、装帧艺术的称呼，以至按大众传播渠道之分称呼新闻艺术、广播艺术的吗？各种大众传播渠道都设有编辑部门，都在进行着各具特点的信息加工处理，也即是为传播而作的信息建构活动。其中为形成更精美、更有效、更具艺术和审美特征的传播品而进行的活动，不也可以形成共同的艺术追求吗？

当然，重要的是要看提出信息传播建构艺术及其与编辑审美活动功效的关系是否有理论与实践的足够根据。回答是肯定的。从马克思主义唯物史观和相关的文化学、美学、艺术学思想来看，从现代科技领域兴起的系统科学、信息科学、控制科学等应用于大众传播现象而揭示的新思路来看，从艺术形态演变史迹特别是大量留存的文化传播精品所具的传播信息结构看，作这样的肯定回答是有充分理由的。编辑活动为传播品的信息建构特征与审美价值带来了新的不可代替也不可埋没的成分。传播品的信息建构有文化工程活动赋予的复合性。由此，信息传播建构艺术追求与编辑审美功效的联系有必然性，信息传播建构艺术的形成有必然性。

传播必然是信息交流。信息交流要适于传播，就必须有适宜的建构。随着传播层次的提高和影响范围的延展，对信息传播建构的要求或标准也就越来越高。这种文化发展趋势促使大众传播中心环节上的编辑活动发展成为具有文化工程性质的活动。这种活动的要旨就是要对付诸传播的种种信息，按照一定的社会关系对传播的需求，沿着一定的价值方向，进行不同层次的选择、加工，以期传播的精神产品能在用物质手段确定的符号系统里体现适当的信息建构。

广义信息论突破了狭义信息论只重信息的量和传递清楚程度而不研究信息价值与信息建构质的局限，跨向与系统科学也与辩证法更紧密联系的思路。放在信息传播上看，只有进到广义信息论才更有助于揭开这里由信息建构为根本活动内容的文化工程特性。正是这种特性决定编辑审美活动可以影响信息传播建构的质量和数量、价值和形象。正是这种特性使编辑活动的劳作包括其中艺术追求与审美功效追求在与其他精神生产劳作的比较中显示出更具复合性的特色。事实上，善于传播者的追求和建造成果使这里的艺理彰明起来：这里可以形成信息传播建构的艺术，可以集中体现编辑审美活动的功效。与物质性建筑工程比较而言，大众传播编辑人员相当于物质建筑设计人员。物质建筑工程艺术的学问主要是把物质建筑设计人员在工程活动中的艺术追求和审美追求的实践经验提升到理论形态。信息传播建构艺术的学问也主要是把大众传播编辑人员从事文化工程活动中的艺术追求和审美追求的实践经验提升到理论形态。

马克思曾指出，“人却懂得按照任何一个种的尺度来进行生产，并且懂得怎样处处都把内在尺度运用到对象上去；因此，人也按照美的规律来建造。”① 马克思也曾指出，理论思维的方式和艺术的、宗教的、实践——精神的掌握世界的方式不同。② 这两个论断对观察物质文化和精神文化的生产及文化传播中的信息传播建构艺术追求和审美价值创造都是适用的。由于社会需求与加工对象不同，就产品特定种类的尺度和人的内在尺度的结合如何按美的规律去建造的路数不同，由之形成的建造艺术与审美特征也便不同。历史事实告诉人们，人的建造是普遍孕育着审美追求因素的。从早期的实用与审美混融难分的技艺与艺术兼容的形态，渐渐分化出纯艺术与实用艺术的种种形态。不过即使到了现代，文化有了长足发展，纯艺术与实用艺术也是各自都有新的演变，实用与审美、实践——精神方式与艺术方式仍然有新的混融或分化的形态。随着新的技术条件、生活状况和审美需求，艺术门类有着新的变动。比如摄影、电影、电视等，都先后被议论过它们算不算艺术的问题。实际的发展状况是其中既发展出了纯艺术的品种，也发展出了实用艺术的品种，这不同的品种之间也在互相渗透。在不同的大众传播渠道里有着大量事实证明着信息传播建构艺术追求和审美功效追求关系的现实性，探求与建设有关学问的课题便提上了日程。

从文化传播发展史与艺术形态演变史来看，在各个不同层次的传播中作信息传播建构艺术追求而产生传播精品的实例不胜枚举。在近代现代充分发展了的大众传播专业编辑活动里，这种艺术追求更明显地出现了自具规模的趋势。不但在对纯艺术作品的

---

① 马克思：《1844 年经济学哲学手稿》，人民出版社 1985 年出版，第 54 面。

② 马克思：《政治经济学批判·导言》，人民出版社 1976 年出版。

传播作信息加工上有这种艺术追求的精品或佳品，其他各类作品包括科学论著、新闻报道、史料记述等等在传播中都不同程度地出现了体现这种艺术追求的精品或佳品。以马克思的《资本论》为例。这是科学的巨著，当马克思带病为按照传播中信息建构要求修改此作以便出版时，他在致恩格斯信中把自己追求的建造特征称为“艺术的整体”，并要达到如恩格斯信中提及的那种“艺术作品”的品格。他还说明自己是在奋力作这种追求，“工作进行得非常快，其他人就是丢开一切艺术上的考虑，也未必能够如此。”① 此书第一卷出版后，恩格斯在书评中高度评价此书在文化传播上的意义。他还特地形容此书传播给人启示的功效如同使人“站在最高山巅观赏下面的山景那样”。这是他们深知传播应有的信息建构艺术追求，并和出版编辑作了出色配合而结出的硕果。后来，保尔·拉法格在回忆马克思有关著述和传播所需艺术追求的见解时曾写道：“要深刻地了解现实，就需要非凡的思考力，而要把所看到与所想说的东西传给别人，也需要同样非凡的艺术。”② 这不但为上述《资本论》的例子做了很好的注解，也可以说明信息传播建构艺术与审美功效的关系。

这里还可以用一句成语来说明这种信息传播建构艺术追求对达到审美功效的必要性。这就是说信息传播要引人入胜，就要用适当的信息建构作为制胜的条件。这里说的“制胜”当然是侧重建造和制约的含义，而“胜”就是妙处。值得注意的是恩格斯和毛泽东先后用类似的意思要求文化传播工作者。恩格斯曾指出办刊物应当“在文字上‘更引人入胜’”。③ 醒，毛泽东在解放战争时期和社会主义建设时期屡次要求把报纸“办得引人入

① 马克思《致恩格斯》（1865 年 7 月 31 日—8 月 5 日）。

② 《摩尔和将军——回忆马克思和恩格斯》，人民出版社 1982 年版。第 99 面。

③ 恩格斯：《致卡尔·考茨基》（1892 年 12 月 4 日），见《马克思恩格斯全集》第 38 卷，第 538 页。

胜”，要求把新闻出版的文章编写得“引人入胜”①。他们先后这样强调，难道是偶然的吗？在中国，“引人入胜”这个成语出于《世说新语·任诞》，原指美酒可以使人如入佳境。巧得很，后来演变的意思，却是兼指景物宜人的园林建筑或生动的文章书画能吸引人们进入美妙境界。把两种领域里引人入胜都从创建入胜的条件那一面来思考，岂不正好可用于证明信息传播建构艺术追求和编辑审美功效追求的必要性了吗？此中有信息传播建构的艺理可寻，也有审美创造之理可寻。

体“宜”宏微象　通“几”文质新

说了信息传播建构艺术追求的必要性及其与编辑审美活动功效关系的必然性，只是说了前提，重要的还是在进一步观察如何把握这种追求的要略，如何体现传播意义上的审美价值创造的自觉性。

马克思、恩格斯关于当时已经出现并为工人阶级政党注意利用的大众传播的重要形态，如报刊、出版都作了有关编辑活动包括艺术追求与审美功效追求的许多论述。马克思在《摩塞尔记者的辩护》中的论述尤其值得注意体味。它对我们理解本文要论述的问题，有着原则的意义。他在文中指出，报刊编辑人员在“复杂的机体”里极其忠实地报道他们听到的人民呼声，“把材料组成一个统一的整体”，以便在传导中影响人民，促进社会问题的解决。“这样，只要报刊有机地运动着，全部事实就会完整地被揭示出来”。这也就是说，可以不断地以有机的、生动的形态进行传播活动，在不断地与社会、与人民发生往复关系过程中，显示出文化传播的功效，包括影响人的情感与整个精神面貌的审美功效。如果把其中说的有关事实的“材料”看成信息粗

① 毛泽东：《对晋绥日报编辑人员的谈话》、《接见中国共产党全国宣传工作会议的部分新闻出版工作者的谈话》。

加工形态或讯息的同义语，组成“统一的整体”就是必要而且适当的信息传播建构。马克思把信息传播看成与社会、人民相关联的“复杂的机体”组织许多编辑人员作“有机地运动”的传播现象。这就是从为了“有机”来看信息的建构活动，而且付之传播的作品也正是为达到“有机运动”的目标而把信息组成一个个、一群群的“统一的整体”。这种有机思想就是在观察文化传播中信息如何建构等问题上对唯物辩证法所做的生动应用。我们应当以此为基准看待编辑活动各方面，包括信息建构艺术追求和审美活动功效方面的规律性。

我曾经依据对这一论述的理解提出要注意编辑活动所具的文化工程特性，并且提出为体现这种特性，编辑活动应当做到两层意义上的结合，一是把关（选择）与建造相结合，二是建造中的伦次与启示相结合。也曾指出传播学中常讲的拉斯韦尔公式对“如何说”这个关键问题未作明显论列，是明显的缺欠。我认为，“正是在‘说什么’与‘如何说’统一要达到‘得体’的意义上孕育着编辑美学和整个编辑学的要旨”。丹尼斯·麦奎尔和斯文温德尔的《大众传播模式论》是一部历数传播学研究模式而有引人兴味长处的著作。其中介绍布雷多克对拉斯韦尔公式作的补充，使五项变为七项，却仍然没有把“如何说”形成明确的基本要素。这方面的缺欠没有根本的纠正，就不能有完善的传播研究模式。引申到信息建构研究上来，也就不能充分认识信息建构艺术追求的意义，不能建设完备的信息传播建构的实用艺术理论和编辑美学，也不能有完备的文化传播学。至于我已经提的两层结合，沿着“有机地运动”的思想观察面前的论题，就会发现许多新的方面，并使对这种结合的理解呈现出新的层次。此处先说较重要的三项：

其一、要有宏观与微观相结合，或者叫大范围做文章与小范围做文章相结合。这是由信息传播建构必然受“有机运动”条件制约而产生的特点，也是编辑活动的显著特征。编辑活动在信息传播建构上必然要有超出个别作者或原作者劳作范围的文化工程因素。不同程度的把关、选择、加工直到传播实现和吸收反馈信息，又转入“有机运动”下一步骤，传播在不停息地运动。在文化工程意义上看，编辑活动总要从内容到外观、从可信度到价值给传播品的信息聚合建构以不同程度的影响。狭义信息论，或叫信息传输的技术科学，有其适应的范围。大众传播的技术因素也要用狭义信息论去研究。但是，对大众传播中信息传播建构艺术追求和审美功效这种复合性很高的现象，只用狭义信息论的眼界和方法研究是不够的。要把信息论研究方法的三个阶段、三个方面即语法、语义、语用，特别是后者标示的价值研究、质的变化研究贯通起来。这也就是用广义信息论来研究，放在系统科学论题里，放在通向唯物辩证法的现代科学方法的联系里来研究。认真体味马克思的“有机运动”思想，会使人加深对编辑活动由信息建构艺术追求而显示的文化工程特性的了解，可以对许多传播现象的内蕴豁然开朗。

毛泽东在这方面有许多精辟的见解。他不但指出报纸是“材料库”，即汇集信息的重要所在，还指出编辑人员不要光务实不务虚，要“研究材料”，“有了看法，有了意见，就要找机会、找题目发挥”。这岂不是要致其广大，又尽其精微，要务实，又务虚，从而促进大范围做文章与小范围做文章相结合吗？从原则上看，大众传播渠道在这方面有共性、有个性，但各种渠道都要做这种结合是信息建构艺术追求的必要特色。有的研究者只把图书编辑中的选题、组稿、审稿、原稿加工、装帧设计、校对再加有关出版信息搜集称为“七艺”，并且看成体现普通编辑学根本内容的东西，这显然是不称的。因为“七艺”只是对图书编辑这一种编辑活动操作过程的排列，在报刊、广播、电视等传播渠道里操作会有不同程度变化，何况“七艺”说法对信息建构贯串全部活动的意义还没有足够的认识。显然那“艺”字的命题也只能是不确定的概念，需要摆在恰当位置上予以重新认识。

其二、信息建构的形象与价值要在传播品的“统一整体”

的形态里相结合。信息是无声无影的，但是声、影、文字等都可显示信息、传播信息，借助这些方面传播符号系统的组织与推敲，可以成为供人们接受时转译的各种信息建构形态。文化传播渠道不同，文体不同，转译的方法与程度也不同。但传播都要用物质手段确定化，使之达到刘勰所说“言以文远”的效果。这里的形象如何从“统一的整体”中体现，价值如何与形象相得益彰？这就需要吸收、改造和利用纯艺术与非纯艺术、对人生直接起作用的艺术与间接起作用的艺术的种种经验到文化工程建造活动中来。诸如使得文与质，形与神，内容与形式，章法与情感，准确性、鲜明性与生动性统一，以及普遍适用的求真、求善与求美的统一，都可以从传播机构的“有机运动”和信息的分析与综合观察中打开新的眼界和做到新的观察，从而形成文化工程活动自身的艺术学理和编辑学学理。

其三、通过书法理论的桥梁，可以发现信息传播建构艺术与建筑、园林工程艺术和相关美学中有关建筑的基本因素和具体建构艺术酌量的一些重要原则能做到大致对应。比方从“有机运动”着眼，形成对信息作选择、加工、处理，以体现重视信息传播实用功能、发挥传播物质技术条件和顾及经济核算的同时，力求达到信息建构形象的生动引人这样三方面的结合，就可以和建筑注意实用功能为主条件下，做到功能、技术、力求美观的三个基本要素的结合大致对应起来。这种在重要问题上借取和大体对应，会有很多有趣的具体东西可谈，留待以后专题论列，此处从略。

美流人通处　境高象动心

文化传播信息建构艺术追求和编辑审美活动功效的追求都是为了更好地实施文化传播，为了更生动更有效地吸引人、说服人，以至引导人们更好地改造社会、改造自身的面貌。

马克思在同一篇《摩塞尔记者的辩护》里，不但强调了传播的功效离不开通过“复杂的机体”所进行的“有机地运动”，又强调指出编辑人员多方听取和忠实地反映人民声音，又用组成“统一的整体”以帮助人民改造社会。他还强调“报刊从理性上，同样也从感情上来看人民的生活状况”。因之，报刊所说的不仅是“理性的语言”，“而且还是生活本身的热情的语言”。这就说明，传播中要提高信息建构艺术水平和增强审美功效，从根本上看，还是要加强和社会、和文化系统、和人民生活的密切联系。这也说明这种追求不能不和传播力求影响人的目的性和必具的价值定向内在地统一起来。对文化传播产品负载信息的选择、加工与制约等等，涉及的艺术与审美问题，要从对人的社会关系上来了解，才能领悟得更深入一些。

首先，文化传播信息建构艺术追求和审美功效以引人入胜为显著的尺度，就因为这里的一切类似物质建筑工程要求的艺术和审美的酌量，都要以人们对信息的需要和利用可能有的种种功能要求为基本依据。就像在物质建筑工程活动的酌量里，人体的尺度比例及个体群体活动的形态牵系着工程活动注意的许多方面。就旨在引动人心的信息建造目标看，当然要侧重以人心活动的情理牵系着文化工程活动注意的许多方面。文化传播在部分情况下也要顾及人在接受传播中使用生理器官的合理限度。比如影片每次放映长度不能超过人的视觉一般适应的时间长度，传播中的文字符号不能过小等等。基本的问题却在于要把各类文化产品通达人心的要求放在“有机运动”中来对待，要看到信息负载于传播品要求的工程化、立体化、综合化的必要性，要千方百计地使信息建构更能适应人心并引导人心。就其影响人心运用艺术手段方面看，大众传播信息传播建构艺术的优势具有复合性和连续性。它要对作为备用品的单个精神产品信息建构特点作出艺术的延伸，而不是局限于它。不但物质建筑艺术中常常酌量的那些原则方法可以借来用于文化工程的“有机运动”，其他纯艺术及手工建造积累的许多原则方法，比如文章的章法、书法绘画的结构布局、电影画面组接原则的“蒙太奇”方法，工业艺术设计中的“迪札因”即审美设计原则等都可以在文化工程意义上被改造成为信息建构章法的有用部分。详述这方面改造和利用的路子，留在以后再作。一个很明显的道理就是在不断传通、引导、接受、反馈，又调节新的传通活动的往复过程中，信息建构质量和价值的变动都与通达人心的现实要求相联系。

对这方面特性的了解国内外研究者之间并不那么一致。英国图书馆学者K·J·麦克格雷正确地指出，“信息必须以某种方式加以组织或表述，否则它就永远只能是纯本体性的。”“信息是无序的对立面，因此，如果要以最经济的最富有成效的方式利用它，就必须对它进行组织、交流以及分享”。他也谈到“此外还有美学满足及易读性的问题”。他接触到信息的交流、分享要在有序的形态中呈现的道理，也看到便于通向接受者就要注意易读性和美学满足。但他又认为“我们可以把问题归结为出版商，看他们如何当好‘信息包装工’”。如果全面地看待传播信息的“有机运动”，当然不适宜用“信息包装工”这种说法概括和形容出版的特征，特别是其中编辑活动的特征。看来他仍然拘泥于既成文献所含信息交流和利用的眼界，对编辑活动在信息传播建构艺术追求中可以影响信息聚合建构的质量和形象的特征估计不足。国内有的研究者也在观察大众传播中的信息问题时带有局限于狭义信息论眼界的痕迹。比如有人撰文说科研单位是“生产知识”，教育是“传授知识”，出版是“分配信息”。这种比较划分并不完全确切。就后者来说，显然低估了编辑活动进行信息传播建构的重要性，更不要说对有关信息建构可以为通达人心而有艺术追求的认识了。

其二、信息传播建构艺术追求与编辑审美功效的关系表现在通达人心的程度上也可以有不同品级，其中达到传播精品的可以形成特有的信息传播的艺术境界。审美境界是中国美学和艺术理论中富有特色的重要范畴。它标志着一种艺术形态在影响艺术接受者方面的成熟程度。用刘勰在《文心雕龙·序志》中的话来说：“文果载心，予心有寄。”把这种“为文之用心”而形成的寄心效果放到信息传播建构上来看，可以理解为形成传播有关各方都能从不同通道寄心于其间而由信息构成的处所。在供人领略其形象价值意味上说，也就是艺术境界和审美境界。

一般来说，建筑及日用器物制造发展起来的实用艺术，要受实用物质功能要求的制约，大多情况下不可能详细再现另外某种事物的形象，因而境界或意境的形成难免要受局限。但是建筑中的公共活动或纪念性、典礼性建筑物，尤其是园林建筑工程，以及日用装饰、观赏的器物如盆景之类却都可以显出特有的境界。在专以赢得人心为目标的信息传播建构艺术和审美追求中，应当而且可以超出实用功能的局限，达到具有特种艺术境界的审美效果。这种境界与一般文论、画论所谈个体纯艺术创作里提供的境界相通，但尺度和内涵却不尽相同。这里是指传播“有机运动”托出而由符号系统为凭借，可以便传播者、原作者和接受传播者寄心交会的信息传播建构艺术的境界。它是艺术和审美追求的成果，又是文化传播中以个体群体相统一的建造群落；它自然有传播品所具的形象价值特征，又要在文化传播信息交流中通过符号转译而形成时间与空间相统一的艺术境界。《周易》说的“六位时成”，《文心雕龙》说的与“言以方远”相应，经“设模以位理拟地以置心”种种努力而达到可以“寄心”的符号所呈现的建构形象，都可以借来说明这种境界。唐人孙过庭《书谱》里说：“夫心之所达，不易尽于名言；言之所通，尚难形于纸墨。”但是经过书法艺术追求取得的相应的艺术建构就“粗可仿佛其状，纲纪其辞，冀酌希夷，取舍佳境”。书法艺术可以帮助了解文化传播信息建构艺术，于此又可见。

这种境界的存在不是推论，而是由许多传播精品证明了的。前边所说恩格斯关于《资本论》的出版使人们大开眼界的描绘就是对科学巨著也在特定意义上可以提供这种境界的证明。鲁迅把《海上述林》的编辑与传播当作对瞿秋白的纪念与对其革命遗愿的继续，也是为荟萃进步文化名作而当作“煌煌巨制”的文化工程来建造。从为此书传播而作内容信息的编排、外观的考究直到那文笔自如、含义深沉而意味隽永的广告，使此书出版后成为文化传播的精品，给进步人们一种高尚、动人的艺术境界。他为信息传播建构艺术境界的劳作成果和他的杂文、小说等一起成了照耀人民前进的精神上的灯火。这难道能低估吗？

其三、在“有机地运动”中考察，传播涉及的有关角色各方在这过程中也互相影响。信息传播建构形象的变化也直接间接地联系着人的形象价值的变化。毛泽东不但提倡传播工作者多向材料学习、向群众学习、向实际学习，也提倡接受传播者用写短信短文等方式“表示欢喜什么、不欢喜什么”，实际上就是说明接受传播者也可以影响传播中的信息建构的加工方式和价值趋向，也即影响信息建构艺术追求的趋向以至传播事业的形象。可以看出，信息传播建构艺术追求与编辑审美功效的关系实际上又是社会关系、文化交流中人际关系在文化工程中的表现。信息建构的形象和价值统一的问题实际上是在特定社会环境、文化环境中如何按照正确的价值方向引导人们去建造，从而也建造自身新形象的问题。这就是由此应展开得更大一些的眼界。

清代刘熙载在《艺概·书概》中引述了钟繇所说“笔迹者界也，流美者人也”的论点，又引述了王羲之所说“因寄所托”、“取诸怀抱”的论点，并且强调说，为书的要旨就在这两句话中。他实际上点出了书写者和接受者都可以通过流美之迹使互相的心寄托、传通。笔迹可为界，体现书法建构艺术追求的形象；形象可流美，说明形象与价值的关系。借来说明信息传播建构艺术追求和编辑审美活动功效的关系岂不是更显出了文化工程活动特性在“有机地运动”中显现的特点吗？善于理解和把握这种特性，把文化传播办得如恩格斯、毛泽东期望的那样引人入胜，是我们的责任。

（原载《编辑学刊》1990 年第 3 期）

论编辑审美创造需要形象思维

人们在谈论编辑创造、编辑构思等现象，想从而说明编辑有不可代替的作用。这是好事情。但是为了研讨的深入，不仅应当进到认定这些现象存在的层次，还应当进到编辑创造与构思等需要怎样进行思维的层次。目前在这方面颇有些模糊的认识和不同的见解。有一种比较流行的见解就值得研讨，那就是在编辑要创造应如何进行思维的问题上，单纯地强调抽象思维，而忽视或轻视形象思维。看来这方面的问题需要通过探究做出正确的回答。

钱学森同志认为，当前在思维科学研讨中，应该把形象思维当做一项最重要的任务。① 放在编辑创造应当如何思维的研讨上来看，也是如此。我认为编辑创造需要综合运用各种思维形式，在编辑审美创造中则尤其要善于发挥形象思维的作用。本文旨在侧重于从编辑美学角度做些探究，也就集中于谈编辑审美创造中需要发挥形象思维作用的几点理由。联类所及，希望能有助于回答上述问题。

编辑审美创造离不开形象思维

“落霞与孤鹜齐飞，秋水共长天一色”。这是唐人王勃《滕王阁序》中的名句。此处引述此一文句，意在使人们由原句境界便于领悟编辑审美创造需要在思维运动上做何种追求。这里把两种基本思维形式借喻为“齐飞”，并非排除其间必有“参次其

① 《关于思维科学》，上海人民出版社 1986 年出版第 137 页。

羽”；把伦次与启示结合比方为“一色”，并非不要分辨其各自的作用。重要的是在协同中看到发挥形象思维作用的必要性。

形象思维这一称谓在很长时间里被许多人以将信将疑的眼光看待。在对整个编辑活动进行思维的研讨里用上它，似乎更为陌生。但是毛泽东同志给陈毅同志信中确认形象思维的论断公布以来，已经促使许多人的眼光在发生变化。形象思维的作用不但在纯艺术创作方面得到日益深入的研讨，而且在实用艺术以及一切创造、发明、建造活动中的作用得到深入的研讨。国内外对创造性思维活动的研究中，不但广泛承认抽象思维与形象思维这两种基本思维形式综合运用的必要性，而且越来越重视形象思维在赋予创造、建造、发明以新形象上那种充盈活力的显著作用。苏联巴甫洛夫曾有关于人脑两种信号系统及其相互作用的学说。美国斯佩里等曾有关于人的左右脑各自侧重抽象思维与形象思维有关功能及其相互作用的实验与说明。他们都对两种基本思维形式各自的长处，与应当协同的关系，从生理心理条件方面做了科学的论证。这些都促使人们对编辑审美创造中的形象思维问题做出新思考。

编辑活动的文化传播工程性质有两个明显的标志：一个是社会化的人际信息大规模的交往；一个是这种信息交往是以“有机地运动”① （马克思语）的方式进行着文化传播品的连续建造。编辑的审美创造特色就在这两个标志所联系的把关性质选择与社会化的信息传播适当建构的结合上，也在为此所需的伦次与启示的结合上。就这种审美创造中对思维形式的综合运用来说，尤其需要发挥形象思维的作用。编辑的审美创造需要形象思维，而且是带有自己特点的形象思维，也应当由这两个方面去了解。

把关性选择与社会化的信息传播适当建构为本质的建造相结合决定着编辑审美创造的必要性可能性，也决定着为此而作的思维运动要注重运用形象思维。不论何种层次，要进行文化传播，

① 《马克思恩格斯全集》，人民出版社 1963 年出版第 1 卷第 211 页。

就要用一定物质手段使所传播的信息形成的适当建构用一定符号和信号系统来实现。传播品负载的信息传播建构和传播品不同层次的具体可感性都要通过建造体现着新的形象。编辑的审美创造中对形象价值的发现和促使其体现于传播品，以至在传播品诸种性质的融合中突出艺术性和感染力，都要用形象思维。

这里对传播品的形象和所需的建造都要做全面的理解。形象不只是纯艺术创作中才有。中国美学把从物象到意象，从意象到依此再体现于物的新形态的象，从每一形象的象内之象和象外之象都做贯通的了解。这从现代信息论来看也是深具哲理的，对包容百态的编辑审美创造来说更是重要的。唐人张怀瓘认为书法要“探彼意象，入此规模”。① 唐人司空图不但强调体现形象的“思与境偕”，而且认为“工之尤者，莫若工于文章”②。编辑审美创造要为生动有效地进行社会化的信息交流而作文章，是识工、传工、加工几者综合之工，也宛然是大规模书法活动之工。这里的“思与境偕”，也就有更大的综合性，也有更强的精神建筑的工艺性。这种工艺性不仅对物，而且着着为了使传播所系的原作者与接受者的心相通，影响人的变化。编辑审美活动不能停留于欣赏、鉴赏以至评价，而是要转化为对传播品构成上所具形象价值的影响，再去影响人与社会文化等。编辑审美创造中所需思维形式综合运用和特别突出地发挥形象思维的作用，都与此理相关。

马克思曾把建筑师与最灵巧的蜜蜂作比较，指出建筑师高明之处在于“他在用蜂蜡建筑蜂房以前，已经在自己的头脑中把它建成了”③。人们已经知道在创造性建造过程中当然需要一般思维活动，但特别需要想象，尤其是创造想象的运用。结合已知信息材料、经验，运用想象力形成有创造性的新形象，作出新的

---

① 陶宗仪《书史会要》，上海书店 1984 年影印本卷九第 19 页。

② 《诗品集解·续诗品注》，人民文学出版社 1963 年版第 50 页。

③ 马克思《资本论》第 1 卷，人民出版社 1975 年版第 202 页。

预想，这是实现创造的必由之路，而这里起激活作用的正是形象思维。马克思由上述之后又说的建筑师“在观念中”建成中预想形象的关键作用也就是形象思维所担负的。当然，抽象思维在其中也要发挥对建造目标做理智要求上的制约，但建造与创造始终不可忽视形象思维。

正是依据此理，我认为编辑审美创造也可以从物质性建造活动中的审美创造学问里吸取有相对应性质的有益成分以做启迪。我很赞同陈从周先生《说园》所讲的“造园，综合性科学、艺术也，且包含哲理，观万变于其中”的见解。也很赞同其中把造园与缀文相对照，认为二者在建设“佳构”上有相通的“文理”的见解①。编辑审美创造上也需要为建成“佳构”而有“观察之深”，“提炼之精”，也需要利用各种成品、半成品，使它们纳入新的传播建构。这就既需要注意科学性，也需要注意追求艺术性，既需要抽象思维，也需要形象思维。就审美的创造上说，在综合运用中尤其要善于运用形象思维，包括运用经过艰苦思维运动的积累由渐进而飞跃使妙思涌现的灵感思维。

也是依据此理，我赞成曾彦修同志对编辑本质身份做的两个比喻性论断：第一，是书稿的工艺师；第二，是用书稿变成的传播品（也可指其他传播品）去做灵魂工程师。② 我觉得这二者的结合正通向上述编辑活动的文化传播工程建造活动特性，也必然要求编辑审美创造具有上述综合各种思维形式中突出形象思维的特色。与曾彦修同志提出此二喻的文章收入同一本书的还有其他文章。其中两篇文章关于编辑思维问题及编辑工作特性的说法，却有会使人产生偏颇理解之处。比如有篇文章一方面把编辑工作正确地看做“系统工程”，一方面又说成是“一个科学体系”。工程指建造活动的实践门类，只说成“科学体系”，就会引起思维形式运用上的偏颇。事非偶然，同书的另一篇文章就是一方面

① 陈从周《说园》（插图本），书目文献出版社 1984 年版第 31 页。

② 《编辑工作二十讲》，人民出版社 1986 年版第 31 页。

正确地提倡实现“著作编撰翻译之美”、“审读加工编辑之美”，“装帧设计印刷之美”的三美，也说到审读可以运用各种思维方法，却回避了强调形象思维在实现三美的编辑审美创造中贯通全过程的作用，并把审读活动与有关编辑构思决策等只归结为“艰苦的科学活动”。这显然是对形象思维及艺术性追求的意义都估计不足的表现。至于有的情报学教材把情报的组织整理（实指包括正式、非正式情报交流所需的编辑活动）论断为只限于抽象思维，这更是显然落后于信息传播理论与思维科学研讨的新眼界了。另外有些同志在谈报纸编辑学和图书装帧时提倡发挥形象思维作用，尽管只在文字体裁表现修养或封面设计的局部来观察，未能贯串于整个编辑审美创造活动所需思维特色来谈，毕竟是可喜的声音。

由把关性选择与社会化传播品建造相结合为前提而要求信息传播建构上的伦次与启示相结合，这更是融会着我国审美文化和编辑审美创造传统经验的命题。它具体显示编辑审美创造如何在综合运用各种思维形式中又突出发挥形象思维作用的贯串线。我曾说过，这一命题来自李渔自述的编辑审美活动经验，但它具有普遍意义。从编辑审美创造中思维形式运用来说，它便于体现使传播品建造得更生动引人、更具审美价值的思维特色。它使得兼具各种思维形式优长，又能突出发挥形象思维作用，成为便于捉摸的东西。在这一贯串线上，形象与价值、传播与接受、体与用、形与神、原稿与新形等许多关系才更便于适当的处理。以简驭繁，循此可得。

李渔此说见于为《芥子园画传》在康熙间初刊时所写序言里。原话因由是女婿沈因伯拿来李长蘅留下的传授画法的原始稿本，他翻阅之下，既有对其中潜藏美的发现带来的喜悦，又有因为此美在传播上所需的伦次与启示未得到更好结合的体现而生的叹惋。于是他说：“此系家藏秘本，随意点染，未有伦次，难以启示后学耳!”话似随意出口，其实并非偶然。他作为出版编辑、戏曲小说编撰、园林建造、居室装饰等方面兼通的行家，在为一本画传编辑构思决策中出此言语，实在是触及了编辑审美创造中带规律性的东西。伦次，在我国文化传统中意味着对有序性、条理、类例分明的追求，也是对合理合情的形象、仪态、人际关系等的追求。启示则意味着一定信息建构的新颖、深刻等对接受者的情理反应起了引发作用。伦次与启示的结合关系历来在交往中体现着思维形式在综合起作用的现象。《诗经·小雅·正月》里“有伦有脊”，许多人只从有理有据方面理解，其实联系上言“维号斯言”，而脊本为人体动态制约功能的支柱，何尝不可以把“斯言”说得又明白、又动人的双重含义都解出来呢?现在人们说的什么人把事情说的“有头有尾”、“有鼻子有眼”，其实也是此意。其他如《周易》里有“言有物”、“言有序”，又有“立象以尽意”;《论语》里有“言中伦”，《左传》里记述孔子说“言而无文，行之不远”等等。这些都说明早期编辑家、思想家已经认为言、文的说服力、感染力与适当伦次有密切的联系。后来历代编辑家、著作家、文献学家等都以伦次与启示关系或类似的表述作为对文化传述成果的价值（包括形象价值）进行评估的重要依据。清代章学诚在其《文史通义》及《校雠通义》中把“比次”之书当作重要著述形态之一，而在论及文献图书编辑、整理、编目等时，又迭次把伦次与“辨章学术，考镜源流”等联系起来。到现代，毛泽东也曾在对吴晗谈话中称赞《资治通鉴》“叙事有法”，认为今天读它对我们有启发作用。而司马光当年作为此书主编者，在上皇帝的表文中叙述自己编集目标和形制上的追求，就是要此书既可“资治”又是“先后有伦，精粗不杂”。可见李渔此说不可轻视。

如果把伦次与启示结合当做编辑审美创造中为了实现“按照美的规律”来建造而综合运用思维形式的一种贯串线，更具深远作用。美国的布莱克斯利认为“左右脑的这种协同作用的相互关系是创造力的真正基础。”他并且相信这种“奇妙的协同”“终将会被人们所了解，终将得到促进。”① 马克思曾经指出未来人的全面发展。我理解当然应包括这种“奇妙的协同”能力的发展。我们的编辑审美创造也应当用文化传播实践中发挥“协同”作用的实绩促使其更好地开花结果。

编辑运用形象思维的法则与过程

现在常见的形象思维研究文章，多是从毛泽东的那封信中的论断受到确认这一基本思维形式的鼓舞。但是对其中关于形象思维法则的见解却不大注意。要进一步对形象思维的作用作研讨，并且应用于编辑审美创造如何发挥形象思维作用问题的解决，就应当对毛泽东对形象思维法则方面也已经在实际上作的论断做深入的认识，然后举一反三地继续向前探求。

形象思维的法则是什么，能不能理出其基本法则？毛泽东在信中实际上作了回答。他在信中称古人今人都要用于诗作的“形象思维方法”就是赋、比、兴。这三法是中国古代美学总结《诗经》经验的六义中属于形象地表达和思维的三项。他引用了宋人朱熹在《诗集传》注文中对赋、比、兴三法特征做的解说，又在对唐、宋诗人运用形象思维方法的成果方面做了总体比较。大约他认为唐人运用更为成功，因而称宋诗总的缺点是“一反唐人规律”。此处不必细究唐、宋众多诗人的艺术得失，值得注意的是毛泽东在比较中把赋、比，兴三法作为“形象思维方法”运用上的“规律”看待。既然如此，这三法岂非应当看作形象思维法则，而且是基本法则？

如果这一理解符合信中论断的意思，那就应当承认在中外大思想家中，真正具体确认形象思维，并且指明了作为“规律”的“形象思维方法”即基本法则为赋、比、兴三法的，始自毛

① 托马斯·R·布莱克斯利《右脑的奥秘与人的创造力》，国际文化出版公司1988年版第42、149页。

泽东。这意味着谈他在将马克思主义与中国实际相结合做的多项贡献的内容中，还应当列入这一项贡献。

也许有人要问及，六义中还有风、雅、颂，既然赋、比、兴是带规律性的形象思维方法即基本法则，那么，风、雅、颂是什么？唐人孔颖达解释六义时说："赋、比、兴是诗之所用，风、雅、颂是诗之成形。用彼三事，成此三事，是故同称为义。"后人对六义解说纷纭，但大致公认赋、比、兴是诗法，风、雅、颂是诗体。法与体，有区别又有联系。因而可以说赋、比、兴是就形象思维形式中方法意义而言，是基本法则；风、雅、颂则是运用形象思维方法而使形象与价值达到特定融合的成体法则，孔颖达说的"用彼三事，成此三事"在这个意义上颇有道理，对编辑为传播品而建造成体也有启发。

赋、比、兴三法与风、雅、颂三体，是中国文化为形象思维特性的揭示与表述作出的有特色的贡献。经毛泽东的改造与提高，它们更显出异彩。但它们体现着的真理的内涵却绝不只是适用于说明中国文化。应当说东西方各国思想家、美学家、艺术家、编辑家的见解中也是有与之相呼应的声音的。亚里士多德为开拓西方形式逻辑学贡献颇大，但他在《灵魂论》中也承认："离开心理图象去思考是不可能的。就像在作图时一样，类似的效果可以体现在思维当中。"① 他也主张在人们交流中理智的说服与情感的感染应当并用。黑格尔和明白提出形象思维名词的别林斯基的一些见解也与赋、比、兴的内容有相通处。黑格尔关于艺术类型特征的划分如象征艺术、古典艺术、浪漫艺术的解说中即有与之相通之处。

最值得注意的是歌德的见解。宗白华先生曾举《庄子·天地》中那个黄帝派几个使者找所遗玄珠的寓言和歌德关于从形象获得真知的见解做对照。庄子的寓言说先派的知（理智），离朱（色，代表视觉）、吃诟（言辩）都找不到玄珠，后来派象罔

---

① 转引自本书上页注所指《右脑的奥秘与人的创造力》第39页。

去，找到了。歌德的话是：“真理和神性一样，是永不肯让我们直接识知的。我们只能在反光、譬喻、象征里面观照它。”除神性之说显出歌德的局限性以外，他实在是对形象思维在做赞词。那三方面观照正和赋、比、兴相通。请看，由物象对人的反光观照，多么像“赋”法；譬喻的观照是“比”的应有之义；象征的观照可说是“兴”的“托物言志”内涵的一个重要侧面。宗白华先生在做对照时感慨地说：“真理闪耀于艺术形相里，玄珠的皪于象罔里。”请把这些对照再和中外的艺术品和许许多多给你带来形象价值感受及评价的意向的传播品对照一下，你不感到赋、比、兴及风、雅、颂的身影处处闪耀和的皪着吗？

如果说这是用语言文字符号为事例来谈赋、比、兴三法运用的普遍意义，在非语言文字符号的交往与传播中及有关编辑审美创造中是否也适用呢？答案也是肯定的。陈原同志在《社会语言学》里谈及非语言文字的交往、传播与形象思维关系时曾介绍了柯克在《音乐语言》中讲的音乐表现客观世界的三种方法。我看，从形象思维来讲，这三种方法其实也和赋、比、兴相通。头一种是直接模仿自然音响，略似“赋”法，第二种原称近似模仿，其实是比拟模仿，如对雷鸣风吼可采用比拟方法使人形成近似感受，略似“比”法；第三种是用象征的想象的方法，如采用文字语言标题或特定音响标志办法，使声响与情感关联，略似“兴”法。[①] 联系到宗白华先生曾介绍西方有的美学家认为一切艺术都能通向音乐，认为有一定道理。宗先生自己还分别讲了建筑、书法、绘画、音乐、舞蹈与文学间的相通之理。[②] 如果我们把此论再放大到各种实用艺术、建造工艺及民俗文化，特别是编辑从事的活动中可以形成的编辑建造传播品的艺术，就可以看到形象思维的赋、比、兴三法实在不限于纯艺术，而是有审美处皆通之的。

---

① 陈原：《社会语言学》，学林出版社 1983 年出版第 179—192 页。

② 参见宗白华《美学散步》，上海人民出版社出版第 44—57 页。

至于对赋、比、兴内涵及划分的具体解说，历来注说蜂起，不胜枚举。除毛泽东信中引用朱熹之说为较流行者外，前人李仲蒙、现代人叶嘉莹比较注意从表现形象的异同上立论，颇有参考价值。我在《美的发现》一书中则认为仅把它们看成三种表达方式也是不够的，它们是审美形象评价中用想象联系主体与客体、主观与客观的三种基本方式，对感受、创作、品评包括表达手段都是重要的。看来，它们能作为基本方式，还是在于想象本身的特性。“赋”是指对物的形态特性的铺陈，“比”、“兴”指的是对物与物之间形态、特征之间的对照、比拟和联想。“赋”更侧重于再现想象；“比”、“兴”更侧重于创造想象。书中还有一些展开的分析，此处不赘。现在看来，对“创作”要作展开的理解，或加上“建造”的含义。刘少奇同志就曾认为：“编辑工作是一种高级创作。”① 我们从中也可以看到编辑工作有审美创造和运用形象思维的广阔天地。应当说，在各种传播品具体建造中审美创造和形象思维发挥的必要性只有大小之分，不是有无之分，这是必须肯定的。

从以上谈及毛泽东信中对赋、比、兴三法的确认到六义的观察，也可以举一反三地达到对形象思维基本过程如何把握的了解。人的两种基本思维形式有区别又有联系，它们各有其长处，也能做“奇妙的协同”。它们的基本过程也是如此，也会有对立统一关系。既然形象思维从《诗经》艺术经验总体中可以对形象地呈现的东西可以分解为不同的形象思维方法的实例，又能合成为这类形象的总体形象，这也告诉人们整个传播品可以从创作到成品也经历分解与合成的过程而呈现为新的形象。在我看来，形象思维的基本过程就是分解与合成的运用过程。这和抽象思维基本过程是分析与综合的运用过程是大致相对应的，二者的差异在于一为抽象概括，一为形象提炼。这种分解与合成反复交替进行，以达到从原有形象形成的表象提炼为意象，再到赋予建造品

① 《党和国家领导人论文艺》，文化艺术出版社 1982 年出版第 81 页。

以新的形象。在编辑审美活动中集中的目标是为文化传播品作为大大小小的文化传播工程的实施而劳作。其中也与抽象思维参互而行的正是形象思维。它也要由此及彼，由表及里，但这些与抽象思维的推理不同，而是活跃于想象的联想、增减、提炼之中。这里的提炼当然也要去粗取精，去伪存真，但并不是表象与形象的抛弃，而是从形入神，又从入神进而深领其形，并在建造中体现形象。古代画论说的“迁想妙得”、“删拨大要”即是此意。

对于此种过程的详细分析我也在别处做过，此处不详讲。值得注意的是中国文化不但提供了上述的六义，还有《周易》传文中说的“六位时成”的卦象变化的实例与哲理。《周易》六十四卦，每一卦象依八卦各占三爻上下两卦相重为六爻，上两爻象天道，中两爻象地道，中两爻象人道，由下至上排列去，称初、二、三、四、五、上，重卦的全卦为大象，每爻显意为小象。卦象变动意味着阴阳、柔刚、仁义组合的变动。除去其神秘的占卜意思外，《周易》“立象以尽意”，由象以见意，实在也为了解形象思维的分解与合成运动，提供了内、外、大、小的象与意之间变动组合而成形象那种种思路的具体模式。此论有待另外详细展开，这里先要指出一点：六位由三而来，三由对立统一的阴阳、刚柔组合而来，却可以对了解编辑审美创造中运用形象思维中注意思维的辩证法和生活中事物本来的辩证法，这无疑是有益的。我觉得还要注意“六位时成”的空间、时间综合观念对传播品建造的形象思维运用尤为重要。普里戈金曾一再表述过时间或不可逆性是“有序的泉源”的思想。① 但《周易》的“六位时成”更适于理解形象思维在传播信息需要新颖性那种意义上的运动。我们可以由这种思想和编辑审美创造结合起来，去更好地把握时代的脉搏，祖国的脚步，人民的心声。

回到前述伦次与启示结合的命题，再看其与形象思维基本法则与基本过程的关系。李渔后来看到王概改编好的《芥子园画

① 普里戈金、斯唐热《从混沌到有序》，上海译文出版社 1987 年出版 349 页。

传》，大喜，当即认为伦次与启示结合，大为改观，决定印行。由此一部长期流传的出版物诞生了。他不但提出伦次与启示关系，还认为其深处即为“文理”。他说：“通天下之士农工贾，三教九流，百工技艺”，“文理”普遍地有效，“粗技若此，精者可知”。① 刘熙载也说通过“一阖一辟谓之变”“遂成天下之文”的“文法”。② 他们都从“文理”“文法”中道出同样的建造规律性来。中外现代讲创造性思维者讲的名堂极多，数十成百，都有说词。有的同志把它们归纳为辐射思考、辐集思考、相似思考、反向思考、分合思考等。其实从思维基本形式说，这些对思路纷纭说法的本质无非是分解与合成在其同分析与综合作综合运用时加上归纳、演绎等作“奇妙的协同”而生的种种变化的形态。

鲁迅、郑振铎都是深通编辑审美创造中形象思维三昧的。他们关于此中妙得的由来做的说明，见于所编书刊前后者甚多，不必枚举。这里只推荐人们读读鲁迅的《选本》《〈译文〉复刊词》和他们两人关于编刊《北平笺谱》的多封通信，自会有所知应用，此处从略。但前面既然说到为《芥子园画传》李渔有关于伦次与启示之言，此处将该书中《树谱·杂树总法》部分一段评语却得介绍一下，以便于从中了解形象思维方法、过程与伦次、启示的内在联系。那里说：“既将诸家之树各立标准以见体裁矣。然体裁既知，用即宜讲。体与用虽未可分，而为入门者设，不得不姑为区别。如五味俱在，任人调和，善庖者咸淡得中，尽成异味；又如卒伍四调，静听旗鼓，善将者，指挥如意，多多益善。有配合，有趋避，有逆插取势，有顺顾生姿。荆、关、董、巨诸人既已各具炉冶，熔化古人之笔；今之学者，又当以我之炉冶，熔化荆、关、董、巨之笔，方见运用之妙。”文化传播品建造中，如何迁想妙得，又如何妙在迁想，于是处不也可

① 李渔：《闲情偶寄》，浙江古籍出版社 1985 年出版第 132 页。

② 刘熙载《艺概》，上海古籍出版出社 1978 年版第 40 页。

以得到更清楚的答案吗?

编辑审美创造与社会形象思维

这问题新鲜而又重要，但又不得不长话短说。一是因为篇幅有限，二是目前思维科学对此项研究还有待展开，我之所见，只说端绪。

心理学原来只就个体心理现象进行研究，后来发展出了着重社会心理现象研究的心理学分支科学，即社会心理学。钱学森同志认为，在思维科学里不但应当有抽象思维学、形象思维学、灵感思维学，还应当有社会思维学。我赞成他的见解，并且有两点想法：第一，和思维科学整体布局可以相应，也把社会形象思维的研究作为社会思维学研究中“一项最重要的任务”；第二、由于编辑活动处于文化传播中心环节，社会化的信息大规模交流由此处确定与供应，淘炼聚散，万象纷呈；就各种思维成果经由传播品建造而进入工程性的新形态而言，也呈现为人际交往中思维交流的更高层次。编辑审美创造所系社会思维与社会形象思维现象特别丰富。这里的课题值得各方面研究者通力合作加以解决，有可能成为对编辑学、编辑美学、思维科学等均获致突破性成果的所在。

编辑审美创造不仅需要在综合运用各种思维形式中善于从个体形象思维意义上发挥其作用，而且要善于发挥社会形象思维的作用。应当说上述涉及思维形式在编辑审美创造中如何进行的各方面现象都必然与社会化联系。因为编辑活动的特性就在于通过传播品的建造体现为更高层次、更富综合性的社会化信息交流。但是仍然需要强调不可忽略与社会形象思维的关系，是因为其间有特定的作用，也有特定的学问。

一、编辑审美创造的实现，更需要体现个体与社会特定人群在形象思维运用上的统一。马克思所说人是社会关系的总和那个著名论断，对了解大规模信息交流中呈现的社会形象思维也有原则的意义。编辑审美创造中思维运用所涉及各方面个体、群体、集体的思维状况都在程度不同地起作用。传播品从选择、构思、设计、加工再到传播中检验其社会效果，都是社会化的。其思维创造性能达到的程度与社会关联，也与不同的集体或群体关联。钱学森同志指出：皮亚杰的心理学不大讲社会的作用，其实人的思维也是集体的，并不完全取决于一个人。它受集体的影响也是非常重要的。并且认为人的思维质量的好坏，一是靠社会实践，二是靠知识。① 这些在编辑审美创造中尤为重要。可以说，没有社会文化的审美需求与相应的社会形象思维的成品、半成品，没有各种为传播建造各方面的具体思维成形所需的协同配合，编辑审美创造就不能实现。

二、编辑审美创造常常要在编辑机构、编辑集体的系统安排中进行。这里要重申马克思关于编辑机构是“复杂的机体”，编辑活动要体现为这一机体在一定社会，文化环境中作“有机地运动”的论述。马克思分析的这种情况为社会形象思维在编辑审美创造中的作用提供了实在依据。马克思描述了在编辑活动中人民生活状况被不同专长和学识的人分别就印象状况的历史、状况本身、解决办法以及分地方范围、整个国家范围去写作，然后又组成“统一的整体。”机体里的分工和这些人的合作，才能“一步一步地弄清全部事实，”又去推动社会问题的解决，以改变社会面貌。这里是由编辑机体显示的有机的运动，其中当然也活跃着社会形象思维的作用。

社会关系作为系统的性质与社会化的编辑机构的机体及机体中的不同成分、集体中的不同个人之间有共性与个性的关系。但是社会关系决定着编辑机构的机体和编辑人员个人的政治倾向、审美取向等，会影响其思维运动的方法，也会影响其接受正确思

---

① 钱学森《开展思维科学的研究》，收入《关于思维科学》一书，上海人民出版社 1986 年出版。参见《思维科学探索》，山西人民出版社 1985 年出版第 11 页、第 14—17 页。

维形式方法的程度。越是先进的阶级与政党，越是公开承认编辑机构与“有机的运动”的倾向性并为之奋斗。马克思、恩格斯所说作人民精神的慧眼和喉舌，列宁所说同真正先进阶级运动的汇合，毛泽东所说为人民服务，办报体现无产阶级应有的风格和把报纸办得引人入胜等要求与“马克思列宁主义的领导艺术”的关系等，都显示着革命政党对编辑活动中编辑审美创造所需的社会形象思维方向的要求。

三、编辑审美创造的思维运用在社会文化系统中实际文化传播工程的建造上必定有社会提供的特定情境，也要求审美创造有适应这种情境的特定表现。列宁说过，在这个事业中绝对保证有个人创造性和个人爱好的广阔天地，有思想和幻想，形式和内容的广阔天地，同时他又批评了“作家管写，读者管读”的旧观念。① 这也就是鼓励编辑工作者可以在社会文化系统的特定环节中做综合运用思维各种形式的创造。这是一种利用社会形象思维做出宏观与微观相结合、联系作家与读者的创造，是可以看得清楚的。

四、编辑审美创造所需社会形象思维，还在于传播品建造工艺与影响人的工艺结合。这就意味着要见物又见人，显物又显人，通物又通人。俄罗斯安德烈耶娃正确地指出，大众情报体系中交际者具有“集体”的性质。她又说，“传播者在任何时候都不会确切知道，谁将接受他提供的交往。”因而要特别研究“信任”、“吸引力”等方面的心理问题。但她没有把这些问题提到应有社会形象思维研究的层次，是其不足。

五、编辑审美创造需要特别重视社会形象思维，还因为它与物质建筑相似，也与用兵相似，需要组织协同，也需要相应的学问。赵家璧先生说：“最近郭绍虞说，学有二：有个人专攻之学，有社会通力之学。后者就指编辑学吧。”② 这对编辑审美创

---

① 列宁：《党的组织和党的出版物》，《红旗》杂志1982年第22期。

② 赵家壁：《我是怎样爱上文艺编辑工作的》，《书林》1983年第1期。

造中需要社会形象思维中的通力合作及有关学问，也是适用的。美国小赫伯特·史密斯·贝利正确地论断图书设计与书的印刷活动象建筑的工艺、艺术，文字编辑也是要在这方面对出版物起同样作用。他在这里有社会形象思维与文化建筑工程相关的思路，但他还没有谈及社会形象思维的观念，是为不足。

我们常说的集思广益、取精用宏，用于编辑审美创造需要重视发挥社会形象思维的意义上，将会使这一命题本身和原成语的内涵都得到新的开发。集思与广益相随，取精与用宏互移。人们常说的审美愉悦，指静态的欣赏与鉴赏。其实，在大规模信息交流中，编辑审美创造要运用社会形象思维，固然有艰苦细致的劳作，也有创造的审美愉悦，还有与广大人民通心，看到由集思广益、取精用宏而致万象在更新着的审美愉悦。为此创造，乐在其中，乐在社会前进的激流中。何乐而不为？

（原载《编辑学刊》1991 年第 1 期）

论编辑活动从选择到构思的审美创造

编辑审美创造需要形象思维，这种需要贯串于编辑活动整个过程，也贯串于这一过程的每个阶段。人们对不同的编辑活动阶段有不同划分，曾有人就某一具体编辑工作做了细碎的划分，但从编辑活动共有的必备阶段来看，可以简要地分为初始阶段，中间阶段，完成阶段。这几个大的阶段活动的基本内容，可分别称为：从选择到构思、从设计到加工、从校核到定型。各种不同的传播形态、传播品建造的不同目标和条件等，会使这些阶段的活动内容发生程度不同的变动，因而需要形象思维发挥作用的范围和重点也会有所差异。但是由此而显出的个性或特殊性并不妨碍而是更加多样地显示出它们都需要发挥形象思维作用的共性或普遍性。这里拟就从选择到构思的活动再谈编辑审美创造需要形象思维的几个问题。

编辑的选择与建造初期结合与形象思维

编辑审美创造需要形象思维，决不意味着仅限于对传播品外观做装饰，而是要从始到终、从内到外都需要“按照美的规律”来进行文化传播工程性的建造。如果把“书籍艺术”只理解为装帧之事，把报刊宣传需要“引人入胜”只当做表面装点技巧之需，都是看狭窄了，看肤浅了，也是把编辑活动初期形象思维作用如何发挥所具的决定性意义看轻了。现在越来越多的人在重新体味马克思所说的“按照美的规律来建造”的名言，要理解它对于新闻出版、广播电视等编辑审美创造所具有的多方面的意义。有的同志倡言“大力构筑出版业的重点工程”。这个倡言在认定编辑活动的文化传播工程特性上是有益的，同时说明编辑审美创造从文化传播作为系统工程来看，其中必然有发挥形象思维作用的问题。系统工程不止是审美，但包含审美酌量。要使得编辑活动中把关性选择与为传播而做的特定建造相结合，必定要有形象思维在与抽象思维等思维形态的协同中发挥特有的作用。

为了便于说清问题，这里先重点介绍鲁迅的一些论断，特别是他与郑振铎合作编辑《北平笺谱》初期于两地通信中表达的一些珍贵经验和有关见解。

鲁迅在《译文》复刊词中曾讲过当时进步编辑工作者艰苦奋斗的情况，说他们“大抵是‘传播文化’的”。在为辛勤编就印行《北平笺谱》改定广告时，他就此书应更多的读者需要可以重印一事，说是“工程浩大”。不言而喻，他把这种属于精编而又精印图书的劳作看做文化传播工程的建造活动。而他对此书编成并受到欢迎感到欣慰。他在该书序言中称当初辛勤的编辑活动为“拔其尤异”而成书。郑振铎也在《访笺杂记》中记述了他们商定题目和编辑此书的经过。他特地说明了访得笺样后是由鲁迅负“最后选择的责任”的，还说，此书“有印出来的样式”，“全都是鲁迅先生的力量。”而鲁迅却认为是两人的共同劳作实现了“豫想”。在印制中，为了省邮传麻烦，鲁迅曾在信中表示可以不看样件。就在此信中他说，对成书的形象“可以闭目揣摩而见之”。从这里可体味到鲁迅实际上是认为编辑活动要达到精美的目标，从开始就要认真进行编辑特有的“拔其尤异”的活动，或郑先生所说的“选择”活动，又要有历来编辑家所说的反复揣摩式的建造活动。他把这二者结合的意味又出之于“豫想”一称，可以说把诸种思维协同中发挥形象思维作用的构思特征也概括得很中肯。鲁迅的经验和论断值得人们思索，从中获取启发。

鲁迅和郑振铎的这些经验和论断给人们一个突出的启发，就是更加懂得编辑审美创造的起始就需要形象思维。这种形象思维正确发挥的思路是“豫想”和“选择”之间关系的正确处理，也就是要使得把关性选择和为传播而做建造要在起始阶段就要有正确又生动的结合。人们都知道，为文之道和建筑之道都有建造上的审美追求，贵在有新颖而深刻的立意。立意要鲜明、生动又准确地在传播品的新构中得到体现，单靠抽象思维不能奏效，需要有形象思维。但形象思维的运动方向，形象涉及的价值酌量又需要抽象思维的协同与制约。对社会生活提供的信息，不论是现实情况的收集，还是历史文献的检获，人们都需要经历感性认识与理性认识相互为用的过程，还需要不同思维形态进行概括与提炼相互为用的过程。人的知与行的联结都随着历史文化的种种影响而有情志所向即价值取向的问题。由特定的社会关系和历史文化条件及个体条件等不同，编辑追求的文化传播目标不同，在选择与建构的结合上也会有不同的要求。我们常说，既要正确的说明世界，更要正确的改造世界，这二者的关系在了解编辑审美创造上也是适用的。毛泽东一再强调要把文化传播事业办的引人入胜，也曾指出，包括正确的宣传在内的整个革命事业需要有符合实际的图样。以此作为体现能动的反映论的问题提在大家面前。他发挥了马克思关于人和蜜蜂比较而可以见出的不同处，在于人的思想中先有房屋图样的见解，进一步说：“我们要建筑中国革命这个房屋，也必须先有中国革命的图样。不但须有一个大图样，总图样，还须有许多小图样，分图样。而这些图样不是别的，就是我们在中国革命实践中所得来的关于客观实际情况的能动的反映……”①。这番道理是把建造须有图样之理用于广大范围的，但是用来观察编辑审美创造中须有选择与建造的正确基地之理也很适用。它说明编辑审美创造初始阶段要重视选择与建造结合的根基问题，也是发挥形象思维作用的根基问题。“按照美的规律来建造”和能动的反映论在编辑活动中需要怎样正确进

① 《毛泽东著作选读》下册485—486面。

行形象思维的问题上，是内在地统一的。

这里可以进一步观察人们常说的重视选题与整个初期编辑审美创造中要重视全面地实事求是地进行选择的关系。凡是自觉地要进行编辑创造包括编辑审美创造的人，都晓得选题做得成功与否是编辑初期活动的一个重要环节。有的同志把选题看做编辑活动或编辑审美创造初期全部内容。有的同志还提出“优化选题”的说法。抓好选题，这是应有的追求。但是从编辑审美创造和发挥形象思维来看，选题当然是选择与建造相结合的重要标志，却还不能表达这一阶段全部活动的丰富内含。除选题外，还有其他形态的编辑立意的标志，如总体设想、全面计划、具体传播品的构思等。这些都包括对信息、情况的了解以对有关审美素材包括各种成品、半成品的认真研究而加深对审美价值的发现。有了初步发现和选择，提出了适当的选题，还要去进一步发现、选择，做进一步的构思或“豫想”。总之，选题的前前后后或中间反复过程都要对选择与建造做繁复的结合活动。人们常说的审读，不只是选题的需要，在上述的几个大阶段都要有详略不同的审读活动。因而可以说初期活动中的选题是选择行程的标志与旌旗，与此有关的形象思维和诸种思维协同有效的根还要扎在力求符合能动的反映论上。鲁迅与郑振铎有多次编辑审美创造成功的经验，证实了这一点。我国新兴编辑史实中有许多事例可以说明这一点。毛泽东多次强调的“没有调查就没有发言权”，对于编辑审美创造初期活动中发挥各种思维协同来说，也有深刻的启示。没有来自实际生活及各种信息的审美素材的接触、感受、选择与琢磨，能有编辑审美创造中生动感人的“发言权”吗？显然是不能的。应当说，从严选材，就是看能否创造性地对所选材料进行认真研究，提出适当的选题。有了适当的好的选题，还要如鲁迅说的“选材要严，开掘要深”。这样才有使形象思维真正发挥作用的天地，在传播事业中才有充分而有力的“发言权”。

鲁迅和郑振铎的经验也从另外一面给人以启发。编辑发挥形象思维的作用，就要在反映生活和文化信息把握的基础上，善于

"豫想"，善于在"揣摩"中使传播品的新构活脱脱地萌发生长，直到可以"闭目而见之"。这里，豫想就是构思，而构思，实在就是思构。编辑审美创造发挥诸种思维协同作用中尤其要发挥形象思维作用的要略，就在于孕育传播品新构。这并不意味着与原作者的创造相混淆，也并不意味着与接受者、批评者在接受传播或评估传播品价值的思维活动相等同。编辑工作者传播，积累和发展文化中要起文化传播工程的组织、设计、实施与检验等的综合作用。鲁迅处在旧中国那样艰难的编辑活动条件下，在文学创作的同时又以先进的思想、高度的责任感与丰厚的审美造诣为各种传播"工程"进行辛勤的编辑审美创造。他善于在诸种思维协同中运用形象思维，经过生动的"豫想"使编辑审美创造活动产品出土发芽，抽枝结果。这些产品也是他为中国新文化立下的奇伟功业的重要方面。仅以《北平笺谱》而论，那是他整理中国传统木刻艺术文化，又参照世界新进木刻文化和提掖中国新兴革命木刻艺术队伍的一项令人叹赏的贡献。他的"豫想"在特定的选择与建构结合的课题上展现了中国历代有识之士如刘知几、李贽、叶燮、章学诚等人关于创作、编撰以至编辑活动中将才、学、胆、识融于一体而"蕴隆发现"于才的思想。大匠之手，非同凡响。他开始"豫想"把这些"虽小景短笺，意态无穷"的木刻作品编成统一整体的书的时候，就不是限于一书本身的较狭小眼界，而是从历史发展和横向比较上把宏观与微观、形象与价值、文化上不同层次人群的需求等都置于编辑思维的课题之中。他自信地"豫想"此书"实不独为文房清玩，亦中国木刻史上之一大纪念耳"。他还乐观地"豫想"："至三十世纪，必与唐版媲美"。至于他为达到审美创造目标，如何具体地"豫想"有关此书的书名、编次、纸质，一直到装帧广告等各方面，体现将伦次与启示相结合的精细匠心，有他的多封信件和序言都与此书俱在，可具体为证，难以尽述。事实说明，他就是成功地发挥形象思维作用，实现了编辑审美创造目标的。

鲁迅的论断和经验有普遍性，还在于他把书刊等的编辑审美创造都看做应当也可以做到从其具备特定形象的整体上去建造。他在《准风月谈·后记》中说："我的杂文，所写的常是一鼻，一嘴，一毛，但合起来，已几乎是或一形象的全体，不加什么原也过得去的了。但画上一条尾巴，却见得更加完全。所以我的要写后记，除了我是弄笔的人，总要动笔之外，只在要这一本书里所画的形象，更成为完全的一个具象，却不是'完全为了一条尾巴'。"这里说的完全的具象是工笔画那种实象吗？当然不是。是如小说、戏曲那样的形象吗？也不是。它作为杂文集的自编，有通向其他传播品编辑审美创造中特定建造的形象和反映社会面貌的真象相统一的道理。这方面在鲁迅编辑各种书刊中体现甚明，可以互为印证。

鲁迅这些关于文化传播"工程"建造上追求形象完全的经验和论断，和明代园林建造名家计成所著《园冶》的思路相映成趣。《园冶》开篇在《兴造论》里就讲："故凡造作，必先相地立基，然后定其间进，量其广狭，随曲合方，是在主者能妙于得体合宜，未可拘牵"；在讲《兴造论》、《园说》的概论之后，首先讲"相地"与"立基"中应当朝"相地合宜，构园得体"去构想的道理。而对如何利用各种地基条件达到选择与建造结合，说的正是"涉门成趣"、"得景随形"、"别馆堪图"、"居山可拟"等善于"豫想"的功夫。人们不怀疑建筑、园林建造中有审美追求与形象思维的合理性，由此更应当承认传播品建造中审美追求与形象思维的合理性。如此看来，说鲁迅是善于借用建筑中审美创造之理于编辑活动初期的"选择"、"豫想"或"构思"之中，不也很适当吗？

赋、比、兴在编辑审美创造初期的作用

我们曾说过，毛泽东论定了赋、比、兴为诗歌创造中形象思维的基本方法，这对于编辑审美创造也是原则上适用的。当然编辑活动作为文化传播工程建造的活动有自己的特性，在其审美创

造目标所需而对赋，比、兴做运用上，也有其自身的特殊性。对原属不同艺术种类，科学门类作品的加工、传播使这些方法在运用范围与程度上又必然会有差异。但是，在编辑审美创造初始阶段都需要运用这些方法，则是共同的。只要不拘泥于纯艺术创作形象思维的形态，而是在“按照美的规律来建造”的意义上了解在这里因建造课题不同而使赋、比、兴运用也有不同的形态，那就会对这种现象豁然开朗。俗语常说的“得法”、“得体”与否的含义，可以说能表明形象思维能力实质上即是用想象建造新形象的能力。由于编辑活动具有文化传播工程建造特性，使得它如同建筑工程一样具有很强的利用原物加以改组、修建等而赋予托物寓意这种审美功能的特点。在工程性建造中对素称诗歌创作三法赋、比、兴的运用都要在实用与审美结合中去体现，因而有所变形，但究其实质它们还是同属形象思维的基本方法的运用。这些在各种编辑审美创造的初始阶段具有明显的体现。

既然承认“按照美的规律”来建造和赋、比、兴的方法运用有上述联系，编辑作为传播品建造中运用赋、比、兴也就有普遍性。从源远流长的编辑活动广狭两义看，在具有审美创造追求的意义上，都是在选择与建造初期结合即自觉或不自觉地采用赋、比、兴方法。有的研究者热心于在编辑和编纂的词义上和二者用的方法上寻找对二者划分的依据，其实没有多大用处。因为二者在“编”的意义上没有根本差别。差别是伴随编辑或编纂在文化传播系统中的岗位、职责不同而产生的。随着文化传播事业的发展，社会化的组织程度与技术条件的变化，选择的把关性质与建造的社会化性质，都不断加强大众传播机构中的中心环节一类岗位，通常称为编辑人员。但作为选择与建造需要形象思维及其赋、比、兴方法的课题，在各种编辑活动中只是更丰富了，并不会发生根本的存亡变化。其道理就在于文化传播活动讲究影响接受者的效果，而不同岗位、不同传播层次编辑或编纂活动在思维方法上所做探索和运用的经验及其理论形态又是悠悠不绝的长流。如同文化传播使用语言文字在修辞之类经验与道理上有近似之处，即有积累和革新相统一的关系。研究编辑审美创造中内容与形式的统一，对思维为之服务的文化传播目标与思维本身不同方法运用的关系应当做辩证的了解。因之，前人对当时条件下编辑或编纂活动中所整理的运用赋、比、兴的经验和论断，都仍然可以给现代编辑审美创造以启发。清代章学诚在《文史通义》、《校雠通义》中许多见解就可以做如是观。

章学诚不但如人们所赞誉的以提出“六经皆史也”表现了历史眼光，他对六经中“以象为教”和相关的赋、比、兴方法的运用在教育和文化传播的编辑或编纂活动中都具普遍性的论述，也表现了非凡的文化眼光。首先，他认为“以象为教”是“《易》教所以范天下”的一部分，“《易》象通于《诗》之比、兴”、“《易》象虽包六艺，与《诗》之比、兴尤为表里”①。他当然深知赋、比、兴是前人总结《诗经》所代表的古诗创作艺术方法与体制的经验而来，那是六义中的一部分。但他从“文史通义”的“通”字着眼，并不认为这三法只是写诗读诗的方法，而是与“象教”相联系，在文化传播上有广泛的适用性。他分析战国之文在辞章、文体方面的发展和“著述之事专”的现象，认为是将“文其言以达旨”的传播要求“变其本而加恢奇”的结果。“是则比、兴之旨，讽喻之义，固行人之所肆也；纵横者流推而衍之，是以能委折而入情，微婉而善讽也。”② 这自然也包括了当时初步发展的编辑与编纂活动中对赋、比、兴的运用。他还说：“必通六义比、兴之旨，而后可以讲春王正月之书”。③“春王正月之书”，指的是孔子所编定而流传的《春秋》。他说的“讲”既指能领会其中以六义编书之法，也指可以依此再去编书。这岂不是说通六义比、兴之旨在编辑和编纂活动上有普遍的适用性吗？

① 章学诚《文史通义·内篇·易教》。

② 同上书《内篇·诗教》。

③ 同上书《内篇·史德》。

在对史书及一般著述中的编辑活动特别是方志编辑、编纂活动中的赋、比、兴运用，章学诚作了富于创造性的论述。这些论述可以使人对编辑审美创造的起始即需要形象思维有更新鲜而开阔眼界的体味。他说："夫合甘辛而致味，通纂组以成文，低昂时代，衡鉴世风，论世之学也；同时比德，附出均编，类次之法也；情有激而如平，旨似讽而实惜，予夺之权也；或反证若比，或遥引如兴，一事互为详略，异撰忽尔同编，品节之理也。言之不文，行之不远。聚公私之记载，参百家之短长。不能自具心裁，而斤斤焉徒为文案之孔目，何以使观者兴起，而遽于刊垂不朽耶？"① 这段对方志编辑或编纂需要审美追求和形象思维所做的综合论述，体现了他关于编辑活动中的才、学、识和胜任的力相统一，文德与史德，文理与心术兼善的思想，也发挥了他关手"编次者"要"言情达志，敷陈讽喻，抑扬涵泳之文皆本于《诗》教"的思想。他这番论述的优长还在于指出了编辑活动采用的赋、比、兴方法具有对文字、图表等符号系统做激扬臧否、远近征引、类次配置、纂组成文、分合品节、各有予夺等相联系而具备编辑活动特有的转化形态。他说的"自具心裁"、"使观者兴起"直到影响深远，"刊垂不朽"，岂不是对编辑审美创造需要形象思维是为了达到传播品具有审美功效做了很难得的说明吗？

章学诚的见解有优于当时许多人的深刻性，也有一定的历史局限性。除了阐述《易》教、《诗》教等内容方面有儒家传统观念中那些承袭的因素外，对编辑审美创造从起始就用形象思维方法追求的是具备一定审美价值成果这一目标，在阐述上仍有不确切之处。他本来多次讲"纂辑之史"经过编辑活动的"错综排比"，使之整炼而有剪裁斯为美，又说过"意之所在，必有别裁，或详人之所略，或弃人之所取，初无一成之法，要使读之者美爱传久而恍然见义于事文间"。这都是肯定方志编辑要达到实

① 章学诚《文史通义·外篇》一。

用与审美结合的。但他在与人论辩时又说：“夫修志者，非示观美，将求其实用也”。还不能完全辩证地看待实用与审美在编辑审美创造与形象思维运用上的体现，就是他的一种局限性。但总的看，他的贡献不可轻视，他的学说与见解值得认真研究、吸取与改造。

鲁迅在编辑审美创造上是颇得运用形象思维方法真髓的巨匠，从前述关于《北平笺谱》的“豫想”与“揣摩”以见新书形象等均可知道。他对编选中寓以自己立意要具体用赋、比、兴这形象思维三法，虽未明言，而其意已在其有关经验与论断之中。试看，他就选本表述“可以借古人的文章，寓自己的意见”，概括为“合于自己意见的为一集”“删其不合于自己意见的为一新书”。这实际上说明编选者是以特定的比次给读者设定了“范”与“眼界”，何尝不是以赋、比、兴三法的变化而使原作成为新体呢？他对《北平笺谱》从原笺的选择，由对其形象特征比较中提炼为三类，依据这三类构成了他“豫想”中的结构大略，也就是说的“编次似可用此法”的大略。章学诚的那些有关赋、比、兴方法在方志编辑审美创造中可能有的转化形态的论述，在鲁迅手里已经成为新的条件下结出硕果的新事实。依此看来，编辑工作确如鲁迅所说：“大有学问”，而且这种学问在不同时代编辑家之间还有互相补充发明的可能，于此可见。我们今天的编辑工作者如能有心发扬这一传统，在编辑审美创造起始就注意对赋、比、兴方法做有编辑工作特点的运用，那么所建造的文化传播品的形象就会倍生光彩，也会以得体的新构更加经得起现实和历史的检验，经得起广大接受者利用和欣赏中的反复琢磨。

编辑构思的价值取向与形象思维的运动过程

编辑进行审美创造常常是受一定社会关系中形成的编辑“机体”的委托而进行的。由此，需要酌量编辑审美创造构思的价值取向与形象思维的运动过程，也便有特定文化“机体”在具体条件下的社会内容和文化品类的差异。我们的编辑工作要坚持为人民服务、为社会主义服务的方向，要宣传马克思列宁主义、毛泽东思想，要传播、积累科学技术和文化知识，反映我国人民建设社会主义进程中的实际及其有关的中外古今的种种信息的选择与利用等，都将影响编辑构思中选择与建构做结合的具体形态。从历史发展来看，文化传播品个体和群体的诞生与发挥作用，都不是与社会文化总体无关的孤立现象。马克思曾说过：“人民革命是完整的，这就是说，在每一个领域里革命都是按自己的方式进行的；那么，为什么出版物就不应该这样呢?”① 放在编辑审美创造意义上来了解，这意味着整个出版物的形象要按人民革命要求去改变的合理性。恩格斯也说过，“编辑部应该设法使杂志对读者更有教益和有吸引力”②。这是一个编辑“机体”要努力使自己精神产品具备应有的形象吸引力。但是这种整体形象的变化和作为一次次具体构思从形象体现的价值取向，又都是离不开思维诸方式的综合作用，离不开形象思维。

人们已经熟知列宁和毛泽东关于党的组织和党的出版物，关于文化艺术包括文化传播工作和整个革命工作关系的论述。列宁关于出版活动应当和进步的社会运动汇合一起，同一论述的题中应有之义，就包括“在这个事业中，绝对必须保证有个人创造性和个人爱好的广阔天地，有思想和幻想、形式和内容的广阔天地”的思想。毛泽东关于应当把报刊、出版等文化传播事业办成革命事业的组成部分，要为人民服务的同时，在如何办好的问题上就要求办得“引人入胜”、“准确、鲜明、生动”。列宁还特别指出要改变“‘作家管写，读者管读’这个俄国古老的、半奥勃洛摩夫的、半商业性的原则”。当然，现在世界上存在各种各样价值取向的编辑活动，在形象思维运用的层次、范围、角度上

① 马克思：《第六届莱茵省议会的辩论》。《马克思恩格斯全集》第 1 卷 49 页。

② 恩格斯：《致卡尔·考茨基》。《马克思恩格斯全集》第 39 卷第 17 页。

也存在对选择与建造做各自结合的可能性。我们社会主义的编辑活动及编辑审美创造当然要坚持正确的方向，要发展“更有教益，更有吸引力”的文化传播产品，要使人们看到作家和读者之间有着有效的不可代替的编辑活动和编辑审美创造活动。这种活动从起始也就要影响文化传播品和联系所及的各方面角色的形象。

这里我们接触到编辑活动、编辑审美创造中使得形象思维起作用的宏观和微观相结合的问题。只就一个传播品来谈编辑审美创造需要形象思维，还不是其全部内容；只有大范围的生动设想，而没有一部部、一个个传播品从始到终的“精心设计、精心施工”也没有真正达到高度审美价值和文化意义的传播功效。从文化传播品的形成来说，不管编辑活动要构思加工精神产品的备用品是哪一层次的文献或素材，那里总是不同程度地包含有人们认识与情感的印迹，也就具有内容与形式、意象和形象的关系。随着编辑活动、编辑审美创造的进行，从选择与建造的初步结合看，原有意象和形象、内容和形式在被逐步分解的情况下也逐步合成。这种以形象思维方法作分解与合成的运动反复进行是“豫想”或构思的深化，而后是传播品新构的形成。形象思维的赋、比、兴三法在分解与合成反复进行的提炼过程中常常是互相融会渗透。它们运用的结果可能有某种为主的表征，但不是纯然一色的作用。这也是形象思维运动的一般特性，在编辑审美创造中也是如此。

如何在具体编辑审美创造初始阶段中发挥形象思维，使得形象生动与价值取向统一起来呢？唐人张怀瓘曾就书法传移模写而构成新形态的要略称之为“探彼意象，入此规模”。就编辑审美创造初期构思或“豫想”的运动过程来说，可进一步借称为“殷勤探彼意象”，“次第入此规模”。由此可以了解原有的意象和形象的关系如何在形象思维与其他思维形式结合做反复运动中转化为传播品具有的新的意象和形象的关系。其中形象与价值融为一体成为新构的审美价值特征，其形成过程又显示了在选择与建造相结合，而在建造本身的初始阶段即具有特定的韵律和节奏显示思维角度、范围与层次的推移带来形象与意象具体关系的变化。

这里使人想起唐代李商隐《无题》诗中“蓬山此去无多路，青鸟殷勤为探看”的名句。神话传说中西王母派作使者的青鸟被后人当做向有情人传递心里话的手段的代称。“探彼意象，入此规模”放在青鸟殷勤探看的比喻里，加重了探看意象对传播品建造的意义。殷勤“探彼意象”，自然可以明白原有形象的内象，“入此规模”，自然意味着提炼形象必有深厚的意象转化于其中。所谓“蓬山此去无多路”，也可比方赋、比、兴构成的形象思维运动之路。通路的实现要由此及彼，由表及里，去粗取精，去伪存真，这是形象思维与抽象思维共有的。但形象思维更需要使这些都带着以象推移的特征。编辑做这种形象“豫想”的目标是以传播品得体为目标，把形象及其蕴含的意象体现到新的“规模”中去。这里形象与意象向新形态转化是就形象反复进行分解与合成的运动。它们同抽象思维的分析与综合的运动既相互区别又相互联系，构成一幅生动繁复的为文化传播工程而运动的思维图景。

这里当然来不及详细论列编辑审美初始阶段在形象思维运用上可能有哪些范围、角度与层次的变化。但有一个事实是显然的，即编辑审美创造活动及形象思维的运用要在以社会文化传播实际条件的联系中进行。它对社会思维包括社会形象思维的依赖程度，要比任何尚未进入传播“机体”所进行的“有机运动”的个别精神产品创作者的活动要高得多。因而宏观与微观的关系或大范围做文章与小范围做文章的关系，形象与意象的关系，形象价值与实用价值的关系，物质条件与文化知识需求的关系，经济效益与社会教育效益的关系等等，都会一再地影响形象思维方法在“入此规模”中运用的方向与程度。而这种影响在编辑审美创造活动主体的努力下能得到何种成果，却在于主观能动性发挥如何及符合客观实际到何种程度。编辑为在审美创造初始即能有好的奠基活动和成功的“豫想”，要有多方面的修养，就形象思维来说，不可缺少的是审美心胸的培养与结合文化发展实际条件灵活运用想象力、综合发挥赋、比、兴的功夫。刘勰在《文心雕龙·神思篇》里说了有关积学、酌理、研阅、驯致等许多方面努力，而落脚于“独照之匠，窥意象而运斤。”他说“此盖驭文之首术，谋篇之大端。”这也完全适用于编辑审美创造起始“谋篇之大端”。

值得深思的是毛泽东在延安整风时期就非常赞赏季米特洛夫关于要“用群众所熟悉和懂得的形象来讲话”的意见。这同他提倡把传播事业“办得引人入胜”的思想是一致的。而他关于一些传播方式的具体构想，本身就是深得赋、比、兴真髓的产物。在1925年，他为《政治周报》写的发刊理由中，指出要针对敌人诬蔑宣传而作反攻性宣传的方法就是“忠实地报告我们工作的事实。”那里用了一连串的“请看事实”。这种有针对性摆事实的方法是赋法，又何尝不含比、兴二法？1955年他为《一个整社的好经验》一文加的按语中肯定对农民宣传用对比、算账的具体方法有很强的说服力。这不是也体现出对赋、比、兴方法运用的精神吗？他在《论联合政府》专辟一节将国民党统治区与解放区的社会情状作对照，小标题就叫“比较”；新中国成立后，他组织并构想编辑《逻辑学论文集》与《逻辑丛刊》，对前者特别要求搜集齐全，反映全貌，收进争论文章，以便于人们比较；又如在新中国建立之初，为应宣传急需，他构思并连续发表评白皮书那一系列义正词严、对比鲜明、敷陈有方、比喻生动、情理动人的文章，极大地启发了人民热爱新中国的感情，抨击了美帝国主义，震撼了世界。这些难道不是也为文化传播编辑活动中的审美创造的确需要形象思维及赋、比、兴的特殊运用，做了出色的证明吗？从刘勰、章学诚、鲁迅到毛泽东的论断，不是都让人看到从选择到构思中注意发挥形象思维作用的重要性吗？

《孙子兵法》首列“计篇”，此篇里说：“多算胜，少算不胜，而况于无算乎？吾以此观之，胜负见矣。”运筹帷幄是实践性很强的作战“豫想”。现代军事活动在战前用沙盘等为工具进行筹划，也要借以发挥诸种思维协同中形象思维的作用的。此处要说明的是，从整体工作、全局考虑而作组织、管理相关谋划是系统论的思想，即现代兴起的系统工程学问所指的道理。前人所说的谋划、豫想尚不是这种学问，只是可以说蕴含着系统论思想的萌芽。需要注意的是其中包含着从“有机”联系，而在实践中立象创造的追求。① 正如柳宗元所写那以“都料匠”寓指相同道理的《梓人传》所写杨潜那样，他能“善度材，视栋字之制，高深圆方短长之宜”，“画宫于堵而绩于成”，他能“体要”而达“术之工大”，能“善运众之”而成大工。就整体成“宜”立象来说，包含审美创造道理是自然的。这种系统论思想萌芽中包含编辑审美创造可吸取的因素也是自然的。现代大众传播媒体中编辑审美创造活动也是为建造文化传播产品而进行的实践性很强的“豫想”。这里的豫想也包含形象思维，也需要，从初始的“豫想”中即求决胜。不知同行友人信此理与否？我是信的。编辑工作者应当加强这方面的锻炼。

（原载《编辑学刊》1991 年第 3 期）

① 此处依据钱学森同志指正意见增改。

回忆与体会选录篇

忆子野同志

偶然听办公室同事谈起王子野同志逝世的消息，开始我还有点将信将疑：几个月前，我还在他家里同他畅谈美学和文化传播编辑活动中的一些问题，他的音容笑貌历历在目。这位可敬的老编辑家，又是学术上热心助人的长者，怎么就这样过早地去世了呢？等到证实这是事实的时候，我深为我国出版事业的重大损失和个人友谊而思绪萦回不已。

我和子野同志开始相识是上世纪60年代初，那是和《人民日报》几位同事一起去见他，具体约谈的题目记不确切了，倒是他那关心美学和哲学问题的热情给我以深刻的印象。当时，我刚发表了几篇有关美学、文学的论文，后来又断断续续地从事这些方面的著述与探索，和他不时有些交流，从他那里得到不少教益。近些年我在出版社编辑工作之余，仍然写些美学、文学和编辑学方面的文字，也多次得到他的鼓励。

记得1988年，我那本《美的发现——旅游美学书简》刚刚出版的时候，就曾持书向子野同志请教。他很高兴地翻着这本印得并不精致的书，对书的命意和全书的结构给以肯定，还把他的文集《槐下居丛稿》赠我一册，那里边就收有他好几篇美学文章。我们在美学问题上交谈甚欢，也算是忘年交了。过了些天，在去参观王森然老人书画作品展览会上，他遇见我，又重新提起我那本书。我自知为文的深浅，但他那衷心喜悦和恳挚的赞许，使我感觉得出那确是对我所作探索的一种支持。

到了1989年，我和刘辉同志共同主编的《金瓶梅之谜》一书出版了。编写此书的目的，是想就当时《金瓶梅》研究状况和亟待认识的难题，做深入浅出的论说。我承担了其中“《金瓶梅》和中国小说美学发展关系”那一部分的撰稿任务。此书出版后，我照例给子野同志寄去一册，很快就收到他的一封信。信中说，看到这本书，非常高兴，并且说他正在抽暇研读《金瓶梅》，此书有助于他了解其中许多问题，当然包括关于小说美学的问题。这不仅是鼓励，也是他对学术著述中新的追求所持的欢迎和扶掖。

前几个月，我那本题为《给人取名的学问——中国姓名文化略说》的小书将要出版，我给子野同志先送了一份清样。他看后打算写篇评介的文章，但手头正为总结现代出版工作的书籍写一长篇文章。我请他时间从容些时再说书评的事。他听到我在为《人民日报》海外版编选以“改革大潮中的美学浪花”为题的“美学文萃”专版，非常高兴。他赞成编辑工作者自己多动笔进行著述的实践，也赞成我从审美价值角度去加深美学问题探索的一些想法。他自己则想着重反驳那种认为自然美只是在于自然物本身生成的看法。他说，有时间一定为此写出一篇论文来。我很为他的美学探索精神老而弥旺所感染，希望不久能读到他这一重要论文。可是，现在他走了！不知道他关于此文有无初稿，或者竟是把此文的构思一起带着走了。这是多么大的憾事啊！

不过，萦回的思绪又使我想到子野同志为《槐下居丛稿》自撰的前言。在那篇文章的结尾，他曾把文化建设比作大厦，说出版自己的书能起添砖添瓦的作用就很不错了。这自然是一种严格对待自己著述的态度。如果把这比喻放大开来，把不断地进行文化建设大厦的建造作为延续的过程来了解，那许许多多为此而进行设计、施工、搬运和添彩的人们，岂不都多少为之增添了些有价值的成分；这些成分有成品，还有半成品，岂不都会启发后来者继续做下去？子野同志留下来的成品或半成品的构想等等，也会启发后来者去继续做下去。他所期望的文化、学术以及编辑学研究的进展，又必将在不同条件下变为现实。在这种意义上说，子野同志也将与后来者一同行进。这是可为自我安慰的一点理由，也可用此告慰子野同志！

1994 年春 3 月于北京大慧寺路一隅

（原载《出版科学》1994 年第 2 期）

河东风土与文思培育

——关于写作的一项体会

摘　要：弘扬民族文化中的优良传统，离不开对风土文化中宝贵遗产的继承和发展。以河东风土文化为系数，在不同风土文化的相互印证中，启发文思，梳理文化发展的脉络，有利于激发创作思路，启迪灵感。

享有盛誉的山西省重点中学——运城康杰中学，要举行五十五周年校庆，这是以其前身太岳区晋南中学的创建来计算的。为此，学校友人要我为校庆拟出的校友文章专辑写篇谈写作经验的文章。回首数十年从事文化、记者、编辑工作的经历，我只是业余有些文学、学术写作，从来未曾成为专业作家之类的人物，成果虽有一点，并不能全合自己和师友的期望，谈不上像样的经验；何况工作中也有失误，值得写吗？学校友人又劝说，可以写写体会，以供校友间交流，对现在在校同学也有好处。如此想来，倒不能说写作中连点体会也没有。考虑到我有点自觉练笔意识的写作活动是从晋南中学开始的，又由于近年来注意于美学与俗文学、风俗文化及取名学问关系的研讨，这些研讨都与康中所处河东地区风土文化的启发有关；再说，写这些文字时的一个重要思路，还与“晋南中学”或“康杰中学”命名所系河东风土文化一些重要史实和人物有关。于是，就打算选择“风土与文思”，或者更具体点说“河东风土与文思培育”这个视角来说点自己写作的体会。这也许和近些年教育界有的人士倡导多向青少年介绍民族文化优良传统，包括注意介绍当地风土文化优良传统的好意能够相通。至于涉及我由此启发而写出的某些文字有多少分量，那要靠方家去评议了。

这里，我把此项体会分为四点，凑成韵语，总述于下，然后分别做些说明：

古今雅俗唐晋韵，广狭浅深酌精神；

美品转多因人彰，名随实流浪花新。

一

先说“古今雅俗唐晋韵”。

这里先拈出“唐晋韵”来，因为晋南中学命名标明所处地域风土文化环境，正是古代的唐尧时代和春秋时期晋国所辖的中心地区。晋南，也就是通称的狭义上的河东地区，河东地区的广义还指全晋。在唐代，晋南曾设河中府，指此为黄河中部的要地。后来以晋南地区著名革命烈士嘉康杰的己名二字为这一学校改名，则显示了在过去风土文化基地上增加了革命传统文化的影响。这象征着在新中国人们心目中，风土文化有了新的内容。了解河东风土文化，不仅要重视古代、近代的优良传统，还要重视现代、当代革命与建设发展给风土文化带来的新特点。唐晋风土之韵这种延续和发展，对于自觉领悟其特征的人们，应该也可以有助于激发新的文思。

但是，对风土文化这种流变及对文思关系的认识，并不是轻易可以提高的，要经过以生活和写作体悟相互促进的过程。我自己的写作经历也表明了这一点。这在与风土文化关联更为密切又更为形象化的文学现象认识和领悟上显得更为突出些。

关于风土，人们过去常常偏重于从狭义的风俗事象的意义上去了解。其实从广义上看，风土应该指与一定地域民众生活密切联系而形成具有特色的历史文化传统。其中有价值的、珍贵而优良的东西，将长期发挥有益的影响。记得在上高小的时候，有位李慎德老师在历史课上特别着重地讲解了河东地区的唐风是珍贵的传统。他是从唐尧建都晋南和在古曲沃建晋国等史实讲起的，由此所讲的风土知识有深厚的历史文化内容。这给我以强烈的撼动，但我当时并不能从文学意义上具体、深入地领悟唐风晋韵。后来研读了《诗经》“唐风”中的《采苓》、《扬之水》、“魏风”中的《伐檀》、《硕鼠》等篇以及历代河东名家与风土有关的作品，又读了人们整理的革命民歌和新出现的文学名作，唐风在我的心目中更生动了。我从这些与风土密切联系的作品身上看到了风土文化的实证。但是，对这种文学形态实证做进一步的观察，又会发现文学作品不但分古今，还有雅俗之分，其间存在着相互比较和转化的情形。它们用不同的方式体现民众心声，但又在同为特定风土组成部分的意义上可以相通。这里有深层的文艺审美道理存在。我发现要认识与弘扬民族文化中珍贵的东西，离不开对风土文化中珍贵东西的领略。因为风土文化与民族文化是特殊性与普遍性、个性与共性的关系。风土文化既是一种进行更广泛的比较参照的基底，又是燃亮其他文化材料的引煤。在文学和美学的研究中，凡是我的思路获得新的进展的情况，几乎都为此做着印证。

在1997年初由北京大学出版社出版的《中国俗文学概论》一书中，有我撰写的专章，题为《中国俗文学审美理论批评史略》。此文被学界友人评为对中国俗文学这方面发展脉络做了前人“未曾触及”的梳理，“很有新意”，很为“难得”。从我为文思路的激发和展开来说，却正是得益于以河东风土文化有关雅俗文学及其理性认识发展状况作为与其他地方同类文化状况进行比较参照为脉络的。比如，我曾考虑到先秦河东地区唐风、魏风和其他地方民歌创作思路的比较，北方雅颂诗歌与南方楚地吸收与改造民间歌舞词形成楚辞的比较，北朝在河东玉壁城唱出的《敕勒川》等歌词创作心态与南方《大子夜歌》作歌主张的比较，唐代传奇、变文中流露的创作主张与柳宗元、刘禹锡、白居易等关于向风土文化中寓言、谐谑文和《竹枝词》、《杨柳枝》等吸取营养的论点的比较，金代河东戏曲家关于歌唱的论点与南戏作家对通俗与风化关系论点的比较，元曲河东作家群与其他地区作家创作风尚的比较等。这些比较使得所梳理的俗文学审美理论批评发展面貌，具有一定的立体实感，也具有更多的可信性。

这种力求从风土文化深处寻找文思启发的效果，在向读者讲述旅游美学这样的课题解说鉴赏道理时就更显得重要了。前些年，为了写《美的发现——旅游美学书简》一书，我把黄河中游特别是河东地区风土文化作为援例解说的重点之一。在“审美需要想象续谈”这一部分里，我曾运用了家乡流传的神秘的流浪汉画家为好心的老农和小孙子画的木炭，晚上会在墙上燃烧和发光的故事，说明民众向往和故事中提供想象条件的融合。那里也着重以蒲剧艺人所演的《藏舟》、《卖水》、《挂画》等折子戏里如何处理正与背、虚与实、轻与重、动与静等关系，从而发挥调动观众想象的艺术魅力的。在我的思路展开中，这些来自过去生活印象的风土文化素材，已经不只是往事的印迹，它们经过领悟变成了我进行文化比较的参与者。它们涌入甚至是抢入了我要阐述的文理之中。但是，这里的必要条件是得用自己对风土文化的情感和领悟去联想并激活它们。

要把这个意思说得简明一点，用得着唐代文学家柳宗元的一句深情的话。他在《送独孤申叔侍亲往河东序》的开篇就说：“河东，古吾土也。”他表明自己本为河东人，因为迁居关中，系念“气盖关左”的故乡。他羡慕独孤生能奉母“至于晋”，在具“胜概”的风土熏陶下，创作“必有美制”。这种对“吾土”的深情是他多次借河东风土史实与有关著述发挥文思的一个重要动因。多向柳宗元这种拳拳于“河东，古吾土”的精神学习，继续从风土文化中取得文思启迪，或许可以更有一些长进。

二

其次，要说“广狭浅深酌精神”。

这是想说明，人们对风土文化的领略可以有广狭或浅深的差异，重要的是看对风土文化所系人的精神面貌特征领悟得如何。

人是要有一点精神的。这是毛泽东总结历史、文化经验提出的命题。邓小平和中国共产党第三代领导人也都反复重申这个命题。在同样条件下，由风土文化培育和有倾向性地吸取而形成的人的精神面貌不同，办事情的效果会有很大的不同。联系河东文化给予文思的启示，也是这样的吗？只要把风土文化优良传统体现于人的可贵精神风貌，从历史具体内容和对后人的启发做统一的了解，对此完全可以做肯定的回答。我从河东风土文化优良传统著名代表人物身上越来越突出地感悟到的正是这一点。

人们过去传扬过河东地区历代出现的英烈志士、奇才豪俊显示其精神风貌的故事。先秦那个赵氏孤儿故事中，为反抗权奸迫害，前赴后继地不惜舍己而救孤儿的公孙杵臼、程婴等人的精神就是有代表性的例子。这个故事历经风土文化传述，又经编成元曲搬演，成为传播中外的名作。法国哲人伏尔泰还特地将其改编为一部话剧，取名《中国孤儿》。尽管他对中国风土特别是河东风土的具体情形不大了解，但他由对元曲的领悟，抓住了特定风土文化培育出这些为道德理想而不懈地抗争精神人物具有的人格力量这个要点。该剧也就大体传扬了与元曲相通的文思，体现了这种人物所具精神的强大感召力。这应该说是西方有眼光的作家在文思中对河东文化精髓的一种体悟。作为河东人，我曾经收集了有关赵氏孤儿故事的各种材料，原准备从美德的培育与文艺审美深化的关系上加以研讨。但是，从风土文化发展看，还应该放大一些，要从风土文化整体体现各类价值观念相互关系对培育人的精神面貌方面优良传统的作用去做研讨。在这方面，又是唐代思想家柳宗元的《晋问》所提供的思路可以帮助人们一步步加深对唐尧遗风要略的了解。

在《晋问》里，柳宗元把晋地风土重点看做是唐尧故都遗风。此文假设吴子与柳先生问答，逐步接近“晋国之风”的精华所在。柳先生对吴子的提问曾分别以晋有表里山河、甲兵之长、名马之产、北山异材、黄河之鱼、猗氏之盐及晋文公曾为霸主的成绩作答。吴子认为这些都只是风土的重要条件，后者也只是“近之”，并非最可贵的。最后，柳先生答以“尧之所理”都城之地所遗唐风对人的精神面貌的影响，这才使吴子心服口服。柳先生这里点的最可贵的东西，条条扣紧“人”的精神方面的优良传统，正打中了吴子“欲闻”的心愿。吴子连称“美矣，善矣”，并对柳先生所说“人”的俭、让、谋、和、戒、恬以愉等表明自己的理解，还作了引申。吴子还把柳先生从风土文化中提炼出重视人的精神培育的唐风要略称为“道之奥者”。当然，其中问答所说“人”的精神有历史条件规定的具体内容，但其总的论点是要从人的精神面貌了解河东风土文化特质中最重要、最珍贵的东西，这应当说是精深之见。

回顾我对于河东风土文化特别是有关人物材料的编选与写作，也正是从这个视角上去观察才得以逐步有所深化的。本世纪五十年代末，在返回山西工作期间，我曾经帮助临猗县农民快板诗人李希文整理和改定他献给新中国成立十周年的长篇快板自叙诗《我来唱首歌》。此首诗写了他的经历，含有风土韵味，发表在《山西文化》杂志上。但后来看，其中对涉及人物精神面貌的体现仍不够。那时期，在与晋南革命前辈金长庚同志长谈基础上，又加上其他访问所得材料，我写了《中条山的火焰——嘉康杰烈士生平片断》。这是用传记文学样式写中条山起义的，也是对改名为“康杰中学”的母校整理校史资料起点帮助作用的一种表示。此作1959年在《山西文化》杂志分两期连载，曾引起许多人注意。可惜，正值“反右倾”，金长庚同志因为关心民生有些求实的正确意见而被列为批判对象。此作也没有能再继续下去。其中曾试图展开嘉康杰烈士精神风貌描写的全书写作计划也就搁置了。

我于六十年代初到人民日报工作以后，曾返回山西采访。为了适应那时提倡发扬艰苦奋斗精神以战胜困难的社会需要，我的心里又产生了晋地今昔杰出人物这方面优良传统探求文思的想法。为此，写了几篇描写太行山当代农民模范人物的散文，写了歌颂太行山人民为支持革命战争作贡献的散文《苍山似海》，在访问刘胡兰家乡后，又写了散文诗《在刘胡兰走过的路上》。当时，有一个如何进一步结合对风土文化的领悟表现嘉康杰为代表的革命志士的精神风貌，以体现为坚持实现理想而奋进的精神力量的课题反复地萦绕心间。由此就产生了杂文《长命草》。这篇杂文的具体话题是从在中条山小路旁看到长命草即卷柏开始的。文中从此展开的情思则是把小草与人的精神面貌联系起来。我从古代先贤联想到嘉康杰所代表的革命志士的精神，对小草与人的精神关系所作的形象鉴赏就提到了新的层次。在文章里，我说，“我觉得这朴素而倔强的小草仿佛生来就正是要为我们许多坚强的革命者作个小影。”我特别提到：“我想起就在中条山一带，嘉康杰同志为发展革命力量、开展工作，曾经含辛茹苦、坚持斗争多少年。他钻山洞、宿荒庙、啃干馍、喝泉水，一次次起义失败，一次次再来，终于和同志们一起在这里组织起游击武装，让革命势力在这里不断发展。”我还提到参加二万五千里长征的人们和其他一些令人敬佩的名字。在引用古医药书记载长命草有治妇人难产，“含之咽汁即生”这个作用后，我把“能含生，才更显出你那可贵的长命”作为志士们为理想而奋进那种精神的赞语。正是在这种探求中，我感到风土文化的精粹可以给文思的成果以始料不及的力量。

《长命草》这篇杂文起初发表于1962年4月18日的《羊城晚报》上，继之被评为获该报向全国征文的杂文奖。前几年，它被收入《中国杂文鉴赏辞典》的“当代编”里。编者给予此文以热情的肯定，认为此文“也可以说是一棵‘长命草’”。我心里明白，这显然是鼓励之言。就此文能有这点感染力的来历说，不正是向河东风土深处，从有关人的精神风貌方面做了些探求的成果吗？

三

第三部分要解说“美品转多因人彰”。

这是要说明，在风土文化与文思展开关系上看，各种审美品类滋生繁多，也是如柳宗元所说，是“因人而彰”的。

我曾经在与各地遗存的文学、美学文献做比较中，介绍过河东几位先贤对中国美学有关审美的文艺品类思想的贡献。我感到他们的观察和论断既有对处于黄河中段地带风土文化中多样审美成果的领略，又有以更多地方的文化见闻与河东风土文化中审美品类事实相比较而得的见解。经过多少年，他们这些见解的内在文脉竟然有惊人的相通之处。

人们知道，随着西晋皇室南迁而成东晋，郭璞为避永嘉之乱，也从河东家乡南渡而流荡长江一带。他的丰富见闻与河东风土文化熏陶相结合，使他在古籍整理解说中显示出对审美多样品类的鉴赏能力，并对其成因作出了精辟的论断。他在《山海经序》中不但对风土文化传说的形成提出“触象而构”的艺术机理，而且为新异这一审美现象的形成与人的条件联系起来，形成了实质上属于审美价值论的命题。他认为“物不自异，待我而后异”。这实际上把物与人相联系、相对待的审美价值及品类形成的基本路子点明了。

到了唐代，柳宗元被一再贬谪，久居南国。但他以所领悟的河东及关中二地之间相近的风土文化为比较参照的根柢，对南方风土文化多所吸取与融化，形成中古时代难得的美学新论断。他在《邕州柳中丞作马退山茅亭记》中，以马退山提供的自然特性经人们鉴识和加工而呈现的审美风貌作了描绘，并由之提出了“美不自美，因人而彰”的命题。他写了许多记述山水、园林、亭池以及评议诗文等富有美学见解的文字，而这一命题是贯注于那许多文字中的精华，也为风物中多种多样审美品类的形成作了总评议。我先后在几处文字中对柳宗元这一命题的意义作了介绍，并且建议把柳宗元有关著作选进我与叶朗等共同主编的《中国历代美学文库》的“唐代卷”中去。联系对河东风土文化的领略，还应该提醒人们注意的是，柳宗元这一命题不但是对郭璞所论“物不自异，待我而后异”那个命题的改造、扩展和向更深处的开掘，也为晚唐司空图《诗品二十四则》对审美品类所持的总体观点打开了通路。

长期以来，文学界部分人中流行一种观点，认为司空图《诗品二十四则》“在理论上贡献不大”。我对此说不能苟同。实际上，司空图继续郭璞、柳宗元先后所提命题的思路，对诗歌代表的文艺审美品类范畴系统首次作了认真而难得的概括和诗体语言的描摹。他为中国美学审美品类学说发展比较西方美学在这方面具有明显优势这样的历史文化局面作了开先河的贡献。其形制上以诗为评的特征，也为诗体艺术论和文艺、美学理论可以有更多形象感染力的表达方式开创了良好的传统。再看司空图所列诗品二十四则，实际上包容了刚柔、阴阳、虚实、浓淡、内外、边中等多种组合而呈现的审美品类特性，这些都是如柳宗元所说是“因人而彰”的。司空图还结合其他文字用境外之境、象外之象、味外之旨等，说明审美品类与人们把握形象价值的层次不同，因而得以彰明的方向与程度也不同。他以“得其环中”为得以由人彰明的要略，又以“流动”为二十四品之殿表明了由人与物相互为用而得以彰明的审美品类转盛的必然性与变动性。试想，这不是使郭璞、柳宗元的论点更为发展了吗?

有趣的是，我对这一问题结合河东风土文化进一步阐发的兴致，倒是由一家山西办的文学刊物发表北京两个人的文章引起的。那篇文章是要做中西审美文化比较的，其中心论断大意却是说：西方审美文化特征富于雄壮、崇高之类美，其总体特征像太阳，中国审美文化特征富于柔弱、婉巧之类的美，其总体特征只是像月亮。据说，中西美学理论各自提倡的也就是如此的不同。用唐风晋风影响下的审美文化传统结合其他材料与这种观点做些对照以资驳正，是很有必要的。于是就为当时拟在西安召开的一次关于汉唐历史文化的学术会议撰写了一篇论文，题为《蔡邕、司空图与中国审美文化品类思想研究》。论文以审美文化历史事实，特别是司空图立论意义的评估，证明前述所谓中西审美文化比较文章所下的论断是站不住脚的。后来，西安的学术会议我因有事并没有去成，但递交该会的论文却是在《历史文献研究》（北京新四辑）一书中发表了。此文受到学界友人好评，继之，被选入《北京图书馆同人文选》第三辑一书。

此处要说起这篇论文，是因为所论涉及对待风土文化及整个民族文化中审美文化总体特征及审美文化品类思想发展应有科学、求实态度的问题。这里还要说明的是，我在论文中对杨深秀重视司空图审美理论贡献的论诗绝句做了强调地介绍。论文中说："近代为戊戌变法献身的'六君子'中有个杨深秀。他在仿元遗山论诗绝句五十首（专论山右诗人）中特地为司空图写了一首，其中说：'坠笏朝堂伪失仪，吟成廿四品尤奇。王官谷里唐遗老，总结唐家一代诗'。这里也说司空图理论造诣与人品均奇，而且把其全面阐述各种审美文化品类的《诗品二十四则》称为'总结唐家一代诗'。这'总结'二字分量下得不轻。正可说明司空图是唐代审美文化的品类学说发展中的集大成者。"文中还说："我曾经建议对司空图这部作品正确地当作审美文化品类思想史上里程碑式的作品来对待，现在更愿重申此见。"现在，对杨深秀肯定司空图贡献的论断呢？我也更愿重申此见。因为杨深秀在作此诗的同时，还为编写山西省志、修改闻喜县志做出了重要贡献。他对其中风土文化记载部分尤其尽心，自己还写了多首描述风土人情、反映民众审美趣尚的竹枝词。可以说，他关于风土文化中审美文化的理论成果和对风土文化的艺术反映是兼而有之的。如此人物致力于晚清的维新变革，以期整个民族和河东故乡风土均能有更宜人的风貌，其志趣不是很值得赞赏的吗？

四

这部分要说"名随实流浪花新"。

这是我研索取名的学问，主要是汉语人名文化学问时，再次从河东风土文化优良传统中取得启发文思之益而得出的想法。

前些年，在处理一部中国地方志民俗资料汇编的书稿时，我把河东地区民俗资料中关于取名活动及其中包含的风土文化的意识，参照其他史料，做了些梳理。我发现古代河东地区作为唐风遗绪的一个组成部分，曾是很注重延续中文姓名文化中全名基本结构齐备的优良传统的。前述赵氏孤儿故事结局有个情节在这方面也是突出例证。史载，孤儿赵武被重新确认为赵朔遗孤之后，恢复继承赵家世爵，并成为正卿。屠岸贾这个残暴的权奸被下令攻灭。而为救孤儿忍受了十五年苦难与骂名的程婴选择谢世的时机是孤儿赵武长到二十岁，举行了冠礼，同时获得表字为“孟”的年月。这时，依风土文化的准则，赵武的姓名全名基本结构已全，显示赵武已经长大成人。程婴认为曾与先死的公孙杵臼相约誓死救孤至成人的目标已达，他不肯独生于世。单就对取字以示成人这个风土文化准则的尊重来看，这个史实把当时英烈人物实行唐风遗绪在姓名文化优良传统上的严肃性与执著性体现得很耐人寻味。当然，在现在许多地方的民俗事象里，古代所行与取表字并行的冠礼大多已演变为与婚嫁礼仪结合，但是对于取表字在全名结构齐备中起的重要作用，则应当引起人们的重视。

关于中文姓名文化，近几年来我先后撰写了两本书：一本是《给人取名的学问——中国姓名文化略说》，一本是《汉语人名文化放谈》。后者是前者的扩展，进一步加强了关于汉语人名文化源流、特征及其在弘扬民族文化优良传统中不可忽视的地位的论述。其中也着重讲了继承与发扬汉语人名文化全名基本结构齐备这一优良传统所涉及的学理、思路、句法、修辞等问题。全书文思有个重要视角，也是从河东风土文化与其他地方风土文化比较中展开的。

谈汉语人名文化的学理，必得谈古代对姓名文化在学理发展上有重要意义的思想。这方面不能不谈晋地出现的思想家荀子为此所作的贡献。书中阐述了《荀子·正名篇》中对命名，包括给人命名，所发挥的名实关系为中心的一系列见解。这些见解不仅如有人已经指出的对哲学认识论、逻辑学和语言文字学有重要意义，对风土文化中绵延不绝的中文取名活动准则也做了古代少有的理论概括。特别要指出的是，对于取名如何适用交往所用，又在组字成名上达到更高的审美价值，荀子也提出了简明的尺度。他说："名闻而实喻，名之用也。累而成文，名之丽也。用丽俱得，谓之知名。"这不但适用于广义的命名，对于为人取名来说，更是精辟之论，有长远的启示作用。

谈汉语人名文化学理，又必得谈现代化进程中加强科学管理对人名选取、正式记载规范化的要求，和姓名文化建设面临要解决的课题。两本书都联系现在一部分人姓名选取和使用上的混乱现象，指出有两大问题需要解决：一是出现不少重姓名现象；二是一些人姓名全名基本结构不全，或无表字，或以任意取的小名通用一生，有的还抛去姓氏等。这些都妨碍交往中准确识别，不利于姓名代指特定个人作用的发挥，不利于记载规范化与管理上的科学化、现代化，也不利于弘扬中文姓名文化的优良传统。如何解决此类问题以适应现代化进程的需要？风土文化发展中的问题，要充分发挥自身历史积累的又可以利用的那内在的优势，还是要弘扬与风土文化密切联系的中文姓名文化的优良传统。要在进行推陈出新式改革的意义上，使之为新时代的人们取名、用名服务，并焕发出新的光彩。

依此总的思路，《汉语人名文化放谈》一书分的四篇、十二章都将历史材料与现代情况对照来写。其中许多部分还得益于河东前贤的记述。在以《三国演义》为例展开人物姓名全名情况分析时，裴松之为《三国志》作的有名的注本，在提供人物全名和姓名不同成分在不同场合如何使用的情况，给了文思具体展开以非常重要的凭借。当然，此书在姓名文化建设中提出的问题还要靠越来越多的群众在实践中予以解决。但是，荀子所说的"用丽俱得"的尺度在中文姓名文化建设中会为越来越多的人所领悟和掌握，则是可以预期的。

写到这里，不禁又想起嘉康杰烈士来。嘉康杰同志毕生不断探求家乡与祖国人民解放的道路，他又热爱风土文化，还是汉语人名文化全名基本结构齐备那个优良传统的实行者。他的姓氏为“嘉”，己名为“康杰”，表字为“寄尘”。这个全名基本结构既发挥了姓氏“嘉”字的含义以带动全名其他成分，又在表字与己名的呼应中显示了在风尘仆仆的奋斗中成为人中豪杰的志向。这一全名的文义堪与他的生平业绩相互映照。后来人也可以从这一事实在汉语人名文化建设的范例意义中得到一些启发。

可以相信，伴随着中华民族的振兴，汉语人名文化优良传统在现代化条件下的振兴也必将得以实现。名以指实，名随实流，跨进新世纪的中国人也必定能在自己姓名文化发展的长流中飞溅起新的浪花。

余　语

“风物长宜放眼量”。风土文化也在发展变化，也要放眼量。放在风土与文思的关系上，它也是适用的。处在河东风土文化氛围中正在康杰中学学习的年青一代，比我们先离开的有更好的学习条件，会更好地成长，并为河东风土文化增添新的更可喜的成分。我们将会从中得到更多更新的启发。

（原载《运城高专学报》2000 年第 2 期）

后　记

自从20世纪中期开始撰写有关审美价值论的文章，至今蓦然回首，竟是半个世纪多的历程了。搜检起来，除《美的发现——旅游美学书简》、《汉语人名文化放谈》里关于人名文化创造中审美价值酌量的文字与尚在陆续发表于学报的《〈西游记〉美学问议录》，及为《中国历代美学文库》一批论著做的注评文字外，这里就是比较直接有关审美价值问题论说文字的基本印迹了。

对这些印迹分量的评估有待行家。作为自己回顾来说，却有两方面的心情：一方面是对自己已做的与想做的差距感到不足以及有些遗憾。这里有社会变动及工作条件等的限制造成的原因，使得这方面学术思路断断续续。后来在改变环境条件下，有了补回耽误时光之想，要继续在原来学术思路上用点功夫的时候，却已垂垂向老，所做的仍难副所想做的。另一方面是经历岁月的淘洗，对审美价值论学术方向的必要性与坚持旨趣的责任感的体味更加浓烈。

由这样两方面的心情就产生了整理这些已发表或不同形式宣讲的文字为一个论集的想法。只要认定对价值论、价值观的研讨是促进整个文化建设和中华民族振兴大业不可轻视的课题，对审美价值论的研讨就是其中极其重要的组成部分。哪怕是不那么周全和深入各层奥秘的研讨成果，也可以作为继续推动这方面课题获得更好成就作有用工程阶梯和铺路材料。我历来未曾做自己文字的汇编，总觉得应该有更值得编选的佳作为之骨干方才值得观览。这次基于上述想法又想起前些年有友人对此项汇编的询问，于是编成这册略有专题贯通其间的书。

至于这些年来因工作需要和兴趣所至而写了其他方面的作品，其中也不乏与审美价值眼光有关的文字。比如，战地通讯、报告文学、文艺作品评介，后者不时显露从美学视角做的评价，还有一些诗歌、散文、杂文作品，有的还获了奖。但在写作的旨趣里，直接研讨和涉及审美价值眼光的，大体上还是收在这册书中的文字。为了作为学术探讨印迹来回顾，其思路呈现与当时所形成的特定语态，都大体保持原状，只对个别文辞加以订正。我曾想过，把这些过去发表的文字为主的书与现在读者朋友做交流，会不会有点隔膜？后来一想，价值论、价值观的研讨与以人为本的精神密切相关，对这种研讨的历史脚步或多或少的相关印迹，也许会引起读者朋友的关注。由此，我相信托出这些年有关思考和旨趣的脉络及相关的声音，或可获得更多朋友特别是年轻朋友的兴致和友声。或许有指正和补充，那正是对这方面探讨获得进益的良机。我热烈期望读者朋友的回应！

回顾在工作与学术研索中曾得到一些学术前辈的指导和帮助，如宗白华提示注意《荀子·乐论》的重要性，朱光潜提示注意《舞赋》的研究和介绍，钱钟书曾对辑校刘光第《诗拟议》的文稿予以指导，钱学森对编辑美学的研究予以指导，王森然对《美学文献》的编刊欣然题词予以鼓励等，对这些都铭感于心。这本论集只能是不成熟的学术回报，也是继续有所前进的一种心志的表达。

对热心为此书与读者朋友搭建桥梁的出版社同行徐蜀和耿素丽同志，我要谨致谢意。

杨　扬

2008 年 6 月，北京。